de Gruyter Lehrbuch

Kowalsky · Einführung in die lineare Algebra

Einführung in die lineare Algebra

Dr. Hans-Joachim Kowalsky
o. Professor an der Technischen Universität Braunschweig

Walter de Gruyter · Berlin · New York 1971

Satz u. Druck: Mercedes-Druck, Berlin – Printed in Germany.

ISBN 3 11 003724 6

Vorwort

Die Lineare Algebra gehört heute mit zu den wichtigsten Grundstrukturen der Mathematik. Auf ihr, der Theorie der Vektorräume und der linearen Abbildungen, bauen nicht nur geometrische Anwendungsgebiete und insbesondere die Analytische Geometrie auf, sondern sie ist auch wesentliche Grundlage zahlreicher anderer Teilgebiete der Mathematik. Die Vertrautheit mit den Begriffsbildungen und den Ergebnissen der Linearen Algebra gehört daher mit an den Anfang des Mathematikstudiums. Dabei sind es jedoch nur gewisse Teile der Gesamttheorie, die für Studienanfänger unterschiedlichster Fachrichtungen grundsätzliche Bedeutung besitzen, während andere Teile auch von Mathematikern erst später gebraucht werden. Diesem Gesichtspunkt soll die vorliegende „Einführung in die Lineare Algebra" entsprechen, die sich als Auszug aus der „Linearen Algebra" auf die wichtigsten Grundbegriffe und einige geometrische Anwendungen beschränkt.

Dem Verlag möchte ich an dieser Stelle für seine Aufgeschlossenheit bei der Gestaltung dieser Ausgabe danken.

H.-J. Kowalsky

Inhaltsverzeichnis

Einleitung 8

Erstes Kapitel

Grundbegriffe

§ 1 Mengentheoretische Grundbegriffe 11
§ 2 Gruppen 15
§ 3 Körper und Ringe 19
§ 4 Vektorräume 23

Zweites Kapitel

Unterräume, Basis, Koordinaten

§ 5 Unterräume 29
§ 6 Basis und Dimension 33
§ 7 Koordinaten 40

Drittes Kapitel

Abbildungen

§ 8 Lineare Abbildungen 49
§ 9 Abbildungsräume, Matrizen 55
§ 10 Produkte von Abbildungen und Matrizen 61
§ 11 Lineare Selbstabbildungen 66

Viertes Kapitel

Lineare Gleichungssysteme, Determinanten

§ 12 Lineare Gleichungssysteme 71
§ 13 Determinanten 81
§ 14 Berechnung von Determinanten, Entwicklungssatz 89
§ 15 Anwendungen 95

Fünftes Kapitel

Äquivalenz und Ähnlichkeit von Matrizen

§ 16 Äquivalenz von Matrizen 100
§ 17 Ähnlichkeit, Eigenvektoren, Eigenwerte 105

Sechstes Kapitel

Euklidische und unitäre Vektorräume

§ 18 Das skalare Produkt 115
§ 19 Betrag und Orthogonalität 122

§ 20 Orthogonalisierung 128
§ 21 Adjungierte Abbildungen 136
§ 22 Selbstadjungierte Abbildungen 143
§ 23 Orthogonale und unitäre Abbildungen 149
§ 24 Drehungen 155

Siebentes Kapitel

Anwendungen in der Geometrie

§ 25 Affine Räume 165
§ 26 Affine Abbildungen 171
§ 27 Projektive Räume 177
§ 28 Projektivitäten 186
§ 29 Projektive Hyperflächen 2. Ordnung 191
§ 30 Affine Hyperflächen 2. Ordnung 200

Anhang

§ 31 Das Vektorprodukt 212

Lösungen der Aufgaben 217

Namen- und Sachverzeichnis 229

Einleitung

In der Mathematik hat man es vielfach mit Rechenoperationen zu tun, die sich zwar auf völlig verschiedene Rechengrößen beziehen und somit auch auf ganz unterschiedliche Weise definiert sein können, die aber trotz dieser Verschiedenheit gemeinsamen Rechenregeln gehorchen. In der Algebra abstrahiert man nun von der speziellen Natur der Rechengrößen und Rechenoperationen und untersucht ganz allgemein die Gesetzmäßigkeiten, denen sie unterliegen. Ausgehend von einigen Rechenregeln, die man als Axiome an den Anfang stellt, entwickelt man die Theorie der durch diese Axiome charakterisierten abstrakten Rechenstrukturen. Die Lineare Algebra bezieht sich speziell auf zwei Rechenoperationen, die sogenannten linearen Operationen, und auf die entsprechenden Rechenstrukturen, die man als Vektorräume bezeichnet. Die grundlegende Bedeutung der Linearen Algebra besteht darin, daß zahlreiche konkrete Strukturen als Vektorräume aufgefaßt werden können, so daß die allgemein gewonnenen Ergebnisse der abstrakten Theorie auf sie anwendbar sind. So besteht z. B. die Analytische Geometrie in erster Linie in der Anwendung der Linearen Algebra auf die Geometrie, die die algebraische Fassung und rechnerische Behandlung geometrischer Gebilde ermöglicht. Umgekehrt gestattet es aber gerade diese Anwendung, Begriffe und Resultate der abstrakten Theorie geometrisch zu deuten und diese geometrischen Interpretationen auf völlig andersartige Modelle von Vektorräumen, wie etwa Funktionenräume, zu übertragen.

Das Hauptinteresse der Linearen Algebra gilt indes nicht dem einzelnen Vektorraum, sondern den Beziehungen, die zwischen Vektorräumen bestehen. Derartige Beziehungen werden durch spezielle Abbildungen beschrieben, die in bestimmter Hinsicht mit den linearen Operationen verträglich sind und die man lineare Abbildungen nennt. Ihrem Studium dient ein wesentlicher Teil dieses Buches. Dabei werden vorwiegend einzelne lineare Abbildungen hinsichtlich ihrer Wirkung und hinsichtlich der Möglichkeiten ihrer Beschreibung untersucht. Die sich auf die Gesamtheit aller linearen Abbildungen beziehenden kategorientheoretischen Aspekte und Begriffe wurden in diese Einführung nicht einbezogen.

Der Anwendung der Linearen Algebra auf die Geometrie entspringt das Bedürfnis, in Vektorräumen Messungen durchführen zu können, nämlich Längen von Vektoren und Winkel zwischen Vektoren zu messen. Aus der axiomatischen Definition des Vektorraums läßt sich aber eine solche Maßbestimmung nicht herleiten. Hierzu bedarf es vielmehr einer zusätzlichen Struktur, die durch ein skalares Produkt bestimmt wird und die auf den Begriff der euklidischen bzw. unitären Vektorräume führt. Mit ihnen, mit den durch sie gekennzeichneten Abbildungen und mit geometrischen Anwendungen befaßt sich der zweite Teil des Buches.

An den Anfänger wendet sich dieses Buch hauptsächlich im Sinn einer Ergänzung und Vertiefung. Seine Lektüre erfordert zwar keine speziellen Vorkenntnisse, setzt aber doch bei dem Leser eine gewisse Vertrautheit mit mathematischen Begriffsbildungen und Beweismethoden voraus. Die Stoffanordnung folgt nur teilweise systematischen Gesichtspunkten, die vielfach zugunsten didaktischer Erwägungen durchbrochen sind. Zahlreiche Fragen, die in den Text nicht aufgenommen werden konnten oder die bei dem Leser weitergehende Kenntnisse voraussetzen, werden in besonderen Ergänzungen und meist in Form von Aufgaben behandelt. Auf ein Literaturverzeichnis wurde verzichtet. Jedoch seien in diesem Zusammenhang besonders die entsprechenden Werke von N. Bourbaki und W. Graeub genannt, aus denen zahlreiche Anregungen übernommen wurden.

Bei der Numerierung wurde folgendes Prinzip angewandt: Definitionen, Sätze, Beispiele und Aufgaben sind an erster Stelle durch die Nummer des jeweiligen Paragraphen gekennzeichnet. An zweiter Stelle steht bei Definitionen ein kleiner lateinischer Buchstabe, bei Sätzen eine arabische Zahl, bei Beispielen eine römische Zahl und bei Ergänzungen bzw. Aufgaben ein großer lateinischer Buchstabe. Das Ende eines Beweises ist durch das Zeichen ◆ kenntlich gemacht. Neu definierte Begriffe sind im Text durch Fettdruck hervorgehoben; auf sie wird im Sachverzeichnis verwiesen. Am Ende des Buches finden sich die Lösungen der Aufgaben, die aus Platzgründen allerdings sehr knapp gehalten sind. Bei numerischen Aufgaben, deren Schema vorher behandelt wurde, sind im allgemeinen nur die Ergebnisse angegeben. Bei theoretischen Aufgaben handelt es sich meist um Beweisskizzen oder um einzelne Hinweise, aus denen der Beweisgang entnommen werden kann.

Erstes Kapitel

Grundbegriffe

Die lineare Algebra kann kurz als die Theorie zweier spezieller Rechenoperationen, der sogenannten linearen Operationen, gekennzeichnet werden. Die diesen Operationen entsprechenden algebraischen Strukturen werden lineare Räume oder Vektorräume genannt. Man kann daher die lineare Algebra auch als Theorie der Vektorräume bezeichnen. Der somit für das ganze Buch grundlegende Begriff des Vektorraums wird einschließlich einiger einfacher Eigenschaften im letzten Paragraphen dieses Kapitels behandelt. Vorbereitend wird in § 2 auf eine allgemeinere algebraische Struktur, die Gruppen, eingegangen. Schließlich setzt die allgemeine Definition des Vektorraums noch den Begriff des Körpers voraus, zu dem man durch die abstrakte Behandlung der rationalen Rechenoperationen geführt wird. Mit den Körpern und den mit ihnen eng zusammenhängenden Ringen befaßt sich der dritte Paragraph.

Neben diese algebraischen Grundlagen treten als wesentliche Voraussetzung noch einige einfache Begriffe der Mengenlehre, die im ersten Paragraphen aus Gründen der Bezeichnungsnormierung zusammengestellt werden. Der Mengenbegriff wird dabei als intuitiv gegeben vorausgesetzt; auf die axiomatische Begründung wird nicht eingegangen.

§ 1 Mengentheoretische Grundbegriffe

Die Objekte, aus denen eine Menge besteht, werden ihre **Elemente** genannt. Für „*x ist ein Element der Menge M*" schreibt man „$x \in M$". Die Negation dieser Aussage wird durch „$x \notin M$" wiedergegeben. Statt „$x_1 \in M$ *und* ... *und* $x_n \in M$" wird kürzer „$x_1, \ldots, x_n \in M$" geschrieben. Eine spezielle Menge ist die **leere Menge**, die dadurch charakterisiert ist, daß sie überhaupt keine Elemente besitzt. Sie wird mit dem Symbol $\emptyset$ bezeichnet. Weitere häufig auftretende Mengen sind:

Z Menge aller ganzen Zahlen.
R Menge aller reellen Zahlen.
C Menge aller komplexen Zahlen.

Eine Menge M heißt **Teilmenge** einer Menge N (in Zeichen: $M \leq N$), wenn aus $x \in M$ stets $x \in N$ folgt. Die leere Menge ist Teilmenge jeder Menge; außerdem ist jede Menge Teilmenge von sich selbst. Gilt $M \leq N$ und $M \neq N$, so heißt M eine **echte Teilmenge** von N.

Die Elemente einer Menge $\mathfrak{S}$ können selbst Mengen sein. Es wird dann $\mathfrak{S}$ bisweilen auch als **Mengensystem** bezeichnet. Unter dem **Durchschnitt** D eines nicht-leeren Mengensystems $\mathfrak{S}$ versteht man die Menge aller Elemente, die gleichzeitig Elemente aller Mengen des Systems sind: Es ist also $x \in D$ gleichwertig mit $x \in M$ für alle Mengen $M \in \mathfrak{S}$. Man schreibt

$$D = \bigcap_{M \in \mathfrak{S}} M \quad \text{oder auch} \quad D = \bigcap \{M\colon M \in \mathfrak{S}\}.$$

Besteht das System aus nur endlich vielen Mengen $M_1, \ldots, M_n$, so bezeichnet man den Durchschnitt dieser Mengen auch mit $M_1 \cap \cdots \cap M_n$. Die Gleichung $M \cap N = \emptyset$ besagt, daß die Mengen M und N kein gemeinsames Element besitzen; es werden dann M und N als **fremde** Mengen bezeichnet.

Ähnlich wie der Durchschnitt wird die **Vereinigung** V eines nicht-leeren Mengensystems $\mathfrak{S}$ definiert: Sie ist die Menge aller derjenigen Elemente, die zu mindestens einer Menge aus $\mathfrak{S}$ gehören. Es ist also $x \in V$ gleichwertig mit $x \in M$ für mindestens eine Menge $M \in \mathfrak{S}$. Man schreibt

$$V = \bigcup_{M \in \mathfrak{S}} M \quad \text{oder auch} \quad V = \bigcup \{M\colon M \in \mathfrak{S}\}$$

und im Fall eines endlichen Systems entsprechend $M_1 \cup \cdots \cup M_n$. Mit Hilfe der Definitionen von Durchschnitt und Vereinigung ergeben sich unmittelbar folgende Beziehungen, deren Beweis dem Leser überlassen bleiben möge:

$$M \cap (N_1 \cup N_2) = (M \cap N_1) \cup (M \cap N_2),$$
$$M \cup (N_1 \cap N_2) = (M \cup N_1) \cap (M \cup N_2),$$
$$M \cap N = M \text{ ist gleichbedeutend mit } M \leq N,$$
$$M \cup N = M \text{ ist gleichbedeutend mit } N \leq M.$$

Endliche Mengen können durch Angabe ihrer Elemente gekennzeichnet werden. Man schreibt $\{x_1, \ldots, x_n\}$ für diejenige Menge, die genau aus den angegebenen n Elementen besteht. Die einelementige Menge $\{x\}$ ist von ihrem Element x zu unterscheiden: So ist z. B. $\{\emptyset\}$ diejenige Menge, deren einziges Element die leere Menge ist.

Ein anderes Mittel zur Beschreibung von Mengen besteht darin, daß man alle Elemente einer gegebenen Menge X, die eine gemeinsame Eigenschaft $\mathcal{E}$ besitzen, zu einer neuen Menge zusammenfaßt. Bedeutet $\mathcal{E}(x)$, daß x die Eigenschaft $\mathcal{E}$ besitzt, so bezeichnet man diese Menge mit $\{x\colon x \in X,\ \mathcal{E}(x)\}$.

So ist z. B. $\{x\colon x \in \mathbf{Z},\ x^2 = 1\}$ die aus den Zahlen $+1$ und -1 bestehende Teilmenge der Menge aller ganzen Zahlen. Bei dieser Art der Mengenbildung ist die Angabe der Bezugsmenge X, aus der die Elemente entnommen werden, wesentlich, da sonst widerspruchsvolle Mengen entstehen können (vgl. 1 A). Da die Bezugsmenge jedoch im allgemeinen durch den jeweiligen Zusammenhang eindeutig bestimmt ist, soll in diesen Fällen auf ihre explizite Angabe verzichtet werden.

Ein wichtiges Beweishilfsmittel ist das **Zornsche Lemma**: Es sei $\mathfrak{S}$ ein nicht-leeres Mengensystem. Eine nicht-leere Teilmenge $\mathfrak{K}$ von $\mathfrak{S}$ heißt eine **Kette**, wenn aus $M_1, M_2 \in \mathfrak{K}$ stets $M_1 \leq M_2$ oder $M_2 \leq M_1$ folgt. Eine Menge $M \in \mathfrak{S}$ heißt ein **maximales Element** von $\mathfrak{S}$, wenn aus $N \in \mathfrak{S}$ und $M \leq N$ stets $M = N$ folgt. Das Zornsche Lemma lautet nun:

Wenn für jede Kette $\mathfrak{K}$ von $\mathfrak{S}$ die Vereinigungsmenge $\bigcup \{K\colon K \in \mathfrak{K}\}$ ein Element von $\mathfrak{S}$ ist, dann gibt es zu jeder Menge $A \in \mathfrak{S}$ ein maximales Element M von $\mathfrak{S}$ mit $A \leq M$.

Es seien jetzt X und Y zwei nicht-leere Mengen. Unter einer **Abbildung** φ von X in Y (in Zeichen: $\varphi\colon X \to Y$) versteht man dann eine Zuordnung, die jedem Element $x \in X$ eindeutig ein Element $y \in Y$ als **Bild** zuordnet. Das Bild y von x bei der Abbildung φ wird mit $\varphi(x)$ oder auch einfach mit φx bezeichnet. Die Menge X heißt der **Definitionsbereich** der Abbildung φ, die Menge Y ihr **Bildbereich**.

Ist φ eine Abbildung von X in Y und M eine Teilmenge von X, so nennt man die Menge aller Bilder von Elementen $x \in M$ entsprechend das Bild der Menge M und bezeichnet es mit $\varphi(M)$ oder einfach mit φM. Es gilt also

$$\varphi M = \{\varphi x\colon x \in M\},$$

und φM ist eine Teilmenge von Y. Das Bild der leeren Menge ist wieder die leere Menge. Weiter ist speziell φX eine Teilmenge von Y. Gilt sogar $\varphi X = Y$, tritt also jedes Element von Y als Bild eines Elements von X auf, so nennt man φ eine Abbildung von X *auf* Y. Umgekehrt sei N eine Teilmenge von Y. Dann wird die Menge aller Elemente von X, deren Bild ein Element von N ist, das **Urbild** von N bei der Abbildung φ genannt und mit $\varphi^-(N)$ bezeichnet. Es gilt also

$$\varphi^-(N) = \{x\colon \varphi x \in N\},$$

und $\varphi^-(N)$ ist eine Teilmenge von X. Auch wenn $N \neq \emptyset$ gilt, kann $\varphi^-(N)$ die leere Menge sein.

Bei einer Abbildung $\varphi\colon X \to Y$ können verschiedene Elemente von X dasselbe Bild haben. Ist dies nicht der Fall, folgt also aus $x_1 \neq x_2$ stets $\varphi x_1 \neq \varphi x_2$, so heißt φ eine **eineindeutige Abbildung** oder kürzer eine **1-1-Abbildung**. Wenn φ eine 1-1-Abbildung von X auf Y ist, besitzt jedes Element $y \in Y$ ein Urbild, das aus genau einem Element von X besteht. Ordnet man daher jedem $y \in Y$ das auf diese Weise eindeutig bestimmte Element von X als Bild zu, so wird hierdurch eine 1-1-Abbildung von Y auf X definiert. Sie heißt die **Umkehrabbildung** von φ oder die zu φ **inverse Abbildung** und wird mit φ^{-1} bezeichnet.

Zwei Abbildungen $\varphi\colon X \to Y$ und $\psi\colon Y \to Z$ kann man hintereinander schalten und erhält so insgesamt eine mit $\psi \circ \varphi$ bezeichnete Abbildung von X in Z, die man die **Produktabbildung** von φ und ψ nennt. Das Bild eines Elements $x \in X$ bei der Produktabbildung erhält man, indem man x zunächst durch φ abbildet und das so erhaltene Bild φx anschließend weiter mit ψ abbildet. Es gilt also

$$(\psi \circ \varphi)\, x = \psi(\varphi x).$$

Der Definitionsbereich und der Bildbereich einer Abbildung können auch zusammenfallen. Man hat es dann mit einer Abbildung φ einer Menge X in sich zu tun. Bildet man z. B. jedes Element von X auf sich selbst ab, so erhält man eine 1-1-Abbildung von X auf sich, die die **Identität** oder die **identische Abbildung** von X genannt und mit ε_X bzw. einfach mit ε bezeichnet wird. Für jedes $x \in X$ gilt also $\varepsilon x = x$. Ist φ eine 1-1-Abbildung von X auf Y, so existiert ihre Umkehrabbildung φ^{-1}, und man erhält

$$\varphi^{-1} \circ \varphi = \varepsilon_X, \qquad \varphi \circ \varphi^{-1} = \varepsilon_Y.$$

Ergänzungen und Aufgaben

1 A Das folgende Beispiel zeigt, daß bei der Bildung von Mengen der Art $\{x\colon x \in X,\ E(x)\}$ die Angabe der Bezugsmenge X wesentlich ist. Läßt man nämlich zu, daß die Elemente x aus irgendwelchen Mengen entnommen werden, so gelangt man folgendermaßen zu einem Widerspruch: Es sei M die Eigenschaft, eine Menge zu sein. Dann wäre $A = \{x\colon M(x)\}$ die Menge aller Mengen. Und weil dann A selbst eine Menge wäre, würde $A \in A$ gelten. Man könnte dann auch die Menge $B = \{x\colon x \notin x\}$ bilden. Sie wäre die Menge aller Mengen, die sich nicht selbst als Element enthalten. Für diese Menge müßte jedenfalls gelten $B \in B$ oder $B \notin B$. Nimmt man $B \in B$ an, so würde aus der Definition von B folgen, daß $B \notin B$ gelten müßte. Umgekehrt aber würde die Annahme $B \notin B$ ihrerseits $B \in B$ zur Folge haben. In jedem Fall würde man also einen Widerspruch erhalten (RUSSELLsche Antinomie).

1 B Es gelte $\varphi\colon X \to Y$, und $\mathfrak{S}$, $\mathfrak{S}'$ seien nicht-leere Systeme von Teilmengen von X bzw. Y.

Aufgabe

1). Es gilt

$$\varphi \bigcup \{M\colon M \in \mathfrak{S}\} = \bigcup \{\varphi M\colon M \in \mathfrak{S}\} \text{ und } \varphi \bigcap \{M\colon M \in \mathfrak{S}\{ \subseteq \bigcap \{\varphi M\colon M \in \mathfrak{S}\}.$$

Man zeige jedoch an einem Beispiel, daß in der zweiten Beziehung das Gleichheitszeichen im allgemeinen nicht gilt. Hingegen gilt das Gleichheitszeichen stets, wenn φ eine 1-1-Abbildung ist.

2). Es gilt

$$\varphi^-(\bigcup \{N\colon N \in \mathfrak{S}'\}) = \bigcup \{\varphi^-(N)\colon N \in \mathfrak{S}'\} \text{ und}$$

$$\varphi^-(\bigcap \{N\colon N \in \mathfrak{S}'\}) = \bigcap \{\varphi^-(N)\colon N \in \mathfrak{S}'\}.$$

§ 2 Gruppen

Betrachtet man einerseits die Addition der ganzen, der rationalen oder der reellen Zahlen und andererseits die Multiplikation der von Null verschiedenen rationalen oder reellen Zahlen, so findet man, daß diese beiden Rechenoperationen weitgehend übereinstimmenden Rechengesetzen unterliegen. So gilt z. B.

$$(a + b) + c = a + (b + c) \text{ und } (a \cdot b) \cdot c = a \cdot (b \cdot c).$$

Weiter gibt es ausgezeichnete Zahlen, nämlich 0 bzw. 1, die sich bei diesen Operationen neutral verhalten:

$$0 + a = a \quad \text{und} \quad 1 \cdot a = a.$$

Schließlich gilt

$$(-a) + a = 0 \quad \text{und} \quad \frac{1}{a} \cdot a = 1;$$

d. h. es gibt zu jeder Zahl $a \neq 0$ eine Zahl a' $\left(\text{nämlich } -a \text{ bzw. } \frac{1}{a}\right)$, so daß die Summe bzw. das Produkt dieser beiden Zahlen gerade die neutrale Zahl ergibt.

Da diese Rechenregeln das Zahlenrechnen weitgehend beherrschen und auch in vielen anderen Fällen auftreten, ist es naheliegend, sie unabhängig von der speziellen Natur der Rechengrößen und der jeweiligen Operationen zu untersuchen. Bei dieser abstrakten Betrachtungsweise stehen die Rechengesetze im Vordergrund: Nicht womit man rechnet ist wesentlich, sondern wie man rechnet. Man setzt lediglich voraus, daß für die Elemente einer gegebenen Menge eine Operation definiert ist, die jedem geordneten Paar (a, b) von Elementen wieder ein Element der Menge zuordnet und die den oben erwähnten Regeln unterliegt. Die Operation selbst soll hierbei mit dem neutralen Symbol $\circ$ bezeichnet werden.

Definition 2a: *Eine* **Gruppe** *besteht aus einer Menge G und einer Operation $\circ$, die jedem geordneten Paar (a, b) von Elementen aus G eindeutig* *ein mit $a \circ b$ bezeichnetes Element von G so zuordnet, daß folgende Axiome erfüllt sind:*

(I) $(a \circ b) \circ c = a \circ (b \circ c)$. (*Assoziativgesetz*)

(II) *Es gibt ein Element $e \in G$ mit $e \circ a = a$ für alle $a \in G$.*

(III) *Zu jedem $a \in G$ existiert ein Element $a' \in G$ mit $a' \circ a = e$.*

Die Gruppe heißt eine **abelsche** *oder auch* **kommutative Gruppe**, *wenn außerdem folgendes Axiom erfüllt ist:*

(IV) $a \circ b = b \circ a$. (*Kommutativgesetz*)

Zu den Bestimmungsstücken einer Gruppe gehört neben der Menge G auch die **Gruppenverknüpfung** genannte Operation $\circ$. Eine Gruppe ist demnach durch das Paar $(G, \circ)$ gekennzeichnet. Da vielfach jedoch die Gruppenverknüpfung durch den Zusammenhang eindeutig festgelegt ist, pflegt man in solchen Fällen die Gruppe einfach mit G zu bezeichnen. Die Gruppenverknüpfung wird bisweilen auch **Gruppenmultiplikation** genannt. Man bezeichnet dann das Element $a \circ b$ als **Produkt** der Elemente a und b und nennt diese selbst die **Faktoren** des Produkts. In nicht-abelschen Gruppen muß jedoch auf die Reihenfolge der Faktoren geachtet werden, weil dann $a \circ b$ und $b \circ a$ im allgemeinen verschiedene Gruppenelemente sind.

Axiom (I) besagt, daß es bei mehrgliedrigen Produkten nicht auf die Art der Klammersetzung ankommt. Man kann daher überhaupt auf die Klammern verzichten und z. B. statt $(a \circ b) \circ c$ einfacher $a \circ b \circ c$ schreiben. Diese Möglichkeit der Klammerersparnis wird weiterhin ohne besonderen Hinweis ausgenutzt werden.

Beispiele:

2. I Die Menge $\mathbf{Z}$ aller ganzen Zahlen bildet mit der gewöhnlichen Addition als Gruppenverknüpfung eine abelsche Gruppe $(\mathbf{Z}, +)$. Dasselbe gilt für die rationalen, die reellen und die komplexen Zahlen. Man spricht dann von der **additiven Gruppe** der ganzen Zahlen, der rationalen Zahlen usw. In allen diesen Fällen wird das Element e aus (II) durch die Zahl 0 und das Element a' aus (III) durch die Zahl $-a$ vertreten.

2. II Die Mengen der von Null verschiedenen rationalen, reellen oder komplexen Zahlen bilden hinsichtlich der gewöhnlichen Multiplikation als Gruppenverknüpfung je eine abelsche Gruppe (**multiplikative Gruppe** der rationalen Zahlen usw.). In diesen Gruppen wird e durch die Zahl 1 und a' durch die reziproke Zahl $\frac{1}{a}$ vertreten. Hingegen bilden die von Null verschiedenen ganzen Zahlen hinsichtlich der Multiplikation keine Gruppe, weil es z. B. zu 2 keine ganze Zahl a' mit $a' \cdot 2 = 1$ gibt.

2. III Es sei M eine beliebige, nicht-leere Menge, und $\mathfrak{S}_M$ sei die Menge aller 1-1-Abbildungen von M auf sich. Für je zwei Abbildungen $\alpha, \beta \in \mathfrak{S}_M$ bedeute $\alpha \circ \beta$ das in § 1 ebenso bezeichnete Produkt dieser Abbildungen. Für je drei Abbildungen α, β, γ und für jedes Element $x \in M$ gilt dann

$$((\alpha \circ \beta) \circ \gamma)\, x = (\alpha \circ \beta)\,(\gamma x) = \alpha(\beta(\gamma x)) \quad \text{und}$$
$$(\alpha \circ (\beta \circ \gamma))\, x = \alpha((\beta \circ \gamma) x) = \alpha(\beta(\gamma x));$$

d. h. (I) ist erfüllt. Wählt man für e die identische Abbildung ε von M, so gilt (II). Schließlich ergibt sich die Gültigkeit von (III), wenn man bei gegebenem $\alpha \in \mathfrak{S}_M$ als Abbildung α' die zu α inverse Abbildung α^{-1} wählt. Die Menge $\mathfrak{S}_M$ ist daher hinsichtlich der Multiplikation der Abbildungen eine Gruppe, die die **symmetrische Gruppe** der Menge M genannt wird.

Ist hierbei speziell M die Menge $\{1, 2, \ldots, n\}$, so bezeichnet man die zugehörige symmetrische Gruppe einfacher mit $\mathfrak{S}_n$. Jede Abbildung $\alpha \in \mathfrak{S}_n$ ist eine Permutation der Zahlen $1, \ldots, n$. Gilt etwa $\alpha(1) = a_1$, $\alpha(2) = a_2, \ldots, \alpha(n) = a_n$, so ist α durch die Reihenfolge der Bildzahlen $a_1, \ldots, a_n$ eindeutig bestimmt. Man schreibt daher $\alpha = \langle a_1, \ldots, a_n \rangle$. Gilt z. B. $n = 3$ und $\alpha = \langle 2, 3, 1 \rangle$, $\beta = \langle 3, 2, 1 \rangle$, so erhält man folgende Produkte:

$$\alpha \circ \beta = \langle 1, 3, 2 \rangle \quad \text{und} \quad \beta \circ \alpha = \langle 2, 1, 3 \rangle.$$

Dieses Beispiel zeigt, daß $\mathfrak{S}_n$ für $n \geqq 3$ keine abelsche Gruppe ist.

Aus den Gruppenaxiomen sollen jetzt einige einfache Folgerungen abgeleitet werden. In den nachstehenden Sätzen bedeutet G immer eine Gruppe.

2. 1 *Für jedes das Axiom* (II) *erfüllende Element* $e \in G$ *gilt auch* $a \circ e = a$ *für alle* $a \in G$. *Aus* $a' \circ a = e$ *folgt auch* $a \circ a' = e$.

Beweis: Zunächst wird die zweite Behauptung bewiesen: Zu a' gibt es nach (III) ein $a'' \in G$ mit $a'' \circ a' = e$. Unter Beachtung von (I) und (II) erhält man dann

$$a \circ a' = e \circ (a \circ a') = (a'' \circ a') \circ (a \circ a') = a'' \circ ((a' \circ a) \circ a') = a'' \circ (e \circ a')$$
$$= a'' \circ a' = e.$$

Hieraus folgt jetzt die erste Behauptung:

$$a \circ e = a \circ (a' \circ a) = (a \circ a') \circ a = e \circ a = a. \; \blacklozenge$$

2. 2 *Es gibt nur genau ein Element* $e \in G$ *der in* (II) *geforderten Art. Bereits aus* $x \circ a = a$ *für nur ein* $a \in G$ *folgt* $x = e$.

Beweis: Das Element e^* erfülle ebenfalls die Gleichung $e^* \circ a = a$ für alle $a \in G$. Dann gilt insbesondere $e^* \circ e = e$ und wegen 2. 1

$$e^* = e^* \circ e = e;$$

d. h. e ist eindeutig bestimmt. Gilt weiter $x \circ a = a$ für ein festes Element a, so existiert wegen (III) zu diesem ein $a' \in G$ mit $a' \circ a = e$, und wegen 2. 1 erhält man

$$x = x \circ e = x \circ (a \circ a') = (x \circ a) \circ a' = a \circ a' = e. \blacklozenge$$

Das somit durch die Axiome eindeutig bestimmte Element e wird das **neutrale Element** der Gruppe genannt.

2. 3 *In* (III) *ist a' durch a eindeutig bestimmt.*

Beweis: Neben $a' \circ a = e$ gelte auch $a^* \circ a = e$. Wegen 2. 1 erhält man dann

$$a^* = a^* \circ e = a^* \circ (a \circ a') = (a^* \circ a) \circ a' = e \circ a' = a'. \blacklozenge$$

Man nennt a' das **inverse Element** von a und schreibt statt a' im allgemeinen a^{-1}. Wenn allerdings in Spezialfällen die Gruppenverknüpfung als Addition geschrieben wird (vgl. 2. I), bezeichnet man das neutrale Element mit 0 und das zu a inverse Element mit $-a$.

2. 4 $$(a^{-1})^{-1} = a \quad \textit{und} \quad (a \circ b)^{-1} = b^{-1} \circ a^{-1}.$$

Beweis: Die in 2. 1 bewiesene Gleichung $a \circ a^{-1} = e$ besagt, daß a das zu a^{-1} inverse Element ist, daß also die erste Behauptung gilt. Die zweite folgt aus

$$(b^{-1} \circ a^{-1}) \circ (a \circ b) = b^{-1} \circ ((a^{-1} \circ a) \circ b) = b^{-1} \circ (e \circ b) = b^{-1} \circ b = e. \blacklozenge$$

2. 5 *In einer Gruppe G besitzen bei gegebenen Elementen a, $b \in G$ die Gleichungen $x \circ a = b$ und $a \circ y = b$ eindeutig bestimmte Lösungen x, $y \in G$.*

Beweis: Wenn $x \in G$ Lösung der ersten Gleichung ist, wenn also $x \circ a = b$ gilt, folgt

$$x = x \circ e = x \circ a \circ a^{-1} = b \circ a^{-1};$$

d. h. x ist durch a und b eindeutig bestimmt. Umgekehrt ist aber wegen

$$(b \circ a^{-1}) \circ a = b \circ (a^{-1} \circ a) = b \circ e = b$$

das Element $x = b \circ a^{-1}$ auch tatsächlich eine Lösung. Entsprechend schließt man im Fall der zweiten Gleichung. $\blacklozenge$

Ergänzungen und Aufgaben

2 A Es sei G eine nicht-leere Menge, in der eine Operation $\circ$ definiert ist, die das Gruppenaxiom (I) und folgende Forderung erfüllt:

(*) Zu je zwei Elementen $a, b \in G$ gibt es mindestens ein $x \in G$ mit $x \circ a = b$ und mindestens ein $y \in G$ mit $a \circ y = b$.

Aufgabe: Es sei a ein festes Element aus G. Zeige, daß dann aus $x \circ a = a$ auch $x \circ z = z$ für alle $z \in G$ folgt. Folgere, daß G eine Gruppe ist und daß (II) und (III) mit (*) gleichwertig sind.

2B Eine Permutation aus $\mathfrak{S}_n (n \geqq 2)$ heißt eine **Transposition**, wenn sie zwei der Zahlen $1, \ldots, n$ vertauscht, die übrigen aber einzeln fest läßt.

Aufgabe: Zeige, daß sich jede Permutation $\alpha \in \mathfrak{S}_n$ als Produkt von endlich vielen Transpositionen darstellen läßt und daß bei verschiedenen solchen Darstellungen von α die Anzahl der auftretenden Transpositionen entweder immer gerade oder immer ungerade ist.

Bedeutet k die Anzahl der Transpositionen in irgendeiner Darstellung von α, so ist hiernach die ganze Zahl $\operatorname{sgn}(\alpha) = (-1)^k$ eindeutig durch α bestimmt und unabhängig von der Art der Darstellung. Man nennt $\operatorname{sgn}(\alpha)$ das **Vorzeichen** oder **Signum** der Permutation α. Gilt $\operatorname{sgn}(\alpha) = +1$, so heißt α eine **gerade Permutation**, im anderen Fall, nämlich $\operatorname{sgn}(\alpha) = -1$, eine **ungerade Permutation.** Die geraden Permutationen bilden für sich eine Gruppe $\mathfrak{A}_n$, die man die **alternierende Gruppe** nennt.

Aufgabe: $\operatorname{sgn}(\alpha \circ \beta) = (\operatorname{sgn}(\alpha)) \cdot (\operatorname{sgn}(\beta))$.

§ 3 Körper und Ringe

Während der Gruppenbegriff sich auf nur eine Verknüpfungsoperation bezog, werden jetzt nebeneinander zwei Operationen betrachtet, die in Anlehnung an das übliche Zahlenrechnen mit $+$ und $\cdot$ bezeichnet und Addition bzw. Multiplikation genannt werden. Geht man etwa von den rationalen Zahlen aus, so gewinnt man aus den dort gültigen Regeln durch eine entsprechende Abstraktion wie bei den Gruppen neue algebraische Strukturen.

Definition 3a: *Ein* **Körper** *besteht aus einer Menge K und zwei Operationen, die jedem geordneten Paar (a, b) von Elementen aus K eindeutig ein Element $a + b$ bzw. $a \cdot b$ von K so zuordnen, daß folgende Axiome erfüllt sind:*

(I) $(a + b) + c = a + (b + c)$. *(Assoziativität der Addition)*

(II) $a + b = b + a$. *(Kommutativität der Addition)*

(III) *Es gibt ein Element $0 \in K$ mit $0 + a = a$ für alle $a \in K$.*

(IV) *Zu jedem $a \in K$ existiert ein Element $-a$ in K mit $(-a) + a = 0$.*

(V) $(a \cdot b) \cdot c = a \cdot (b \cdot c)$. *(Assoziativität der Multiplikation)*

(VI) *Es gibt ein Element $1 \in K$ mit $1 \cdot a = a$ für alle $a \in K$.*

(VII) *Zu jedem $a \in K$ mit $a \neq 0$ existiert ein Element a^{-1} in K mit $a^{-1} \cdot a = 1$.*

(VIII) $a \cdot (b + c) = a \cdot b + a \cdot c$ *und* $(b + c) \cdot a = b \cdot a + c \cdot a$.
(Distributivität)

(IX) $1 \neq 0$.

Fordert man lediglich die Gültigkeit der Axiome (I)—(V) *und* (VIII), *so nennt man K einen* **Ring**. *Gilt zusätzlich das Axiom*

(X) $a \cdot b = b \cdot a$ (*Kommutativität der Multiplikation*),

so wird K ein **kommutativer** *Körper bzw. Ring genannt.*

Ebenso wie eine Gruppe wird auch ein Körper bzw. Ring statt mit $(K, +, \cdot)$ einfacher mit K bezeichnet. Das Symbol für die Multiplikation wird im allgemeinen unterdrückt und statt $a \cdot b$ kürzer ab geschrieben. Vielfach werden mit „Körper" nur kommutative Körper bezeichnet, während dann nichtkommutative Körper „Schiefkörper" genannt werden. In diesem Buch wird es sich allerdings ausschließlich um kommutative Körper handeln.

Wegen (I) und (V) können wieder bei endlichen Summen und Produkten die Klammern fortgelassen werden. Eine weitere Regel zur Klammerersparnis besteht in der üblichen Konvention, daß die Multiplikation stärker binden soll, daß also z. B. statt $(ab) + c$ einfacher $ab + c$ geschrieben werden darf. Diese Vereinfachung wurde bereits bei der Formulierung von (VIII) benutzt.

Die Axiome (I)—(IV) besagen, daß ein Körper bzw. Ring hinsichtlich der Addition eine abelsche Gruppe ist. Das neutrale Element 0 wird das **Nullelement** oder kurz die **Null** des Körpers bzw. Rings genannt. Das inverse Element $-a$ heißt das zu a **negative** Element. Statt $b + (-a)$ schreibt man kürzer $b - a$ und nennt dieses Element die **Differenz** von b und a. Es gilt $a + (b - a) = b$, und $b - a$ ist somit die nach 2. 5 eindeutig bestimmte Lösung der Gleichung $a + x = b$. Wegen 2. 4 gilt schließlich $-(-a) = a$ und $-(a + b) = -a + (-b) = -a - b$.

Die Axiome (V), (VI) und (VII) besagen, daß in einem Körper die von 0 verschiedenen Elemente auch hinsichtlich der Multiplikation eine Gruppe bilden. Das neutrale Element 1 dieser multiplikativen Gruppe wird das **Einselement** oder einfach die **Eins** des Körpers genannt. In Ringen braucht ein Einselement nicht zu existieren. Zu seiner Kennzeichnung müssen in nichtkommutativen Ringen jedoch beide Gleichungen $1 \cdot a = a$ und $a \cdot 1 = a$ gefordert werden, da sie wegen des Fehlens von (VII) nicht auseinander folgen. Umgekehrt braucht in kommutativen Ringen natürlich nur eine der beiden Gleichungen (VIII) gefordert zu werden.

Beispiele:

3. I Die rationalen, die reellen und die komplexen Zahlen bilden hinsichtlich der üblichen Addition und Multiplikation je einen kommutativen Körper.

3. II Die ganzen Zahlen bilden hinsichtlich der üblichen Rechenoperationen einen kommutativen Ring mit Einselement. Sie bilden jedoch keinen Körper, weil z. B. 2 in $\mathbf{Z}$ kein reziprokes Element besitzt. Auch die geraden ganzen Zahlen bilden einen kommutativen Ring. Dieser besitzt jedoch kein Einselement.

3. III Es sei G eine beliebige, additiv geschriebene abelsche Gruppe mit dem neutralen Element 0. Durch $ab = 0$ für alle $a, b \in G$ wird dann in G auch eine Multiplikation definiert, und G wird hierdurch ein kommutativer Ring.

3. IV Die Menge K bestehe aus genau zwei Elementen, die mit 0 und 1 bezeichnet werden. Definiert man eine Addition und Multiplikation durch

$$0 + 0 = 1 + 1 = 0, \quad 0 + 1 = 1 + 0 = 1;$$
$$0 \cdot 0 = 0 \cdot 1 = 1 \cdot 0 = 0, \quad 1 \cdot 1 = 1,$$

so erhält man einen Körper.

Die folgenden Sätze zeigen, daß in beliebigen Ringen oder Körpern in der üblichen Weise gerechnet werden kann.

3. 1 *In einem Ring gilt* $0 \cdot a = a \cdot 0 = 0$ *für jedes Element* a.

Beweis: Wegen $0 + 0 = 0$ und wegen (VIII) gilt

$$0 \cdot a + 0 \cdot a = (0 + 0) \cdot a = 0 \cdot a.$$

Hieraus folgt nach 2. 2 die erste Behauptung $0 \cdot a = 0$. Die zweite Behauptung ergibt sich entsprechend. ◆

3. 2 *In einem Körper folgt aus* $ab = 0$ *stets* $a = 0$ *oder* $b = 0$.

Beweis: Es gelte $ab = 0$, aber $a \neq 0$. Dann existiert das zu a reziproke Element a^{-1}, und wegen 3. 1 folgt

$$b = 1 \cdot b = a^{-1}ab = a^{-1} \cdot 0 = 0. \quad ◆$$

Wie Beispiel 3. III zeigt, kann in einem Ring $ab = 0$ auch dann gelten, wenn a und b von 0 verschieden sind. Man nennt dann a einen linken und b einen rechten **Nullteiler**. Der letzte Satz besagt, daß ein Körper stets nullteilerfrei ist.

3. 3 *In einem Ring gilt* $a(-b) = (-a)b = -(ab)$, *insbesondere also* $(-a)(-b) = ab$.

Beweis: Wegen (VIII) und 3. 1 erhält man

$$ab + a(-b) = a(b + (-b)) = a \cdot 0 = 0.$$

Hiernach ist $a(-b)$ das zu ab negative Element; d. h. es gilt $a(-b) = -(ab)$. Entsprechend ergibt sich die zweite Gleichung. ◆

Es sei jetzt K ein Körper. Für jede natürliche Zahl $n > 0$ und für jedes Element $a \in K$ bedeute $n \times a$ die aus n Summanden a bestehende Summe $a + a + \cdots + a$. In den Körpern der rationalen, reellen oder komplexen Zahlen gilt stets $n \times 1 \neq 0$. Das Beispiel 3. IV zeigt jedoch, daß in gewissen Körpern bei geeigneter Wahl von n auch der Fall $n \times 1 = 0$ eintreten kann.

Definition 3b: *Wenn es zu einem Körper K überhaupt eine natürliche Zahl $n > 0$ mit $n \times 1 = 0$ gibt, so heißt die kleinste natürliche Zahl mit dieser Eigenschaft die* **Charakteristik** *von K. Gilt jedoch $n \times 1 \neq 0$ für alle natürlichen Zahlen $n > 0$, so wird K die Charakteristik 0 zugeordnet.*

Wenn die Charakteristik eines Körpers von Null verschieden ist, dann muß sie wegen (IX) jedenfalls größer als 1 sein. Der zweielementige Körper aus 3. IV besitzt daher die Charakteristik 2.

3. 4 *Die Charakteristik eines Körpers ist entweder 0 oder eine Primzahl.*

Beweis: Es sei p die Charakteristik eines Körpers, und es gelte $p \neq 0$. Nimmt man an, daß p keine Primzahl ist, so gibt es natürliche Zahlen s und t mit $s < p$, $t < p$ und $p = st$. Wegen (VIII) ergibt sich unmittelbar $(s \times 1)\,(t \times 1) = p \times 1 = 0$, wegen 3. 2 also $s \times 1 = 0$ oder $t \times 1 = 0$. Dies widerspricht wegen $s < p$, $t < p$ der Definition der Charakteristik. ◆

Ergänzungen und Aufgaben

3 A Es sei q eine natürliche Zahl > 0. Für jede ganze Zahl a bedeute dann $\bar{a}$ die Menge aller ganzen Zahlen x, für die die Differenz $x - a$ durch q teilbar ist. Schließlich sei K_q die Menge aller dieser „Restklassen".

Aufgabe:

1). Zeige, daß aus $\bar{a} = \bar{c}$ und $\bar{b} = \bar{d}$ auch $\overline{a + b} = \overline{c + d}$ und $\overline{ab} = \overline{cd}$ folgt.

2). Zeige weiter, daß durch

$$\bar{a} + \bar{b} = \overline{a + b} \quad \text{und} \quad \bar{a} \cdot \bar{b} = \overline{ab}$$

in K_q eine Addition und eine Multiplikation definiert werden und daß K_q hinsichtlich dieser Operationen ein kommutativer Ring mit genau q Elementen ist.

3). K_q ist genau dann ein Körper, wenn q eine Primzahl ist.

4). Ist q eine Primzahl, so ist q gleichzeitig die Charakteristik des Körpers K_q.

5). Ist q keine Primzahl, so enthält der Ring K_q Nullteiler.

3 B Es sei G die Menge aller geordneten Paare $\mathfrak{x} = (x_1, x_2)$ ganzer Zahlen x_1, x_2. In G wird durch

$$(x_1, x_2) + (y_1, y_2) = (x_1 + y_1, x_2 + y_2)$$

eine Addition definiert.

Aufgabe: Zeige, daß G hinsichtlich dieser Addition als Verknüpfungsoperation eine abelsche Gruppe ist.

Weiter sei A die Menge aller Abbildungen α der Gruppe G in sich mit

$$\alpha(\mathfrak{x} + \mathfrak{y}) = (\alpha\mathfrak{x}) + (\alpha\mathfrak{y})$$

für alle $\mathfrak{x}, \mathfrak{y} \in G$. Für je zwei Abbildungen $\alpha, \beta \in A$ sei $\alpha\beta$ die Produktabbildung $\alpha \circ \beta$. Ferner sei $\alpha + \beta$ diejenige Abbildung, die jedes Element $\mathfrak{x} \in G$ auf das Element $(\alpha\mathfrak{x}) + (\beta\mathfrak{x})$ abbildet; es soll also gelten:

$$(\alpha + \beta)\,\mathfrak{x} = (\alpha\mathfrak{x}) + (\beta\mathfrak{x}).$$

Aufgabe: 1). Zeige, daß A hinsichtlich der so definierten Rechenoperationen ein Ring mit Einselement ist.

2). Zeige, daß A Nullteiler enthält und daß die Multiplikation nicht kommutativ ist.

§ 4 Vektorräume

Der ursprüngliche Begriff des Vektors besitzt eine anschauliche geometrische Bedeutung. Man denke sich etwa in der Ebene einen festen Punkt a als Anfangspunkt ausgezeichnet. Jedem weiteren Punkt x kann dann umkehrbar eindeutig die von a nach x weisende gerichtete Strecke zugeordnet werden, die man sich etwa durch einen in a ansetzenden Pfeil mit der Spitze in x repräsentiert denken kann. Man nennt diese gerichtete Strecke den **Ortsvektor** von x bezüglich des Anfangspunktes a und bezeichnet ihn mit dem entsprechenden deutschen Buchstaben $\mathfrak{x}$. Ist $\mathfrak{y}$ ein zweiter Ortsvektor, so kann man den Summenvektor $\mathfrak{x} + \mathfrak{y}$ in bekannter Weise nach dem Parallelogrammprinzip definieren (vgl. Fig. 1). Einfache geometrische Überlegungen zeigen nun, daß die Ortsvektoren hinsichtlich dieser Addition als

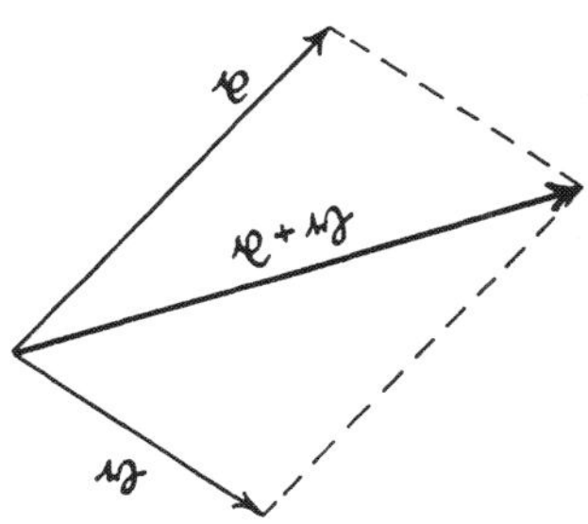

Fig. 1

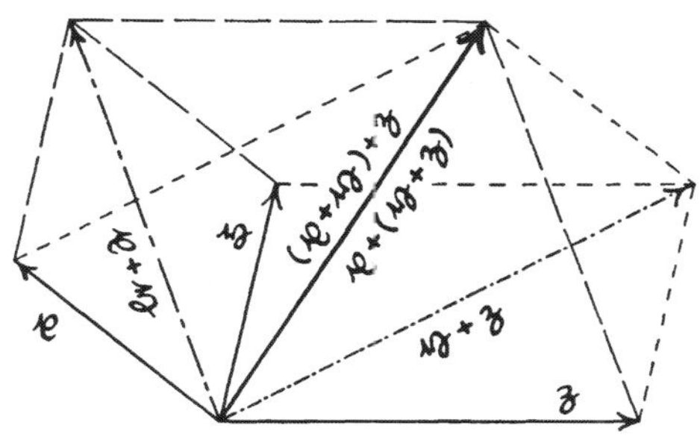

Fig. 2

Verknüpfungsoperation eine abelsche Gruppe bilden. So folgt z. B. das Assoziativgesetz aus der in Fig. 2 angedeuteten Kongruenz von Dreiecken. Das neutrale Element dieser Gruppe ist der zu einem Punkt entartete Ortsvektor des Anfangspunktes selbst. Daneben kann man aber auch jeden Ortsvektor $\mathfrak{x}$ mit einer reellen Zahl a multiplizieren: Der Vektor $a\mathfrak{x}$ sei derjenige Vektor, dessen Länge das $|a|$-fache der Länge des Vektors $\mathfrak{x}$ ist und dessen Richtung im Fall $a > 0$ mit der Richtung von $\mathfrak{x}$ übereinstimmt, im Fall $a < 0$ zu ihr entgegengesetzt gerichtet ist. Außerdem sei $0\mathfrak{x}$ wieder der Ortsvektor des Anfangspunkts. Für diese zweite Operation der Multiplikation von Ortsvektoren mit reellen Zahlen gelten nun folgende Regeln, die sich leicht geometrisch nachweisen lassen:

$$(ab)\,\mathfrak{x} = a(b\mathfrak{x}),$$
$$a(\mathfrak{x} + \mathfrak{y}) = a\mathfrak{x} + a\mathfrak{y},$$
$$(a + b)\,\mathfrak{x} = a\mathfrak{x} + b\mathfrak{x},$$
$$1\mathfrak{x} = \mathfrak{x}.$$

Der allgemeine Begriff des Vektorraums entsteht nun wie bei den Gruppen, Körpern und Ringen wieder durch eine entsprechende Abstraktion, die von der speziellen Natur der Vektoren und Rechenoperationen absieht. Diese Abstraktion geht hier sogar noch etwas weiter: Bei den Ortsvektoren wurden als Multiplikatoren reelle Zahlen benutzt. Bei der allgemeinen Begriffsbildung tritt an die Stelle der reellen Zahlen ein beliebiger kommutativer Körper K, der dann der **Skalarenkörper** genannt wird und dessen Elemente als **Skalare** bezeichnet werden.

Definition 4a: *Ein* **Vektorraum** *oder auch* **linearer Raum** *besteht aus einer additiv geschriebenen, abelschen Gruppe X, deren Elemente* **Vektoren** *genannt werden, einem kommutativen Skalarenkörper K und einer Multiplikation, die jedem geordneten Paar $(a, \mathfrak{x})$ mit $a \in K$ und $\mathfrak{x} \in X$ eindeutig einen Vektor $a\mathfrak{x} \in X$ so zuordnet, daß folgende Axiome erfüllt sind:*

(I) $$(ab)\,\mathfrak{x} = a(b\mathfrak{x}) \quad (a, b \in K;\ \mathfrak{x} \in X).$$
(Assoziativität)

(II) $$a(\mathfrak{x} + \mathfrak{y}) = a\mathfrak{x} + a\mathfrak{y} \quad (a \in K;\ \mathfrak{x}, \mathfrak{y} \in X),$$
$$(a + b)\,\mathfrak{x} = a\mathfrak{x} + b\mathfrak{x} \quad (a, b \in K;\ \mathfrak{x} \in X).$$
(Distributivität)

(III) $$1\mathfrak{x} = \mathfrak{x} \quad (1 \in K;\ \mathfrak{x} \in X).$$

Wie schon in diesen Axiomen sollen auch im allgemeinen Skalare mit kleinen lateinischen, Vektoren hingegen mit kleinen deutschen Buchstaben bezeichnet werden. Zu beachten ist, daß die Rechenoperationen trotz gleicher Bezeichnung teilweise verschiedene Bedeutung haben: So steht z. B. auf der linken Seite der zweiten Gleichung von (II) die Summe zweier Skalare, auf der rechten Seite aber die Summe zweier Vektoren. Das Zeichen + bedeutet also auf der linken Seite die Addition im Skalarenkörper K, rechts hingegen die Vektoraddition in X. Ebenso treten auch in (I) verschiedene Arten der Multiplikation auf. In (II) wurde außerdem bereits eine der früheren Festsetzung entsprechende Vereinfachung benutzt: die Multiplikation mit Skalaren soll stärker binden als die Vektoraddition; statt $(a\mathfrak{x}) + \mathfrak{y}$ soll also einfacher $a\mathfrak{x} + \mathfrak{y}$ geschrieben werden dürfen. Axiom (I) gestattet schließlich, auch bei mehrfacher Multiplikation mit Skalaren die Klammern fortzulassen.

Ebenso wie bei den Gruppen, Ringen und Körpern pflegt man auch einen Vektorraum nur mit dem einen Buchstaben zu bezeichnen, der schon der Gruppe zugeordnet ist. Wenn der Skalarenkörper K besonders hervorgehoben werden soll, spricht man von einem Vektorraum X über K. Allgemein soll folgende Festsetzung gelten: Sofern nicht spezielle Skalarenkörper angegeben werden, soll der zu einem Vektorraum gehörende Skalarenkörper immer mit K bezeichnet werden. Treten in einem Zusammenhang mehrere Vektorräume gleichzeitig auf, so sollen sie immer denselben Skalarenkörper besitzen. Dieser darf ein beliebiger kommutativer Körper sein. Nur in Einzelfällen wird er einschränkenden Bedingungen unterworfen werden, die dann aber stets ausdrücklich angegeben werden. Für die Anwendung der Theorie sind allerdings diejenigen Vektorräume am wichtigsten, deren Skalarenkörper der Körper der reellen oder der komplexen Zahlen ist. Man spricht in diesen Fällen kurz von **reellen** bzw. **komplexen Vektorräumen**.

Die charakteristischen Operationen eines Vektorraums sind die Vektoraddition und die Multiplikation der Vektoren mit Skalaren. Diese beiden Operationen werden unter dem gemeinsamen Namen **lineare Operationen** zusammengefaßt.

Es sei jetzt X ein beliebiger Vektorraum. Da X eine (additiv geschriebene, abelsche) Gruppe ist, existiert in X ein eindeutig bestimmter neutraler Vektor. Dieser wird der **Nullvektor** genannt und mit $\mathfrak{o}$ bezeichnet. Es gilt $\mathfrak{o} + \mathfrak{x} = \mathfrak{x}$ für alle Vektoren $\mathfrak{x} \in X$, und aus $\mathfrak{x} + \mathfrak{a} = \mathfrak{a}$ für nur einen Vektor $\mathfrak{a} \in X$ folgt bereits $\mathfrak{x} = \mathfrak{o}$. Ebenso existiert zu jedem Vektor $\mathfrak{x}$ ein eindeutig bestimmter negativer Vektor $-\mathfrak{x}$. Für ihn gilt $\mathfrak{x} + (-\mathfrak{x}) = \mathfrak{o}$. Statt $\mathfrak{a} + (-\mathfrak{b})$ wird wieder kürzer $\mathfrak{a} - \mathfrak{b}$ geschrieben, und dieser Vektor wird der **Differenzvektor** von $\mathfrak{a}$ und $\mathfrak{b}$ genannt. In einem Vektorraum ist somit auch die Subtraktion unbeschränkt ausführbar.

Beispiele:

4. I Nach den einleitenden Bemerkungen bilden die ebenen Ortsvektoren (bezüglich eines festen Anfangspunktes) einen reellen Vektorraum. In analoger Weise kann man auch im Raum Ortsvektoren definieren, die dann ebenfalls einen reellen Vektorraum bilden.

4. II Es sei K ein kommutativer Körper, und $n > 0$ sei eine natürliche Zahl. Ein Aggregat $(a_1, \ldots, a_n)$ von Elementen aus K wird dann ein **n-Tupel** genannt, und die Menge aller dieser n-Tupel wird mit K^n bezeichnet. Es seien nun $\mathfrak{a} = (a_1, \ldots, a_n)$ und $\mathfrak{b} = (b_1, \ldots, b_n)$ zwei n-*Tupel* aus K^n, und c sei ein Element aus K. Setzt man dann

$$\mathfrak{a} + \mathfrak{b} = (a_1 + b_1, \ldots, a_n + b_n) \quad \text{und} \quad c\mathfrak{a} = (ca_1, \ldots, ca_n),$$

so werden hierdurch in K^n die linearen Operationen definiert, und K^n wird zu einem Vektorraum über K. Man nennt diesen Vektorraum den n-dimensionalen **arithmetischen Vektorraum** über K. In ihm ist der Nullvektor das aus lauter Nullen bestehende n-Tupel $(0, \ldots, 0)$. Der Fall $n = 1$ zeigt, daß man jeden kommutativen Körper als Vektorraum über sich selbst auffassen kann.

4. III Es sei F die Menge aller auf einem reellen Intervall $[a, b]$ definierten reellwertigen Funktionen. Für je zwei Funktionen $f, g \in F$ sei $f + g$ diejenige Funktion, deren Werte durch

$$(f + g)(t) = f(t) + g(t) \qquad (a \leqq t \leqq b)$$

bestimmt sind. Entsprechend sei für jede reelle Zahl c die Funktion cf durch

$$(cf)(t) = c(f(t)) \qquad (a \leqq t \leqq b)$$

definiert. Hinsichtlich der so erklärten linearen Operationen ist F ein reeller Vektorraum. Nullvektor ist die auf $[a, b]$ identisch verschwindende Funktion.

Abschließend sollen noch einige Regeln für das Rechnen in Vektorräumen hergeleitet werden, die weiterhin ohne besondere Hinweise benutzt werden.

4. 1 *Für beliebige Vektoren $\mathfrak{x}$ und Skalare c gilt*

$$0\mathfrak{x} = \mathfrak{o} \text{ und } c\mathfrak{o} = \mathfrak{o}.$$

$$\text{Aus } c\mathfrak{x} = \mathfrak{o} \text{ folgt } c = 0 \text{ oder } \mathfrak{x} = \mathfrak{o}.$$

Beweis: Wegen (II) gilt

$$0\mathfrak{x} + 0\mathfrak{x} = (0 + 0)\,\mathfrak{x} = 0\mathfrak{x} \quad \text{und}$$

$$c\mathfrak{o} + c\mathfrak{o} = c(\mathfrak{o} + \mathfrak{o}) = c\mathfrak{o}.$$

Aus der ersten Gleichung folgt $0\mathfrak{x} = \mathfrak{o}$, aus der zweiten $c\mathfrak{o} = \mathfrak{o}$. Weiter werde $c\mathfrak{x} = \mathfrak{o}$, aber $c \neq 0$ vorausgesetzt. Wegen (III) erhält man dann

$$\mathfrak{x} = 1\mathfrak{x} = c^{-1}c\mathfrak{x} = c^{-1}\mathfrak{o} = \mathfrak{o}. \blacklozenge$$

Für die Bildung des negativen Vektors gilt wieder $-(-\mathfrak{x}) = \mathfrak{x}$. Die Vektoren $-\mathfrak{x}$ und $(-1)\mathfrak{x}$ müssen jedoch zunächst unterschieden werden: $-\mathfrak{x}$ ist der durch die Gleichung $\mathfrak{x} + (-\mathfrak{x}) = \mathfrak{o}$ eindeutig bestimmte Vektor, während $(-1)\mathfrak{x}$ aus $\mathfrak{x}$ durch Multiplikation mit -1 hervorgeht. Der folgende Satz zeigt jedoch, daß beide Vektoren gleich sind.

4. 2 $-\mathfrak{x} = (-1)\mathfrak{x}$.

Beweis: Wegen (II), (III) und 4. 1 gilt

$$\mathfrak{x} + (-1)\mathfrak{x} = 1\mathfrak{x} + (-1)\mathfrak{x} = (1 + (-1))\mathfrak{x} = 0\mathfrak{x} = \mathfrak{o}$$

und daher $(-1)\mathfrak{x} = -\mathfrak{x}$. $\blacklozenge$

Wegen $(-c)\mathfrak{x} = (-1)c\mathfrak{x}$ folgt hieraus noch unmittelbar die Beziehung

$$(-c)\mathfrak{x} = -(c\mathfrak{x}) = c(-\mathfrak{x}).$$

Ergänzungen und Aufgaben

4A In dem folgenden Beispiel werden die reellen Zahlen einerseits als Skalare, andererseits aber auch als Vektoren aufgefaßt. Als Skalare sollen sie in der üblichen Weise addiert werden. Als Vektoren soll für sie jedoch eine neue Art der Addition definiert werden, die zur Unterscheidung mit $\oplus$ bezeichnet wird. Es soll nämlich gelten

$$a \oplus b = \sqrt[3]{a^3 + b^3},$$

wobei unter dem Wurzelzeichen die Addition in der üblichen Weise auszuführen ist. Entsprechend bedeute ab das übliche Produkt. Faßt man jedoch a als Skalar und b als Vektor auf, so sei ein neues, mit $\odot$ bezeichnetes Produkt durch eine der beiden folgenden Gleichungen definiert:

1). $a \odot b = ab$

2). $a \odot b = \sqrt[3]{a} \cdot b$.

Aufgabe: Man untersuche, in welchem Fall der so definierten linearen Operationen ein reeller Vektorraum vorliegt.

4B Es sei K ein kommutativer Körper und X eine (additiv geschriebene) abelsche Gruppe. Definiert man dann das Produkt eines beliebigen „Skalars“ $a \in K$ mit einem beliebigen „Vektor“ $\mathfrak{x} \in X$ durch $a\mathfrak{x} = \mathfrak{o}$ (neutrales Element von X), so sind mit Ausnahme von (III) alle Axiome des Vektorraums erfüllt.

Die Bedeutung von Axiom (III) soll durch folgende Aufgabe beleuchtet werden: X erfülle alle Axiome eines Vektorraums über K mit Ausnahme von (III). Es existiere also ein „Vektor“ $\mathfrak{a} \in X$ mit $1\mathfrak{a} \neq \mathfrak{a}$.

Aufgabe:

1). Für einen „Vektor" $\mathfrak{x} \in X$ gilt $1\mathfrak{x} = \mathfrak{x}$ genau dann, wenn $\mathfrak{x}$ sich in der Form $\mathfrak{x} = 1\mathfrak{y}$ mit einem geeigneten „Vektor" $\mathfrak{y} \in X$ darstellen läßt.

2). Für jeden „Vektor" $\mathfrak{x}$ der Form $\mathfrak{x} = \mathfrak{y} - 1\mathfrak{y}$ gilt $1\mathfrak{x} = \mathfrak{o}$.

3). Es werde

$$U = \{\mathfrak{x}: \mathfrak{x} \in X,\ 1\mathfrak{x} = \mathfrak{x}\} \quad \text{und} \quad V = \{\mathfrak{x}: \mathfrak{x} \in X,\ 1\mathfrak{x} = \mathfrak{o}\}$$

gesetzt. Zeige, daß sich jeder „Vektor" $\mathfrak{x} \in X$ auf genau eine Weise in der Form $\mathfrak{x} = \mathfrak{u} + \mathfrak{v}$ mit $\mathfrak{u} \in U$ und $\mathfrak{v} \in V$ darstellen läßt.

4). Wendet man die linearen Operationen auf „Vektoren" aus U an, so erhält man stets wieder „Vektoren" aus U. Die Teilmenge U von X erfüllt alle Axiome eines Vektorraums.

4C Die in der Definition des Vektorraums enthaltene Forderung, daß der Skalarenkörper ein kommutativer Körper sein soll, ist zunächst unwesentlich. Alle bisherigen Betrachtungen und auch die Ergebnisse der folgenden Paragraphen gelten sinngemäß ebenso dann, wenn man als Skalarenkörper einen Schiefkörper zuläßt. Erst an einer späteren Stelle (§ 9) wird entscheidend benutzt, daß der Skalarenkörper kommutativ ist.

Zweites Kapitel

Unterräume, Basis, Koordinaten

In diesem Kapitel werden zunächst Begriffsbildungen behandelt, die unmittelbar an die Definition des Vektorraums anschließen und sich auf nur einen Vektorraum beziehen. Im Mittelpunkt dieser Betrachtungen steht der Begriff der Basis eines Vektorraums und der mit ihm eng zusammenhängende Begriff der linearen Unabhängigkeit von Vektoren. Mit diesen Hilfsmitteln ist es dann auch möglich, die Dimension eines Vektorraums zu definieren. Hierbei ergibt sich eine Aufteilung der Vektorräume in endlich-dimensionale und solche unendlicher Dimension. Wesentlich für das konkrete Rechnen mit Vektoren ist schließlich, daß man in endlich-dimensionalen Vektorräumen hinsichtlich einer Basis jeden Vektor durch endlich viele Skalare, seine Koordinaten, beschreiben kann. Der Koordinatenbegriff gestattet es, das Rechnen mit Vektoren auf das Rechnen im Skalarenkörper zurückzuführen.

§ 5 Unterräume

Es sei U eine nicht-leere Teilmenge eines Vektorraums X. Mit zwei Vektoren $\mathfrak{a}$ und $\mathfrak{b}$ aus U wird dann im allgemeinen nicht auch ihr Summenvektor $\mathfrak{a} + \mathfrak{b}$ in U liegen; und entsprechend wird aus $c \in K$ und $\mathfrak{a} \in U$ im allgemeinen auch nicht $c\mathfrak{a} \in U$ folgen. Wenn dies jedoch der Fall ist, wenn also aus $\mathfrak{a}, \mathfrak{b} \in U$ und $c \in K$ stets $\mathfrak{a} + \mathfrak{b} \in U$ und $c\mathfrak{a} \in U$ folgt, so sind die linearen Operationen auch in der Teilmenge U definiert. Man sagt dann, daß U gegenüber den linearen Operationen abgeschlossen ist.

Definition 5a: *Eine Teilmenge U eines Vektorraums X heißt ein* **Unterraum** *von X (in Zeichen: $U \leq | X$), wenn sie gegenüber den linearen Operationen abgeschlossen und selbst ein Vektorraum ist.*

Diese Definition des Unterraums enthält neben der Forderung der Abgeschlossenheit noch die weitere Forderung, daß auch alle an einen Vektorraum gestellten Bedingungen erfüllt sein sollen. Daß hierbei in Wirklichkeit keine zusätzliche Forderung vorliegt, sondern daß sich die Gültigkeit der Axiome automatisch überträgt, zeigt der folgende Satz.

5.1 *Eine nicht-leere Teilmenge U eines Vektorraums X ist genau dann ein Unterraum von X, wenn sie gegenüber den linearen Operationen abgeschlossen ist, wenn also aus $\mathfrak{a}, \mathfrak{b} \in U$ und $c \in K$ stets $\mathfrak{a} + \mathfrak{b} \in U$ und $c\mathfrak{a} \in U$ folgt.*

Beweis: Es ist lediglich zu zeigen, daß sich die Gültigkeit der Axiome von X auf U überträgt. Von den Axiomen (I)—(III) aus 4a ist dies unmittelbar klar und ebenso auch von der Assoziativität und Kommutativität der Vektoraddition, weil diese Bedingungen ja in X, erst recht also in der Teilmenge U erfüllt sind. Eine Ausnahme machen lediglich die Existenzforderungen, die sich auf die Existenz des neutralen und des negativen Vektors beziehen. Nun ist aber U nicht leer, enthält also mindestens einen Vektor $\mathfrak{a}$. Nach Voraussetzung gilt dann auch $\mathfrak{o} = 0\mathfrak{a} \in U$. Die Menge U enthält also den Nullvektor von X, der dann auch neutrales Element in U ist. Außerdem enthält U nach Voraussetzung mit dem Vektor $\mathfrak{x}$ auch den Vektor $(-1)\,\mathfrak{x}$, wegen 4.2 also den Vektor $-\mathfrak{x}$. ◆

Da ein Unterraum, für sich betrachtet, selbst ein Vektorraum ist, muß er jedenfalls den Nullvektor enthalten. Die leere Menge ist daher kein Unterraum. Unmittelbar ergibt sich außerdem: Ist U ein Unterraum von X und V ein Unterraum von U, so ist V auch ein Unterraum von X.

Beispiele:

5.I Die nur aus dem Nullvektor bestehende Teilmenge $\{\mathfrak{o}\}$ eines Vektorraums X ist ein Unterraum von X; und zwar ist $\{\mathfrak{o}\}$ offenbar der kleinste Unterraum von X. Man nennt ihn den **Nullraum**. Außerdem ist jeder Vektorraum X ein Unterraum von sich selbst.

5.II In dem reellen Vektorraum der ebenen Ortsvektoren bezüglich eines Anfangspunktes a erhält man Unterräume auf folgende Weise: Es sei G eine durch a gehende Gerade. Dann bilden die zu den Punkten von G gehörenden Ortsvektoren einen Unterraum. Außer dem Nullraum und der ganzen Ebene sind diese durch a gehenden Geraden auch die einzigen Unterräume. Bei den räumlichen Ortsvektoren treten als weitere Unterräume noch die Ebenen durch den Anfangspunkt auf.

5.III Die Menge aller n-Tupel der Form $(0, a_2, \ldots, a_n)$ ist ein Unterraum des arithmetischen Vektorraums K^n (vgl. 4.II).

5.IV In dem Funktionenraum F (vgl. 4.III) bilden die Teilmengen aller integrierbaren, aller stetigen oder aller differenzierbaren Funktionen je einen Unterraum. Ebenso ist die Teilmenge aller Polynome ein Unterraum von F. In der angegebenen Reihenfolge sind sie sogar Unterräume voneinander.

5. 2 *Der Durchschnitt beliebig vieler Unterräume eines Vektorraums ist selbst wieder ein Unterraum.*

Beweis: Es sei $\mathfrak{S}$ ein System von Unterräumen, und

$$D = \bigcap \{U : U \in \mathfrak{S}\}$$

sei ihr Durchschnitt. Aus $\mathfrak{a}, \mathfrak{b} \in D$ folgt $\mathfrak{a}, \mathfrak{b} \in U$ für alle $U \in \mathfrak{S}$. Wegen 5. 1 gilt dann auch $\mathfrak{a} + \mathfrak{b} \in U$ für alle $U \in \mathfrak{S}$ und somit $\mathfrak{a} + \mathfrak{b} \in D$. Ebenso folgt aus $c \in K$, $\mathfrak{a} \in D$ zunächst $c\mathfrak{a} \in U$ für alle $U \in \mathfrak{S}$ und weiter $c\mathfrak{a} \in D$. Wieder wegen 5. 1 und wegen $\mathfrak{o} \in D$ ist daher D ein Unterraum. ◆

Es sei jetzt M eine beliebige Teilmenge eines Vektorraums X. Dann ist das System $\mathfrak{S}$ aller Unterräume U von X mit $M \leq U$ wegen $X \in \mathfrak{S}$ nicht leer, und der Durchschnitt von $\mathfrak{S}$ ist nach dem letzten Satz wieder ein Unterraum von X. Er ist offenbar der kleinste Unterraum von X, der die Menge M enthält. Man bezeichnet ihn mit $[M]$ und nennt ihn den von der Menge M **erzeugten** oder **aufgespannten** Unterraum. Es gilt also

Definition 5b:

$$[M] = \bigcap \{U : M \leq U, U \leq| X\}.$$

Ist M eine endliche Teilmenge von X, gilt also etwa $M = \{\mathfrak{a}_1, \ldots, \mathfrak{a}_n\}$, so soll statt $[M]$ auch $[\mathfrak{a}_1, \ldots, \mathfrak{a}_n]$ geschrieben werden. Eine Teilmenge M von X ist genau dann ein Unterraum von X, wenn $M = [M]$ gilt. Aus $M \leq N \leq X$ folgt außerdem $[M] \leq| [N] \leq| X$. Da die leere Menge Teilmenge jedes Unterraums und insbesondere des Nullraums ist, gilt $[\emptyset] = \{\mathfrak{o}\}$. Da der Nullvektor ebenfalls den Nullraum erzeugt, kann statt $\{\mathfrak{o}\}$ auch $[\mathfrak{o}]$ geschrieben werden.

Definition 5c: *Es seien $\mathfrak{a}_1, \ldots, \mathfrak{a}_n$ endlich viele Vektoren eines Vektorraums X. Jeder Vektor der Form $c_1\mathfrak{a}_1 + \cdots + c_n\mathfrak{a}_n$ mit beliebigen Skalaren $c_1, \ldots, c_n$ wird dann eine* **Linearkombination** *der Vektoren $\mathfrak{a}_1, \ldots, \mathfrak{a}_n$ genannt. Ein Vektor heißt eine Linearkombination einer nicht-leeren Teilmenge M von X, wenn er eine Linearkombination endlich vieler Vektoren aus M ist.*

5. 3 *Der von einer nicht-leeren Teilmenge M eines Vektorraums X aufgespannte Unterraum $[M]$ besteht aus genau allen Linearkombinationen von M.*

Beweis: Addiert man zwei Linearkombinationen von M oder multipliziert man eine Linearkombination von M mit einem Skalar, so erhält man offenbar wieder eine Linearkombination von M. Wegen 5. 1 ist daher die Menge M^* aller Linearkombinationen von M ein Unterraum von X. Jeder Vektor $\mathfrak{a} \in M$ ist wegen $\mathfrak{a} = 1\mathfrak{a}$ eine Linearkombination von M. Daher gilt $M \leq M^*$, und es folgt $[M] \leq M^*$. Andererseits muß $[M]$ als Unterraum mit je endlich vielen Vektoren aus M auch jede ihrer Linearkombinationen enthalten; d. h. es gilt umgekehrt $M^* \leq [M]$. Zusammen ergibt dies die behauptete Gleichung $[M] = M^*$. ◆

Ist wieder $\mathfrak{S}$ ein System von Unterräumen eines Vektorraums X, so ist die Vereinigungsmenge dieses Systems im allgemeinen kein Unterraum von X. Jedoch wird von dieser Vereinigungsmenge ein Unterraum aufgespannt, den man die **Summe** der Unterräume des Systems nennt und mit $\Sigma\,\{U: U \in \mathfrak{S}\}$, oder bei endlich vielen Unterräumen auch mit $U_1 + \cdots + U_n$ bezeichnet. Es gilt also

Definition 5d:

$$\Sigma\,\{U\colon\ U \in \mathfrak{S}\} = [\bigcup\,\{U\colon\ U \in \mathfrak{S}\}].$$

Der Summenraum $\Sigma\,\{U: U \in \mathfrak{S}\}$ besteht nach 5.3 aus genau den Vektoren der Form $c_1\mathfrak{a}_1 + \cdots + c_n\mathfrak{a}_n$, wobei jeder der Vektoren $\mathfrak{a}_\nu\,(\nu = 1,\ldots,n)$ in einem Unterraum U_ν des Systems $\mathfrak{S}$ liegt. Dann aber gilt auch $c_\nu\mathfrak{a}_\nu \in U_\nu$. Sind außerdem gewisse der Unterräume U_ν gleich, gilt also etwa $U_{\nu_1} = \cdots = U_{\nu_k} = U$, so folgt sogar $c_{\nu_1}\mathfrak{a}_{\nu_1} + \cdots + c_{\nu_k}\mathfrak{a}_{\nu_k} \in U$. Nach geeigneter Zusammenfassung läßt sich daher die Linearkombination $c_1\mathfrak{a}_1 + \cdots + c_n\mathfrak{a}_n$ auch in der Form $\mathfrak{u}_1 + \cdots + \mathfrak{u}_r$ darstellen, wobei die Vektoren $\mathfrak{u}_1, \ldots, \mathfrak{u}_r$ in verschiedenen Unterräumen $U_1, \ldots, U_r$ des Systems $\mathfrak{S}$ liegen. Unmittelbar ergibt sich hieraus:

5.4 *Der Summenraum $\Sigma\,\{U: U \in \mathfrak{S}\}$ besteht aus genau denjenigen Vektoren $\mathfrak{x}$, die sich in der Form $\mathfrak{x} = \mathfrak{u}_1 + \cdots + \mathfrak{u}_r$ darstellen lassen, wobei die Vektoren $\mathfrak{u}_1, \ldots, \mathfrak{u}_r$ in verschiedenen Unterräumen $U_1, \ldots, U_r$ des Systems $\mathfrak{S}$ liegen.*

Ergänzungen und Aufgaben

5A Es sei K der aus genau zwei Elementen bestehende Körper des Beispiels 3. IV.

Aufgabe: Man bestimme alle Unterräume des arithmetischen Vektorraums K^3.

5B Eine Teilmenge L eines Vektorraums X heißt eine **lineare Mannigfaltigkeit**, wenn es zu ihr einen Unterraum U_L von X mit folgender Eigenschaft gibt: Aus $\mathfrak{a}, \mathfrak{b} \in L$ folgt stets $\mathfrak{a} - \mathfrak{b} \in U_L$ und aus $\mathfrak{a} \in L$, $\mathfrak{u} \in U_L$ umgekehrt $\mathfrak{a} + \mathfrak{u} \in L$. Als spezielle lineare Mannigfaltigkeit ordnet sich in diese Definition auch die leere Menge ein.

Jeder Unterraum von X ist eine lineare Mannigfaltigkeit. Aber z. B. ist auch jede einelementige Teilmenge $\{\mathfrak{a}\}$ von X eine lineare Mannigfaltigkeit, jedoch nur im Fall $\mathfrak{a} = \mathfrak{o}$ ein Unterraum.

Aufgabe:

1). Der zu einer nicht-leeren linearen Mannigfaltigkeit L gehörende Unterraum U_L ist durch L eindeutig bestimmt. Ist $\mathfrak{a}$ ein fester Vektor aus L, so gilt $U_L = \{\mathfrak{a} - \mathfrak{x}: \mathfrak{x} \in L\}$.

2). Eine Teilmenge M von X ist genau dann eine lineare Mannigfaltigkeit, wenn sie mit je endlich vielen Vektoren $\mathfrak{a}_1, \cdots, \mathfrak{a}_n$ auch jeden Vektor der Form $c_1\mathfrak{a}_1 + \cdots + c_n\mathfrak{a}_n$ mit $c_1 + \cdots + c_n = 1$ enthält.

3). Eine lineare Mannigfaltigkeit ist genau dann ein Unterraum, wenn sie den Nullvektor enthält.

4). Der Durchschnitt von beliebig vielen linearen Mannigfaltigkeiten ist wieder eine lineare Mannigfaltigkeit.

5). Es seien L und M zwei nicht-leere lineare Mannigfaltigkeiten, und N sei die kleinste lineare Mannigfaltigkeit, die L und M enthält. Dann gilt $U_N = U_L + U_M$ im Fall $L \frown M \neq \emptyset$. Im Fall $L \frown M = \emptyset$ gilt jedoch $U_N = U_L + U_M + [\mathfrak{a}]$ mit $\mathfrak{a} = \mathfrak{b} - \mathfrak{c}$, wobei $\mathfrak{b}$ ein beliebiger Vektor aus L und $\mathfrak{c}$ ein beliebiger Vektor aus M ist.

§ 6 Basis und Dimension

Es seien $\mathfrak{a}_1, \ldots, \mathfrak{a}_n$ endlich viele Vektoren eines Vektorraums X. Diese Vektoren spannen dann einen Unterraum U von X auf, und nach 5. 3 läßt sich jeder Vektor aus U als eine Linearkombination von $\mathfrak{a}_1, \ldots, \mathfrak{a}_n$ darstellen. Dies gilt insbesondere für den Nullvektor. Eine mögliche Darstellung des Nullvektors ist $\mathfrak{o} = 0\mathfrak{a}_1 + \cdots + 0\mathfrak{a}_n$; sie wird die **triviale Darstellung** genannt. Daneben können aber auch nicht-triviale Darstellungen $\mathfrak{o} = c_1\mathfrak{a}_1 + \cdots + c_n\mathfrak{a}_n$ mit $c_\nu \neq 0$ für mindestens einen Index ν existieren. Die folgende Definition betrifft den Sonderfall, in dem dies nicht möglich ist.

Definition 6a: *Endlich viele Vektoren $\mathfrak{a}_1, \ldots, \mathfrak{a}_n$ eines Vektorraums heißen* **linear unabhängig,** *wenn der Nullvektor nur die triviale Darstellung als Linearkombination von $\mathfrak{a}_1, \ldots, \mathfrak{a}_n$ zuläßt; wenn also aus $c_1\mathfrak{a}_1 + \cdots + c_n\mathfrak{a}_n = \mathfrak{o}$ stets $c_1 = \cdots = c_n = 0$ folgt. Wenn die Vektoren $\mathfrak{a}_1, \ldots, \mathfrak{a}_n$ nicht linear unabhängig sind, werden sie* **linear abhängig** *genannt.*

Wenn die Vektoren $\mathfrak{a}_1, \ldots, \mathfrak{a}_n$ linear unabhängig sind, gilt $\mathfrak{a}_\nu \neq \mathfrak{o}$ $(\nu = 1, \ldots, n)$, weil z. B. aus $\mathfrak{a}_1 = \mathfrak{o}$ die nicht-triviale Darstellung $\mathfrak{o} = 1\mathfrak{a}_1 + 0\mathfrak{a}_2 + \cdots + 0\mathfrak{a}_n$ folgen würde. Insbesondere ist also ein einzelner Vektor genau dann linear unabhängig, wenn er vom Nullvektor verschieden ist.

Definition 6b: *Eine Teilmenge M eines Vektorraums X heißt* **linear unabhängig,** *wenn je endlich viele verschiedene Vektoren aus M linear unabhängig sind. Andernfalls heißt die Menge M* **linear abhängig.**

Als Spezialfall dieser Definition ist die leere Menge linear unabhängig. Außerdem ergibt sich unmittelbar: Jede Teilmenge einer linear unabhängigen Menge ist selbst linear unabhängig; jede Obermenge einer linear abhängigen Menge ist wieder linear abhängig.

6.1 *Eine aus mindestens zwei Vektoren bestehende Menge M ist genau dann linear abhängig, wenn sich mindestens ein Vektor $\mathfrak{x} \in M$ als Linearkombination verschiedener Vektoren $\mathfrak{a}_1, \ldots, \mathfrak{a}_n \in M$ mit $\mathfrak{a}_\nu \neq \mathfrak{x}$ $(\nu = 1, \ldots, n)$ darstellen läßt.*

Beweis: Gilt $\mathfrak{x} = c_1 \mathfrak{a}_1 + \cdots + c_n \mathfrak{a}_n$ mit verschiedenen Vektoren $\mathfrak{x}, \mathfrak{a}_1, \ldots, \mathfrak{a}_n \in M$, so ist $\mathfrak{o} = 1\mathfrak{x} - c_1\mathfrak{a}_1 - \cdots - c_n\mathfrak{a}_n$ eine nicht-triviale Darstellung des Nullvektors, und M ist linear abhängig. Umgekehrt sei M linear abhängig. Dann gibt es verschiedene Vektoren $\mathfrak{a}_0, \ldots, \mathfrak{a}_n \in M$ und Skalare $c_0, \ldots, c_n$ mit $c_0\mathfrak{a}_0 + \cdots + c_n\mathfrak{a}_n = \mathfrak{o}$ und $c_\nu \neq 0$ für mindestens einen Index ν. Ohne Beschränkung der Allgemeinheit kann $c_0 \neq 0$ und $n \geqq 1$ angenommen werden. Es folgt $\mathfrak{a}_0 = -c_0^{-1} c_1 \mathfrak{a}_1 - \cdots - c_0^{-1} c_n \mathfrak{a}_n$; d. h. $\mathfrak{a}_0$ kann als Linearkombination von $\mathfrak{a}_1, \ldots, \mathfrak{a}_n$ dargestellt werden. ◆

Definition 6c: *Eine Teilmenge B eines Vektorraums X heißt eine* **Basis** *von X, wenn B linear unabhängig ist und den ganzen Raum X aufspannt (d. h. $[B] = X$).*

Unmittelbar folgt hieraus: Eine Teilmenge M von X ist genau dann linear unabhängig, wenn sie eine Basis des von ihr aufgespannten Unterraums $[M]$ ist.

Beispiele:

6.I Die leere Menge ist eine Basis des Nullraums; und zwar ist sie auch die einzige Basis, weil die Menge $\{\mathfrak{o}\}$ selbst linear abhängig ist.

6.II In dem reellen Vektorraum der ebenen Ortsvektoren bilden je zwei Ortsvektoren, deren Spitzen nicht mit dem Anfangspunkt auf einer Geraden liegen, eine Basis. Entsprechend bilden je drei Ortsvektoren, deren Spitzen nicht mit dem Anfangspunkt in einer Ebene liegen, eine Basis des Vektorraums der räumlichen Ortsvektoren.

6.III In dem arithmetischen Vektorraum K^n (vgl. 4.II) bilden die n-Tupel

$$\mathfrak{e}_1 = (1, 0, \ldots, 0), \quad \mathfrak{e}_2 = (0, 1, 0, \ldots, 0), \ldots, \quad \mathfrak{e}_n = (0, \ldots, 0, 1),$$

die an genau einer Stelle eine 1 und sonst lauter Nullen aufweisen, eine Basis. Diese Basis wird auch die **kanonische Basis** von K^n genannt. Sie ist jedoch nicht die einzige Basis von K^n. So bilden z. B. die Tripel

$$\mathfrak{a}_1 = (1, 1, 0), \quad \mathfrak{a}_2 = (1, 0, 1), \quad \mathfrak{a}_3 = (0, 1, 1)$$

ebenfalls eine Basis von K^3, sofern K nicht die Charakteristik 2 besitzt. Wenn jedoch K ein Körper der Charakteristik 2 ist, gilt wegen $1 + 1 = 0$ auch $\mathfrak{a}_1 + \mathfrak{a}_2 + \mathfrak{a}_3 = \mathfrak{o}$; in diesem Fall sind also die Vektoren $\mathfrak{a}_1, \mathfrak{a}_2, \mathfrak{a}_3$ linear abhängig.

6. IV In dem Funktionenraum F (vgl. 4. III) bilden die Polynome $f_n(t) = t^n$ $(n = 0, 1, 2, \ldots)$ eine (aus unendlich vielen Vektoren bestehende) Basis des Unterraums aller Polynome.

Daß jeder Vektorraum überhaupt mindestens eine Basis besitzt, kann nur mittels transfiniter Methoden der Mengenlehre, etwa mit Hilfe des Zornschen Lemmas (vgl. p. 13) bewiesen werden. Der folgende Satz zeigt, daß man sogar jede linear unabhängige Teilmenge eines Vektorraums X zu einer Basis von X erweitern kann.

6. 2 *Es sei M eine linear unabhängige Teilmenge eines Vektorraums X. Dann gibt es eine Basis B von X mit $M \leq B$.*

Beweis: Es sei $\mathfrak{S}$ das System aller linear unabhängigen Teilmengen von X, die die Menge M enthalten. Dann gilt jedenfalls $M \in \mathfrak{S}$; d. h. $\mathfrak{S}$ ist nicht leer. Weiter sei jetzt $\mathfrak{K}$ eine beliebige Kette von $\mathfrak{S}$, und $V = \bigcup \{K\colon K \in \mathfrak{K}\}$ sei ihre Vereinigungsmenge. Sind nun $\mathfrak{a}_1, \ldots, \mathfrak{a}_n$ endlich viele verschiedene Vektoren aus V, so gibt es Mengen $K_1, \ldots, K_n$ in $\mathfrak{K}$ mit $\mathfrak{a}_\nu \in K_\nu (\nu = 1, \ldots, n)$. Da aber $\mathfrak{K}$ eine Kette ist, existiert unter diesen Mengen eine — etwa K_1 —, die alle anderen enthält. Es gilt dann sogar $\mathfrak{a}_1, \ldots, \mathfrak{a}_n \in K_1$. Wegen $K_1 \in \mathfrak{K}$ und $\mathfrak{K} \leq \mathfrak{S}$ ist K_1 eine linear unabhängige Menge. Deshalb sind die Vektoren $\mathfrak{a}_1, \ldots, \mathfrak{a}_n$ und weiter auch die Menge V linear unabhängig. Es folgt $V \in \mathfrak{S}$, und nach dem Zornschen Lemma gibt es in $\mathfrak{S}$ eine maximale Menge B. Jede echte Obermenge von B muß also linear abhängig sein.

Als linear unabhängige Menge ist B eine Basis des Unterraums $[B]$ von X. Um zu zeigen, daß B eine Basis von X ist, muß also nur $[B] = X$ nachgewiesen werden. Hierzu werde $[B] \neq X$ angenommen. Dann gibt es einen Vektor $\mathfrak{x} \in X$ mit $\mathfrak{x} \notin [B]$, insbesondere also mit $\mathfrak{x} \neq \mathfrak{o}$. Durch Hinzunahme von $\mathfrak{x}$ wird B zu der echten Obermenge $B^* = B \cup \{\mathfrak{x}\}$ erweitert. Gilt $B = \emptyset$, so erhält man wegen $\mathfrak{x} \neq \mathfrak{o}$ den Widerspruch, daß $B^* = \{\mathfrak{x}\}$ linear unabhängig ist. Zweitens gelte $B \neq \emptyset$, und für verschiedene Vektoren $\mathfrak{a}_1, \ldots, \mathfrak{a}_n \in B$ bestehe eine Gleichung der Form $c\mathfrak{x} + c_1\mathfrak{a}_1 + \cdots + c_n\mathfrak{a}_n = \mathfrak{o}$. Aus $c \neq 0$ würde $\mathfrak{x} = -c^{-1}c_1\mathfrak{a}_1 - \cdots - c^{-1}c_n\mathfrak{a}_n$ und daher der Widerspruch $\mathfrak{x} \in [B]$ folgen. Man erhält also zunächst $c = 0$ und dann wegen der linearen Unabhängigkeit von B weiter auch $c_1 = \cdots = c_n = 0$. Dies besagt aber, daß jetzt auch B^* linear unabhängig ist im Widerspruch dazu, daß B^* als echte Obermenge von B linear abhängig sein muß. Die Annahme $[B] \neq X$ ist damit widerlegt. ◆

Wählt man in diesem Satz für M die leere Menge, so besagt er gerade daß jeder Vektorraum mindestens eine Basis besitzt.

6. 3 *Für Teilmengen B eines Vektorraums X sind folgende Aussagen paarweise gleichwertig:*

(1) *B ist eine Basis von X.*

(2) *B ist eine minimale Menge, die X erzeugt; d. h. es gilt $[B] = X$, für jede echte Teilmenge C von B jedoch $[C] \neq X$.*

(3) *B ist eine maximale linear unabhängige Teilmenge von X.*

Ist X nicht der Nullraum, so ist außerdem gleichwertig:

(4) *Jeder Vektor aus X kann auf genau eine Weise als Linearkombination von B dargestellt werden.*

Beweis: Wenn X der Nullraum ist, ergibt sich die Gleichwertigkeit von (1)—(3) unmittelbar. Weiterhin gelte daher $X \neq [\mathfrak{o}]$. Der Beweis folgt dem Schema (1) → (4) → (2) → (3) → (1).

(1) → (4): Wegen $[B] = X$ kann jeder Vektor $\mathfrak{x} \in X$ auf mindestens eine Art als Linearkombination von B dargestellt werden. Es seien nun

$$\mathfrak{x} = x_1 \mathfrak{a}_1 + \cdots + x_n \mathfrak{a}_n \quad \text{und} \quad \mathfrak{x} = x_1' \mathfrak{a}_1 + \cdots + x_n' \mathfrak{a}_n$$

zwei solche Darstellungen. (Daß in beiden Darstellungen dieselben Vektoren auftreten, bedeutet keine Einschränkung der Allgemeinheit, da man fehlende Vektoren mit dem Koeffizienten 0 in die Summe aufnehmen kann.) Dann folgt

$$(x_1 - x_1') \mathfrak{a}_1 + \cdots + (x_n - x_n') \mathfrak{a}_n = \mathfrak{o}$$

und wegen der linearen Unabhängigkeit von B weiter $x_\nu - x_\nu' = 0$, also $x_\nu = x_\nu'$ für $\nu = 1, \ldots, n$. Die beiden Darstellungen sind also gleich.

(4) → (2): Wegen (4) gilt $[B] = X$. Weiter sei C eine echte Teilmenge von B, und es werde auch $[C] = X$ angenommen. Wegen $X \neq [\mathfrak{o}]$ gilt $C \neq \emptyset$. Ferner gibt es einen Vektor $\mathfrak{x} \in B$ mit $\mathfrak{x} \notin C$. Wegen $\mathfrak{x} \in [C]$ gilt $\mathfrak{x} = x_1 \mathfrak{a}_1 + \cdots + x_n \mathfrak{a}_n$ mit Vektoren $\mathfrak{a}_1, \ldots, \mathfrak{a}_n \in C$; andererseits gilt aber auch $\mathfrak{x} = 1\mathfrak{x}$. Dies sind im Widerspruch zu (4) zwei verschiedene Darstellungen von $\mathfrak{x}$ als Linearkombination von B.

(2) → (3): Wegen $[B] = X \neq [\mathfrak{o}]$ ist B nicht leer. Gilt $B = \{\mathfrak{a}\}$, so folgt $\mathfrak{a} \neq \mathfrak{o}$ und damit die lineare Unabhängigkeit von B. Im anderen Fall enthält B mindestens zwei Vektoren. Wäre B linear abhängig, so gäbe es nach 6. 1 einen Vektor $\mathfrak{x} \in B$, der als Linearkombination von weiteren Vektoren aus B darstellbar wäre. Die aus B durch Herausnahme von $\mathfrak{x}$ entstehende Menge C wäre dann eine echte Teilmenge von B, es würde $\mathfrak{x} \in [C]$ und daher auch $B \leq [C]$ und weiter $X = [B] \leq [C]$, also $X = [C]$ gelten. Dies widerspricht der Minimalitätsbedingung aus (2). Daher ist B in jedem Fall linear unab-

hängig. Weil andererseits jeder nicht in B liegende Vektor aus X eine Linearkombination von B ist, kann wieder wegen 6. 1 keine echte Obermenge von B linear unabhängig sein.

(3) → (1): Da B linear unabhängig ist, gibt es nach 6. 2 eine Basis B^* von X mit $B \leq B^*$. Da B^* als Basis ebenfalls linear unabhängig ist, muß wegen der Maximalität von B sogar $B^* = B$ gelten. Es ist also B eine Basis von X. ◆

Die folgenden Sätze werden nur für solche Vektorräume bewiesen, die sogar eine endliche Basis besitzen. Auf den allgemeinen Fall wird am Ende dieses Paragraphen kurz eingegangen (6 A).

6. 4 *Es sei $B = \{\mathfrak{a}_1, \ldots, \mathfrak{a}_n\}$ eine Basis des Vektorraums X, und der Vektor $\mathfrak{b} \in X$ besitze die Darstellung $\mathfrak{b} = b_1\mathfrak{a}_1 + \cdots + b_n\mathfrak{a}_n$. Gilt dann $b_k \neq 0$ für ein k mit $1 \leqq k \leqq n$, so ist auch die Menge $B' = \{\mathfrak{a}_1, \ldots, \mathfrak{a}_{k-1}, \mathfrak{b}, \mathfrak{a}_{k+1}, \ldots, \mathfrak{a}_n\}$ eine Basis von X. Man kann also in B den Vektor $\mathfrak{a}_k$ gegen den Vektor $\mathfrak{b}$ austauschen und erhält wieder eine Basis von X.*

Beweis: Ohne Beschränkung der Allgemeinheit kann $k = 1$ angenommen werden. Jeder Vektor $\mathfrak{x} \in X$ besitzt eine Darstellung $\mathfrak{x} = x_1\mathfrak{a}_1 + \cdots + x_n\mathfrak{a}_n$. Wegen $b_1 \neq 0$ gilt $\mathfrak{a}_1 = b_1^{-1}(\mathfrak{b} - b_2\mathfrak{a}_2 - \cdots - b_n\mathfrak{a}_n)$, und es folgt $\mathfrak{x} = b_1^{-1} x_1 \mathfrak{b} + (x_2 - x_1 b_1^{-1} b_2)\,\mathfrak{a}_2 + \cdots + (x_n - x_1 b_1^{-1} b_n)\,\mathfrak{a}_n$. Daher erzeugt die Menge B' den ganzen Raum X. Weiter ist aber B' auch linear unabhängig: Aus $c\mathfrak{b} + c_2\mathfrak{a}_2 + \cdots + c_n\mathfrak{a}_n = \mathfrak{o}$ folgt nämlich zunächst $cb_1\mathfrak{a}_1 + (cb_2 + c_2)\,\mathfrak{a}_2 + \cdots + (cb_n + c_n)\,\mathfrak{a}_n = \mathfrak{o}$ und wegen der linearen Unabhängigkeit von B dann $cb_1 = cb_2 + c_2 = \cdots = cb_n + c_n = 0$. Wegen $b_1 \neq 0$ ergibt sich $c = 0$ und weiter aus den übrigen Gleichungen $c_2 = \cdots = c_n = 0$. ◆

Der folgende Satz enthält eine wichtige Verallgemeinerung dieses Austauschprinzips.

6. 5 (Austauschsatz von Steinitz). *Es sei $\{\mathfrak{a}_1, \ldots, \mathfrak{a}_n\}$ eine Basis des Vektorraums X, und die Vektoren $\mathfrak{b}_1, \ldots, \mathfrak{b}_k \in X$ seien linear unabhängig. Dann gilt $k \leqq n$, und bei geeigneter Numerierung der Vektoren $\mathfrak{a}_1, \ldots, \mathfrak{a}_n$ ist auch $\{\mathfrak{b}_1, \ldots, \mathfrak{b}_k, \mathfrak{a}_{k+1}, \ldots, \mathfrak{a}_n\}$ eine Basis von X. Man erhält also wieder eine Basis, wenn man k geeignete unter den Vektoren $\mathfrak{a}_1, \ldots, \mathfrak{a}_n$ gegen die Vektoren $\mathfrak{b}_1, \ldots, \mathfrak{b}_k$ austauscht.*

Beweis: Der Beweis erfolgt durch Induktion über k. Als Induktionsbeginn kann man den Fall $k = 0$ zulassen, in dem überhaupt keine Vektoren auszutauschen sind und in dem der Satz trivial ist.

Im allgemeinen Fa llsind auch die Vektoren $\mathfrak{b}_1, \ldots, \mathfrak{b}_{k-1}$ linear unabhängig. Nach Induktionsannahme folgt daher $k - 1 \leqq n$, und bei geeigneter Numerierung ist $B^* = \{\mathfrak{b}_1, \ldots, \mathfrak{b}_{k-1}, \mathfrak{a}_k, \ldots, \mathfrak{a}_n\}$ ebenfalls eine Basis von X. Würde $k - 1 = n$ gelten, so wäre bereits $\{\mathfrak{b}_1, \ldots, \mathfrak{b}_{k-1}\}$ eine Basis von X, und $\mathfrak{b}_k$ müßte sich als Linearkombination von $\mathfrak{b}_1, \ldots, \mathfrak{b}_{k-1}$ darstellen lassen. Dies widerspricht der linearen Unabhängigkeit der Vektoren $\mathfrak{b}_1, \ldots, \mathfrak{b}_k$. Daher gilt sogar $k - 1 < n$, also $k \leqq n$. Da B^* eine Basis von X ist, gilt weiter

$$\mathfrak{b}_k = c_1 \mathfrak{b}_1 + \cdots + c_{k-1} \mathfrak{b}_{k-1} + c_k \mathfrak{a}_k + \cdots + c_n \mathfrak{a}_n .$$

Würde hierbei $c_k = \cdots = c_n = 0$ gelten, so würde dies wieder der linearen Unabhängigkeit der Vektoren $\mathfrak{b}_1, \ldots, \mathfrak{b}_k$ widersprechen. Bei geeigneter Numerierung kann daher $c_k \neq 0$ angenommen werden, und nach 6. 4 ist auch $B' = \{\mathfrak{b}_1, \ldots, \mathfrak{b}_k, \mathfrak{a}_{k+1}, \ldots, \mathfrak{a}_n\}$ eine Basis von X. Damit ist der Induktionsbeweis abgeschlossen. ◆

Der Austauschsatz gestattet eine wichtige Folgerung: Wenn $\{\mathfrak{a}_1, \ldots, \mathfrak{a}_n\}$ und $\{\mathfrak{b}_1, \ldots, \mathfrak{b}_k\}$ zwei Basen von X sind, muß einerseits $k \leqq n$, wegen der Gleichberechtigung der Basen aber auch $n \leqq k$, insgesamt also $k = n$ gelten. Wenn daher ein Vektorraum überhaupt eine endliche Basis besitzt, dann bestehen alle seine Basen aus gleichviel Vektoren. Besitzt aber ein Vektorraum eine unendliche Basis, so müssen auch alle anderen Basen unendlich sein.

Definition 6d: *Wenn ein Vektorraum X eine endliche Basis besitzt, wird die allen Basen von X gemeinsame Anzahl der Basisvektoren die* **Dimension** *von X genannt (in Zeichen:* Dim X*). Besitzt X jedoch keine endliche Basis, so heißt X* **unendlich-dimensional** *(in Zeichen:* Dim $X = \infty$*). Die Dimension des Nullraums wird gleich* 0 *gesetzt.*

Beispiele:

6. V Aus 6. II entnimmt man unmittelbar, daß der Vektorraum der ebenen Ortsvektoren die Dimension 2, der der räumlichen Ortsvektoren die Dimension 3 besitzt. In diesem anschaulichen Beispiel stimmt also der abstrakte Dimensionsbegriff mit der üblichen Dimensionsbezeichnung überein.

6. VI Da die Vektoren $\mathfrak{e}_1, \ldots, \mathfrak{e}_n$ aus 6. III eine Basis von K^n bilden, gilt Dim $K^n = n$. Dies rechtfertigt nachträglich die Bezeichnung „n-dimensionaler“ arithmetischer Vektorraum.

6. VII Da die Polynome $f_n (n = 0, 1, 2, \ldots)$ aus 6. IV linear unabhängig sind, können sie nach 6. 2 durch Hinzunahme weiterer Funktionen zu einer Basis des Funktionenraums F erweitert werden. Daher gilt Dim $F = \infty$.

6. 6 *Es gelte* Dim $X = n < \infty$.

(1) *Eine linear unabhängige Teilmenge B von X ist genau dann eine Basis von X, wenn B aus n Vektoren besteht.*

(2) *Für jeden Unterraum U von X gilt* Dim $U \leqq$ Dim X. *Aus* Dim U = Dim X *folgt* $U = X$.

Beweis:

(1) Jede linear unabhängige Teilmenge B von X kann nach 6. 2 zu einer Basis B^* von X erweitert werden, die dann wegen Dim $X = n$ aus genau n Vektoren besteht. Wenn nun bereits B aus n Vektoren besteht, folgt $B^* = B$.

(2) Ist $\{\mathfrak{a}_1, \ldots, \mathfrak{a}_n\}$ eine Basis von X und $\{\mathfrak{b}_1, \ldots, \mathfrak{b}_k\}$ eine Basis von U, so folgt aus 6. 5 sofort Dim $U = k \leqq n =$ Dim X. Gilt $k = n$, so ist nach dem ersten Teil dieses Satzes $\{\mathfrak{b}_1, \ldots, \mathfrak{b}_k\}$ bereits eine Basis von X; d. h. es gilt $U = X$. ◆

6. 7 (Dimensionssatz). *Es seien U und V zwei endlich-dimensionale Unterräume eines Vektorraumes X. Dann gilt*

$$\text{Dim } U + \text{Dim } V = \text{Dim } (U \cap V) + \text{Dim } (U + V).$$

Beweis: Es sei $B_d = \{\mathfrak{d}_1, \ldots, \mathfrak{d}_r\}$ eine Basis von $U \cap V$. (Hierbei ist auch $r = 0$ zugelassen, wenn $U \cap V$ der Nullraum, die Basis also die leere Menge ist.) Nach 6.2 kann B_d einerseits zu einer Basis $B_1 = \{\mathfrak{d}_1, \ldots, \mathfrak{d}_r, \mathfrak{a}_1, \ldots, \mathfrak{a}_s\}$ von U, andererseits auch zu einer Basis $B_2 = \{\mathfrak{d}_1, \ldots, \mathfrak{d}_r, \mathfrak{b}_1, \ldots, \mathfrak{b}_t\}$ von V erweitert werden. Zunächst soll jetzt gezeigt werden, daß $B = \{\mathfrak{d}_1, \ldots, \mathfrak{d}_r, \mathfrak{a}_1, \ldots, \mathfrak{a}_s, \mathfrak{b}_1, \ldots, \mathfrak{b}_t\}$ eine Basis des Summenraumes $U + V$ ist.

Jeder Vektor $\mathfrak{x} \in U + V$ kann nach 5. 4 in der Form $\mathfrak{x} = \mathfrak{u} + \mathfrak{v}$ mit $\mathfrak{u} \in U$ und $\mathfrak{v} \in V$ dargestellt werden. Da sich $\mathfrak{u}$ als Linearkombination von B_1 und $\mathfrak{v}$ als Linearkombination von B_2 darstellen läßt, ist $\mathfrak{x}$ eine Linearkombination von B. Es gilt daher jedenfalls $[B] = U + V$. Zum Nachweis der linearen Unabhängigkeit von B werde

$$x_1\mathfrak{d}_1 + \cdots + x_r\mathfrak{d}_r + y_1\mathfrak{a}_1 + \cdots + y_s\mathfrak{a}_s + z_1\mathfrak{b}_1 + \cdots + z_t\mathfrak{b}_t = \mathfrak{o},$$

also

$$x_1\mathfrak{d}_1 + \cdots + x_r\mathfrak{d}_r + y_1\mathfrak{a}_1 + \cdots + y_s\mathfrak{a}_s = -z_1\mathfrak{b}_1 - \cdots - z_t\mathfrak{b}_t$$

vorausgesetzt. Da in der letzten Gleichung die linke Seite ein Vektor aus U, die rechte Seite aber ein Vektor aus V ist, müssen beide Seiten ein Vektor aus $U \cap V$ sein, der sich somit als Linearkombination von $\mathfrak{d}_1, \ldots, \mathfrak{d}_r$ darstellen lassen muß. Wegen der linearen Unabhängigkeit von B_1 und B_2 ergibt sich hieraus unmittelbar $x_1 = \cdots = x_r = y_1 = \cdots = y_s = z_1 = \cdots = z_t = 0$.

Es folgt jetzt

$$\text{Dim } U + \text{Dim } V = (r+s) + (r+t) = r + (r+s+t) = \text{Dim}(U \cap V) + \text{Dim}(U+V). \; ◆$$

Ergänzungen und Aufgaben

6A Der Austauschsatz kann auch auf den Fall unendlicher Basen ausgedehnt werden und zeigt dann, daß je zwei Basen eines Vektorraums X dieselbe Mächtigkeit (Kardinalzahl) besitzen. Man kann daher die Dimension von X als die gemeinsame Kardinalzahl aller Basen von X definieren. Im Fall endlicher Dimension stimmt diese Festsetzung mit 6d überein. Bei unendlicher Dimension ergibt sich jetzt jedoch eine Verfeinerung des Dimensionsbegriffs. So hat z. B. der Raum aller Polynome die Dimension $\aleph_0$ (Mächtigkeit des Abzählbaren), während der ganze Funktionenraum F überabzählbare Dimension besitzt.

Der Satz 6. 6 bleibt bei unendlicher Dimension nicht allgemein gültig: Die Polynome f_n aus 6. IV mit geradem Index bilden eine Basis für einen echten Unterraum des Raumes aller Polynome. Teil (1) von 6. 6 gilt daher bei unendlicher Dimension nicht, und aus Dim $U =$ Dim X folgt auch nicht mehr $U = X$.

6B Beim Beweis von 6. 2 wurde das Zornsche Lemma, also ein transfinites Hilfsmittel benutzt. Im Fall endlich-dimensionaler Vektorräume kann dies vermieden werden. Beim Beweis des Austauschsatzes wurde nämlich 6. 2 nicht benutzt. Aus dem Austauschsatz kann aber 6. 2 für Vektorräume endlicher Dimension unmittelbar gefolgert werden (Beweis als Aufgabe!).

6C Es sei L eine lineare Mannigfaltigkeit des Vektorraums X (vgl. 5B). Die Dimension von L wird dann durch Dim $L =$ Dim U_L definiert; außerdem wird Dim $\emptyset = -1$ gesetzt.

Aufgabe: Es seien L und M zwei endlich-dimensionale, nicht-leere lineare Mannigfaltigkeiten, und N sei die kleinste lineare Mannigfaltigkeit mit $L \leq N$ und $M \leq N$. Dann gilt

$$\text{Dim } L + \text{Dim } M = \text{Dim } N + \text{Dim } (L \cap M),$$

wenn $L \cap M \neq \emptyset$. Anderfalls gilt jedoch

$$\text{Dim } L + \text{Dim } M = \text{Dim } N + \text{Dim}(L \cap M) + \text{Dim}(U_L \cap U_M).$$

6D Es seien K und Λ zwei kommutative Körper. Es gelte $K \leq \Lambda$, und die in Λ erklärten Körperoperationen sollen in K gerade die dort erklärten Körperoperationen induzieren. Man nennt dann Λ einen **Oberkörper** von K. So bilden z. B. die reellen Zahlen einen Oberkörper der rationalen Zahlen und die komplexen Zahlen ihrerseits einen Oberkörper der reellen Zahlen.

Aufgabe

1). Es sei Λ ein Oberkörper von K. Dann kann man Λ als Vektorraum über K auffassen. Die Dimension dieses Vektorraums wird der **Rang** von Λ über K genannt und mit $(\Lambda : K)$ bezeichnet.

2). Es gilt $(\mathbf{C} : \mathbf{R}) = 2$. Über dem Körper der rationalen Zahlen hat $\mathbf{R}$ jedoch unendlichen Rang.

3). Es sei Λ ein Oberkörper von K und Ω ein Oberkörper von Λ (also auch von K). Ferner seien die Ränge $(\Lambda : K)$ und $(\Omega : \Lambda)$ endlich. Dann gilt $(\Omega : K) = (\Omega : \Lambda) \cdot (\Lambda : K)$.

§ 7 Koordinaten

In diesem Paragraphen bedeute X immer einen endlich-dimensionalen Vektorraum. Es gelte Dim $X = n \geqq 1$.

Es sei jetzt $B = \{\mathfrak{a}_1, \ldots, \mathfrak{a}_n\}$ eine Basis von X. Dann besitzt jeder Vektor $\mathfrak{x} \in X$ nach 6.3 eine eindeutige Darstellung $\mathfrak{x} = x_1\mathfrak{a}_1 + \cdots + x_n\mathfrak{a}_n$. Die hierbei auftretenden, durch $\mathfrak{x}$ und die Basis eindeutig bestimmten Koeffizienten $x_1, \ldots, x_n$ werden die **Koordinaten** des Vektors $\mathfrak{x}$ bezüglich der Basis B genannt. Besitzt ein zweiter Vektor $\mathfrak{y} \in X$ die Basisdarstellung $\mathfrak{y} = y_1\mathfrak{a}_1 + \cdots + y_n\mathfrak{a}_n$, so folgt

$$\mathfrak{x} \pm \mathfrak{y} = (x_1 \pm y_1)\,\mathfrak{a}_1 + \cdots + (x_n \pm y_n)\,\mathfrak{a}_n \quad \text{und}$$

$$c\mathfrak{x} = (cx_1)\,\mathfrak{a}_1 + \cdots + (cx_n)\,\mathfrak{a}_n.$$

Man erhält also die Koordinaten des Summen- bzw. Differenzvektors, indem man entsprechende Koordinaten einzeln addiert bzw. subtrahiert. Ebenso gewinnt man die Koordinaten des Vektors $c\mathfrak{x}$, indem man jede Koordinate von $\mathfrak{x}$ mit c multipliziert.

Hinsichtlich einer festen Basis ist somit jedem Vektor $\mathfrak{x} \in X$ umkehrbar eindeutig das n-Tupel $(x_1, \ldots, x_n)$ seiner Koordinaten zugeordnet. Dieses Koordinaten-n-Tupel kann man auch als Vektor des arithmetischen Vektorraums K^n auffassen. Man spricht dann von dem zu $\mathfrak{x}$ gehörenden **Koordinatenvektor**. Nach dem Vorangehenden entspricht einem Summenvektor die (in K^n gebildete) Summe der Koordinatenvektoren, und dem Vektor $c\mathfrak{x}$ entspricht der mit c multiplizierte Koordinatenvektor von $\mathfrak{x}$. Der Koordinatenvektor des Nullvektors ist (hinsichtlich jeder Basis) das aus lauter Nullen bestehende n-Tupel $(0, \ldots, 0)$. Da sich die linearen Operationen von X in der angegebenen Weise auf die Koordinatenvektoren übertragen, folgt unmittelbar:

7.1 *Vektoren $\mathfrak{x}_1, \ldots, \mathfrak{x}_k \in X$ sind genau dann linear unabhängig, wenn ihre Koordinatenvektoren (hinsichtlich irgendeiner Basis von X) als Vektoren aus K^n linear unabhängig sind.*

Es seien jetzt $\{\mathfrak{a}_1, \ldots, \mathfrak{a}_n\}$ und $\{\mathfrak{a}_1^*, \ldots, \mathfrak{a}_n^*\}$ zwei verschiedene Basen von X. Demselben Vektor $\mathfrak{x} \in X$ werden dann im allgemeinen hinsichtlich dieser beiden Basen verschiedene Koordinaten entsprechen. Es gelte etwa

$$\mathfrak{x} = x_1\mathfrak{a}_1 + \cdots + x_n\mathfrak{a}_n \quad \text{und} \quad \mathfrak{x} = x_1^*\mathfrak{a}_1^* + \cdots + x_n^*\mathfrak{a}_n^*.$$

Es erhebt sich dann die Frage, welcher Zusammenhang zwischen den beiden Koordinaten-n-Tupeln $(x_1, \ldots, x_n)$ und $(x_1^*, \ldots, x_n^*)$ besteht.

Zunächst läßt sich jedenfalls jeder Vektor $\mathfrak{a}_\nu^*$ der zweiten Basis als eine Linearkombination der ersten Basis darstellen. Es gelte etwa

$$\mathfrak{a}_\nu^* = a_{\nu,1}\mathfrak{a}_1 + \cdots + a_{\nu,n}\mathfrak{a}_n \qquad \text{für } \nu = 1, \ldots, n.$$

Die rechte Seite dieser Gleichung kann einfacher mit Hilfe des Summenzeichens geschrieben werden:

$$\text{(T)} \qquad \mathfrak{a}_\nu^* = \sum_{\mu=1}^{n} a_{\nu,\mu} \mathfrak{a}_\mu \qquad (\nu = 1, \ldots, n).$$

Man nennt den Übergang von der ersten Basis zur zweiten Basis eine **Basistransformation.** Diese wird durch die Gleichungen (T) oder auch nur durch die in diesen Gleichungen auftretenden Koeffizienten $a_{\nu,\mu}$ $(\nu, \mu = 1, \ldots, n)$ eindeutig beschrieben. Das quadratische Schema

$$\begin{pmatrix} a_{1,1} \cdots a_{1,n} \\ \cdots\cdots\cdots \\ a_{n,1} \cdots a_{n,n} \end{pmatrix}$$

dieser Koeffizienten heißt die zu der Basistransformation gehörende **Transformationsmatrix**. Die waagrechten Reihen dieser Matrix werden ihre **Zeilen**, die senkrechten ihre **Spalten** genannt. Die ν-te Zeile der Transformationsmatrix besteht gerade aus dem Koordinaten-n-Tupel des Vektors $\mathfrak{a}_\nu^*$ hinsichtlich der Basis $\{\mathfrak{a}_1, \ldots, \mathfrak{a}_n\}$.

Da die Vektoren $\mathfrak{a}_1^*, \ldots, \mathfrak{a}_n^*$ eine Basis von X bilden, müssen sie linear unabhängig sein. Wegen 7. 1 sind daher auch die Zeilen der Transformationsmatrix (aufgefaßt als Koordinatenvektoren) linear unabhängig. Schreibt man umgekehrt die Elemente $a_{\nu,\mu}$ der Matrix willkürlich vor, jedoch so, daß die Zeilen linear unabhängig sind, so ist diese Matrix dann auch die Transformationsmatrix einer Basistransformation: Durch die Gleichungen (T) werden nämlich hinsichtlich einer gegebenen Basis $\{\mathfrak{a}_1, \ldots, \mathfrak{a}_n\}$ neue Vektoren $\mathfrak{a}_1^*, \ldots, \mathfrak{a}_n^*$ definiert. Diese sind wegen der vorausgesetzten linearen Unabhängigkeit der Zeilen der Matrix nach 7. 1 linear unabhängig, bilden also ihrerseits eine Basis von X. Damit hat sich zunächst folgendes Resultat ergeben:

7. 2 *Eine aus n Zeilen und Spalten bestehende quadratische Matrix ist genau dann die Transformationsmatrix einer Basistransformation, wenn ihre Zeilen (aufgefaßt als Vektoren aus K^n) linear unabhängig sind. Die zugehörige Basistransformation lautet dann*

$$\mathfrak{a}_\nu^* = \sum_{\mu=1}^{n} a_{\nu,\mu} \mathfrak{a}_\mu \qquad (\nu = 1, \ldots, n).$$

Es seien jetzt $x_1, \ldots, x_n$ die Koordinaten eines Vektors $\mathfrak{x}$ bezüglich der Basis $\{\mathfrak{a}_1, \ldots, \mathfrak{a}_n\}$ und $x_1^*, \ldots, x_n^*$ die Koordinaten desselben Vektors hinsichtlich der Basis $\{\mathfrak{a}_1^*, \ldots, \mathfrak{a}_n^*\}$. Dann gilt einerseits

$$\mathfrak{x} = \sum_{\mu=1}^{n} x_\mu \mathfrak{a}_\mu,$$

andererseits aber auch

$$\mathfrak{x} = \sum_{\nu=1}^{n} x_\nu^* \mathfrak{a}_\nu^* = \sum_{\nu=1}^{n} x_\nu^* \left(\sum_{\mu=1}^{n} a_{\nu,\mu} \mathfrak{a}_\mu \right) = \sum_{\mu=1}^{n} \left(\sum_{\nu=1}^{n} x_\nu^* a_{\nu,\mu} \right) \mathfrak{a}_\mu .$$

Wegen der Eindeutigkeit der Basisdarstellung müssen die auf den rechten Seiten dieser Gleichungen auftretenden Koeffizienten einzeln gleich sein. Es folgt somit

$$x_\mu = \sum_{\nu=1}^{n} x_\nu^* a_{\nu,\mu} \qquad (\mu = 1, \ldots, n).$$

Den Übergang von den Koordinaten eines Vektors hinsichtlich einer Basis zu den Koordinaten hinsichtlich einer anderen Basis bezeichnet man als **Koordinatentransformation.** Der soeben abgeleitete Sachverhalt besagt nun:

7.3 *Einer durch die Gleichungen*

$$\mathfrak{a}_\nu^* = \sum_{\mu=1}^{n} a_{\nu,\mu} \mathfrak{a}_\mu \qquad (\nu = 1, \ldots, n)$$

bestimmten Basistransformation entspricht die durch die Gleichungen

$$x_\mu = \sum_{\nu=1}^{n} x_\nu^* a_{\nu,\mu} \qquad (\mu = 1, \ldots, n)$$

beschriebene Koordinatentransformation.

Man beachte, daß bei diesen Transformationen die Vektoren $\mathfrak{a}_\nu^*$ durch die Vektoren $\mathfrak{a}_\mu$, hingegen die Koordinaten x_μ durch die Koordinaten x_ν^* ausgedrückt werden. Dem entspricht, daß bei der Basistransformation über den zweiten Index μ, den Spaltenindex der Matrix, summiert wird, während bei der Koordinatentransformation die Summation über den ersten Index ν, den Zeilenindex der Matrix, erfolgt.

Die Frage danach, ob eine gegebene quadratische Matrix Transformationsmatrix einer Basistransformation ist, wird nach 7. 2 durch die Bestimmung der linear unabhängigen Zeilen der Matrix entschieden. Allgemeiner führt die Frage danach, wie viele unter gegebenen Vektoren $\mathfrak{x}_1, \ldots, \mathfrak{x}_k \in X$ linear unabhängig sind, wegen 7. 1 auf die Bestimmung der Maximalzahl linear unabhängiger Koordinatenvektoren. Der letzte Teil dieses Paragraphen dient nun der Aufstellung eines Rechenverfahrens, das eine solche Bestimmung in endlich vielen Schritten schematisch ermöglicht. Aber nicht nur für die vorliegenden Fragen wird dieses Rechenverfahren wesentlich sein; auch weiterhin wird es mehrfach entscheidend benutzt werden.

Gegeben seien also k Koordinaten-n-Tupel $(x_{\varkappa,1}, \ldots, x_{\varkappa,n})$ $(\varkappa = 1, \ldots, k)$. Diese kann man wieder in Form einer, jetzt allerdings im allgemeinen rechteckigen, Matrix

$$A = \begin{pmatrix} x_{1,1} & \cdots & x_{1,n} \\ x_{2,1} & \cdots & x_{2,n} \\ \cdots & \cdots & \cdots \\ x_{k,1} & \cdots & x_{k,n} \end{pmatrix}$$

mit k Zeilen und n Spalten anordnen. Die Zeilen dieser Matrix sollen auch **Zeilenvektoren** genannt und mit $\mathfrak{x}_1, \ldots, \mathfrak{x}_k$ bezeichnet werden. Die wesentliche Methode des angestrebten Rechenverfahrens wird nun darin bestehen, daß die Matrix A gewissen Umformungen unterworfen wird, die man als **elementare Umformungen** bezeichnet. Diese gliedern sich in die folgenden drei Typen:

(a) *Vertauschung zweier Zeilen der Matrix.*

(b) *Vertauschung zweier Spalten der Matrix.*

(c) *Für $s \neq t$ Ersetzung des Zeilenvektors $\mathfrak{x}_s$ durch den Vektor $\mathfrak{x}'_s = \mathfrak{x}_s + c\mathfrak{x}_t$, wobei c ein beliebiger Skalar ist.*

Für diese elementaren Umformungen gilt nun:

7.4 *Die Maximalzahl linear unabhängiger Zeilenvektoren einer Matrix wird durch elementare Umformungen nicht geändert.*

Beweis: Für die Umformungen der Typen (a) und (b) ist die Behauptung trivial, weil diese Umformungen nur eine Umnumerierung bedeuten*). Für den Typ (c) ergibt sich die Behauptung folgendermaßen: Die Zeilenvektoren der Matrix spannen einen Unterraum U von K^n auf, und die Maximalzahl linear unabhängiger Zeilenvektoren ist gerade die Dimension von U. Wegen $\mathfrak{x}'_s = \mathfrak{x}_s + c\mathfrak{x}_t$ und $\mathfrak{x}_s = \mathfrak{x}'_s - c\mathfrak{x}_t$ ergibt sich aber unmittelbar, daß die Zeilenvektoren der umgeformten Matrix denselben Unterraum U aufspannen. ◆

Ziel des Rechenverfahrens wird es sein, die gegebene Matrix A durch endlich viele elementare Umformungen in eine Matrix B folgenden Typs überzuführen:

$$B = \begin{pmatrix} b_{1,1} & \cdots & \cdots & \cdots & b_{1,n} \\ 0 & b_{2,2} & \cdots & \cdots & b_{2,n} \\ \cdots & \cdots & \ddots & \cdots & \cdots \\ 0 \cdots 0 & & b_{r,r} & \cdots & b_{r,n} \\ 0 & \cdots & \cdots & \cdots & 0 \\ \cdots & \cdots & \cdots & \cdots & \cdots \\ 0 & \cdots & \cdots & \cdots & 0 \end{pmatrix}$$

*) Im Fall (b) handelt es sich nur um eine Umnumerierung der Koordinaten der Zeilenvektoren.

In dieser Matrix bestehen die letzten $(k - r)$ Zeilen aus lauter Nullen. Die Elemente $b_{1,1}, b_{2,2}, \ldots, b_{r,r}$ sind von Null verschieden. Links von ihnen stehen lauter Nullen, rechts von ihnen beliebige Skalare. Zugelassen ist hierbei auch $r = k$, wobei dann die aus lauter Nullen bestehenden Zeilen nicht auftreten. Die aus von Null verschiedenen Skalaren $b_{1,1}, b_{2,2}, \cdots$ bestehende Diagonale läuft dann bis zum unteren Rand durch. Dies ist allerdings nur möglich, wenn $k \leqq n$ gilt, wenn also die Matrix mindestens so viele Spalten wie Zeilen besitzt.

Die Überführung der Matrix A in die Matrix B erfolgt in mehreren Schritten. Es werde angenommen, daß nach p Schritten eine Matrix der Form

$$B_p = \begin{pmatrix} b_{1,1} & \cdots & \cdots & \cdots & \cdots & b_{1,n} \\ 0 & \ddots & & \cdots & \cdots & \cdots \\ 0 & \cdots\, 0 & b_{p,p} & \cdots & \cdots & b_{p,n} \\ 0 & \cdots & 0 & \multicolumn{3}{|c|}{} \\ \cdots & \cdots & \cdots & \multicolumn{3}{|c|}{} \\ 0 & \cdots & 0 & \multicolumn{3}{|c|}{} \\ \cline{4-6} \end{pmatrix}$$

erreicht ist. In ihr sollen die Elemente $b_{1,1}, b_{2,2}, \ldots, b_{p,p}$ wieder von Null verschieden sein. Links und unterhalb von ihnen sollen lauter Nullen stehen. Der eingerahmte Teil enthält beliebige Skalare. Zugelassen ist auch $p = 0$. Da dann die Matrix B_0 keinerlei Bedingungen unterliegt, kann $B_0 = A$ gesetzt werden.

Wenn der eingerahmte Teil von B_p aus lauter Nullen besteht, besitzt bereits B_p die oben angegebene Form B mit $r = p$. Das Verfahren wird dann abgebrochen. Ist dies jedoch nicht der Fall, so gibt es in dem eingerahmten Teil ein von Null verschiedenes Element. Durch elementare Umformungen der Typen (a) und (b) kann dann erreicht werden, daß dieses Element in die linke obere Ecke des eingerahmten Teils rückt. Man erhält so eine Matrix der Form

$$\begin{pmatrix} b_{1,1} & \cdots & \cdots & \cdots & \cdots & b_{1,n} \\ 0 & \ddots & & \cdots & \cdots & \cdots \\ 0 & \cdots\, 0 & b_{p,p} & \cdots & \cdots & b_{p,n} \\ \cline{4-6} 0 & \cdots & 0 & \multicolumn{1}{|c}{b_{p+1,p+1}} & \cdots & \multicolumn{1}{c|}{b_{p+1,n}} \\ \cdots & \cdots & \cdots & \multicolumn{1}{|c}{\cdots} & \cdots & \multicolumn{1}{c|}{\cdots} \\ 0 & \cdots & 0 & \multicolumn{1}{|c}{b_{k,p+1}} & \cdots & \multicolumn{1}{c|}{b_{k,n}} \\ \cline{4-6} \end{pmatrix}$$

mit $b_{p+1,p+1} \neq 0$. Wendet man auf diese Matrix noch Umformungen des Typs (c) mit $t = p + 1$ und $c = - b_{p+1,p+1}^{-1} b_{s,p+1}$ für $s = p + 2, \ldots, k$ an, so gewinnt man gerade eine Matrix der Form B_{p+1}.

In jedem Fall wird nach spätestens k Schritten eine Matrix der Form B erreicht. An ihr kann aber, wie der folgende Satz zeigt, die Maximalzahl linear unabhängiger Zeilen unmittelbar abgelesen werden.

7.5 *In der Matrix B sind die ersten r Zeilen linear unabhängig, und r ist auch die Maximalzahl linear unabhängiger Zeilen.*

Beweis: Unter mehr als r Zeilen der Matrix B tritt mindestens eine Zeile auf, die aus lauter Nullen besteht, die also der Nullvektor von K^n ist. Diese Zeilen können daher nicht linear unabhängig sein. Es braucht daher nur noch die lineare Unabhängigkeit der ersten r Zeilenvektoren $\mathfrak{z}_1, \ldots, \mathfrak{z}_r$ bewiesen zu werden. Nun folgt aber aus $c_1\mathfrak{z}_1 + \cdots + c_r\mathfrak{z}_r = \mathfrak{o}$ das Gleichungssystem

$$\begin{aligned}
&c_1 b_{1,1} = 0\\
&c_1 b_{1,2} + c_2 b_{2,2} = 0\\
&\cdots\cdots\cdots\cdots\\
&c_1 b_{1,r} + \cdots + c_r b_{r,r} = 0 .
\end{aligned}$$

Wegen $b_{1,1} \neq 0$ liefert die erste Gleichung $c_1 = 0$. Aus der zweiten Gleichung folgt dann wegen $b_{2,2} \neq 0$ ebenso $c_2 = 0$. So fortfahrend erhält man schließlich $c_1 = \cdots = c_r = 0$. ◆

Da die Maximalzahl linear unabhängiger Zeilen nach 7.4 bei den Matrizen A und B dieselbe ist, kann das Ergebnis folgendermaßen zusammengefaßt werden:

7.6 *Jede Matrix A kann durch endlich viele elementare Umformungen in eine Matrix der Form B überführt werden. Die Maximalzahl linear unabhängiger Zeilen ist bei den Matrizen A und B dieselbe und gleich der Anzahl der Zeilen der Matrix B, die nicht aus lauter Nullen bestehen.*

Das geschilderte Verfahren soll abschließend noch an einem numerischen Beispiel erläutert werden: Im 4-dimensionalen reellen arithmetischen Vektorraum $\mathbf{R}^4$ seien folgende Vektoren gegeben:

$$\mathfrak{x}_1 = (1, 3, -2, 4), \ \mathfrak{x}_2 = (-1, -1, 5, -9), \ \mathfrak{x}_3 = (2, 0, -13, 23),$$

$$\mathfrak{x}_4 = (1, 5, 1, -2).$$

Das Verfahren besteht dann in folgenden Schritten*):

$A = B_0$				B_1				B_2				$B_3 = B$			
1	3	−2	4	1	3	−2	4	1	3	−2	4	1	3	4	−2
−1	−1	5	−9	0	2	3	−5	0	2	3	−5	0	2	−5	3
2	0	−13	23	0	−6	−9	15	0	0	0	0	0	0	−1	0
1	5	1	−2	0	2	3	−6	0	0	0	−1	0	0	0	0.

Da in der Matrix A links oben bereits eine 1 steht, brauchen nur die Umformungen des Typs (c) vorgenommen zu werden. Multiplikation der ersten Zeile mit 1, −2, −1 und nachfolgende Addition zur 2., 3. und 4. Zeile liefert die Matrix B_1. Von ihr gelangt man analog zu B_2. Vertauschung der letzten beiden Zeilen und Spalten von B_2 führt schließlich zur Matrix B. Unter den gegebenen Vektoren gibt es drei linear unabhängige. Der von den Vektoren $\mathfrak{x}_1, \mathfrak{x}_2, \mathfrak{x}_3, \mathfrak{x}_4$ aufgespannte Unterraum U besitzt daher die Dimension 3. Da in B die ersten drei Zeilen linear unabhängig sind, bei den Umformungen aber die letzten beiden Zeilen vertauscht wurden, bilden die Vektoren $\mathfrak{x}_1, \mathfrak{x}_2, \mathfrak{x}_4$ eine Basis von U.

Ergänzungen und Aufgaben

7A Der Koordinatenbegriff kann auch in unendlich-dimensionalen Vektorräumen eingeführt werden: Es sei X ein beliebiger Vektorraum, und B sei eine Basis von X. Jeder Vektor $\mathfrak{x} \in X$ kann dann auf genau eine Weise als Linearkombination von B dargestellt werden, d. h. in der Form $\mathfrak{x} = x_1\mathfrak{a}_1 + \cdots + x_n\mathfrak{a}_n$ mit endlich vielen Vektoren $\mathfrak{a}_1, \ldots, \mathfrak{a}_n \in B$. Jedem Vektor $\mathfrak{a} \in B$ wird nun auf folgende Weise ein Skalar $x_\mathfrak{a}$ zugeordnet: Ist $\mathfrak{a}$ einer der Vektoren $\mathfrak{a}_1, \ldots, \mathfrak{a}_n$, gilt etwa $\mathfrak{a} = \mathfrak{a}_\nu$, so werde $x_\mathfrak{a} = x_\nu$ gesetzt. Ist jedoch $\mathfrak{a}$ von allen Vektoren $\mathfrak{a}_1, \ldots, \mathfrak{a}_n$ verschieden, so sei $x_\mathfrak{a} = 0$. Die so erhaltenen Skalare $x_\mathfrak{a}$ werden die Koordinaten des Vektors $\mathfrak{x}$ bezüglich der Basis B genannt. Sie sind durch die Basis und den Vektor $\mathfrak{x}$ eindeutig bestimmt. Unter ihnen sind jedoch höchstens endlich viele von Null verschieden. Ordnet man umgekehrt jedem Vektor $\mathfrak{a} \in B$ einen Skalar $x_\mathfrak{a}$ beliebig zu, jedoch so, daß höchstens endlich viele von ihnen von Null verschieden sind, so sind diese Skalare die Koordinaten eines eindeutig bestimmten Vektors $\mathfrak{x}$: Es seien nämlich $\mathfrak{a}_1, \ldots, \mathfrak{a}_n$ diejenigen unter den Vektoren $\mathfrak{a} \in B$ mit $x_\mathfrak{a} \neq 0$. Dann gilt $\mathfrak{x} = x_{\mathfrak{a}_1}\mathfrak{a}_1 + \cdots + x_{\mathfrak{a}_n}\mathfrak{a}_n$ bzw. $\mathfrak{x} = \mathfrak{o}$, falls $x_\mathfrak{a} = 0$ für alle $\mathfrak{a} \in B$ gilt.

Aufgabe:

7B Zeige, daß die Zeilen der reellen Matrix

$$\begin{pmatrix} 2 & 3 & -1 & 0 \\ -4 & 5 & 0 & 1 \\ 6 & -2 & 2 & -2 \\ -2 & 8 & 1 & 3 \end{pmatrix}$$

*) Beim praktischen Rechnen wird man die einzelnen Schritte zweckmäßig senkrecht anordnen.

linear unabhängig sind. Bei der durch diese Matrix vermittelten Basistransformation eines reellen 4-dimensionalen Vektorraums X besitze der Vektor $\mathfrak{x} \in X$ hinsichtlich der neuen Basis die Koordinaten $(2, -3, 4, -1)$. Welches sind die Koordinaten von $\mathfrak{x}$ hinsichtlich der alten Basis?

Aufgabe:

7 C In dem arithmetischen Vektorraum K^5 spannen die Vektoren

$$\mathfrak{x}_1 = (1, 1, 0, 1, 1), \; \mathfrak{x}_2 = (0, 0, 1, 1, 0), \; \mathfrak{x}_3 = (0, 1, 0, 0, 0),$$
$$\mathfrak{x}_4 = (1, 0, 0, 1, 1), \; \mathfrak{x}_5 = (1, 0, 1, 0, 1)$$

einen Unterraum U auf. Man bestimme die Dimension und eine Basis von U, wenn K einerseits der Körper der reellen Zahlen und andererseits der aus genau zwei Elementen bestehende Körper aus 3. IV ist.

Drittes Kapitel

Abbildungen

Bisher wurden Begriffe und Eigenschaften untersucht, die sich auf nur einen Vektorraum bezogen. Demgegenüber sollen jetzt die Beziehungen zwischen zwei Vektorräumen X und Y behandelt werden. Derartige Beziehungen werden durch Abbildungen des einen Raums in den anderen vermittelt. Dabei interessieren allerdings in der linearen Algebra nur solche Abbildungen, die mit den linearen Operationen in geeigneter Weise gekoppelt sind. Eine solche Verträglichkeitsbedingung besteht in der Vertauschbarkeit der Abbildungen mit den linearen Operationen, die in § 8 zu den linearen Abbildungen führt. In § 9 wird gezeigt, daß die linearen Abbildungen eines Vektorraums in einen zweiten selbst einen Vektorraum bilden. Im Fall endlich-dimensionaler Räume können dabei die linearen Abbildungen hinsichtlich einer geeignet gewählten Basis dieses Abbildungsraumes wieder durch Koordinaten beschrieben werden, die in diesem Fall allerdings in Form von Matrizen angeordnet werden. In § 10 werden die Produkte linearer Abbildungen untersucht und ihre Beschreibung durch Matrizen behandelt. Der letzte Paragraph dieses Kapitels bezieht sich schließlich auf den Spezialfall linearer Abbildungen eines Vektorraums in sich.

§ 8 Lineare Abbildungen

Es seien X und Y zwei beliebige Vektorräume mit dem gemeinsamen Skalarenkörper K. Wie schon in der Vorrede bemerkt wurde, sollen jetzt solche Abbildungen von X in Y betrachtet werden, die mit den linearen Operationen vertauschbar sind.

Definition 8a: *Eine Abbildung $\varphi : X \to Y$ heißt eine* **lineare Abbildung**, *wenn sie folgende Eigenschaften besitzt:*

(1) $$\varphi(\mathfrak{x}_1 + \mathfrak{x}_2) = \varphi\mathfrak{x}_1 + \varphi\mathfrak{x}_2 \qquad (\mathfrak{x}_1, \mathfrak{x}_2 \in X).$$

(2) $$\varphi(c\mathfrak{x}) = c(\varphi\mathfrak{x}) \qquad (c \in K, \mathfrak{x} \in X).$$

Eine lineare Abbildung ist also dadurch gekennzeichnet, daß das Bild eines Summenvektors gleich der Summe der Bildvektoren ist und daß das Bild von $c\mathfrak{x}$ durch Multiplikation des Bildvektors $\varphi\mathfrak{x}$ mit c erhalten wird. Auf den jeweils linken Seiten der **Linearitätseigenschaften** (1) und (2) stehen die linearen Operationen des Vektorraums X, während auf den rechten Seiten diejenigen von Y auftreten. Die Linearitätseigenschaften können zu einer Bedingung zusammengefaßt werden, die mit (1) und (2) gleichwertig ist: Für je zwei Vektoren $\mathfrak{x}_1, \mathfrak{x}_2 \in X$ und Skalare $a, b \in K$ soll gelten

$$\varphi(a\mathfrak{x}_1 + b\mathfrak{x}_2) = a(\varphi\mathfrak{x}_1) + b(\varphi\mathfrak{x}_2).$$

8.1 *Für jede lineare Abbildung* φ *gilt*

$$\varphi\mathfrak{o} = \mathfrak{o}^{*)} \quad \textit{und} \quad \varphi(-\mathfrak{x}) = -(\varphi\mathfrak{x}).$$

Beweis: Wegen der zweiten Linearitätseigenschaft erhält man

$$\varphi\mathfrak{o} = \varphi(0\mathfrak{o}) = 0(\varphi\mathfrak{o}) = \mathfrak{o} \quad \text{und}$$
$$\varphi(-\mathfrak{x}) = \varphi((-1)\mathfrak{x}) = (-1)(\varphi\mathfrak{x}) = -(\varphi\mathfrak{x}).$$

Die Behauptungen ergeben sich aber auch aus der ersten Linearitätseigenschaft: Wegen $\varphi\mathfrak{o} + \varphi\mathfrak{o} = \varphi(\mathfrak{o} + \mathfrak{o}) = \varphi\mathfrak{o}$ erhält man zunächst $\varphi\mathfrak{o} = \mathfrak{o}$, und wegen $\varphi\mathfrak{x} + \varphi(-\mathfrak{x}) = \varphi(\mathfrak{x} + (-\mathfrak{x})) = \varphi\mathfrak{o} = \mathfrak{o}$ dann weiter auch $\varphi(-\mathfrak{x}) = -(\varphi\mathfrak{x})$. ◆

Definition 8b: *Eine lineare Abbildung* $\varphi: X \to Y$ *heißt*

injektiv *oder eine* **Injektion,** *wenn sie eine* 1-1-*Abbildung ist;*

surjektiv *oder eine* **Surjektion,** *wenn sie eine Abbildung von* X *auf* Y *ist;*

ein **Isomorphismus,** *wenn sie gleichzeitig injektiv und surjektiv ist.*

Beispiele:

8.I Die Identität eines Vektorraums X ist eine lineare Abbildung und sogar ein Isomorphismus von X auf sich. Bildet man andererseits jeden Vektor $\mathfrak{x} \in X$ auf den Nullvektor eines Vektorraums Y ab, so erhält man eine lineare Abbildung von X in Y, die die **Nullabbildung** genannt und mit 0 bezeichnet wird.

8.II Bei fest gewähltem Skalar c wird durch $\varphi\mathfrak{x} = c\mathfrak{x}$ eine lineare Abbildung von X in sich definiert. Ist $c \neq 0$, so ist φ sogar ein Isomorphismus; der Fall $c = 0$ liefert die Nullabbildung.

---

*) Zur Vereinfachung der Schreibweise werden die Nullvektoren beider Räume typographisch nicht unterschieden.

8. III In dem Funktionenraum F (vgl. 4. III) sei D der Unterraum aller beliebig oft differenzierbaren Funktionen. Ordnet man jeder Funktion $f \in D$ als Bild ihre Ableitung f' zu, so wird hierdurch eine lineare Abbildung von D auf sich, also eine Surjektion definiert. Diese ist jedoch nicht injektiv.

Hinsichtlich der Existenz linearer Abbildungen besagt der folgende Satz, daß man den Vektoren einer Basis die Bilder beliebig vorschreiben darf, um dadurch eine lineare Abbildung eindeutig zu bestimmen.

8. 2 *Es sei B eine Basis des Vektorraums X. Jedem Vektor $\mathfrak{a} \in B$ sei ferner ein Vektor $\mathfrak{a}^*$ aus einem zweiten Vektorraum Y zugeordnet. (Hierbei brauchen die Vektoren $\mathfrak{a}^*$ nicht verschieden zu sein.) Dann gibt es genau eine lineare Abbildung $\varphi: X \to Y$ mit $\varphi\mathfrak{a} = \mathfrak{a}^*$ für alle $\mathfrak{a} \in B$.*

Beweis: Jeder Vektor $\mathfrak{x} \in X$ besitzt eine eindeutige Basisdarstellung $\mathfrak{x} = x_1\mathfrak{a}_1 + \cdots + x_n\mathfrak{a}_n$ mit endlich vielen Vektoren $\mathfrak{a}_1, \ldots, \mathfrak{a}_n \in B$. Ist nun $\varphi: X \to Y$ eine lineare Abbildung der behaupteten Art, so folgt wegen der Linearitätseigenschaften

$$\varphi\mathfrak{x} = x_1(\varphi\mathfrak{a}_1) + \cdots + x_n(\varphi\mathfrak{a}_n) = x_1\mathfrak{a}_1^* + \cdots + x_n\mathfrak{a}_n^*.$$

Der Bildvektor $\varphi\mathfrak{x}$ ist also bereits durch die Koordinaten von $\mathfrak{x}$ und durch die Bilder der Basisvektoren eindeutig bestimmt. Umgekehrt wird aber durch die äußeren Seiten der letzten Gleichung eine lineare Abbildung $\varphi: X \to Y$ definiert, die die behaupteten Eigenschaften besitzt. ◆

8. 3 *Es sei φ eine lineare Abbildung von X in Y.*

Für jede Teilmenge M von X gilt dann $\varphi[M] = [\varphi M]$.

Ist U ein Unterraum von X, so ist φU ein Unterraum von Y, und es gilt $\operatorname{Dim}(\varphi U) \leqq \operatorname{Dim} U$.

Beweis: Gilt $M = \emptyset$, so ist die Behauptung trivial. Gilt jedoch $M \neq \emptyset$, so wird wegen $\varphi(c_1\mathfrak{a}_1 + \cdots + c_n\mathfrak{a}_n) = c_1(\varphi\mathfrak{a}_1) + \cdots + c_n(\varphi\mathfrak{a}_n)$ jede Linearkombination von M auf eine Linearkombination von φM abgebildet; und umgekehrt werden auch alle Linearkombinationen von φM auf diese Weise gewonnen. Wegen 5. 3 folgt daher $\varphi\,[M] = [\varphi M]$. Ist U ein Unterraum von X, so gilt $[U] = U$, also $[\varphi U] = \varphi[U] = \varphi U$, und φU ist somit ein Unterraum von Y. Schließlich sei B eine Basis von U. Wegen $[\varphi B] = \varphi[B] = \varphi U$ spannt dann die Menge φB den Unterraum φU auf und enthält somit eine Basis von φU. Ist φB eine unendliche Menge, so muß auch B unendlich sein. Ist φB jedoch endlich, so besteht B aus mindestens so vielen Vektoren wie φB. Zusammen folgt hieraus die Ungleichung $\operatorname{Dim}(\varphi U) \leqq \operatorname{Dim} U$. ◆

Nach diesem Satz ist speziell φX ein Unterraum von Y, dessen Dimension man den **Rang** der linearen Abbildung φ nennt (in Zeichen: Rg φ).

Definition 8c: $\operatorname{Rg} \varphi = \operatorname{Dim} (\varphi X)$.

8.4 *Für eine lineare Abbildung $\varphi: X \to Y$ sind folgende Aussagen paarweise gleichwertig:*

(1) *φ ist surjektiv.*

(2) *Ist B eine Basis von X, so spannt die Menge φB den Raum Y auf.*

Besitzt Y endliche Dimension, so ist außerdem gleichwertig:

(3) $\operatorname{Rg} \varphi = \operatorname{Dim} Y$.

Beweis: Wegen 8.3 gilt $[\varphi B] = \varphi[B] = \varphi X$. Daher spannt φB genau dann den Raum Y auf, wenn $\varphi X = Y$ gilt, wenn also φ surjektiv ist. Besitzt Y endliche Dimension, so ist $\operatorname{Dim} Y = \operatorname{Rg} \varphi = \operatorname{Dim} (\varphi X)$ wegen 6.6 gleichwertig mit $Y = \varphi X$, also wieder damit, daß φ eine Surjektion ist. ◆

8.5 *Es sei V ein Unterraum von Y. Für jede lineare Abbildung $\varphi: X \to Y$ ist dann das Urbild $\varphi^-(V)$ ein Unterraum von X.*

Beweis: Aus $\mathfrak{x}_1, \mathfrak{x}_2 \in \varphi^-(V)$ folgt $\varphi\mathfrak{x}_1, \varphi\mathfrak{x}_2 \in V$. Daher ist $\varphi(\mathfrak{x}_1 + \mathfrak{x}_2) = \varphi\mathfrak{x}_1 + \varphi\mathfrak{x}_2$ ebenfalls ein Vektor aus V, und man erhält $\mathfrak{x}_1 + \mathfrak{x}_2 \in \varphi^-(V)$. Ebenso folgt aus $\mathfrak{x} \in \varphi^-(V)$ auch $\varphi(c\mathfrak{x}) = c(\varphi\mathfrak{x}) \in V$, also $c\mathfrak{x} \in \varphi^-(V)$. Es gilt $\mathfrak{o} \in \varphi^-(V)$. ◆

Nach diesem Satz ist insbesondere $\varphi^-[\mathfrak{o}]$, das Urbild des Nullraums, ein Unterraum von X. Man nennt ihn den **Kern** der linearen Abbildung φ und bezeichnet seine Dimension als den **Defekt** von φ.

Definition 8d: $\operatorname{Kern} \varphi = \varphi^-[\mathfrak{o}]$, $\operatorname{Def} \varphi = \operatorname{Dim} (\operatorname{Kern} \varphi)$.

8.6 *Es sei $\varphi: X \to Y$ eine lineare Abbildung. Ferner seien B' und B'' zwei fremde Teilmengen von X, B' sei eine Basis von* Kern φ *und $B = B' \cup B''$ sei eine Basis von X. Dann sind die Vektoren $\varphi\mathfrak{a}''$ mit $\mathfrak{a}'' \in B''$ paarweise verschieden und $\varphi B''$ ist eine Basis des Unterraums* φX von Y[1]).

Beweis: Wegen $B' \leq \operatorname{Kern} \varphi$, also $[\varphi B'] = [\mathfrak{o}]$, und 8.3 gilt

$$[\varphi B''] = [\varphi B] = \varphi[B] = \varphi X.$$

Es seien jetzt $\mathfrak{a}_1'', \ldots, \mathfrak{a}_n''$ verschiedene Vektoren aus B'', und es werde

$$c_1(\varphi\mathfrak{a}_1'') + \cdots + c_n(\varphi\mathfrak{a}_n'') = \varphi(c_1\mathfrak{a}_1'' + \cdots + c_n\mathfrak{a}_n'') = \mathfrak{o}$$

vorausgesetzt. Dann ist $c_1\mathfrak{a}_1'' + \cdots + c_n\mathfrak{a}_n''$ ein Vektor aus Kern φ. Da aber B' eine Basis von Kern φ ist, muß

$$c_1\mathfrak{a}_1'' + \cdots + c_n\mathfrak{a}_n'' = d_1\mathfrak{a}_1' + \cdots + d_k\mathfrak{a}_k'$$

---

[1]) Satz und Beweis gelten sinngemäß auch in den Sonderfällen $B' = \varnothing$, $B'' = \varnothing$.

mit geeigneten Skalaren $d_1, \ldots, d_k$ und verschiedenen Vektoren $\mathfrak{a}'_1, \ldots, \mathfrak{a}'_k \in B'$ gelten. Weil aber die Vektoren $\mathfrak{a}'_1, \ldots, \mathfrak{a}'_k, \mathfrak{a}''_1, \ldots, \mathfrak{a}''_n$ als verschiedene Vektoren aus der Basis B von X linear unabhängig sein müssen, folgt $c_1 = \cdots = c_n = d_1 = \cdots = d_k = 0$. Daher sind die Vektoren $\varphi\mathfrak{a}''_1, \ldots, \varphi\mathfrak{a}''_n$ ebenfalls linear unabhängig und insbesondere paarweise verschieden. Somit ist auch die Menge $\varphi B''$ linear unabhängig und wegen $[\varphi B''] = \varphi X$ sogar eine Basis von φX. ◆

8.7 *Es sei X ein endlich-dimensionaler Vektorraum. Für jede lineare Abbildung $\varphi : X \to Y$ gilt dann*

$$\operatorname{Rg} \varphi + \operatorname{Def} \varphi = \operatorname{Dim} X.$$

Beweis: Als Unterraum von X besitzt auch Kern φ endliche Dimension. Es sei $B' = \{\mathfrak{a}'_1, \ldots, \mathfrak{a}'_k\}$ eine Basis von Kern φ. Nach 6.2 kann B' durch Hinzunahme einer Menge $B'' = \{\mathfrak{a}''_1, \ldots, \mathfrak{a}''_n\}$ weiterer Vektoren zu einer Basis $B = B' \cup B''$ von X erweitert werden. Da $\varphi B'' = \{\varphi\mathfrak{a}''_1, \ldots, \varphi\mathfrak{a}''_n\}$ dann nach 8.6 eine Basis von φX ist, folgt

$$\operatorname{Rg} \varphi = \operatorname{Dim}(\varphi X) = n = (n + k) - k = \operatorname{Dim} X - \operatorname{Dim}(\operatorname{Kern} \varphi) = \operatorname{Dim} X - \operatorname{Def} \varphi$$

und hieraus die behauptete Gleichung. ◆

8.8 *Für eine lineare Abbildung $\varphi : X \to Y$ sind folgende Aussagen paarweise gleichwertig:*

(1) *φ ist injektiv.*

(2) Kern $\varphi = [\mathfrak{o}]$.

(3) Def $\varphi = 0$.

(4) *Wenn B eine Basis von X ist, dann sind die Vektoren $\varphi\mathfrak{a}$ mit $\mathfrak{a} \in B$ paarweise verschieden, und die Menge φB ist linear unabhängig.*

Besitzt X endliche Dimension, so ist außerdem gleichwertig:

(5) Rg φ = Dim X.

Beweis: Die Gleichwertigkeit von (2) und (3) folgt unmittelbar aus der Definition.

(1) → (2): Wegen der Eineindeutigkeit von φ gilt $\varphi\mathfrak{x} = \mathfrak{o}$ nur genau für $\mathfrak{x} = \mathfrak{o}$. Es folgt Kern $\varphi = [\mathfrak{o}]$.

(2) → (4): Es sei B eine Basis von X, und es gelte $\mathfrak{a}_1, \ldots, \mathfrak{a}_n \in B$. Aus

$$c_1(\varphi\mathfrak{a}_1) + \cdots + c_n(\varphi\mathfrak{a}_n) = \varphi(c_1\mathfrak{a}_1 + \cdots + c_n\mathfrak{a}_n) = \mathfrak{o}$$

folgt dann $c_1\mathfrak{a}_1 + \cdots + c_n\mathfrak{a}_n \in \operatorname{Kern} \varphi$, wegen Kern $\varphi = [\mathfrak{o}]$ also $c_1\mathfrak{a}_1 + \cdots + c_n\mathfrak{a}_n = \mathfrak{o}$. Da aber B als Basis linear unabhängig ist, erhält man weiter $c_1 = \cdots = c_n = 0$. Die Vektoren $\varphi\mathfrak{a}_1, \ldots, \varphi\mathfrak{a}_n$ sind somit linear unabhängig, also auch paarweise verschieden, und die Menge φB ist ebenfalls linear unabhängig. (Folgt auch aus 8.6 mit $B' = \emptyset$ und $B'' = B$.)

(4) → (1): Es sei B eine Basis von X. Zwei Vektoren $\mathfrak{x}', \mathfrak{x}'' \in X$ besitzen dann mit geeigneten Vektoren $\mathfrak{a}_\nu \in B (\nu = 1, \ldots, n)$ Darstellungen

$$\mathfrak{x}' = \sum_{\nu=1}^{n} x'_\nu \mathfrak{a}_\nu \quad \text{und} \quad \mathfrak{x}'' = \sum_{\nu=1}^{n} x''_\nu \mathfrak{a}_\nu .$$

Gilt nun $\varphi\mathfrak{x}' = \varphi\mathfrak{x}''$, so folgt

$$\sum_{\nu=1}^{n} x'_\nu (\varphi\mathfrak{a}_\nu) = \varphi\mathfrak{x}' = \varphi\mathfrak{x}'' = \sum_{\nu=1}^{n} x''_\nu (\varphi\mathfrak{a}_\nu),$$

also

$$\sum_{\nu=1}^{n} (x'_\nu - x''_\nu)(\varphi\mathfrak{a}_\nu) = \mathfrak{o} .$$

Da aber die Vektoren $\varphi\mathfrak{a}_\nu$ nach Voraussetzung linear unabhängig sind, erhält man $x'_\nu - x''_\nu = 0$, also $x'_\nu = x''_\nu$ für $\nu = 1, \ldots, n$ und damit $\mathfrak{x}' = \mathfrak{x}''$. Daher ist φ eine Injektion.

(5) ⟷ (3): Bei endlich-dimensionalem X ist $\text{Rg}\, \varphi = \text{Dim}\, X$ wegen 8.7 gleichwertig mit $\text{Def}\, \varphi = 0$. ◆

Aus 8.4 und 8.8 zusammen ergibt sich noch folgende Kennzeichnung der Isomorphismen:

8.9 *Für eine lineare Abbildung $\varphi: X \to Y$ sind folgende Aussagen paarweise gleichwertig:*

(1) *φ ist ein Isomorphismus.*

(2) *Wenn B eine Basis von X ist, dann sind die Vektoren $\varphi\mathfrak{a}$ mit $\mathfrak{a} \in B$ paarweise verschieden, und φB ist eine Basis von Y.*

Besitzen X und Y endliche Dimension, so ist außerdem gleichwertig:

(3) $\text{Dim}\, X = \text{Rg}\, \varphi = \text{Dim}\, Y$.

Definition 8e: *Zwei Vektorräume X, Y (mit demselben Skalarenkörper) heißen* **isomorph** *(in Zeichen: $X \cong Y$), wenn es einen Isomorphismus φ von X auf Y gibt.*

Der Beweis, daß die Isomorphie von Vektorräumen eine Äquivalenzrelation ist, wird später nachgeholt (vgl. 11.2). Da isomorphe Vektorräume offenbar dieselbe rechnerische Struktur besitzen, können sie als Realisierungen derselben abstrakten Rechenstruktur angesehen werden.

8.10 *Isomorphe Vektorräume besitzen dieselbe Dimension. Gilt umgekehrt* Dim X = Dim $Y < \infty$, *so sind die Vektorräume X und Y isomorph.*

Beweis: Es sei $\varphi: X \to Y$ ein Isomorphismus. Ist dann B eine Basis von X, so sind nach 8.9 die Vektoren $\varphi\mathfrak{a}$ mit $\mathfrak{a} \in B$ paarweise verschieden, und φB ist eine Basis von Y. Hieraus folgt unmittelbar Dim X = Dim Y.

Umgekehrt gelte Dim X = Dim $Y = n < \infty$. Es sei dann $\{\mathfrak{a}_1, \ldots, \mathfrak{a}_n\}$ eine Basis von X und $\{\mathfrak{a}_1^*, \ldots, \mathfrak{a}_n^*\}$ eine Basis von Y. Nach 8.2 gibt es eine linerare Abbildung $\varphi: X \to Y$ mit $\varphi\mathfrak{a}_\nu = \mathfrak{a}_\nu^*$ für $\nu = 1, \ldots, n$. Wegen 8.9 ist φ aber sogar ein Isomorphismus. ◆

Über einem gegebenen Skalarenkörper K sind daher alle Vektorräume der endlichen Dimension n untereinander und insbesondere zu dem arithmetischen Vektorraum K^n isomorph. Ist $B = \{\mathfrak{a}_1, \ldots, \mathfrak{a}_n\}$ eine Basis von X, so erhält man einen Isomorphismus von X auf K^n, wenn man jedem Vektor aus X als Bild sein Koordinaten-n-Tupel hinsichtlich der Basis B zuordnet. Diese Isomorphie wurde bereits im vorangehenden Paragraphen weitgehend ausgenutzt.

Ergänzungen und Aufgaben

8A Der zweite Teil von 8.10 gilt auch bei unendlicher Dimension, wenn man die Dimension als Kardinalzahl definiert (vgl. 6A). Der Beweis kann dann analog geführt werden. Unendlich-dimensionale Vektorräume können zu echten Unterräumen von sich selbst isomorph sein: Ist z. B. X der Raum aller Polynome und Y der Raum aller Polynome, in denen die Unbestimmte nur in gerader Potenz auftritt, so ist Y ein echter Unterraum von X. Ordnet man jedem der Polynome f_n (vgl. 6. IV) das Polynom f_{2n} als Bild zu, so wird hierdurch ein Isomorphismus von X auf Y bestimmt.

8B **Aufgabe:** Bestimme den Kern der linearen Abbildung aus 8. III.

8C Es sei $\{\mathfrak{e}_1, \mathfrak{e}_2, \mathfrak{e}_3\}$ die kanonische Basis des 3-dimensionalen reellen arithmetischen Vektorraums $\mathbf{R}^3$ (vgl. 6. III). Eine lineare Abbildung $\varphi: \mathbf{R}^3 \to \mathbf{R}^4$ sei durch folgende Bilder der Basisvektoren gegeben:

$$\varphi\mathfrak{e}_1 = (1, -3, 2, 4), \quad \varphi\mathfrak{e}_2 = (5, -3, 0, 2), \quad \varphi\mathfrak{e}_3 = (-2, 0, 1, 1).$$

Aufgabe: Bestimme Kern, Rang und Defekt von φ.

§ 9 Abbildungsräume, Matrizen

Wie in dem vorangehenden Paragraphen seien X und Y zwei Vektorräume mit gemeinsamem Skalarenkörper. Mit $L(X, Y)$ soll dann die Menge aller linearen Abbildungen von X in Y bezeichnet werden. In $L(X, Y)$ können auf folgende Weise ebenfalls die linearen Operationen definiert werden: Für je zwei Abbildungen $\varphi, \psi \in L(X, Y)$ sei $\varphi + \psi$ diejenige Abbildung von X

in Y, die jeden Vektor $\mathfrak{x} \in X$ auf die Summe der Bildvektoren $\varphi\mathfrak{x}$ und $\psi\mathfrak{x}$ abbildet. Es soll also gelten

$$(\varphi + \psi)\,\mathfrak{x} = \varphi\mathfrak{x} + \psi\mathfrak{x}.$$

Die so definierte Summenabbildung ist selbst eine lineare Abbildung, also eine Abbildung aus $L(X, Y)$: Es gilt nämlich

$$\begin{aligned}(\varphi + \psi)\,(\mathfrak{x}_1 + \mathfrak{x}_2) &= \varphi(\mathfrak{x}_1 + \mathfrak{x}_2) + \psi(\mathfrak{x}_1 + \mathfrak{x}_2) = (\varphi\mathfrak{x}_1 + \varphi\mathfrak{x}_2) + (\psi\mathfrak{x}_1 + \psi\mathfrak{x}_2)\\ &= (\varphi\mathfrak{x}_1 + \psi\mathfrak{x}_1) + (\varphi\mathfrak{x}_2 + \psi\mathfrak{x}_2) = (\varphi + \psi)\,\mathfrak{x}_1 + (\varphi + \psi)\,\mathfrak{x}_2,\end{aligned}$$

$$\begin{aligned}(\varphi + \psi)\,(c\mathfrak{x}) &= \varphi(c\mathfrak{x}) + \psi(c\mathfrak{x}) = c(\varphi\mathfrak{x}) + c(\psi\mathfrak{x}) = c(\varphi\mathfrak{x} + \psi\mathfrak{x})\\ &= c\,((\varphi + \psi)\,\mathfrak{x}).\end{aligned}$$

Entsprechend wird die Abbildung $c\varphi$ durch

$$(c\varphi)\,\mathfrak{x} = c(\varphi\mathfrak{x})$$

definiert. Eine analoge Rechnung zeigt, daß mit φ auch $c\varphi$ zu $L(X, Y)$ gehört und daß $L(X, Y)$ hinsichtlich der so erklärten linearen Operationen selbst ein Vektorraum ist. Der Nullvektor dieses **Abbildungsraumes** ist die Nullabbildung.

An dieser Stelle wird erstmalig entscheidend benutzt, daß der Skalarenkörper kommutativ ist: die Kommutativität des Skalarenkörpers wird nämlich beim Nachweis der zweiten Linearitätseigenschaft für die Abbildung $c\varphi$ gebraucht.

Weiter sei jetzt B eine Basis von X und B^* eine Basis von Y. Bei fester Wahl eines Vektors $\mathfrak{a} \in B$ und eines Vektors $\mathfrak{a}^* \in B^*$ wird nach 8. 2 durch

$$(*) \qquad \omega_{\mathfrak{a},\mathfrak{a}^*}\mathfrak{x} = \begin{cases} \mathfrak{a}^* & \text{für} \quad \mathfrak{x} = \mathfrak{a} \\ \mathfrak{o} & \phantom{\text{für}} \quad \mathfrak{x} \neq \mathfrak{a} \end{cases} \quad (\mathfrak{x} \in B)$$

eine lineare Abbildung $\omega_{\mathfrak{a},\mathfrak{a}^*} : X \to Y$ eindeutig definiert. Für die Menge $\Omega = \{\omega_{\mathfrak{a},\mathfrak{a}^*} : \mathfrak{a} \in B,\ \mathfrak{a}^* \in B^*\}$ gilt dann:

9. 1 *Ω ist eine linear unabhängige Teilmenge von $L(X, Y)$. Besitzt X endliche Dimension, so ist Ω sogar eine Basis von $L(X, Y)$. Besitzt außerdem noch Y endliche Dimension, so gilt*

$$\operatorname{Dim} L(X, Y) = (\operatorname{Dim} X)\,(\operatorname{Dim} Y).$$

Beweis: Es seien $\mathfrak{a}_1, \ldots, \mathfrak{a}_n$ verschiedene Vektoren aus B und $\mathfrak{a}_1^*, \ldots, \mathfrak{a}_r^*$ verschiedene Vektoren aus B^*. Aus

$$\sum_{\nu=1}^{n} \sum_{\varrho=1}^{r} c_{\nu,\varrho}\,\omega_{\mathfrak{a}_\nu,\mathfrak{a}_\varrho^*} = 0 \qquad \text{(Nullabbildung)}$$

folgt dann wegen (*) für $\mu = 1, \ldots, n$

$$\mathfrak{o} = 0\mathfrak{a}_\mu = \left(\sum_{\nu=1}^{n} \sum_{\varrho=1}^{r} c_{\nu,\varrho}\omega_{\mathfrak{a}_\nu,\mathfrak{a}_\varrho^*}\right)\mathfrak{a}_\mu = \sum_{\nu=1}^{n} \sum_{\varrho=1}^{r} c_{\nu,\varrho}(\omega_{\mathfrak{a}_\nu,\mathfrak{a}_\varrho^*}\,\mathfrak{a}_\mu) = \sum_{\varrho=1}^{r} c_{\mu,\varrho}\mathfrak{a}_\varrho^*.$$

Da $\mathfrak{a}_1^*, \ldots, \mathfrak{a}_r^*$ als Vektoren der Basis B^* linear unabhängig sind, ergibt sich hieraus $c_{\mu,\varrho} = 0$ für $\varrho = 1, \ldots, r$ und auch für $\mu = 1, \ldots, n$. Daher ist Ω linear unabhängig.

Weiter besitze jetzt X die endliche Dimension n; d. h. es gilt $B = \{\mathfrak{a}_1, \ldots, \mathfrak{a}_n\}$. Ist nun φ eine beliebige Abbildung aus $L(X, Y)$, so läßt sich für $\nu = 1, \ldots, n$ der Bildvektor $\varphi\mathfrak{a}_\nu$ eindeutig als Linearkombination der Basis B^* darstellen.

Es gelte etwa

$$(**) \qquad \varphi\mathfrak{a}_\nu = \sum_{\varrho=1}^{r} a_{\nu,\varrho}\mathfrak{a}_\varrho^* \qquad (\nu = 1, \ldots, n).$$

Durch

$$\psi = \sum_{\nu=1}^{n} \sum_{\varrho=1}^{r} a_{\nu,\varrho}\omega_{\mathfrak{a}_\nu,\mathfrak{a}_\varrho^*}$$

wird dann eine neue Abbildung ψ aus $L(X, Y)$ definiert. Da jedoch für $\mu = 1, \ldots, n$

$$\psi\mathfrak{a}_\mu = \sum_{\nu=1}^{n} \sum_{\varrho=1}^{r} a_{\nu,\varrho}(\omega_{\mathfrak{a}_\nu,\mathfrak{a}_\varrho^*}\,\mathfrak{a}_\mu) = \sum_{\varrho=1}^{r} a_{\mu,\varrho}\mathfrak{a}_\varrho^* = \varphi\mathfrak{a}_\mu$$

gilt, folgt wegen 8.2 hieraus $\psi = \varphi$. Jede Abbildung aus $L(X, Y)$ ist somit jetzt als eine Linearkombination von Ω darstellbar; d. h. Ω ist sogar eine Basis von $L(X, Y)$.

Schließlich besitze auch noch Y die endliche Dimension r, und es gelte $B^* = \{\mathfrak{a}_1^*, \ldots, \mathfrak{a}_r^*\}$. Dann besteht die Basis Ω aus genau $n \cdot r$ Abbildungen, und es folgt

$$\operatorname{Dim} L(X, Y) = n \cdot r = (\operatorname{Dim} X)\,(\operatorname{Dim} Y). \ \blacklozenge$$

Für den Rest dieses Paragraphen seien jetzt X und Y immer endlich-dimensionale Vektorräume mit Basen $B = \{\mathfrak{a}_1, \ldots, \mathfrak{a}_n\}$ und $B^* = \{\mathfrak{a}_1^*, \ldots, \mathfrak{a}_r^*\}$. Die Basisabbildungen $\omega_{\mathfrak{a}_\nu,\mathfrak{a}_\varrho^*}$ sollen dann auch kürzer mit $\omega_{\nu,\varrho}$ bezeichnet werden. Man nennt $\Omega = \{\omega_{\nu,\varrho} : \nu = 1, \ldots, n;\ \varrho = 1, \ldots, r\}$ die zu den gegebenen Basen B und B^* gehörende **kanonische Basis** von $L(X, Y)$.

Jede Abbildung φ aus $L(X, Y)$ kann auf genau eine Weise als Linearkombination der kanonischen Basis Ω dargestellt werden:

$$\varphi = \sum_{\nu=1}^{n} \sum_{\varrho=1}^{r} a_{\nu,\varrho}\omega_{\nu,\varrho}.$$

Der Abbildung φ entsprechen somit umkehrbar eindeutig $n \cdot r$ Koordinaten $a_{\nu,\varrho}$. Diese pflegt man in Form einer rechteckigen Matrix anzuordnen:

$$A = (a_{\nu,\varrho}) = \begin{pmatrix} a_{1,1} & \cdots & a_{1,r} \\ a_{2,1} & \cdots & a_{2,r} \\ \cdot & \cdots & \cdot \\ a_{n,1} & \cdots & a_{n,r} \end{pmatrix}.$$

Man nennt A die der linearen Abbildung φ hinsichtlich der Basen B und B^* zugeordnete **Matrix**. Sie stellt jedoch nur eine spezielle Schreibweise des Koordinaten-$(n \cdot r)$-Tupels von φ hinsichtlich der kanonischen Basis Ω dar. Die Zeilenzahl der Matrix A ist gleich der Dimension von X, die Spaltenzahl gleich der Dimension von Y. Allgemein bezeichnet man eine Matrix mit n Zeilen und r Spalten auch als eine (n, r)-Matrix.

Ist der linearen Abbildung φ hinsichtlich der Basen B und B^* die Matrix A zugeordnet, so berechnen sich ihre Elemente $a_{\nu,\varrho}$ mit Hilfe der Gleichung (**) aus dem Beweis von 9. 1: Man wendet die Abbildung φ auf die Vektoren $\mathfrak{a}_\nu$ der Basis B an und stellt die Bildvektoren $\varphi\mathfrak{a}_\nu$ als Linearkombinationen

$$\varphi\mathfrak{a}_\nu = \sum_{\varrho=1}^{r} a_{\nu,\varrho}\mathfrak{a}_\varrho^* \qquad (\nu = 1, \ldots, n)$$

der Basis B^* dar. Die dabei auftretenden Koeffizienten $a_{\nu,\varrho}$ sind gerade die Elemente der Matrix A.

Mit Hilfe der einer linearen Abbildung $\varphi: X \to Y$ zugeordneten **Matrix** A lassen sich die Koordinaten des Bildvektors $\varphi\mathfrak{x}$ eines Vektors $\mathfrak{x} \in X$ in einfacher Weise berechnen: Es gelte etwa $\mathfrak{x} = x_1\mathfrak{a}_1 + \cdots + x_n\mathfrak{a}_n$. Dann folgt

$$\varphi\mathfrak{x} = \sum_{\nu=1}^{n} x_\nu(\varphi\mathfrak{a}_\nu) = \sum_{\nu=1}^{n} x_\nu \left(\sum_{\varrho=1}^{r} a_{\nu,\varrho}\mathfrak{a}_\varrho^*\right) = \sum_{\varrho=1}^{r}\left(\sum_{\nu=1}^{n} x_\nu a_{\nu,\varrho}\right)\mathfrak{a}_\varrho^*,$$

und man erhält somit:

9. 2 *Hinsichtlich der Basen B von X und B^* von Y sei einer linearen Abbildung $\varphi: X \to Y$ die Matrix $A = (a_{\nu,\varrho})$ zugeordnet. Der Vektor $\mathfrak{x} \in X$ besitze hinsichtlich der Basis B die Koordinaten $x_1, \ldots, x_n$; entsprechend seien $x_1^*, \ldots, x_r^*$ die Koordinaten des Bildvektors $\varphi\mathfrak{x}$ hinsichtlich der Basis B^*. Dann gilt*

$$x_\varrho^* = \sum_{\nu=1}^{n} x_\nu a_{\nu,\varrho} \qquad (\varrho = 1, \ldots, r).$$

Die Maximalzahl linear unabhängiger Zeilen einer Matrix A wird der **Zeilenrang** von A genannt. Entsprechend heißt die Maximalzahl linear unabhängiger Spalten der **Spaltenrang** von A. Daß in Wirklichkeit die Unterscheidung zwischen Zeilen- und Spaltenrang überflüssig ist, zeigt der folgende Satz.

9. 3 *Bei einer beliebigen Matrix A ist der Zeilenrang gleich dem Spaltenrang.*

Beweis: In 7. 4 wurde gezeigt, daß elementare Umformungen den Zeilenrang nicht ändern. Hier soll jetzt zunächst bewiesen werden, daß auch der Spaltenrang bei elementaren Umformungen ungeändert bleibt.

Für die Umformungen der Typen (a) und (b) (vgl. p. 44) ist dies wieder klar, weil sie lediglich Umnumerierungen bedeuten. Die ϱ-te Spalte der Matrix A kann als ein n-Tupel, also als Vektor von K^n aufgefaßt werden und soll mit $\mathfrak{s}_\varrho$ bezeichnet werden. Hinsichtlich der kanonischen Basis $\{\mathfrak{e}_1, \ldots, \mathfrak{e}_n\}$ von K^n (vgl. 6. III) gilt also

$$\mathfrak{s}_\varrho = a_{1,\varrho}\mathfrak{e}_1 + \cdots + a_{n,\varrho}\mathfrak{e}_n \qquad (\varrho = 1, \ldots, r).$$

Für $s \neq t$ wird durch die Gleichungen

$$\mathfrak{e}_\nu^* = \mathfrak{e}_\nu \text{ für } \nu \neq t \quad \text{und} \quad \mathfrak{e}_t^* = \mathfrak{e}_t - c\mathfrak{e}_s$$

eine neue Basis $\{\mathfrak{e}_1^*, \ldots, \mathfrak{e}_n^*\}$ von K^n definiert, und es gilt

$$\begin{aligned}\mathfrak{s}_\varrho &= a_{1,\varrho}\mathfrak{e}_1 + \cdots + (a_{s,\varrho} + ca_{t,\varrho})\,\mathfrak{e}_s + \cdots + a_{t,\varrho}(\mathfrak{e}_t - c\mathfrak{e}_s) + \cdots + a_{n,\varrho}\mathfrak{e}_n \\ &= a_{1,\varrho}\mathfrak{e}_1^* + \cdots + (a_{s,\varrho} + ca_{t,\varrho})\,\mathfrak{e}_s^* + \cdots + a_{t,\varrho}\mathfrak{e}_t^* + \cdots + a_{n,\varrho}\mathfrak{e}_n^*.\end{aligned}$$

Die in der zweiten Zeile stehenden neuen Koordinaten von $\mathfrak{s}_\varrho$ sind gerade die Elemente der ϱ-ten Spalte derjenigen Matrix, die aus A durch die entsprechende Zeilenumformung des Typs (c) hervorgeht. Die Spalten der ursprünglichen Matrix A und der mit Hilfe von (c) umgeformten Matrix sind also die Koordinaten derselben Vektoren hinsichtlich verschiedener Basen von K^n. Die Maximalzahl linear unabhängiger Spalten ist daher in beiden Fällen dieselbe.

Nach 7. 6 kann A durch endlichviele elementare Umformungen in eine Matrix B der Form

$$B = \begin{pmatrix} b_{1,1} & \cdots & \cdots & \cdots & b_{1,r} \\ 0 & \ddots & & & \vdots \\ \vdots & & \ddots & & \vdots \\ \vdots & & b_{q,q} & \cdots & b_{q,r} \\ 0 & \cdots & 0 & \cdots & 0 \\ \cdots & \cdots & \cdots & \cdots & \cdots \\ 0 & \cdots & \cdots & \cdots & 0 \end{pmatrix} \quad \text{mit } b_{1,1}, \ldots, b_{q,q} \neq 0$$

überführt werden. Nach dem Vorangehenden stimmen A und B in Zeilen- und Spaltenrang überein. Der Zeilenrang von B ist nach 7. 6 gleich q. Die ersten q Spalten von B sind linear unabhängig (Beweis analog zu 7. 5). Da alle Spalten an den letzten $(n - q)$ Stellen Nullen aufweisen, liegen sie alle in dem von den Vektoren $\mathfrak{e}_1, \ldots, \mathfrak{e}_q$ aufgespannten q-dimensionalen Unterraum von K^n. Daher können auch nicht mehr als q Spalten linear unabhängig sein. Somit ist der Spaltenrang von B ebenfalls gleich q. Es sind also der Zeilen- und der Spaltenrang von B und damit auch von A gleich. ◆

Definition 9a: *Die übereinstimmenden Maximalzahlen linear unabhängiger Zeilen und Spalten einer Matrix A werden der* **Rang** *der Matrix A genannt (in Zeichen:* Rg A*).*

Der Rang einer Matrix kann nach dem in § 7 geschilderten Verfahren berechnet werden.

9.4 *Einer linearen Abbildung $\varphi: X \to Y$ sei hinsichtlich der Basen $\{\mathfrak{a}_1, \ldots, \mathfrak{a}_n\}$ von X und $\{\mathfrak{a}_1^*, \ldots, \mathfrak{a}_r^*\}$ von Y die Matrix A zugeordnet. Dann gilt* $\operatorname{Rg} \varphi = \operatorname{Rg} A$.

Beweis: Für die Elemente $a_{\nu,\varrho}$ der Matrix A gilt

$$\varphi \mathfrak{a}_\nu = \sum_{\varrho=1}^{r} a_{\nu,\varrho} \mathfrak{a}_\varrho^* \qquad (\nu = 1, \ldots, n).$$

Die Zeilen von A sind daher die Koordinaten-r-Tupel der Vektoren $\varphi\mathfrak{a}_\nu$ hinsichtlich der Basis $\{\mathfrak{a}_1^*, \ldots, \mathfrak{a}_r^*\}$. Die Maximalzahl linear unabhängiger Zeilen ist somit gleich der Dimension des von den Vektoren $\varphi\mathfrak{a}_1, \ldots, \varphi\mathfrak{a}_n$ aufgespannten Unterraums φX von Y, also gleich dem Rang von φ. ◆

Da die (n, r)-Matrizen nur eine spezielle Schreibweise der $(n \cdot r)$-Tupel darstellen, sind für sie die linearen Operationen definiert: Man erhält die Summenmatrix $A + B$ zweier (n, r)-Matrizen $A = (a_{\nu,\varrho})$ und $B = (b_{\nu,\varrho})$, indem man entsprechende Elemente einzeln addiert; und man multipliziert A mit einem Skalar c, indem man jedes Element von A einzeln mit c multipliziert. Es gilt also

$$A + B = \begin{pmatrix} a_{1,1} + b_{1,1} & \cdots & a_{1,r} + b_{1,r} \\ \cdots & \cdots & \cdots \\ a_{n,1} + b_{n,1} & \cdots & a_{n,r} + b_{n,r} \end{pmatrix}, \quad cA = \begin{pmatrix} ca_{1,1} & \cdots & ca_{1,r} \\ \cdots & \cdots & \cdots \\ ca_{n,1} & \cdots & ca_{n,r} \end{pmatrix},$$

und die (n, r)-Matrizen bilden hinsichtlich dieser linearen Operationen einen Vektorraum. Der Nullvektor dieses Matrizenraumes ist die aus lauter Nullen bestehende (n, r)-Matrix. Sie wird die **Nullmatrix** genannt und mit 0 bezeichnet. Die Zuordnung, die jeder linearen Abbildung $\varphi: X \to Y$ die ihr hinsichtlich fester Basen von X und Y entsprechende Matrix zuordnet, ist ein Isomorphismus von $L(X, Y)$ auf den Vektorraum der (n, r)-Matrizen. Insbesondere gilt also:

9.5 *Hinsichtlich fester Basen von X und Y entspreche der linearen Abbildung $\varphi: X \to Y$ die Matrix A und der linearen Abbildung $\psi: X \to Y$ die Matrix B.*

Dann entspricht der Summenabbildung $\varphi + \psi$ die Summenmatrix $A + B$ und der Abbildung $c\varphi$ die Matrix cA. Speziell entspricht der Nullabbildung die Nullmatrix.

Ergänzungen und Aufgaben

9 A Die Bezeichnungen seien wie in 9. 1. Besitzt X unendliche Dimension, so ist Ω (auch bei endlicher Dimension von Y) keine Basis von $L(X, Y)$. Ordnet man z. B. jedem Vektor $\mathfrak{a} \in B$ als Bild denselben Vektor $\mathfrak{b}_0^* \in B^*$ zu, so wird hierdurch eine lineare Abbildung $\varphi: X \to Y$ definiert. Diese ist jedoch nicht als Linearkombination von Ω (nämlich als Linearkombination endlich vieler Abbildungen aus Ω) darstellbar.

9 B Es seien φ und ψ zwei lineare Abbildungen mit $\operatorname{Rg} \varphi = m$ und $\operatorname{Rg} \psi = n$.

Aufgabe: Es gilt $|m - n| \leqq \operatorname{Rg}(\varphi + \psi) \leqq m + n$.

9 C Es seien X und Y zwei endlich-dimensionale, reelle Vektorräume. Hinsichtlich je einer Basis von X und Y sei der linearen Abbildung $\varphi: X \to Y$ die Matrix

$$\begin{pmatrix} 2 & -1 & 5 \\ -1 & 6 & -12 \\ 3 & 4 & -2 \\ 4 & 9 & -9 \end{pmatrix}$$

zugeordnet. Ferner seien

$$(3, 2, 1, 1), \ (1, 0, -2, -3), \ (-2, 5, 5, 0)$$

die Koordinaten von Vektoren $\mathfrak{x}_1, \mathfrak{x}_2, \mathfrak{x}_3$ aus X.

Aufgabe: 1). Welchen Rang besitzt φ?

2). Wie lauten die Koordinaten der Bildvektoren $\varphi\mathfrak{x}_1, \varphi\mathfrak{x}_2, \varphi\mathfrak{x}_3$ hinsichtlich der gegebenen Basis von Y?

3). Welche Dimension besitzt der von $\mathfrak{x}_1, \mathfrak{x}_2, \mathfrak{x}_3$ aufgespannte Unterraum U von X, und welche Dimension besitzt sein Bild φU?

§ 10 Produkte von Abbildungen und Matrizen

Es seien X, Y, Z drei Vektorräume mit gemeinsamem Skalarenkörper, und $\varphi: X \to Y$, $\psi: Y \to Z$ seien zwei lineare Abbildungen. Dann ist die Produktabbildung $\psi \circ \varphi$ definiert (vgl. § 1). Wegen

$$\begin{aligned}(\psi \circ \varphi)(\mathfrak{x}_1 + \mathfrak{x}_2) &= \psi(\varphi(\mathfrak{x}_1 + \mathfrak{x}_2)) = \psi(\varphi\mathfrak{x}_1 + \varphi\mathfrak{x}_2) = \psi(\varphi\mathfrak{x}_1) + \psi(\varphi\mathfrak{x}_2) \\ &= (\psi \circ \varphi)\,\mathfrak{x}_1 + (\psi \circ \varphi)\,\mathfrak{x}_2, \\ (\psi \circ \varphi)(c\mathfrak{x}) &= \psi(\varphi(c\mathfrak{x})) = \psi(c(\varphi\mathfrak{x})) = c(\psi(\varphi\mathfrak{x})) \\ &= c((\psi \circ \varphi)\,\mathfrak{x})\end{aligned}$$

ist $\psi \circ \varphi$ eine ebenfalls lineare Abbildung von X in Z. Unter der Voraussetzung, daß alle auftretenden Produktabbildungen definiert sind, bestätigt man außerdem unmittelbar folgende Rechenregeln:

10. 1 $$(\chi \circ \psi) \circ \varphi = \chi \circ (\psi \circ \varphi). \qquad (\textit{Assoziativität})$$

$$\psi \circ (\varphi_1 + \varphi_2) = \psi \circ \varphi_1 + \psi \circ \varphi_2,$$
$$(\psi_1 + \psi_2) \circ \varphi = \psi_1 \circ \varphi + \psi_2 \circ \varphi. \qquad (\textit{Distributivität})$$
$$(c\psi) \circ \varphi = \psi \circ (c\varphi) = c(\psi \circ \varphi).$$

Ebenso einfach zeigt man

10. 2 *Die Produktabbildung zweier Injektionen (Surjektionen, Isomorphismen) ist wieder eine Injektion (Surjektion, ein Isomorphismus).*

10. 3 *Die Vektorräume X und Y seien endlich-dimensional. Für den Rang der Produktabbildung zweier linearer Abbildungen $\varphi: X \to Y$ und $\psi: Y \to Z$ gilt dann*

$$\text{Rg}\,\varphi + \text{Rg}\,\psi - \text{Dim}\,Y \leqq \text{Rg}\,(\psi \circ \varphi) \leqq \min\,\{\text{Rg}\,\varphi,\ \text{Rg}\,\psi\}.$$

Beweis: Wegen 8. 3 gilt $\text{Dim}\,(\psi(\varphi X)) \leqq \text{Dim}\,(\varphi X)$ und daher

$$\text{Rg}\,(\psi \circ \varphi) = \text{Dim}\,(\psi(\varphi X)) \leqq \text{Rg}\,\varphi.$$

Wegen $\varphi X \leq\!| \, Y$, also $\psi(\varphi X) \leq\!| \, \psi Y$, folgt entsprechend

$$\text{Rg}\,(\psi \circ \varphi) = \text{Dim}\,(\psi(\varphi X)) \leqq \text{Dim}\,(\psi Y) = \text{Rg}\,\psi$$

und damit insgesamt die rechte Abschätzung. Faßt man ψ nur als lineare Abbildung des Unterraums φX von Y auf und bezeichnet man diese **Restriktion** von ψ mit ψ', so gilt offenbar $\text{Def}\,\psi' \leqq \text{Def}\,\psi$, wegen 8. 7 also

$$\begin{aligned}\text{Rg}\,(\psi \circ \varphi) &= \text{Dim}\,(\psi(\varphi X)) = \text{Dim}\,(\psi'(\varphi X)) = \text{Rg}\,\psi' \\ &= \text{Dim}\,(\varphi X) - \text{Def}\,\psi' \geqq \text{Dim}\,(\varphi X) - \text{Def}\,\psi = \text{Rg}\,\varphi - (\text{Dim}\,Y - \text{Rg}\,\psi) \\ &= \text{Rg}\,\varphi + \text{Rg}\,\psi - \text{Dim}\,Y. \quad \blacklozenge\end{aligned}$$

Weiter seien jetzt X, Y, Z endlich-dimensionale Vektorräume mit entsprechenden Basen $B_X = \{\mathfrak{a}_1, \ldots, \mathfrak{a}_n\}$, $B_Y = \{\mathfrak{b}_1, \ldots, \mathfrak{b}_r\}$ und $B_Z = \{\mathfrak{c}_1, \ldots, \mathfrak{c}_s\}$. Einer linearen Abbildung $\varphi: X \to Y$ ist dann hinsichtlich B_X und B_Y eine (n, r)-Matrix $A = (a_{\nu,\varrho})$ zugeordnet. Ebenso entspricht einer linearen Abbildung $\psi: Y \to Z$ hinsichtlich B_Y und B_Z eine (r, s)-Matrix $B = (b_{\varrho,\sigma})$. Für die Elemente dieser Matrizen gelten die Gleichungen

$$\varphi\mathfrak{a}_\nu = \sum_{\varrho=1}^{r} a_{\nu,\varrho}\mathfrak{b}_\varrho \qquad (\nu = 1, \ldots, n),$$

$$\psi\mathfrak{b}_\varrho = \sum_{\sigma=1}^{s} b_{\varrho,\sigma}\mathfrak{c}_\sigma \qquad (\varrho = 1, \ldots, r).$$

Auch der Produktabbildung $\psi \circ \varphi : X \to Z$ ist hinsichtlich B_X und B_Z eine (n, s)-Matrix $C = (c_{\nu,\sigma})$ zugeordnet. Für deren Elemente gilt

$$(\psi \circ \varphi)\, \mathfrak{a}_\nu = \sum_{\sigma=1}^{s} c_{\nu,\sigma} \mathfrak{c}_\sigma \qquad (\nu = 1, \ldots, n).$$

Andererseits gilt aber auch

$$\begin{aligned}(\psi \circ \varphi)\, \mathfrak{a}_\nu &= \psi(\varphi \mathfrak{a}_\nu) = \psi\left(\sum_{\varrho=1}^{r} a_{\nu,\varrho} \mathfrak{b}_\varrho\right) = \sum_{\varrho=1}^{r} a_{\nu,\varrho} (\psi \mathfrak{b}_\varrho) \\ &= \sum_{\varrho=1}^{r} a_{\nu,\varrho} \left(\sum_{\sigma=1}^{s} b_{\varrho,\sigma} \mathfrak{c}_\sigma\right) = \sum_{\sigma=1}^{s} \left(\sum_{\varrho=1}^{r} a_{\nu,\varrho} b_{\varrho,\sigma}\right) \mathfrak{c}_\sigma \qquad (\nu = 1, \ldots, n).\end{aligned}$$

Wegen der Eindeutigkeit der Basisdarstellungen der Vektoren $(\psi \circ \varphi)\, \mathfrak{a}_\nu$ müssen die auf den rechten Seiten der beiden letzten Gleichungen auftretenden Koeffizienten übereinstimmen. Durch Vergleich erhält man daher folgende Darstellung der Elemente der Matrix C durch die Elemente von A und B:

(*)
$$c_{\nu,\sigma} = \sum_{\varrho=1}^{r} a_{\nu,\varrho} b_{\varrho,\sigma} \qquad (\nu = 1, \ldots, n;\ \sigma = 1, \ldots, s).$$

Die Matrix C wird die **Produktmatrix** der Matrizen A und B genannt und mit AB bezeichnet. Der Produktabbildung $\psi \circ \varphi$ entspricht somit hinsichtlich der Basen B_X und B_Z das Produkt AB der den einzelnen Abbildungen zugeordneten Matrizen. Man beachte jedoch, daß in dem Matrizenprodukt die Faktoren in der umgekehrten Reihenfolge auftreten! Die Elemente der Produktmatrix AB gewinnt man gemäß den Gleichungen (*) auf folgende Weise: Wenn man entsprechende Elemente der ν-ten Zeile von A und der σ-ten Spalte von B multipliziert und danach die erhaltenen Produkte summiert, so erhält man das im Kreuzungspunkt der ν-ten Zeile und der σ-ten Spalte stehende Element der Produktmatrix. Den beschriebenen Rechenvorgang bezeichnet man auch als **Kombination** der ν-ten Zeile von A mit der σ-ten Spalte von B.

Das Produkt $\psi \circ \varphi$ zweier linearer Abbildungen ist nur genau dann definiert, wenn der Definitionsbereich von ψ mit dem Bildraum von φ übereinstimmt. Dem entspricht, daß ein Matrizenprodukt AB nur genau dann definiert ist, wenn die Spaltenzahl der Matrix A gleich der Zeilenzahl der Matrix B ist.

Beispiele:

10. I Die Produktmatrix der reellen Matrizen

$$A = \begin{pmatrix} 1 & -2 & 3 & 1 \\ 2 & 4 & -5 & 0 \\ -1 & 3 & -2 & 2 \end{pmatrix} \quad \text{und} \quad B = \begin{pmatrix} 1 & 1 \\ 3 & -2 \\ -1 & 0 \\ 4 & -3 \end{pmatrix}$$

ist

$$AB = \begin{pmatrix} -4 & 2 \\ 19 & -6 \\ 18 & -13 \end{pmatrix}.$$

10. II Ein n-Tupel kann auch als einzeilige Matrix aufgefaßt werden. Bei dieser Deutung der n-Tupel können z. B. die Gleichungen aus 9. 2 in einer Matrizengleichung zusammengefaßt werden:

Der linearen Abbildung $\varphi: X \to Y$ entspreche hinsichtlich zweier Basen von X und Y die Matrix A. Ist dann $(x_1, \ldots, x_n)$ das Koordinaten-n-Tupel eines Vektors $\mathfrak{x} \in X$, so ist im Sinn der Matrizenmultiplikation

$$(x_1^*, \ldots, x_r^*) = (x_1, \ldots, x_n)\, A$$

das Koordinaten-r-Tupel des Bildvektors $\varphi\mathfrak{x}$. Entspricht z. B. φ die Matrix A aus 10. I und besitzt der Vektor $\mathfrak{x}$ die Koordinaten $(1, 2, -3)$, so ergeben sich die Koordinaten des Bildvektors zu

$$(1, 2, -3) \begin{pmatrix} 1 & -2 & 3 & 1 \\ 2 & 4 & -5 & 0 \\ -1 & 3 & -2 & 2 \end{pmatrix} = (8, -3, -1, -5).$$

10. III Auch die Gleichungen aus 7. 3 lassen sich als eine Matrizengleichung schreiben:

Ist A die Transformationsmatrix einer Basistransformation und besitzt der Vektor $\mathfrak{x}$ hinsichtlich der alten Basis die Koordinaten $(x_1, \ldots, x_n)$, hinsichtlich der neuen Basis aber die Koordinaten $(x_1^*, \ldots, x_n^*)$, so gilt

$$(x_1, \ldots, x_n) = (x_1^*, \ldots, x_n^*)\, A.$$

Die einer linearen Abbildung $\varphi: X \to Y$ zugeordnete Matrix hängt wesentlich von der Wahl der Basen in den Räumen X und Y ab. Am Schluß dieses Paragraphen soll daher noch die Frage untersucht werden, wie sich die der Abbildung φ zugeordnete Matrix bei einem Wechsel der Basen ändert.

Es seien also $B_X = \{\mathfrak{a}_1, \ldots, \mathfrak{a}_n\}$ und $B_X^* = \{\mathfrak{a}_1^*, \ldots, \mathfrak{a}_n^*\}$ zwei Basen von X, und entsprechend seien $B_Y = \{\mathfrak{b}_1, \ldots, \mathfrak{b}_r\}$ und $B_Y^* = \{\mathfrak{b}_1^*, \ldots, \mathfrak{b}_r^*\}$ zwei Basen von Y. Weiter sei der linearen Abbildung $\varphi: X \to Y$ hinsichtlich B_X, B_Y die Matrix $A = (a_{\nu,\varrho})$ und hinsichtlich B_X^*, B_Y^* die Matrix $A^* = (a_{\nu,\varrho}^*)$ zugeordnet. Es gilt also

$$\varphi\mathfrak{a}_\nu = \sum_{\varrho=1}^{r} a_{\nu,\varrho}\mathfrak{b}_\varrho, \qquad \varphi\mathfrak{a}_\nu^* = \sum_{\varrho=1}^{r} a_{\nu,\varrho}^*\mathfrak{b}_\varrho^* \qquad (\nu = 1, \ldots, n).$$

Dem Übergang von B_X zu B_X^* entspreche die Transformationsmatrix $S = (s_{\mu,\nu})$:

$$\mathfrak{a}_\mu^* = \sum_{\nu=1}^{n} s_{\mu,\nu}\mathfrak{a}_\nu \qquad (\mu = 1, \ldots, n).$$

Im Raum Y soll dagegen der Übergang von B_Y^* zu B_Y betrachtet werden. Er werde durch die Transformationsmatrix $T^* = (t_{\varrho,\sigma}^*)$ vermittelt:

$$\mathfrak{b}_\varrho = \sum_{\sigma=1}^{r} t_{\varrho,\sigma}^* \mathfrak{b}_\sigma^* \qquad (\varrho = 1, \ldots, r).$$

Dann folgt einerseits

$$\varphi \mathfrak{a}_\mu^* = \sum_{\sigma=1}^{r} a_{\mu,\sigma}^* \mathfrak{b}_\sigma^* \qquad (\mu = 1, \ldots, n),$$

andererseits aber auch

$$\varphi \mathfrak{a}_\mu^* = \varphi\left(\sum_{\nu=1}^{n} s_{\mu,\nu} \mathfrak{a}_\nu\right) = \sum_{\nu=1}^{n} s_{\mu,\nu} (\varphi \mathfrak{a}_\nu) = \sum_{\nu=1}^{n} s_{\mu,\nu} \left(\sum_{\varrho=1}^{r} a_{\nu,\varrho} \mathfrak{b}_\varrho\right)$$
$$= \sum_{\nu=1}^{n} s_{\mu,\nu} \left(\sum_{\varrho=1}^{r} a_{\nu,\varrho} \left(\sum_{\sigma=1}^{r} t_{\varrho,\sigma}^* \mathfrak{b}_\sigma^*\right)\right) = \sum_{\sigma=1}^{r} \left[\sum_{\nu=1}^{n} \sum_{\varrho=1}^{r} s_{\mu,\nu} a_{\nu,\varrho} t_{\varrho,\sigma}^*\right] \mathfrak{b}_\sigma^*.$$

Koeffizientenvergleich auf den rechten Seiten liefert

$$a_{\mu,\sigma}^* = \sum_{\nu=1}^{n} \sum_{\varrho=1}^{r} s_{\mu,\nu} a_{\nu,\varrho} t_{\varrho,\sigma}^* \quad (\mu = 1, \ldots, n;\ \sigma = 1, \ldots, r).$$

Diese Gleichungen können wieder in einer Matrizengleichung zusammengefaßt werden: Sie besagen nämlich gerade, daß die $a_{\mu,\sigma}^*$ die Elemente der Produktmatrix SAT^* sind.

10.4 *Einer linearen Abbildung $\varphi: X \to Y$ entspreche hinsichtlich der Basen B_X, B_Y die Matrix A und hinsichtlich der Basen B_X^*, B_Y^* die Matrix A^*. Der Übergang von B_X zu B_X^* werde durch die Transformationsmatrix S, der Übergang von B_Y^* zu B_Y durch die Transformationsmatrix T^* vermittelt. Dann gilt*

$$A^* = S\,A\,T^*.$$

Ergänzungen und Aufgaben

10A Aufgabe: 1). Zeige, daß in den reellen arithmetischen Vektorräumen $\mathbf{R}^3$ und $\mathbf{R}^2$ durch die Vektoren

$$\mathfrak{a}_1 = (2, 1, -1), \quad \mathfrak{a}_2 = (1, 0, 3), \quad \mathfrak{a}_3 = (-1, 2, 1) \quad \text{und}$$
$$\mathfrak{b}_1 = (1, 1), \quad \mathfrak{b}_2 = (1, -1)$$

je eine Basis definiert wird.

2). Hinsichtlich der kanonischen Basen von $\mathbf{R}^3$ und $\mathbf{R}^2$ (vgl. 6. III) sei der linearen Abbildung $\varphi: \mathbf{R}^3 \to \mathbf{R}^2$ die Matrix

$$A = \begin{pmatrix} 0 & 1 \\ 2 & -2 \\ 3 & 0 \end{pmatrix}$$

zugeordnet. Welche Matrix entspricht φ hinsichtlich der Basen $\{\mathfrak{a}_1, \mathfrak{a}_2, \mathfrak{a}_3\}$ und $\{\mathfrak{b}_1, \mathfrak{b}_2\}$? Welche Koordinaten hat der Bildvektor des Vektors $(4, 1, 3)$ hinsichtlich der Basis $\{\mathfrak{b}_1, \mathfrak{b}_2\}$?

10 B Es seien X, Y, Z drei Vektorräume, es gelte $X \neq [\mathfrak{o}]$ und es werde $L_Y = L(X, Y)$ und $L_Z = L(X, Z)$ gesetzt. Jede lineare Abbildung $\varphi: Y \to Z$ definiert dann auf folgende Weise eine Abbildung $\hat{\varphi}$ von L_Y in L_Z: Jeder linearen Abbildung $\alpha: X \to Y$ werde nämlich als Bild die durch $\beta = \varphi \circ \alpha$ definierte lineare Abbildung $\beta: X \to Z$ zugeordnet. Es gilt also $\hat{\varphi}(\alpha) = \varphi \circ \alpha$.

Aufgabe: 1). Für jedes $\varphi \in L(Y, Z)$ ist auch $\hat{\varphi}$ eine lineare Abbildung von L_Y in L_Z.

2). $\hat{\varphi}$ ist genau dann eine Surjektion, wenn φ eine Surjektion ist.

3). $\hat{\varphi}$ ist genau dann eine Injektion, wenn φ eine Injektion ist.

4). Ordnet man jeder Abbildung $\varphi \in L(Y, Z)$ die Abbildung $\hat{\varphi}$ als Bild zu, so erhält man eine Injektion von $L(Y, Z)$ in $L(L_Y, L_Z)$.

10 C **Aufgabe:** 1). Eine lineare Abbildung $\varphi: X \to Y$ ist genau dann injektiv, wenn für jeden Vektorraum Z und für je zwei lineare Abbildungen $\alpha, \beta: Z \to X$ aus $\varphi \circ \alpha = \varphi \circ \beta$ stets $\alpha = \beta$ folgt.

2). Eine lineare Abbildung $\varphi: X \to Y$ ist genau dann surjektiv, wenn für jeden Vektorraum Z und für je zwei lineare Abbildungen $\alpha, \beta: Y \to Z$ aus $\alpha \circ \varphi = \beta \circ \varphi$ stets $\alpha = \beta$ folgt.

Diese Ergebnisse zeigen, daß die Begriffe „Injektion" und „Surjektion" allein durch die linearen Abbildungen und ihre Verknüpfung ohne Bezugnahme auf die Vektoren definiert werden können, daß sie also in der sogenannten **Kategorie** aller Vektorräume und linearen Abbildungen definierbar sind.

§ 11 Lineare Selbstabbildungen

Die Ergebnisse des vorangehenden Paragraphen können auf den Spezialfall angewandt werden, daß die bei den betrachteten linearen Abbildungen $\varphi: X \to Y$ auftretenden Räume X und Y zusammenfallen, daß man also lineare Abbildungen eines Vektorraums in sich betrachtet. Derartige Abbildungen werden auch **lineare Selbstabbildungen** oder **Endomorphismen** von X genannt. Die Menge $L(X, X)$ aller Endomorphismen des Vektorraums X ist nach den früheren Ergebnissen selbst ein Vektorraum. Daneben können aber jetzt auch je zwei Endomorphismen aus $L(X, X)$ multipliziert werden, und die Produktabbildung ist wieder ein Endomorphismus von X. Wegen 10.1 ergibt sich außerdem sofort, daß $L(X, X)$ hinsichtlich der Addition und Multiplikation der Endomorphismen ein Ring mit der Identität ε von X als Einselement ist. Dieser **Endomorphismenring** von X ist allerdings im allgemeinen nicht kommutativ, wie das folgende Beispiel zeigt.

11. I Es sei X ein Vektorraum mit $\text{Dim}\, X \geqq 2$. Ferner sei B eine Basis von X, und $\mathfrak{a}_1$ sei ein fester Vektor aus B. Durch

$$\varphi\mathfrak{a} = \mathfrak{a}_1 \quad \text{und} \quad \psi\mathfrak{a} = \begin{cases} \mathfrak{a} & \text{für} \quad \mathfrak{a} \neq \mathfrak{a}_1 \\ \mathfrak{o} & \phantom{\text{für}} \quad \mathfrak{a} = \mathfrak{a}_1 \end{cases} \quad (\mathfrak{a} \in B)$$

werden dann nach 8.2 zwei Endomorphismen φ und ψ von X definiert. Für jeden Vektor $\mathfrak{a} \in B$ gilt $(\psi \circ \varphi)\mathfrak{a} = \mathfrak{o}$. Daher ist $\psi \circ \varphi$ die Nullabbildung. Ist $\mathfrak{a}_2$ ein von $\mathfrak{a}_1$ verschiedener Vektor aus B, so gilt andererseits $(\varphi \circ \psi)\,\mathfrak{a}_2 = \varphi \mathfrak{a}_2 = \mathfrak{a}_1 \neq \mathfrak{o}$, weswegen $\varphi \circ \psi$ nicht die Nullabbildung ist. Der Endomorphismenring von X ist daher nicht kommutativ. Wegen $\psi \circ \varphi = 0$ ist ψ ein linker und φ ein rechter Nullteiler.

Besondere Bedeutung kommt unter den Endomorphismen von X den Isomorphismen zu. Allgemeiner besitzt jeder Isomorphismus $\varphi : X \to Y$ als 1-1-Abbildung von X auf Y eine Umkehrabbildung φ^{-1} (vgl. § 1). Für sie gilt:

11.1 *Die Umkehrabbildung φ^{-1} eines Isomorphismus $\varphi : X \to Y$ ist ein Isomorphismus von Y auf X.*

Beweis: Es müssen lediglich die Linearitätseigenschaften nachgewiesen werden. Wegen $\varphi^{-1}(\varphi \mathfrak{x}) = \mathfrak{x}$ und $\varphi(\varphi^{-1}\mathfrak{y}) = \mathfrak{y}$ gilt für Vektoren $\mathfrak{y}_1, \mathfrak{y}_2 \in Y$

$$\begin{aligned}\varphi^{-1}(\mathfrak{y}_1 + \mathfrak{y}_2) &= \varphi^{-1}(\varphi(\varphi^{-1}\mathfrak{y}_1) + \varphi(\varphi^{-1}\mathfrak{y}_2)) \\ &= \varphi^{-1}(\varphi(\varphi^{-1}\mathfrak{y}_1 + \varphi^{-1}\mathfrak{y}_2)) = \varphi^{-1}\mathfrak{y}_1 + \varphi^{-1}\mathfrak{y}_2 .\end{aligned}$$

Analog erhält man

$$\varphi^{-1}(c\mathfrak{y}) = \varphi^{-1}(c\varphi(\varphi^{-1}\mathfrak{y})) = \varphi^{-1}(\varphi(c(\varphi^{-1}\mathfrak{y}))) = c(\varphi^{-1}\mathfrak{y}) . \quad \blacklozenge$$

An dieser Stelle kann sogleich noch der Beweis dafür nachgeholt werden, daß die Isomorphie von Vektorräumen (vgl. 8e) eine Äquivalenzrelation (vgl. 11C) ist.

11.2 *Die Isomorphie von Vektorräumen ist eine Äquivalenzrelation; d. h. es gilt:*

$X \cong X$ für jeden Vektorraum X.

Aus $X \cong Y$ folgt $Y \cong X$.

Aus $X \cong Y$ und $Y \cong Z$ folgt $X \cong Z$.

Beweis: Da die Identität ein Isomorphismus von X auf sich ist, gilt $X \cong X$. Aus $X \cong Y$ folgt die Existenz eines Isomorphismus $\varphi : X \to Y$. Dann aber ist nach 11.1 auch $\varphi^{-1} : Y \to X$ ein Isomorphismus, und es folgt $Y \cong X$. Schließlich gelte $X \cong Y$ und $Y \cong Z$; es gibt also Isomorphismen $\varphi : X \to Y$ und $\psi : Y \to Z$. Nach 10.2 ist dann $\psi \circ \varphi$ ein Isomorphismus von X auf Z; d. h. es folgt $X \cong Z$. $\blacklozenge$

11.3 *Die Menge aller Isomorphismen eines Vektorraumes X auf sich ist hinsichtlich der Multiplikation eine Gruppe.*

Beweis: Da das Produkt zweier Isomorphismen von X wieder ein Isomorphismus von X ist, führt die Multiplikation nicht aus der Menge der Isomorphismen hinaus. Das Assoziativgesetz gilt bei der Multiplikation von Abbildungen allgemein. Die Identität ε von X ist ein Isomorphismus von X und neutrales

Element gegenüber der Multiplikation. Schließlich existiert zu jedem Isomorphismus φ von X auf sich wegen 11.1 ein inverser Isomorphismus, nämlich die Umkehrabbildung φ^{-1}. ◆

Ein Isomorphismus von X auf sich wird auch ein **Automorphismus** von X genannt. Die Gruppe aller Automorphismen von X heißt die **lineare Gruppe** des Vektorraums X und wird mit $GL(X)$ bezeichnet.

Weiterhin sei jetzt X ein endlich-dimensionaler Vektorraum.

11.4 *Für die Endomorphismen eines endlich-dimensionalen Vektorraums sind die Begriffe „Injektion", „Surjektion" und „Isomorphismus" gleichbedeutend.*

Beweis: Nach dem jeweils letzten Teil der Sätze 8.4, 8.8, 8.9 sind alle drei Begriffe damit gleichwertig, daß der Rang des Endomorphismus gleich der Dimension von X ist. ◆

In unendlich-dimensionalen Räumen gilt dieser Satz jedoch nicht!

Im Fall endlich-dimensionaler Vektorräume X, Y konnte man jeder linearen Abbildung aus $L(X, Y)$ umkehrbar eindeutig eine Matrix zuordnen, wenn man in X und Y je eine Basis ausgezeichnet hatte. Im Fall der Endomorphismen eines endlich-dimensionalen Vektorraums X braucht man für eine solche Zuordnung nur eine Basis festzulegen, weil man es ja jetzt auch mit nur einem Raum zu tun hat: Es sei nämlich $B = \{\mathfrak{a}_1, \ldots, \mathfrak{a}_n\}$ eine Basis und φ ein Endomorphismus von X. Dann lassen sich die Bilder der Basisvektoren als Linearkombinationen von B darstellen:

$$\varphi\mathfrak{a}_\mu = \sum_{\nu=1}^{n} a_{\mu,\nu}\mathfrak{a}_\nu \qquad (\mu = 1, \ldots, n).$$

Die hierbei auftretenden Koeffizienten $a_{\mu,\nu}$ bilden dann die dem Endomorphismus φ hinsichtlich der Basis B zugeordnete Matrix $A = (a_{\mu,\nu})$. Sie ist eine n-reihige quadratische Matrix; d. h. eine Matrix mit n Zeilen und n Spalten. Umgekehrt entspricht auch jede solche Matrix hinsichtlich der Basis B einem Endomorphismus von X. Die von links oben nach rechts unten verlaufende Diagonale der Matrix A (sie besteht aus den Elementen $a_{\nu,\nu}$) wird die **Hauptdiagonale** genannt.

Definition 11a: *Eine n-reihige quadratische Matrix A heißt* **regulär**, *wenn* $\text{Rg}\, A = n$ *gilt; andernfalls wird sie eine* **singuläre** *Matrix genannt.*

11.5 *Ein Endomorphismus φ eines endlich-dimensionalen Vektorraums X ist genau dann ein Automorphismus, wenn die ihm hinsichtlich irgendeiner Basis zugeordnete Matrix A regulär ist.*

Beweis: Es gelte Dim $X = n$. Dann ist A eine n-reihige quadratische Matrix. Wegen 8. 9 ist φ genau dann ein Automorphismus, wenn Rg $\varphi = n$ gilt. Dies aber ist nach 9. 4 gleichwertig mit Rg $A = n$. ◆

Da dem Produkt zweier Endomorphismen umkehrbar eindeutig das Produkt der zugeordneten Matrizen entspricht*), bilden die regulären n-reihigen quadratischen Matrizen hinsichtlich der Matrizenmultiplikation ebenso wie $GL(X)$ eine Gruppe. Das neutrale Element dieser **Matrizengruppe** ist die der Identität ε von X entsprechende Matrix E. Unabhängig von der Wahl der Basis $\{\mathfrak{a}_1, \ldots, \mathfrak{a}_n\}$ hat sie wegen $\varepsilon\mathfrak{a}_\nu = \mathfrak{a}_\nu$ $(\nu = 1, \ldots, n)$ stets die Form

$$E = \begin{pmatrix} 1 & & & \\ & 1 & & \\ & & \ddots & \\ & & & 1 \end{pmatrix},$$

wobei in der Hauptdiagonale lauter Einsen, sonst aber lauter Nullen auftreten. Man nennt E die **Einheitsmatrix.** Wenn ihre Reihenzahl n hervorgehoben werden soll, wird statt E genauer E_n geschrieben.

Entspricht einem Automorphismus φ von X hinsichtlich einer Basis B die Matrix A, so entspricht dem inversen Automorphismus φ^{-1} eine Matrix, die man mit A^{-1} bezeichnet und die zu A **inverse Matrix** nennt. Sie ist das zu A inverse Element in der Matrizengruppe. Es gilt daher

$$A^{-1}A = AA^{-1} = E, \quad (AB)^{-1} = B^{-1}A^{-1}, \quad (A^{-1})^{-1} = A.$$

Die inverse Matrix A^{-1} existiert nur genau dann, wenn A eine reguläre quadratische Matrix ist. Wie man bei gegebener Matrix A die inverse Matrix A^{-1} berechnen kann, wird im nächsten Paragraphen behandelt.

Einer Basistransformation, die die Basis $\{\mathfrak{a}_1, \ldots, \mathfrak{a}_n\}$ von X in die Basis $\{\mathfrak{a}_1^*, \ldots, \mathfrak{a}_n^*\}$ überführt, entspricht die durch

$$\mathfrak{a}_\mu^* = \sum_{\nu=1}^{n} t_{\mu,\nu}\mathfrak{a}_\nu \qquad (\mu = 1, \ldots, n)$$

bestimmte Transformationsmatrix $T = (t_{\mu,\nu})$. Wegen 7. 2 ist T eine reguläre Matrix. Zu der umgekehrten Transformation, die $\{\mathfrak{a}_1^*, \ldots, \mathfrak{a}_n^*\}$ in $\{\mathfrak{a}_1, \ldots, \mathfrak{a}_n\}$ überführt, gehört dann die zu T inverse Matrix T^{-1}. Die in der Formulierung von 10. 4 enthaltene Asymmetrie hinsichtlich der Richtung der Basistransformationen kann daher folgendermaßen behoben werden:

---

*) Aus diesem Grund ist auch die Multiplikation der quadratischen Matrizen im allgemeinen nicht kommutativ.

11. 6 *Der linearen Abbildung $\varphi: X \to Y$ entspreche hinsichtlich der Basen B_X, B_Y die Matrix A und hinsichtlich der Basen B_X^*, B_Y^* die Matrix A^*. Der Übergang von B_X zu B_X^* werde durch die Transformationsmatrix S, der Übergang von B_Y zu B_Y^* durch die Transformationsmatrix T vermittelt. Dann gilt*

$$A^* = S\,A\,T^{-1}.$$

Bei der einem Endomorphismus zugeordneten Matrix gestaltet sich diese Transformationsformel deswegen einfacher, weil man es dann mit nur einer Basis, also auch nur mit einer Basistransformation zu tun hat. Aus dem vorangehenden Satz folgt unmittelbar:

11. 7 *Dem Endomorphismus φ von X sei hinsichtlich der Basis B die Matrix A, hinsichtlich der Basis B^* die Matrix A^* zugeordnet. Der Übergang von B zu B^* werde durch die Transformationsmatrix S vermittelt. Dann gilt*

$$A^* = S\,A\,S^{-1}.$$

Ergänzungen und Aufgaben

11 A Aufgabe: Zeige, daß die lineare Gruppe $GL(X)$ im Fall $\operatorname{Dim} X \geqq 2$ nicht abelsch ist.

11 B Unter dem **Zentrum** einer Gruppe G versteht man die Menge aller Gruppenelemente z, die mit jedem anderen Gruppenelement vertauschbar sind, die also die Gleichung $a \circ z = z \circ a$ für alle $a \in G$ erfüllen.

Aufgabe: Das Zentrum der linearen Gruppe $GL(X)$ besteht genau aus den Automorphismen $c\varepsilon$ mit $c \neq 0$ (ε Identität von X). Entsprechend besteht das Zentrum der Gruppe der n-reihigen regulären Matrizen genau aus den Matrizen der Form

$$cE = \begin{pmatrix} c & & & & \\ & c & & & \\ & & \cdot & & \\ & & & \cdot & \\ & & & & \cdot \\ & & & & & c \end{pmatrix}.$$

11 C Es sei M eine beliebige Menge. Eine Menge R geordneter Paare (a, b) von Elementen $a, b \in M$ wird dann eine (zweistellige) **Relation** von M genannt. Statt $(a, b) \in R$ schreibt man auch aRb und sagt, daß a und b in der Relation R stehen. Eine Relation R von M wird speziell eine **Äquivalenzrelation** genannt, wenn sie folgende Eigenschaften besitzt:

Reflexivität: *Für alle $a \in M$ gilt aRa.*
Symmetrie: *Aus aRb folgt bRa.*
Transitivität: *Aus aRb und bRc folgt aRc.*

Gilt dann aRb, so werden a und b äquivalente Elemente genannt. Hinsichtlich einer Äquivalenzrelation R von M bestimmt jedes Element $a \in M$ die Menge

$$\overline{a} = \{b : b \in M,\ bRa\}$$

aller zu a äquivalenten Elemente, die man die von a erzeugte **Äquivalenzklasse** nennt. Die Elemente einer Äquivalenzklasse werden auch die **Repräsentanten** dieser Klasse genannt. Es ist $b \in \overline{a}$ gleichwertig mit $\overline{a} = \overline{b}$. Je zwei Äquivalenzklassen sind entweder identisch oder elementfremd. Schließlich ist jedes Element von M in genau einer Äquivalenzklasse enthalten.

Viertes Kapitel

Lineare Gleichungssysteme, Determinanten

Die in dem letzten Kapitel gewonnenen Resultate über lineare Abbildungen gestatten eine erste Anwendung in der Theorie der linearen Gleichungssysteme. Mit ihrer Hilfe kann in § 12 diese Theorie sehr übersichtlich und knapp behandelt werden. Daneben wird aber auch auf Fragen der praktischen Auflösung linearer Gleichungssysteme eingegangen. Anknüpfend an die elementaren Umformungen wird ein Lösungsverfahren entwickelt, das auch zur Berechnung der Inversen einer Matrix benutzt werden kann. Die weiteren Paragraphen dieses Kapitels befassen sich mit einem für alles Folgende besonders wichtigen Begriff, nämlich mit dem der Determinante eines Endomorphismus. Während in § 13 auf die Definition der Determinanten und ihre wichtigsten Eigenschaften eingegangen wird, behandelt § 14 einige Verfahren zu ihrer Berechnung. Schließlich werden in § 15 die Determinanten zur Rangbestimmung, zur Inversenbildung und zur Auflösung linearer Gleichungssysteme herangezogen. Vornehmlich besitzen diese Anwendungen allerdings theoretisches Interesse; für die praktische Rechnung sind die Determinanten nur von geringer Bedeutung.

§ 12 Lineare Gleichungssysteme

Ein Gleichungssystem der Form

$$(*)\qquad \begin{array}{c} a_{1,1}x_1 + \cdots + a_{1,n}x_n = b_1 \\ a_{2,1}x_1 + \cdots + a_{2,n}x_n = b_2 \\ \cdots\cdots\cdots\cdots\cdots\cdots \\ a_{k,1}x_1 + \cdots + a_{k,n}x_n = b_k \end{array}$$

oder kürzer

$$\sum_{\nu=1}^{n} a_{\varkappa,\nu}x_\nu = b_\varkappa \qquad (\varkappa = 1, \ldots, k),$$

in dem die Koeffizienten $a_{\varkappa,\nu}$ und $b_\varkappa$ gegebene Elemente eines Körpers K sind, nennt man ein **lineares Gleichungssystem** über K. Die Aufgabe, ein solches System zu lösen, besteht darin, für die zunächst unbekannten Größen $x_1, \ldots, x_n$ Werte in K zu finden, die die Gleichungen des Systems erfüllen. Im Zusammenhang mit dieser Aufgabe ergeben sich folgende Fragestellungen, die anschließend behandelt werden sollen:

1. *Existenzproblem:* Unter welchen Bedingungen besitzt ein lineares Gleichungssystem überhaupt Lösungen? Gesucht sind Lösbarkeitskriterien.

2. *Allgemeine Lösung, Eindeutigkeit:* Das lineare Gleichungssystem besitze mindestens eine Lösung. Welche Struktur besitzt dann die Menge aller Lösungen des Systems? Unter welchen Bedingungen besitzt das System nur genau eine Lösung?

3. *Lösungsverfahren:* Wie kann man die Lösungen eines gegebenen linearen Gleichungssystems praktisch berechnen?

Der Behandlung dieser Fragen sei eine kurze Vorbemerkung vorausgeschickt: Gegeben sei eine (k, n)-Matrix

$$A = \begin{pmatrix} a_{1,1} & \cdots & a_{1,n} \\ a_{2,1} & \cdots & a_{2,n} \\ \cdot & \cdots & \cdot \\ a_{k,1} & \cdots & a_{k,n} \end{pmatrix}.$$

Schreibt man die Spalten dieser Matrix als Zeilen einer neuen Matrix (und damit auch ihre Zeilen als Spalten), so erhält man eine (n, k)-Matrix

$$A^T = \begin{pmatrix} a_{1,1} & a_{2,1} & \cdots & a_{k,1} \\ \cdot & \cdot & \cdots & \cdot \\ a_{1,n} & a_{2,n} & \cdots & a_{k,n} \end{pmatrix},$$

die man die zu A **transponierte Matrix** nennt. Bezeichnet man die Elemente der Matrix A^T mit $a'_{\nu,\varkappa}$, so gilt also $a'_{\nu,\varkappa} = a_{\varkappa,\nu}$. Die Bedeutung der Transposition einer Matrix für die linearen Abbildungen wird später behandelt werden (vgl. § 21). Hier interessieren im Augenblick nur folgende zwei Eigenschaften:

12. 1 *Für die Transposition einer Produktmatrix gilt:*

$$(AB)^T = B^T A^T.$$

Der Rang einer Matrix bleibt bei Transposition erhalten:

$$\operatorname{Rg} A^T = \operatorname{Rg} A.$$

Beweis: Es gelte $A = (a_{\nu,\varkappa})$, $B = (b_{\varkappa,\varrho})$ und $AB = (c_{\nu,\varrho})$. Für das in der ϱ-ten Zeile und ν-ten Spalte der transponierten Produktmatrix $(AB)^T$ stehende Element $c'_{\varrho,\nu}$ gilt $c'_{\varrho,\nu} = c_{\nu,\varrho}$ und daher weiter

$$c'_{\varrho,\nu} = \sum_{\varkappa=1}^{k} a_{\nu,\varkappa} b_{\varkappa,\varrho} = \sum_{\varkappa=1}^{k} b'_{\varrho,\varkappa} a'_{\varkappa,\nu},$$

wobei $a'_{\varkappa,\nu}$ und $b'_{\varrho,\varkappa}$ die entsprechenden Elemente der transponierten Matrizen A^T und B^T sind. Der in dieser Gleichung ganz rechts stehende Ausdruck besagt aber gerade, daß $c'_{\varrho,\nu}$ auch das entsprechende Element der Produktmatrix $B^T A^T$ ist. Dies ist die erste Behauptung. Die zweite Behauptung folgt unmittelbar aus der Tatsache, daß der Zeilenrang von A^T gerade der Spaltenrang von A ist und daß nach 9. 3 der Zeilen- und der Spaltenrang einer Matrix gleich sind, nämlich gleich dem Rang der Matrix. ◆

Um jetzt die oben aufgeworfenen Fragen einfach behandeln zu können, ist es zweckmäßig, die Problemstellung etwas umzuformen: Die Koeffizienten $a_{\varkappa,\nu}$ des Gleichungssystems (*) bilden eine (k, n)-Matrix $A = (a_{\varkappa,\nu})$, die man die **Koeffizientenmatrix** des linearen Gleichungssystems nennt. Mit ihrer Hilfe können die Gleichungen aus (*) in einer Matrizengleichung zusammengefaßt werden:

$$A \begin{pmatrix} x_1 \\ \vdots \\ x_n \end{pmatrix} = \begin{pmatrix} b_1 \\ \vdots \\ b_k \end{pmatrix}.$$

Dabei sind die gesuchten Größen $x_1, \ldots, x_n$ und die auf den rechten Seiten von (*) stehenden Körperelemente $b_1, \ldots, b_k$ je in einer einspaltigen Matrix angeordnet. Transponiert man diese Matrizengleichung, so werden aus den Spalten Zeilen, und wegen 12. 1 erhält man

$$(x_1, \ldots, x_n) A^T = (b_1, \ldots, b_k).$$

Hinsichtlich der kanonischen Basen der arithmetischen Vektorräume K^n und K^k ist die Matrix A^T einer linearen Abbildung $\varphi: K^n \to K^k$ zugeordnet. Faßt man jetzt noch $(x_1, \ldots, x_n)$ und $(b_1, \ldots, b_k)$ als Koordinatenzeilen zweier Vektoren $\mathfrak{x} \in K^n$ und $\mathfrak{b} \in K^k$ auf, so ist die letzte Gleichung wegen 9. 2 gleichbedeutend mit der Gleichung

$$(**) \qquad \varphi\mathfrak{x} = \mathfrak{b}.$$

Diese Gleichung ist so aufzufassen, daß in ihr die lineare Abbildung φ und der Vektor $\mathfrak{b}$ gegeben sind. Gesucht ist ein Vektor $\mathfrak{x}$, der durch φ auf $\mathfrak{b}$ abgebildet wird. Die Koordinaten eines Lösungsvektors von (**) bilden eine Lösung von (*); und umgekehrt ist jede Lösung von (*) das Koordinaten-n-Tupel eines Lösungsvektors von (**).

Nach dieser Umformung des Problems können die oben gestellten Fragen in einfacher Weise beantwortet werden.

Wenn überhaupt ein Vektor $\mathfrak{x} \in K^n$ durch φ auf den Vektor $\mathfrak{b}$ abgebildet wird, so muß jedenfalls $\mathfrak{b} \in \varphi K^n$ gelten. Umgekehrt folgt aus dieser Bedingung auch die Existenz eines Vektors $\mathfrak{x} \in K^n$ mit $\varphi\mathfrak{x} = \mathfrak{b}$. Nun wird aber der Unterraum φK^n von K^k gerade durch die Zeilen der Matrix A^T, also durch die Spalten der Matrix A aufgespannt. Die Bedingung $\mathfrak{b} \in \varphi K^n$ ist daher gleichwertig damit, daß die Spalte der Elemente $b_1, \ldots, b_k$ eine Linearkombination der Spalten von A ist.

Erweitert man die Matrix A, indem man als $(n+1)$-te Spalte noch die Spalte der Elemente $b_1, \ldots, b_k$ hinzufügt, so erhält man eine $(k, n+1)$-Matrix, die man die **erweiterte Koeffizientenmatrix** des linearen Gleichungssystems (*) nennt. Sie soll mit A_{erw} bezeichnet werden. Es gilt also

$$A_{\text{erw}} = \begin{pmatrix} a_{1,1} & \cdots & a_{1,n} & b_1 \\ \cdot & \cdot & \cdot & \cdot \\ a_{k,1} & \cdots & a_{k,n} & b_k \end{pmatrix}.$$

Die Bedingung, daß die Spalte der $b_1, \ldots, b_k$ eine Linearkombination der Spalten von A ist, kann mit Hilfe dieser Begriffsbildung nun gleichwertig auch so formuliert werden: Es muß der Rang von A gleich dem Rang der erweiterten Koeffizientenmatrix A_{erw} sein. Die Frage nach der Existenz von Lösungen wird somit durch den folgenden Satz beantwortet:

12.2 *Das lineare Gleichungssystem* (*) *ist genau dann lösbar, wenn seine Koeffizientenmatrix und seine erweiterte Koeffizientenmatrix denselben Rang besitzen:* $\text{Rg}\, A = \text{Rg}\, A_{\text{erw}}$.

Wenn in dem Gleichungssystem (*) die Anzahl k der Gleichungen höchstens gleich der Anzahl n der Unbekannten ist, gilt $\text{Rg}\, A \leqq k$. Gilt sogar $\text{Rg}\, A = k$, so ist die Lösbarkeitsbedingung aus 12.2 automatisch erfüllt: Da nämlich die erweiterte Koeffizientenmatrix auch nur aus k Zeilen besteht, gilt dann ebenfalls $\text{Rg}\, A_{\text{erw}} = k$.

Bei der Behandlung der zweiten Frage soll zunächst ein Spezialfall betrachtet werden: Man nennt (*) ein **homogenes** lineares Gleichungssystem, wenn $b_1 = \cdots = b_k = 0$ gilt. Gleichwertig hiermit ist $\mathfrak{b} = \mathfrak{o}$ in (**). Bei einem homogenen linearen Gleichungssystem ist die Lösbarkeitsbedingung aus 12.2 immer erfüllt. Es besitzt stets die sogenannte **triviale Lösung** $x_1 = \cdots = x_n = 0$ bzw. $\mathfrak{x} = \mathfrak{o}$. Eine von ihr verschiedene Lösung wird als nicht-triviale Lösung bezeichnet.

Aus der Gleichung $\varphi\mathfrak{x} = \mathfrak{o}$ folgt sofort, daß die Menge aller Lösungen des homogenen Gleichungssystems gerade der Kern der linearen Abbildung φ ist. Die Lösungen bilden also einen Unterraum U von K^n, den man den **Lösungsraum** nennt. Für seine Dimension gilt wegen 8. 7

$$\text{Dim } U = \text{Def } \varphi = n - \text{Rg } \varphi = n - \text{Rg } A.$$

Das homogene Gleichungssystem besitzt danach genau dann nur die triviale Lösung, wenn $\text{Dim } U = 0$, also $\text{Rg } A = n$ gilt. Im anderen Fall gibt es $r = n - \text{Rg } A$ linear unabhängige Lösungsvektoren $\mathfrak{x}_1, \ldots, \mathfrak{x}_r$, und ein beliebiger Lösungsvektor $\mathfrak{x}$ besitzt die Form $\mathfrak{x} = c_1\mathfrak{x}_1 + \cdots + c_r\mathfrak{x}_r$. Faßt man in dieser Linearkombination die Koeffizienten $c_1, \ldots, c_r$ als noch willkürliche Konstanten, also als Unbestimmte auf, so nennt man sie die **allgemeine Lösung** des homogenen Gleichungssystems. Als Spezialfall der zweiten Frage hat sich somit ergeben:

12. 3 *Die Menge aller Lösungen eines homogenen linearen Gleichungssystems in n Unbekannten mit der Koeffizientenmatrix A ist ein Unterraum U von* K^n *mit* $\text{Dim } U = n - \text{Rg } A$. *Das Gleichungssystem besitzt genau dann nur die triviale Lösung, wenn* $\text{Rg } A = n$ *gilt. Im anderen Fall gibt es genau* $r = n - \text{Rg } A$ *linear unabhängige Lösungsvektoren* $\mathfrak{x}_1, \ldots, \mathfrak{x}_r$, *und* $\mathfrak{x} = c_1\mathfrak{x}_1 + \cdots + c_r\mathfrak{x}_r$ *mit unbestimmten Koeffizienten* $c_1, \ldots, c_r$ *ist die allgemeine Lösung.*

Der Fall $\text{Rg } A = n$ kann offenbar nur eintreten, wenn die Anzahl der Gleichungen mindestens so groß wie die Anzahl n der Unbekannten ist.

Im allgemeinen Fall, bei dem in (*) mindestens eine der Größen $b_1, \ldots, b_k$ von Null verschieden ist bzw. $\mathfrak{b} \neq \mathfrak{o}$ in (**) gilt, wird das Gleichungssystem **inhomogen** genannt. Ersetzt man in ihm die Größen $b_1, \ldots, b_k$ durch lauter Nullen bzw. $\mathfrak{b}$ durch den Nullvektor, so nennt man das so entstehende Gleichungssystem das **zugehörige homogene System**. Sind $\mathfrak{x}$ und $\mathfrak{x}'$ zwei Lösungsvektoren des inhomogenen Systems, gilt also $\varphi\mathfrak{x} = \mathfrak{b}$ und $\varphi\mathfrak{x}' = \mathfrak{b}$, so folgt $\varphi(\mathfrak{x} - \mathfrak{x}') = \mathfrak{o}$. Der Differenzvektor $\mathfrak{x} - \mathfrak{x}'$ ist also eine Lösung des zugehörigen homogenen Systems. Ist andererseits $\mathfrak{x}_0$ eine Lösung des inhomogenen und $\mathfrak{x}^*$ eine Lösung des zugehörigen homogenen Systems, gilt also $\varphi\mathfrak{x}_0 = \mathfrak{b}$ und $\varphi\mathfrak{x}^* = \mathfrak{o}$, so folgt $\varphi(\mathfrak{x}_0 + \mathfrak{x}^*) = \mathfrak{b}$; d. h. $\mathfrak{x}_0 + \mathfrak{x}^*$ ist wieder eine Lösung des inhomogenen Systems. Zusammen besagt dies: Die Lösungsvektoren $\mathfrak{x}$ des inhomogenen Systems sind genau die Vektoren der Form $\mathfrak{x} = \mathfrak{x}_0 + \mathfrak{x}^*$, wobei $\mathfrak{x}_0$ eine spezielle Lösung des inhomogenen Systems und $\mathfrak{x}^*$ eine beliebige Lösung des zugehörigen homogenen Systems ist. Damit kann die zweite Frage jetzt vollständig beantwortet werden:

12. 4 *Wenn ein inhomogenes lineares Gleichungssystem in n Unbekannten mit der Koeffizientenmatrix A überhaupt lösbar ist, dann besitzt die allgemeine*

Lösung des Systems die Form $\mathfrak{x} = \mathfrak{x}_0 + \mathfrak{x}^*$, *wobei* $\mathfrak{x}_0$ *eine feste, spezielle Lösung des inhomogenen Systems und* $\mathfrak{x}^*$ *die allgemeine Lösung des zugehörigen homogenen Systems ist. Notwendig und hinreichend dafür, daß das inhomogene System nur genau eine Lösung besitzt, ist* Rg $A = n$. *Gilt jedoch* $r = n - \mathrm{Rg}\, A > 0$ *und ist* $\mathfrak{x}_1, \ldots, \mathfrak{x}_r$ *eine Basis des Lösungsraums des zugehörigen homogenen Systems, so lautet die allgemeine Lösung des inhomogenen Systems*

$$\mathfrak{x} = \mathfrak{x}_0 + c_1\mathfrak{x}_1 + \cdots + c_r\mathfrak{x}_r.$$

Die Gesamtheit aller Lösungen eines inhomogenen linearen Gleichungssystems ist hiernach kein Unterraum von K^n, sondern entsteht aus einem solchen durch Addition eines festen Lösungsvektors $\mathfrak{x}_0$. Im Sinn von 5B ist die Lösungsmenge also eine lineare Mannigfaltigkeit. Dies gilt auch noch dann, wenn das Gleichungssystem überhaupt nicht lösbar ist: Die Lösungsmenge ist dann die leere Menge, die ja auch eine lineare Mannigfaltigkeit ist.

Um schließlich ein numerisch brauchbares Auflösungsverfahren zu gewinnen, greift man zweckmäßig auf die elementaren Umformungen (vgl. § 7) zurück. Zunächst schreibt man die erweiterte Koeffizientenmatrix des Gleichungssystems hin, indem man etwa die Spalte der rechten Seite durch einen senkrechten Strich abtrennt:

$$\text{(I)}\qquad \begin{array}{ccc|c} a_{1,1} & \cdots & a_{1,n} & b_1 \\ a_{2,1} & \cdots & a_{2,n} & b_2 \\ \cdots & \cdots & \cdots & \cdot\ \cdot \\ a_{k,1} & \cdots & a_{k,n} & b_k\,. \end{array}$$

Auf dieses Schema werden nun die elementaren Umformungen angewandt. Zunächst ändern Zeilenvertauschungen offenbar nicht die Lösungen des Systems, da sie ja nur eine Vertauschung der Gleichungen bedeuten. Aber auch Umformungen des Typs (c) an der erweiterten Koeffizientenmatrix ändern die Lösungen nicht, weil sie nur die Ersetzung einer Gleichung des Systems durch eine gleichwertige bewirken. Hingegen sollen Spaltenvertauschungen höchstens links vom Strich, also nur an der nicht-erweiterten Koeffizientenmatrix vorgenommen werden: Bei solchen Spaltenvertauschungen unterscheiden sich die Lösungen des ursprünglichen und des umgeformten Systems nur dadurch, daß in ihnen die Unbekannten umnumeriert wurden. Etwa auftretende Spaltenvertauschungen müssen daher angemerkt werden, damit nachträglich die Vertauschungen bei den Lösungen rückgängig gemacht werden können.

Ziel des Verfahrens ist, durch derartige Umformungen links vom Strich eine möglichst einfache Matrix zu erzeugen. Jedenfalls kann man nach 7. 6

den Typ (B) erreichen. Bei einer geringfügigen Erweiterung des Verfahrens kann man jedoch eine noch einfachere Form erzielen: Führt man nämlich die Umformungen des Typs (c) beim p-ten Schritt mit der p-ten Zeile nicht nur an den darunter stehenden Zeilen, sondern auch an den vorangehenden Zeilen durch, so kann man auch oberhalb des p-ten Diagonalelements lauter Nullen erzeugen. Man gelangt auf diese Art nach endlich vielen Schritten zu einem neuen Gleichungssystem folgender Form:

$$
\text{(II)}\qquad
\left(\begin{array}{cccccccc|c}
a'_{1,1} & 0 & \cdots & 0 & a'_{1,q+1} & \cdots & a'_{1,n} & & b'_1 \\
0 & \cdot & & \cdot & \cdot & & \cdot & & \cdot \\
\cdot & & \cdot & \cdot & \cdot & & \cdot & & \cdot \\
\cdot & & & \cdot & \cdot & & \cdot & & \cdot \\
\cdot & & \cdot & 0 & \cdot & & \cdot & & \cdot \\
0 & \cdots & 0 & a'_{q,q} & a'_{q,q+1} & \cdots & a'_{q,n} & & b'_q \\
0 & \cdots & \cdots & \cdots & \cdots & \cdots & 0 & & b'_{q+1} \\
\cdots & \cdots & \cdots & \cdots & \cdots & \cdots & \cdots & & \cdots \\
0 & \cdots & \cdots & \cdots & \cdots & \cdots & 0 & & b'_k
\end{array}\right).
$$

Die Diagonalelemente $a'_{1,1}, \ldots, a'_{q,q}$ sind von Null verschieden. Links und oberhalb von ihnen stehen lauter Nullen. Ebenso treten links vom Strich in den letzten $(k - q)$ Zeilen lauter Nullen auf. Für die links vom Strich stehende neue Koeffizientenmatrix A' gilt wegen 7. 4 außerdem $\operatorname{Rg} A' = \operatorname{Rg} A$. Schließlich stimmen die Lösungen von (I) und (II) bis auf eventuelle Umnumerierung der Unbekannten überein. Man braucht also nur das System (II) zu lösen.

Zunächst kann man an dem System (II) unmittelbar die Lösbarkeitsbedingung aus 12. 2 nachprüfen: Sie ist genau dann erfüllt, wenn $b'_{q+1} = \cdots = b'_k = 0$ gilt. Diese Bedingung sei jetzt erfüllt. Dann kann man weiter sofort eine spezielle Lösung von (II) angeben. Man setze nämlich

$$x_1 = a'^{-1}_{1,1} b'_1, \ldots, x_q = a'^{-1}_{q,q} b'_q \quad \text{und} \quad x_{q+1} = \cdots = x_n = 0.$$

Zur Aufstellung der allgemeinen Lösung von (II) müssen gemäß 12. 4 nun noch $r = n - q$ linear unabhängige Lösungen des zugehörigen homogenen Systems angegeben werden. Zu diesem Zweck setze man bei fest gewähltem ϱ mit $1 \leqq \varrho \leqq r$ zunächst

$$x_{q+\varrho} = 1 \quad \text{und} \quad x_{q+\sigma} = 0 \quad \text{für } \sigma \neq \varrho \ (\sigma = 1, \cdots, r).$$

Aus den ersten q Gleichungen von (II) folgt dann weiter sofort

$$x_1 = -a'^{-1}_{1,1} a'_{1,q+\varrho}, \ldots, x_q = -a'^{-1}_{q,q} a'_{q,q+\varrho}.$$

Führt man dies für $\varrho = 1, \ldots, r$ durch, so erhält man r Lösungs-n-Tupel des zugehörigen homogenen Systems der Form

$$\mathfrak{x}_1 = (*, \ldots, *, 1, 0, \ldots, 0),$$
$$\mathfrak{x}_2 = (*, \ldots, *, 0, 1, \ldots, 0),$$
$$\ldots\ldots\ldots\ldots\ldots\ldots$$
$$\mathfrak{x}_r = (*, \ldots, *, 0, 0, \ldots, 1),$$

wobei die Sterne die vorher bestimmten jeweiligen Werte von $x_1, \ldots, x_\varrho$ bedeuten. Aus der speziellen Gestalt der letzten Koordinaten ergibt sich unmittelbar, daß die Vektoren $\mathfrak{x}_1, \ldots, \mathfrak{x}_r$ linear unabhängig sind, also eine Basis des Lösungsraums des homogenen Systems bilden. Damit ist die allgemeine Lösung von (II), also auch die von (I) bestimmt. Das folgende numerische Beispiel möge zur Erläuterung des geschilderten Verfahrens dienen.

12. I Gegeben sei das reelle lineare Gleichungssystem

$$\begin{aligned} x_1 + 3x_2 - 4x_3 + 3x_4 &= 9 \\ 3x_1 + 9x_2 - 2x_3 - 11x_4 &= -3 \\ 4x_1 + 12x_2 - 6x_3 - 8x_4 &= 6 \\ 2x_1 + 6x_2 + 2x_3 - 14x_4 &= -12. \end{aligned}$$

Das Lösungsverfahren liefert dann das folgende Schema:

1	3	−4	3	9
3	9	−2	−11	−3
4	12	−6	−8	6
2	6	2	−14	−12
1	3	−4	3	9
0	0	10	−20	−30
0	0	10	−20	−30
0	0	10	−20	−30
1	0	3	−5	−3
0	10	0	−20	−30
0	0	0	0	0
0	0	0	0	0

Beim letzten Schritt wurde die zweite mit der dritten Spalte vertauscht. Als spezielle Lösung des inhomogenen Endsystems ergibt sich (−3, −3, 0, 0). Als zwei linear unabhängige Lösungen des zugehörigen homogenen Systems erhält man (−3, 0, 1, 0) und (5, 2, 0, 1). Macht man jetzt noch die Vertauschung der zweiten und dritten Spalte rückgängig, so lautet die allgemeine Lösung des ursprünglichen Gleichungssystems:

$$\begin{aligned} x_1 &= -3 \quad -3c_1 \quad +5c_2, \\ x_2 &= \qquad\quad c_1 \quad\quad\;\; , \\ x_3 &= -3 \qquad\quad\;\; +2c_2, \\ x_4 &= \qquad\qquad\qquad c_2. \end{aligned}$$

Das beschriebene Auflösungsverfahren ist besonders nützlich, wenn mehrere Gleichungssysteme mit gleicher Koeffizientenmatrix, aber verschiedenen rechten Seiten gelöst werden müssen. Mit Hilfe des hier beschriebenen Verfahrens kann man dann die Auflösung in einem Rechengang gleichzeitig für alle Systeme durchführen. Diese Aufgabe tritt z. B. bei der Berechnung der Inversen einer quadratischen regulären Matrix auf, die jetzt noch kurz besprochen werden soll.

Gegeben sei eine quadratische Matrix $A = (a_{\mu,\nu})$ $(\mu, \nu = 1, \ldots, n)$. Bezeichnet man die Elemente der ϱ-ten Spalte der gesuchten inversen Matrix A^{-1} mit $x_1, \ldots, x_n$, so müssen diese wegen $AA^{-1} = E$ Lösungen des Gleichungssystems

$$\text{(III)} \qquad \sum_{\nu=1}^{n} a_{\mu,\nu} x_\nu = \begin{cases} 1 & \text{für} \quad \mu = \varrho \\ 0 & \phantom{\text{für}} \quad \mu \neq \varrho \end{cases} \qquad (\mu = 1, \ldots, n)$$

sein. Die Bestimmung der inversen Matrix erfordert also die Auflösung dieser linearen Gleichungssysteme für $\varrho = 1, \ldots, n$. Ihre simultane Behandlung kann nach folgendem Schema durchgeführt werden: Links von einem senkrechten Strich schreibt man die Matrix A hin. Rechts vom Strich die Spalten der rechten Seiten der Systeme (III). Diese ergeben gerade die Einheitsmatrix. Nun werden in der oben angegebenen Weise die elementaren Umformungen durchgeführt, wobei jetzt natürlich auf der rechten Seite alle Spalten gleichzeitig umgeformt werden müssen. Im Endsystem treten dann links höchstens in der Hauptdiagonale von Null verschiedene Elemente auf. Die Matrix A ist genau dann regulär, besitzt also überhaupt eine Inverse, wenn im Endschema alle Diagonalelemente von Null verschieden sind. Dividiert man nun noch alle Elemente jeder im Endsystem rechts vom Strich stehenden Zeile durch das entsprechende Diagonalelement der linken Seite, so erhält man gerade die gesuchte inverse Matrix A^{-1}. Zur Erläuterung diene das folgende Beispiel:

12. II Gegeben sei die reelle Matrix

$$A = \begin{pmatrix} 1 & 0 & -1 \\ 3 & 1 & -3 \\ 1 & 2 & -2 \end{pmatrix}.$$

Die Berechnung der inversen Matrix erfolgt dann nach folgendem Schema:

$$\begin{array}{rrr|rrr}
1 & 0 & -1 & 1 & 0 & 0 \\
3 & 1 & -3 & 0 & 1 & 0 \\
1 & 2 & -2 & 0 & 0 & 1 \\
\hline
1 & 0 & -1 & 1 & 0 & 0 \\
0 & 1 & 0 & -3 & 1 & 0 \\
0 & 2 & -1 & -1 & 0 & 1 \\
\hline
1 & 0 & -1 & 1 & 0 & 0 \\
0 & 1 & 0 & -3 & 1 & 0 \\
0 & 0 & -1 & 5 & -2 & 1 \\
\hline
1 & 0 & 0 & -4 & 2 & -1 \\
0 & 1 & 0 & -3 & 1 & 0 \\
0 & 0 & -1 & 5 & -2 & 1
\end{array}$$

Nach Division durch die Diagonalelemente ergibt sich die inverse Matrix:

$$A^{-1} = \begin{pmatrix} -4 & 2 & -1 \\ -3 & 1 & 0 \\ -5 & 2 & -1 \end{pmatrix}.$$

Ergänzungen und Aufgaben

12 A Einem Endomorphismus φ des $\mathbf{R}^4$ sei hinsichtlich der kanonischen Basis folgende Matrix zugeordnet:

$$\begin{pmatrix} 2 & 0 & 1 & -1 \\ -7 & 3 & 1 & 5 \\ -4 & -6 & -11 & -1 \\ 4 & -6 & -7 & -5 \end{pmatrix}.$$

Aufgabe: Bestimme den Kern von φ.

12 B **Aufgabe:** Zeige, daß die reelle Matrix

$$\begin{pmatrix} 1 & 3 & -1 & 4 \\ 2 & 5 & -1 & 3 \\ 0 & 4 & -3 & 1 \\ -3 & 1 & -5 & -2 \end{pmatrix}$$

regulär ist, und berechne ihre Inverse.

12 C Im $\mathbf{R}^4$ wird durch die Vektoren

$$\mathfrak{a}_1 = (2, -1, 3, 5), \quad \mathfrak{a}_2 = (5, -2, 5, 8), \quad \mathfrak{a}_3 = (-5, 3, -8, -13)$$

ein Unterraum U und durch die Vektoren

$$\mathfrak{b}_1 = (4, 1, -2, -4), \quad \mathfrak{b}_2 = (-7, 2, -6, -9), \quad \mathfrak{b}_3 = (3, 0, 0, -1)$$

ein Unterraum V aufgespannt.

Aufgabe: Berechne eine Basis des Durchschnitts von U und V.

§ 13 Determinanten

Es sei X ein Vektorraum über K, und Φ sei eine Zuordnung, die jedem n-Tupel $(\mathfrak{x}_1, \ldots, \mathfrak{x}_n)$ von Vektoren aus X eindeutig einen mit $\Phi(\mathfrak{x}_1, \ldots, \mathfrak{x}_n)$ bezeichneten Skalar aus K zuordnet. Faßt man hierbei nur einen der Vektoren $\mathfrak{x}_1, \ldots, \mathfrak{x}_n$ — etwa den ν-ten — als variabel auf, während man alle übrigen Vektoren fest hält, so gewinnt man eine durch

$$\Phi_\nu \mathfrak{x} = \Phi(\ldots, \mathfrak{x}, \ldots) \quad (\mathfrak{x} \text{ steht an der } \nu\text{-ten Stelle})$$

definierte Abbildung Φ_ν von X in K. Dabei kann K (vgl. 4. II) als Vektorraum über sich selbst angesehen werden. Wenn nun alle diese Abbildungen Φ_ν lineare Abbildungen von X in K sind, nennt man Φ eine **n-fache Linearform** von X. Eine solche Linearform besitzt also hinsichtlich jeder Argumentstelle die Linearitätseigenschaften:

$$\Phi(\ldots, \mathfrak{x} + \mathfrak{x}', \ldots) = \Phi(\ldots, \mathfrak{x}, \ldots) + \Phi(\ldots, \mathfrak{x}', \ldots),$$
$$\Phi(\ldots, c\mathfrak{x}, \ldots) = c\Phi(\ldots, \mathfrak{x}, \ldots).$$

Weiterhin sei jetzt X in diesem Paragraphen immer ein endlich-dimensionaler Vektorraum mit $\operatorname{Dim} X = n > 0$.

Definition 13a: *Eine n-fache Linearform Δ von X heißt eine* **Determinantenform**, *wenn sie folgende Eigenschaften besitzt:*

(a) *Für linear abhängige Vektoren $\mathfrak{x}_1, \ldots, \mathfrak{x}_n$ gilt*

$$\Delta(\mathfrak{x}_1, \ldots, \mathfrak{x}_n) = 0.$$

(b) *Es gibt Vektoren $\mathfrak{x}_1, \ldots, \mathfrak{x}_n \in X$ mit $\Delta(\mathfrak{x}_1, \ldots, \mathfrak{x}_n) \neq 0$.*

Aus der Eigenschaft (a) folgt speziell, daß $\Delta(\mathfrak{x}_1, \ldots, \mathfrak{x}_n) = 0$ gilt, wenn zwei unter den Vektoren $\mathfrak{x}_1, \ldots, \mathfrak{x}_n$ gleich sind.

13. 1 *Es sei Δ eine Determinantenform von X. Ferner seien i und k zwei verschiedene Indizes, und c sei ein beliebiger Skalar. Dann gilt*

$$\Delta(\ldots, \mathfrak{x}_i, \ldots, \mathfrak{x}_k, \ldots) = \Delta(\ldots, \mathfrak{x}_i + c\mathfrak{x}_k, \ldots, \mathfrak{x}_k, \ldots).$$

Beweis: Mit Hilfe der Linearitätseigenschaften ergibt sich

$$\Delta(\ldots, \mathfrak{x}_i + c\mathfrak{x}_k, \ldots, \mathfrak{x}_k, \ldots) = \Delta(\ldots, \mathfrak{x}_i, \ldots, \mathfrak{x}_k, \ldots) + c\Delta(\ldots, \mathfrak{x}_k, \ldots, \mathfrak{x}_k, \ldots).$$

Der zweite Summand der rechten Seite verschwindet jedoch, weil in ihm zwei Vektoren gleich sind. ◆

Mit Hilfe dieses Satzes kann das Verhalten von Δ beschrieben werden, wenn man die Argumentvektoren in beliebiger Weise vertauscht. Eine solche Vertauschung kann dadurch ausgedrückt werden, daß man die Indizes dieser Vektoren einer Permutation unterwirft (vgl. 2. III und 2B).

13. 2 *Es sei Δ eine Determinantenform von X, und π sei eine Permutation der Zahlen $1, \ldots, n$. Dann gilt*

$$\Delta(\mathfrak{x}_{\pi 1}, \ldots, \mathfrak{x}_{\pi n}) = (\operatorname{sgn} \pi)\, \Delta(\mathfrak{x}_1, \ldots, \mathfrak{x}_n).$$

Insbesondere wechselt Δ bei Vertauschung von zwei Vektoren das Vorzeichen.

Beweis: Wegen 2B genügt es, die zweite Behauptung zu beweisen. Die erste folgt aus ihr durch mehrfache Anwendung. Wegen 13. 1 gilt nun

$$\begin{aligned}\Delta(\ldots, \mathfrak{x}_i, \ldots, \mathfrak{x}_k, \ldots) &= \Delta(\ldots, \mathfrak{x}_i + \mathfrak{x}_k, \ldots, \mathfrak{x}_k, \ldots)\\ &= \Delta(\ldots, \mathfrak{x}_i + \mathfrak{x}_k, \ldots, \mathfrak{x}_k - (\mathfrak{x}_i + \mathfrak{x}_k), \ldots)\\ &= \Delta(\ldots, \mathfrak{x}_i + \mathfrak{x}_k, \ldots, -\mathfrak{x}_i, \ldots)\\ &= -\Delta(\ldots, \mathfrak{x}_k, \ldots, \mathfrak{x}_i, \ldots).\end{aligned}$$ ◆

Für eine Determinantenform gilt auch die Umkehrung der Eigenschaft (a):

13. 3 *Bei einer Determinantenform Δ von X ist $\Delta(\mathfrak{x}_1, \ldots, \mathfrak{x}_n) = 0$ gleichwertig mit der linearen Abhängigkeit der Vektoren $\mathfrak{x}_1, \ldots, \mathfrak{x}_n$.*

Beweis: Es seien $\mathfrak{a}_1, \ldots, \mathfrak{a}_n$ linear unabhängige Vektoren; es werde jedoch $\Delta(\mathfrak{a}_1, \ldots, \mathfrak{a}_n) = 0$ angenommen. Für beliebige Vektoren $\mathfrak{x}_1, \ldots, \mathfrak{x}_n$ gilt

$$\mathfrak{x}_\mu = \sum_{\nu_\mu = 1}^{n} x_{\mu, \nu_\mu} \mathfrak{a}_{\nu_\mu} \qquad (\mu = 1, \ldots, n),$$

weil $\{\mathfrak{a}_1, \ldots, \mathfrak{a}_n\}$ eine Basis von X ist. Wegen der Linearitätseigenschaften von Δ folgt

$$\Delta(\mathfrak{x}_1, \ldots, \mathfrak{x}_n) = \sum_{\nu_1 = 1}^{n} \cdots \sum_{\nu_n = 1}^{n} x_{1, \nu_1} \cdots x_{n, \nu_n} \Delta(\mathfrak{a}_{\nu_1}, \ldots, \mathfrak{a}_{\nu_n}).$$

Wenn in einem Summanden dieser n-fachen Summe zwei der Indizes $\nu_1, \ldots, \nu_n$ gleich sind, verschwindet dieser Summand, weil dann $\Delta(\mathfrak{a}_{\nu_1}, \ldots, \mathfrak{a}_{\nu_n}) = 0$ gilt. Wenn aber die Indizes $\nu_1, \ldots, \nu_n$ paarweise verschieden sind, stellen sie eine Permutation π der Zahlen $1, \ldots, n$ dar. Man erhält somit bei Berücksichtigung von 13. 2 weiter

$$(*) \qquad \Delta(\mathfrak{x}_1, \ldots, \mathfrak{x}_n) = [\sum_{\pi \in \mathfrak{S}_n} (\operatorname{sgn} \pi)\, x_{1,\pi 1} \cdots x_{n,\pi n}]\, \Delta(\mathfrak{a}_1, \ldots, \mathfrak{a}_n).$$

Summiert wird dabei über alle Permutationen aus der symmetrischen Gruppe $\mathfrak{S}_n$ (vgl. 2. III). Wegen $\Delta(\mathfrak{a}_1, \ldots, \mathfrak{a}_n) = 0$ folgt hieraus $\Delta(\mathfrak{x}_1, \ldots, \mathfrak{x}_n) = 0$ für beliebige Vektoren $\mathfrak{x}_1, \ldots, \mathfrak{x}_n$, was der Eigenschaft (b) der Determinantenformen widerspricht. ◆

Die in diesem Beweis hergeleitete Gleichung (*) zeigt, daß eine Determinantenform bereits eindeutig durch den Wert bestimmt ist, den sie auf einer Basis von X annimmt.

13. 4 *Es sei $\{\mathfrak{a}_1, \ldots, \mathfrak{a}_n\}$ eine Basis und Δ eine Determinantenform von X. Für beliebige Vektoren*

$$\mathfrak{x}_\mu = \sum_{\nu_\mu = 1}^{n} x_{\mu,\nu_\mu} \mathfrak{a}_{\nu_\mu} \qquad (\mu = 1, \ldots, n)$$

von X gilt dann

$$\Delta(\mathfrak{x}_1, \ldots, \mathfrak{x}_n) = [\sum_{\pi \in \mathfrak{S}_n} (\operatorname{sgn} \pi)\, x_{1,\pi 1} \cdots x_{n,\pi n}]\, \Delta(\mathfrak{a}_1, \ldots, \mathfrak{a}_n).$$

Ersetzt man hier auf der rechten Seite $\Delta(\mathfrak{a}_1, \ldots, \mathfrak{a}_n)$ durch einen beliebigen Skalar $a \neq 0$, so wird durch diese Gleichung umgekehrt eine Determinantenform von X definiert.

Beweis: Es ist nur noch die zweite Behauptung zu beweisen: Die Linearitätseigenschaften ergeben sich unmittelbar aus der Definitionsgleichung. Setzt man für $\mathfrak{x}_1, \ldots, \mathfrak{x}_n$ speziell die Vektoren $\mathfrak{a}_1, \ldots, \mathfrak{a}_n$ ein, so verschwinden auf der rechten Seite alle Summanden bis auf denjenigen, der der Identität aus $\mathfrak{S}_n$ entspricht. Man erhält $\Delta(\mathfrak{a}_1, \ldots, \mathfrak{a}_n) = a \neq 0$ und somit Eigenschaft (b). Um schließlich die Eigenschaft (a) nachzuweisen, seien die Vektoren $\mathfrak{x}_1, \ldots, \mathfrak{x}_n$ linear abhängig. Dann ist einer unter ihnen eine Linearkombination der übrigen. (Es kann $n > 1$ angenommen werden, weil im Fall $n = 1$ die Behauptung trivial ist.) Ohne Einschränkung der Allgemeinheit gelte etwa

$$\mathfrak{x}_1 = c_2\mathfrak{x}_2 + \cdots + c_n\mathfrak{x}_n.$$

Dann folgt

$$\Delta(\mathfrak{x}_1, \ldots, \mathfrak{x}_n) = c_2\Delta(\mathfrak{x}_2, \mathfrak{x}_2, \ldots) + \cdots + c_n\Delta(\mathfrak{x}_n, \ldots, \mathfrak{x}_n).$$

Zum Nachweis von $\Delta(\mathfrak{x}_1, \ldots, \mathfrak{x}_n) = 0$ genügt es daher, $\Delta(\mathfrak{x}_k, \ldots, \mathfrak{x}_k, \ldots) = 0$ für $k = 2, \ldots, n$ zu beweisen.

Es sei nun π_0 diejenige Permutation, die die Indizes 1 und k vertauscht, alle übrigen aber einzeln fest läßt. Durchläuft dann π die Menge aller geraden Permutationen (vgl. 2B), so durchlaufen die Produkte $\pi \circ \pi_0$ alle ungeraden Permutationen, und es gilt $\operatorname{sgn}(\pi \circ \pi_0) = -\operatorname{sgn}\pi$. Andererseits ändern sich aber die bei der Berechnung von $\Delta(\mathfrak{x}_k, \ldots, \mathfrak{x}_k, \ldots)$ auftretenden Produkte $x_{k,\pi 1} \cdot x_{2,\pi 2} \cdots x_{k,\pi k} \cdots x_{n,\pi n}$ nicht, wenn man in ihnen π durch $\pi \circ \pi_0$ ersetzt. Zusammen folgt hieraus, daß sich in der Definitionsgleichung von $\Delta(\mathfrak{x}_k, \ldots, \mathfrak{x}_k, \ldots)$ je zwei Summanden gegenseitig aufheben, daß also $\Delta(\mathfrak{x}_k, \ldots, \mathfrak{x}_k, \ldots) = 0$ gilt. ◆

Durch den zweiten Teil dieses Satzes ist gesichert, daß es zu einem endlichdimensionalen Vektorraum überhaupt Determinantenformen gibt.

13. 5 *Es seien Δ_1 und Δ_2 zwei Determinantenformen von X, und $\{\mathfrak{a}_1, \ldots, \mathfrak{a}_n\}$ sei eine Basis von X. Dann ist der Quotient*

$$c = \frac{\Delta_1(\mathfrak{a}_1, \ldots, \mathfrak{a}_n)}{\Delta_2(\mathfrak{a}_1, \ldots, \mathfrak{a}_n)}$$

unabhängig von der Wahl der Basis, und für beliebige Vektoren $\mathfrak{x}_1, \ldots, \mathfrak{x}_n$ gilt

$$\Delta_1(\mathfrak{x}_1, \ldots, \mathfrak{x}_n) = c\Delta_2(\mathfrak{x}_1, \ldots, \mathfrak{x}_n).$$

Beweis: Wegen 13. 3 gilt $\Delta_2(\mathfrak{a}_1, \ldots, \mathfrak{a}_n) \neq 0$. Die Definition von c ist daher überhaupt sinnvoll. Wegen 13. 4 erhält man

$$\begin{aligned} \Delta_1(\mathfrak{x}_1, \ldots, \mathfrak{x}_n) &= [\sum_{\pi \in \mathfrak{S}_n} (\operatorname{sgn}\pi)\, x_{1,\pi 1} \cdots x_{n,\pi n}]\, \Delta_1(\mathfrak{a}_1, \ldots, \mathfrak{a}_n) \\ &= c\, [\sum_{\pi \in \mathfrak{S}_n} (\operatorname{sgn}\pi)\, x_{1,\pi 1} \cdots x_{n,\pi n}]\, \Delta_2(\mathfrak{a}_1, \ldots, \mathfrak{a}_n) \\ &= c\Delta_2(\mathfrak{x}_1, \ldots, \mathfrak{x}_n). \end{aligned}$$

Wählt man hierbei für $\mathfrak{x}_1, \ldots, \mathfrak{x}_n$ speziell eine zweite Basis von X, so folgt

$$\frac{\Delta_1(\mathfrak{x}_1, \ldots, \mathfrak{x}_n)}{\Delta_2(\mathfrak{x}_1, \ldots, \mathfrak{x}_n)} = c;$$

d. h. dieser Quotient ist unabhängig von der Wahl der Basis. ◆

13. 6 *Es sei $\varphi : X \to Y$ ein Isomorphismus. Ist dann Δ eine Determinantenform von Y, so wird durch*

$$\Delta_\varphi(\mathfrak{x}_1, \ldots, \mathfrak{x}_n) = \Delta(\varphi\mathfrak{x}_1, \ldots, \varphi\mathfrak{x}_n)$$

eine Determinantenform Δ_φ von X definiert.

Beweis: Aus den Linearitätseigenschaften von Δ und φ ergibt sich unmittelbar, daß Δ_φ eine n-fache Linearform von X ist. Wenn die Vektoren $\mathfrak{x}_1, \ldots, \mathfrak{x}_n$ linear abhängig sind, so sind es auch ihre Bildvektoren $\varphi\mathfrak{x}_1, \ldots, \varphi\mathfrak{x}_n$, und man erhält

$$\Delta_\varphi(\mathfrak{x}_1, \ldots, \mathfrak{x}_n) = \Delta(\varphi\mathfrak{x}_1, \ldots, \varphi\mathfrak{x}_n) = 0.$$

Ist schließlich $\{\mathfrak{a}_1, \ldots, \mathfrak{a}_n\}$ eine Basis von X, so sind auch die Vektoren $\varphi\mathfrak{a}_1, \ldots, \varphi\mathfrak{a}_n$ linear unabhängig, und wegen 13. 3 folgt

$$\Delta_\varphi(\mathfrak{a}_1, \ldots, \mathfrak{a}_n) = \Delta(\varphi\mathfrak{a}_1, \ldots, \varphi\mathfrak{a}_n) \neq 0. \quad \blacklozenge$$

Es sei jetzt φ ein Automorphismus von X. Der mit einer Basis $\{\mathfrak{a}_1, \ldots, \mathfrak{a}_n\}$ und einer Determinantenform Δ von X gebildete Quotient

$$\frac{\Delta_\varphi(\mathfrak{a}_1, \ldots, \mathfrak{a}_n)}{\Delta(\mathfrak{a}_1, \ldots, \mathfrak{a}_n)}$$

hängt dann wegen 13. 5 nicht von der Wahl der Basis ab. Er hängt aber auch nicht von der Wahl der Determinantenform Δ ab: Ist nämlich Δ^* eine zweite Determinantenform von X, so gilt nach 13. 5 zunächst

$$\Delta(\mathfrak{a}_1, \ldots, \mathfrak{a}_n) = c\Delta^*(\mathfrak{a}_1,, \ldots, \mathfrak{a}_n)$$

und dann weiter auch

$$\begin{aligned}\Delta_\varphi(\mathfrak{a}_1, \ldots, \mathfrak{a}_n) &= \Delta(\varphi\mathfrak{a}_1, \ldots, \varphi\mathfrak{a}_n) = c\Delta^*(\varphi\mathfrak{a}_1, \ldots, \varphi\mathfrak{a}_n)\\ &= c\Delta^*_\varphi(\mathfrak{a}_1, \ldots, \mathfrak{a}_n),\end{aligned}$$

also

$$\frac{\Delta_\varphi(\mathfrak{a}_1, \ldots, \mathfrak{a}_n)}{\Delta(\mathfrak{a}_1, \ldots, \mathfrak{a}_n)} = \frac{\Delta^*_\varphi(\mathfrak{a}_1, \ldots, \mathfrak{a}_n)}{\Delta^*(\mathfrak{a}_1, \ldots, \mathfrak{a}_n)}.$$

Dieser Quotient ist somit allein durch den Automorphismus φ von X bestimmt.

Definition 13b: *Es sei X ein endlich-dimensionaler Vektorraum und φ ein Endomorphismus von X. Dann wird der mit einer beliebigen Determinantenform Δ und einer beliebigen Basis $\{\mathfrak{a}_1, \ldots, \mathfrak{a}_n\}$ von X gebildete Quotient*

$$\operatorname{Det} \varphi = \frac{\Delta(\varphi\mathfrak{a}_1, \ldots, \varphi\mathfrak{a}_n)}{\Delta(\mathfrak{a}_1, \ldots, \mathfrak{a}_n)}$$

die **Determinante** *von φ genannt.*

In dieser Form hat die Definition der Determinante auch für Endomorphismen φ von X einen Sinn, die keine Automorphismen sind: Dann sind nämlich bei beliebiger Basis $\{\mathfrak{a}_1, \ldots, \mathfrak{a}_n\}$ die Vektoren $\varphi\mathfrak{a}_1, \ldots, \varphi\mathfrak{a}_n$ linear abhängig, bei beliebiger Wahl von Δ gilt $\Delta(\varphi\mathfrak{a}_1, \ldots, \varphi\mathfrak{a}_n) = 0$, und man erhält somit $\operatorname{Det} \varphi = 0$.

13. 7 *Ein Endomorphismus φ von X ist genau dann ein Automorphismus, wenn* $\operatorname{Det} \varphi \neq 0$ *gilt.*

Für je zwei Endomorphismen φ und ψ von X gilt

$$\operatorname{Det} (\psi \circ \varphi) = (\operatorname{Det} \psi)\, (\operatorname{Det} \varphi).$$

Für die Identität ε und für beliebige Automorphismen φ von X gilt

$$\operatorname{Det} \varepsilon = 1, \quad \operatorname{Det} (\varphi^{-1}) = (\operatorname{Det} \varphi)^{-1}.$$

Beweis: Wie oben gezeigt wurde, gilt $\operatorname{Det} \varphi = 0$, wenn φ kein Automorphismus ist. Umgekehrt sei jetzt φ ein Automorphismus von X. Mit $\{\mathfrak{a}_1, \ldots, \mathfrak{a}_n\}$ ist dann auch $\{\varphi\mathfrak{a}_1, \ldots, \varphi\mathfrak{a}_n\}$ eine Basis von X. Wegen 13.3 gilt $\Delta(\varphi\mathfrak{a}_1, \ldots, \varphi\mathfrak{a}_n) \neq 0$ und somit $\operatorname{Det} \varphi \neq 0$.

Zum Nachweis der zweiten Behauptung sei φ zunächst ein Automorphismus. Da dann mit $\{\mathfrak{a}_1, \ldots, \mathfrak{a}_n\}$ auch $\{\varphi\mathfrak{a}_1, \ldots, \varphi\mathfrak{a}_n\}$ eine Basis von X ist, erhält man wegen der Unabhängigkeit der Determinante von der Basiswahl

$$\begin{aligned}\operatorname{Det} (\psi \circ \varphi) &= \frac{\Delta((\psi \circ \varphi)\mathfrak{a}_1, \ldots, (\psi \circ \varphi)\mathfrak{a}_n)}{\Delta(\mathfrak{a}_1, \ldots, \mathfrak{a}_n)} \\ &= \frac{\Delta(\psi(\varphi\mathfrak{a}_1), \ldots, \psi(\varphi\mathfrak{a}_n))}{\Delta(\varphi\mathfrak{a}_1, \ldots, \varphi\mathfrak{a}_n)} \, \frac{\Delta(\varphi\mathfrak{a}_1, \ldots, \varphi\mathfrak{a}_n)}{\Delta(\mathfrak{a}_1, \ldots, \mathfrak{a}_n)} \\ &= (\operatorname{Det} \psi)\, (\operatorname{Det} \varphi).\end{aligned}$$

Ist φ jedoch kein Automorphismus, so ist die behauptete Gleichung trivial, weil dann auch $\psi \circ \varphi$ kein Automorphismus ist und auf beiden Seiten eine Null steht.

Es gilt

$$\operatorname{Det} \varepsilon = \frac{\Delta(\varepsilon\mathfrak{a}_1, \ldots, \varepsilon\mathfrak{a}_n)}{\Delta(\mathfrak{a}_1, \ldots, \mathfrak{a}_n)} = \frac{\Delta(\mathfrak{a}_1, \ldots, \mathfrak{a}_n)}{\Delta(\mathfrak{a}_1, \ldots, \mathfrak{a}_n)} = 1.$$

Wegen der bereits bewiesenen Behauptungen folgt jetzt für einen beliebigen Automorphismus

$$(\operatorname{Det} (\varphi^{-1}))\, (\operatorname{Det} \varphi) = \operatorname{Det} (\varphi^{-1} \circ \varphi) = \operatorname{Det} \varepsilon = 1$$

und somit

$$\operatorname{Det} (\varphi^{-1}) = (\operatorname{Det} \varphi)^{-1}. \quad \blacklozenge$$

Wieder sei jetzt φ ein Endomorphismus von X. Hinsichtlich einer festen Basis $\{\mathfrak{a}_1, \ldots, \mathfrak{a}_n\}$ ist ihm dann eine quadratische Matrix $A = (a_{\mu,\nu})$ zugeordnet vermöge der Gleichungen

$$\varphi \mathfrak{a}_\mu = \sum_{\nu=1}^{n} a_{\mu,\nu} \mathfrak{a}_\nu \qquad (\mu = 1, \ldots, n).$$

Wegen **13. 4** erhält man

$$\Delta(\varphi\mathfrak{a}_1, \ldots, \varphi\mathfrak{a}_n) = \Big[\sum_{\pi \in \mathfrak{S}_n} (\operatorname{sgn} \pi) a_{1,\pi 1} \cdots a_{n,\pi n}\Big] \Delta(\mathfrak{a}_1, \ldots, \mathfrak{a}_n)$$

und somit

$$(**) \qquad \operatorname{Det} \varphi = \sum_{\pi \in \mathfrak{S}_n} (\operatorname{sgn} \pi) a_{1,\pi 1} \cdots a_{n,\pi n}.$$

Diese Gleichung gestattet es, die Determinante eines Endomorphismus mit Hilfe der ihm zugeordneten Matrix explizit zu berechnen.

Definition 13c: *Als* **Determinante** *einer n-reihigen quadratischen Matrix $A = (a_{\mu,\nu})$ bezeichnet man den Ausdruck*

$$\operatorname{Det} A = \sum_{\pi \in \mathfrak{S}_n} (\operatorname{sgn} \pi) a_{1,\pi 1} \cdots a_{n,\pi n}.$$

13. 8 *Wenn einem Endomorphismus φ von X hinsichtlich einer Basis die Matrix A zugeordnet ist, gilt* $\operatorname{Det} \varphi = \operatorname{Det} A$.

Quadratische Matrizen, die hinsichtlich verschiedener Basen demselben Endomorphismus zugeordnet sind, besitzen dieselbe Determinante.

Beweis: Die erste Behauptung ist die bereits bewiesene Gleichung (**). Die zweite Behauptung ist eine unmittelbare Folge der ersten. ◆

13. 9 *Die Determinante einer n-reihigen quadratischen Matrix A besitzt folgende Eigenschaften:*

(1) *Die Matrix A und ihre Transponierte A^T besitzen dieselbe Determinante:* $\operatorname{Det} A^T = \operatorname{Det} A$.

(2) *Vertauscht man in A zwei Zeilen oder Spalten, so ändert die Determinante ihr Vorzeichen.*

(3) *Addiert man zu einer Zeile (Spalte) eine Linearkombination der übrigen Zeilen (Spalten), so ändert sich die Determinante nicht.*

(4) *Multipliziert man die Elemente einer Zeile (Spalte) mit einem Skalar c, so wird die Determinante mit c multipliziert.*

(5) *Sind in A zwei Zeilen (Spalten) gleich, so gilt* $\operatorname{Det} A = 0$.

(6) $\operatorname{Det}(cA) = c^n(\operatorname{Det} A)$.

(7) $\operatorname{Det} A^{-1} = (\operatorname{Det} A)^{-1}$.

(8) *Ist B eine zweite n-reihige quadratische Matrix, so gilt*

$$\text{Det}\,(AB) = (\text{Det}\,A)\,(\text{Det}\,B).$$

(9) *Für die Einheitsmatrix E gilt:* Det $E = 1$.

Beweis: Es sei π^{-1} die zu π inverse Permutation. Da die Multiplikation im Skalarenkörper kommutativ ist, gilt für die in 13c auftretenden Produkte

$$a_{1,\pi 1} \cdots a_{n,\pi n} = a_{\pi^{-1}1,1} \cdots a_{\pi^{-1}n,n}.$$

Da weiter mit π auch π^{-1} alle Permutationen aus $\mathfrak{S}_n$ durchläuft und $\operatorname{sgn}\pi^{-1} = \operatorname{sgn}\pi$ gilt, erhält man

$$\text{Det}\,A = \sum_{\pi \in \mathfrak{S}_n} (\operatorname{sgn}\pi)\, a_{\pi 1,1} \cdots a_{\pi n,n}.$$

Der hier auf der rechten Seite stehende Ausdruck ist aber gerade die Determinante von A^T. Damit ist die Behauptung (1) bewiesen. Aus ihr folgt, daß alle Ergebnisse über Determinanten richtig bleiben, wenn man in ihnen die Begriffe „Zeile" und „Spalte" vertauscht. Die Behauptungen (2)—(5) brauchen daher nur für Zeilen bewiesen zu werden.

Entspricht die Matrix A hinsichtlich einer Basis $\{\mathfrak{a}_1, \ldots, \mathfrak{a}_n\}$ dem Endomorphismus φ von X, so sind die Zeilen von A gerade die Koordinaten der Bildvektoren $\varphi\mathfrak{a}_1, \ldots, \varphi\mathfrak{a}_n$. Wegen 13. 8 gilt

$$\text{Det}\,A = \frac{\Delta(\varphi\mathfrak{a}_1, \ldots, \varphi\mathfrak{a}_n)}{\Delta(\mathfrak{a}_1, \ldots, \mathfrak{a}_n)}.$$

Deswegen folgt (2) aus 13. 2, (3) aus 13. 1, (4) aus der Linearität der Determinantenformen und (5) aus 13. 3.

Da bei der Bildung der Matrix cA jede Zeile von A mit c multipliziert wird, folgt (6) durch n-malige Anwendung von (4). Schließlich sind (7), (8) und (9) eine unmittelbare Folge aus 13. 7 und 13. 8. ◆

Wenn man bei der Determinante einer quadratischen Matrix $A = (a_{\mu,\nu})$ die Elemente der Matrix explizit angeben will, schreibt man statt Det A ausführlicher Det $(a_{\mu,\nu})$ oder

$$\begin{vmatrix} a_{1,1} & \cdots & a_{1,n} \\ \cdot & \cdots & \cdot \\ a_{n,1} & \cdots & a_{n,n} \end{vmatrix},$$

indem man das Matrix-Schema in senkrechte Striche einschließt.

Ergänzungen und Aufgaben

13A Es sei δ eine Abbildung der Menge aller n-reihigen quadratischen Matrizen über K in den Körper K mit folgenden Eigenschaften:

a) δ ist eine n-fache Linearform der Zeilen der Matrizen.

b) Vertauscht man in einer Matrix zwei Zeilen, so ändert der Wert von δ sein Vorzeichen.

c) Für die Einheitsmatrix E gilt: $\delta(E) = 1$.

Aufgabe: 1). Durch die Eigenschaften a)—c) ist δ eindeutig bestimmt. Für jede Matrix A gilt $\delta(A) = \text{Det } A$.

2). Es sei A_0 eine feste reguläre Matrix. Dann gilt $\delta(A_0) \neq 0$, und durch

$$\delta^*(A) = \frac{\delta(AA_0)}{\delta(A_0)}$$

wird eine Abbildung δ^* definiert, die ebenfalls die Eigenschaften a), b) und c) besitzt.

3). Folgere hieraus den Multiplikationssatz $\delta(AB) = \delta(A)\,\delta(B)$.

13B Es sei $C_{\mu,\nu}$ diejenige n-reihige quadratische Matrix über einem Körper K, die im Kreuzungspunkt der μ-ten Zeile und der ν-ten Spalte eine 1 und sonst lauter Nullen aufweist. Ferner sei $\mathfrak{M}$ die Menge aller Matrizen der Form $E + aC_{\mu,\nu}$ mit $\mu \neq \nu$ und beliebigem $a \in K$.

Aufgabe:

1). Die Matrizen aus $\mathfrak{M}$ besitzen die Determinante 1.

2). Jede n-reihige quadratische Matrix über K, die die Determinante 1 besitzt, kann als Produkt endlich vieler Matrizen aus $\mathfrak{M}$ dargestellt werden.

§ 14 Berechnung von Determinanten, Entwicklungssatz

Die Determinante einer n-reihigen quadratischen Matrix $A = (a_{\mu,\nu})$ kann mit Hilfe ihrer Definitionsgleichung

$$\text{Det } A = \sum_{\pi \in \mathfrak{S}_n} (\text{sgn } \pi)\, a_{1,\pi 1} \cdots a_{n,\pi n}$$

explizit berechnet werden. Praktisch brauchbar ist diese Gleichung indes nur in den einfachsten Fällen $n = 1, 2, 3$. Im Fall $n = 1$ besteht die Matrix A aus nur einem Element a, und es gilt $\text{Det } A = a$. Im Fall $n = 2$ liefert die Formel sofort

$$\begin{vmatrix} a_{1,1} & a_{1,2} \\ a_{2,1} & a_{2,2} \end{vmatrix} = a_{1,1}\, a_{2,2} - a_{1,2}\, a_{2,1}\,.$$

Im Fall $n = 3$ hat man es mit folgenden 6 Permutationen zu tun:

$$\langle 1, 2, 3\rangle,\ \langle 2, 3, 1\rangle,\ \langle 3, 1, 2\rangle \text{ und } \langle 3, 2, 1\rangle,\ \langle 2, 1, 3\rangle,\ \langle 1, 3, 2\rangle.$$

Unter ihnen sind die ersten drei gerade, die letzten drei ungerade. Es folgt

$$\begin{vmatrix} a_{1,1} & a_{1,2} & a_{1,3} \\ a_{2,1} & a_{2,2} & a_{2,3} \\ a_{3,1} & a_{3,2} & a_{3,3} \end{vmatrix} = \begin{array}{l} a_{1,1}\, a_{2,2}\, a_{3,3} + a_{1,2}\, a_{2,3}\, a_{3,1} + a_{1,3}\, a_{2,1}\, a_{3,2} \\ - a_{1,3}\, a_{2,2}\, a_{3,1} - a_{1,2}\, a_{2,1}\, a_{3,3} - a_{1,1}\, a_{2,3}\, a_{3,2}. \end{array}$$

Als Merkregel für diesen Ausdruck ist folgende Vorschrift nützlich (Regel von SARRUS): Man schreibe die erste und zweite Spalte der Matrix nochmals als vierte und fünfte Spalte hin. Dann bilde man die Produkte längs der ausgezogenen Linien, addiere sie und ziehe die Produkte längs der gestrichelten Linien ab:

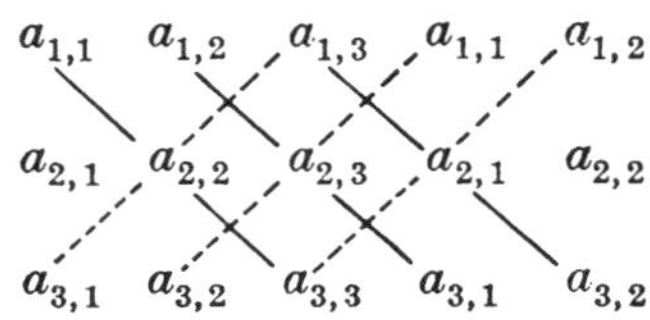

Für $n \geqq 4$ wird die Definitionsgleichung recht umfangreich und unübersichtlich, so daß sie für die praktische Rechnung im allgemeinen unbrauchbar ist. Hier hilft ein anderer Weg, der wieder an die elementaren Umformungen aus § 7 anknüpft.

Eigenschaft (3) aus **13. 9** besagt, daß die Determinante durch elementare Umformungen des Typs (c) nicht geändert wird. Weiter besagt die Eigenschaft (2), daß Zeilen- und Spaltenvertauschungen, also die elementaren Umformungen der Typen (a) und (b), bei der Determinante lediglich einen Vorzeichenwechsel bewirken. Nun kann man nach 7. 6 eine n-reihige quadratische Matrix A mit Hilfe elementarer Umformungen immer in eine Matrix B folgender Gestalt überführen:

$$B = \begin{pmatrix} b_{1,1} & \cdot & \cdot & \cdot & \cdot & b_{1,n} \\ 0 & b_{2,2} & & & & \vdots \\ \vdots & \cdot & \cdot & & & \vdots \\ \vdots & & \cdot & \cdot & \cdot & \vdots \\ 0 & \cdot & \cdot & \cdot & 0 & b_{n,n} \end{pmatrix},$$

bei der unterhalb der Hauptdiagonale lauter Nullen stehen. (Daß noch weitere Nullen auftreten können, interessiert in diesem Zusammenhang nicht.) Nach den vorangehenden Bemerkungen gilt dann

$$\text{Det } A = (-1)^k \text{ Det } B,$$

wobei k die Anzahl der bei den Umformungen vorgenommenen Zeilen- und Spaltenvertauschungen ist. Die Determinante der Matrix B kann aber sofort angegeben werden:

Für die Elemente $b_{\mu,\nu}$ von B gilt zunächst $b_{\mu,\nu} = 0$ für $\mu > \nu$. Ist nun π eine von der Identität verschiedene Permutation aus $\mathfrak{S}_n$, so gibt es mindestens ein μ mit $\mu > \pi\mu$. Wegen $b_{\mu,\pi\mu} = 0$ verschwindet daher der zu dieser Permutation gehörende Summand in der Definitionsgleichung der Determinante. Die Summe reduziert sich somit auf den zur identischen Permutation gehörenden Summanden, und man erhält

$$\operatorname{Det} B = b_{1,1} b_{2,2} \cdots b_{n,n}.$$

Damit hat sich für die Berechnung von Determinanten folgende allgemeine Vorschrift ergeben:

14. 1 *Es sei A eine n-reihige quadratische Matrix. Diese werde durch elementare Umformungen, unter denen k Zeilen- oder Spaltenvertauschungen vorkommen, in eine Matrix $B = (b_{\mu,\nu})$ überführt, bei der unterhalb der Hauptdiagonale lauter Nullen auftreten. Dann gilt*

$$\operatorname{Det} A = (-1)^k b_{1,1} b_{2,2} \cdots b_{n,n}.$$

In Spezialfällen ist für die Berechnung der Determinante einer Matrix bisweilen noch ein anderes Verfahren nützlich, das überdies für theoretische Untersuchungen wichtig ist.

Es sei wieder $A = (a_{\mu,\nu})$ eine n-reihige quadratische Matrix. Die Menge $\{1, \ldots, n\}$ werde nun in zwei elementfremde Teilmengen $\{i_1, \ldots, i_p\}$ und $\{k_1, \ldots, k_q\}$ mit $p + q = n$ zerlegt. Dabei sei die Bezeichnung noch so gewählt, daß

$$i_1 < i_2 < \cdots < i_p \quad \text{und} \quad k_1 < k_2 < \cdots < k_q$$

gilt. Weiter bedeute Γ die Menge aller Permutationen $\gamma \in \mathfrak{S}_n$ mit

$$\gamma i_1 < \gamma i_2 < \cdots < \gamma i_p \quad \text{und} \quad \gamma k_1 < \gamma k_2 < \cdots < \gamma k_q.$$

Eine einfache Überlegung zeigt, daß für jede Permutation $\gamma \in \Gamma$

$$\operatorname{sgn} \gamma = (-1)^{i_1 + \cdots + i_p + \gamma i_1 + \cdots + \gamma i_p}$$

gilt. Für jedes $\gamma \in \Gamma$ sei schließlich Π_γ die Menge aller Permutationen $\alpha \in \mathfrak{S}_n$ mit $\alpha(\gamma k_1) = \gamma k_1, \ldots, \alpha(\gamma k_q) = \gamma k_q$ und entsprechend Π^*_γ die Menge aller $\beta \in \mathfrak{S}_n$ mit $\beta(\gamma i_1) = \gamma i_1, \ldots, \beta(\gamma i_p) = \gamma i_p$. Man erkennt dann unmittelbar, daß sich jede Permutation $\pi \in \mathfrak{S}_n$ auf genau eine Weise in der Form

$$\pi = \alpha \circ \beta \circ \gamma \quad \text{mit} \quad \gamma \in \Gamma \quad \text{und} \quad \alpha \in \Pi_\gamma,\ \beta \in \Pi^*_\gamma$$

darstellen läßt. Für die Determinante der Matrix A folgt hieraus

$$\begin{aligned}\operatorname{Det} A &= \sum_{\pi \in \mathfrak{S}_n} (\operatorname{sgn} \pi)\, a_{1,\pi 1} \cdots a_{n,\pi n} \\ &= \sum_{\gamma \in \Gamma} (\operatorname{sgn} \gamma) \Big[\sum_{\alpha \in \Pi} (\operatorname{sgn} \alpha)\, a_{i_1,\alpha(\gamma i_1)} \cdots a_{i_p,\alpha(\gamma i_p)} \Big] \cdot \\ &\qquad \Big[\sum_{\beta \in \Pi^*_\gamma} (\operatorname{sgn} \beta)\, a_{k_1,\beta(\gamma k_1)} \cdots a_{k_q,\beta(\gamma k_q)} \Big] .\end{aligned}$$

Die hier in den eckigen Klammern stehenden Summen können jetzt aber ihrerseits als Determinanten gewisser Matrizen gedeutet werden: Es bedeute nämlich A_γ diejenige Untermatrix, die aus A durch Streichen der Zeilen mit den Nummern $k_1, \ldots, k_q$ und den Spalten mit den Nummern $\gamma k_1, \ldots, \gamma k_q$ entsteht. Dann ist die erste eckige Klammer gerade die Determinante der Matrix A_γ. Ebenso sei A^*_γ die zu A_γ komplementäre Untermatrix, die aus A durch Streichung der Zeilen $i_1, \ldots, i_p$ und der Spalten $\gamma i_1, \ldots, \gamma i_p$ entsteht. Die zweite eckige Klammer ist dann die Determinante von A^*_γ. Damit hat sich folgender Satz ergeben:

14. 2 (*Entwicklungssatz von* LAPLACE)

$$\operatorname{Det} A = \sum_{\gamma \in \Gamma} (\operatorname{sgn} \gamma)\ (\operatorname{Det} A_\gamma)\ (\operatorname{Det} A^*_\gamma).$$

Dieser Entwicklungssatz führt die Berechnung einer n-reihigen Determinante auf die Berechnung von Determinanten der kleineren Reihenzahlen p und q zurück. Inhaltlich enthält er folgende Vorschrift: Man wähle in der Matrix A zunächst p Zeilen fest aus. In der so bestimmten p-zeiligen Untermatrix wähle man nun auch irgendwelche p Spalten aus. Man erhält dann eine p-reihige quadratische Untermatrix, deren Determinante man mit der Determinante der komplementären Untermatrix zu multiplizieren hat. Trifft man die Auswahl der Spalten auf alle möglichen Weisen und addiert man die mit dem richtigen Vorzeichen versehenen entsprechenden Determinantenprodukte, so erhält man gerade die Determinante von A. Zur Erläuterung des Verfahrens diene folgendes Beispiel:

14. I Gegeben sei die reelle Matrix

$$A = \begin{pmatrix} 1 & 3 & 4 & 0 \\ 2 & 5 & 7 & 1 \\ -1 & 2 & -3 & 0 \\ 0 & 0 & 1 & 4 \end{pmatrix}.$$

Ausgezeichnet werden sollen die zweite und dritte Zeile; d. h. es wird $i_1 = 2$, $i_2 = 3$ und somit $k_1 = 1$, $k_2 = 4$ gesetzt. Den verschiedenen Auswahlmöglichkeiten für die Spalten entsprechen folgende Permutationen γ aus Γ:

$$\langle 3, 1, 2, 4\rangle, \ \langle 2, 1, 4, 3\rangle, \ \langle 1, 2, 3, 4\rangle, \ \langle 1, 3, 4, 2\rangle,$$
$$\langle 2, 1, 3, 4\rangle, \ \langle 1, 2, 4, 3\rangle.$$

Unter ihnen besitzen die Permutationen der ersten Zeile das Vorzeichen $+1$, die der zweiten Zeile das Vorzeichen -1. Es ergibt sich somit folgende Entwicklung:

$$\begin{aligned}\operatorname{Det} A = & \begin{vmatrix} 2 & 5 \\ -1 & 2 \end{vmatrix}\begin{vmatrix} 4 & 0 \\ 1 & 4 \end{vmatrix} + \begin{vmatrix} 2 & 1 \\ -1 & 0 \end{vmatrix}\begin{vmatrix} 3 & 4 \\ 0 & 1 \end{vmatrix} + \begin{vmatrix} 5 & 7 \\ 2 & -3 \end{vmatrix}\begin{vmatrix} 1 & 0 \\ 0 & 4 \end{vmatrix} \\ & + \begin{vmatrix} 7 & 1 \\ -3 & 0 \end{vmatrix}\begin{vmatrix} 1 & 3 \\ 0 & 0 \end{vmatrix} - \begin{vmatrix} 2 & 7 \\ -1 & -3 \end{vmatrix}\begin{vmatrix} 3 & 0 \\ 0 & 4 \end{vmatrix} - \begin{vmatrix} 5 & 1 \\ 2 & 0 \end{vmatrix}\begin{vmatrix} 1 & 4 \\ 0 & 1 \end{vmatrix} \\ & = 9 \cdot 16 + 1 \cdot 3 + (-29) \cdot 4 + 3 \cdot 0 - 1 \cdot 12 - (-2) \cdot 1 = 21.\end{aligned}$$

Kürzer und übersichtlicher gestaltet sich allerdings die Berechnung dieser Determinante nach 14. 1. Man erhält dann folgendes Rechenschema

$$\begin{array}{rrrr} 1 & 3 & 4 & 0 \\ 2 & 5 & 7 & 1 \\ -1 & 2 & -3 & 0 \\ 0 & 0 & 1 & 4 \\ \hline 1 & 3 & 4 & 0 \\ 0 & -1 & -1 & 1 \\ 0 & 5 & 1 & 0 \\ 0 & 0 & 1 & 4 \\ \hline 1 & 3 & 4 & 0 \\ 0 & -1 & -1 & 1 \\ 0 & 0 & -4 & 5 \\ 0 & 0 & 1 & 4 \\ \hline 1 & 3 & 4 & 0 \\ 0 & -1 & -1 & 1 \\ 0 & 0 & -4 & 5 \\ 0 & 0 & 0 & \frac{21}{4}. \end{array}$$

Da keine Vertauschungen vorgenommen wurden, ergibt sich

$$\operatorname{Det} A = (-1)\,(-4)\,\frac{21}{4} = 21.$$

Bei dem Entwicklungssatz wurden in der angegebenen Form gewisse Zeilen ausgezeichnet. Man spricht daher auch von einer Entwicklung der Determinante nach Zeilen. Da aber nach 13. 9 (1) die Determinante einer Matrix durch Transposition nicht geändert wird, kann man die Entwicklung auch nach Spalten durchführen. Man hat dazu nur bei allen Prozessen die Bedeutung von „Zeile“ und „Spalte“ zu vertauschen.

Besondere Bedeutung besitzt der Entwicklungssatz in dem Spezialfall $p = 1$, in dem man nach nur einer Zeile entwickelt. Statt i_1 soll dann einfacher i geschrieben werden. Eine Permutation $\gamma \in \Gamma$ ist jetzt bereits eindeutig durch den Index $\nu = \gamma i$ gekennzeichnet, und es gilt $\operatorname{sgn} \gamma = (-1)^{i+\nu}$. Die Matrix A_γ besteht nur aus dem einen Element $a_{i,\nu}$. Die zu ihr komplementäre Matrix A^*_γ, die jetzt sinngemäß mit $A^*_{i,\nu}$ bezeichnet werden soll, entsteht aus A durch Streichung der i-ten Zeile und der ν-ten Spalte. Man nennt $A^*_{i,\nu}$ das **algebraische Komplement** von $a_{i,\nu}$. Der Entwicklungssatz nimmt jetzt folgende Form an:

$$\operatorname{Det} A = \sum_{\nu=1}^{n} (-1)^{i+\nu} a_{i,\nu} \operatorname{Det} A^*_{i,\nu}.$$

Den Ausdruck $(-1)^{i+\nu} \operatorname{Det} A^*_{i,\nu}$ bezeichnet man auch als die **Adjunkte** von $a_{i,\nu}$ und schreibt dafür $\operatorname{Adj} a_{i,\nu}$. Es gilt somit

$$\operatorname{Det} A = \sum_{\nu=1}^{n} a_{i,\nu} (\operatorname{Adj} a_{i,\nu}).$$

Diese Darstellung wird die Entwicklung der Determinante nach der i-ten Zeile genannt. Die nach der obigen Bemerkung ebenfalls gültige Entwicklung nach der i-ten Spalte lautet

$$\operatorname{Det} A = \sum_{\nu=1}^{n} a_{\nu,i} (\operatorname{Adj} a_{\nu,i}).$$

Multipliziert man die Elemente $a_{i,\nu}$ der i-ten Zeile von A nicht mit ihren eigenen Adjunkten, sondern mit den Adjunkten der entsprechenden Elemente $a_{k,\nu}$ einer anderen Zeile ($i \neq k$), so liefert die analoge Summe

$$\sum_{\nu=1}^{n} a_{i,\nu} (\operatorname{Adj} a_{k,\nu})$$

den Wert Null: Nach dem Entwicklungssatz ist sie nämlich die Determinante derjenigen Matrix, die aus A durch Ersetzung der k-ten Zeile durch die i-te entsteht. Da aber in dieser Matrix zwei Zeilen gleich sind, ist ihre Determinante gleich Null. Damit hat sich folgender Satz ergeben, der natürlich auch hinsichtlich der Spalten gilt:

14. 3

$$\sum_{\nu=1}^{n} a_{i,\nu} (\operatorname{Adj} a_{k,\nu}) = \sum_{\nu=1}^{n} a_{\nu,i} (\operatorname{Adj} a_{\nu,k}) = \begin{cases} \operatorname{Det} A & \text{für } i = k \\ 0 & \text{für } i \neq k. \end{cases}$$

Ergänzungen und Aufgaben

14 A Aufgabe: Man berechne die Determinante der Matrix aus 12 B

a) mit Hilfe elementarer Umformungen,

b) durch Entwicklung nach der ersten Spalte,

c) durch Entwicklung nach den ersten zwei Zeilen.

14 B Aufgabe: Für eine Matrix der Form

$$A = \left(\begin{array}{c|c} A_1 & B \\ \hline 0 & A_2 \end{array}\right),$$

in der links unten lauter Nullen stehen, gilt

$$\operatorname{Det} A = (\operatorname{Det} A_1)\,(\operatorname{Det} A_2).$$

Wie lautet die entsprechende Gleichung für eine Matrix der Form

$$\left(\begin{array}{c|c} 0 & A_1 \\ \hline A_2 & B \end{array}\right) ?$$

14 C Aufgabe: (VANDERMONDEsche Determinante) Man beweise die Gleichung

$$\begin{vmatrix} 1 & x_1 & x_1^2 & \cdots & x_1^{n-1} \\ 1 & x_2 & x_2^2 & \cdots & x_2^{n-1} \\ \cdots & \cdots & \cdots & \cdots & \cdots \\ 1 & x_n & x_n^2 & \cdots & x_n^{n-1} \end{vmatrix} = \prod_{\mu > \nu} (x_\mu - x_\nu).$$

§ 15 Anwendungen

Obwohl die Determinanten nur für quadratische Matrizen definiert sind, können sie doch zur Rangbestimmung beliebiger Matrizen herangezogen werden. Es sei $A = (a_{\mu,\nu})$ eine beliebige (m, n)-Matrix. Wählt man in ihr k Zeilen und auch k Spalten beliebig aus, so bilden die gleichzeitig in diesen Zeilen und Spalten stehenden Elemente eine quadratische Untermatrix von A. Ihre Determinante bezeichnet man als eine k-reihige **Unterdeterminante** oder als einen k-reihigen **Minor** der Matrix A.

15. 1 *Es sei A eine von der Nullmatrix verschiedene Matrix, und r_A sei die größte natürliche Zahl, zu der es eine von Null verschiedene r_A-reihige Unterdeterminante von A gibt. (D. h. es gibt eine r_A-reihige Unterdeterminante $\neq 0$, während alle r-reihigen Unterdeterminanten mit $r > r_A$ verschwinden.) Dann gilt* $\operatorname{Rg} A = r_A$.

Beweis: Es gelte $\operatorname{Rg} A = r$, wegen $A \neq 0$ also $r > 0$. Dann gibt es r linear unabhängige Zeilen von A, die eine r-zeilige Untermatrix A_1 von A bestimmen. Da dann auch $\operatorname{Rg} A_1 = r$ gilt, gibt es wegen 9. 3 in A_1 weiter r linear unabhängige Spalten, die ihrerseits eine r-reihige quadratische Untermatrix A_2 von A_1, also auch von A bestimmen. Wegen Rg $A_2 = r$ und wegen 11. 5, 13. 7 gilt Det $A_2 \neq 0$ und daher $r \leqq r_A$. Umgekehrt existiert wegen der Bestimmung von r_A eine r_A-reihige quadratische Untermatrix A_0 von A mit Det $A_0 \neq 0$. Daher ist A_0 eine reguläre Matrix, und die Zeilen von A_0 sind linear unabhängig. Erst recht sind dann aber die r_A Zeilen von A, aus denen die Zeilen von A_0 entnommen sind, linear unabhängig. Es folgt $r_A \leqq r$, insgesamt also $r_A = r$. ◆

Eine zweite Anwendung bezieht sich auf die Auflösung spezieller linearer Gleichungssysteme; nämlich solcher Gleichungssysteme, deren Koeffizientenmatrix quadratisch und regulär ist.

15. 2 (CRAMERsche Regel) *Gegeben sei ein lineares Gleichungssystem*

$$\begin{array}{c} a_{1,1}x_1 + \cdots + a_{1,n}x_n = b_1 \\ \cdots\cdots\cdots\cdots\cdots \\ a_{n,1}x_1 + \cdots + a_{n,n}x_n = b_n \end{array}$$

mit der quadratischen Koeffizientenmatrix $A = (a_{\mu,\nu})$. *Ferner gelte* $D = \text{Det } A \neq 0$. *Dann besitzt dieses Gleichungssystem genau eine Lösung* $x_1, \ldots, x_n$, *und für diese gilt*

$$x_i = \frac{1}{D} \sum_{\nu=1}^{n} b_\nu (\text{Adj } a_{\nu,i}) = \frac{1}{D} \begin{vmatrix} a_{1,1} & \cdots & b_1 & \cdots & a_{1,n} \\ \vdots & & \vdots & & \vdots \\ \cdots & \cdots & \cdots & \cdots & \cdots \\ \vdots & & \vdots & & \vdots \\ a_{n,1} & \cdots & b_n & \cdots & a_{n,n} \end{vmatrix}$$

$$(i = 1, \ldots, n).$$

(Die rechts stehende Determinante ist so zu verstehen, daß in der Matrix A die i-te Spalte durch die Spalte der b_ν ersetzt wurde.)

Beweis: Wegen Det $A \neq 0$ und wegen 15. 1 gilt Rg $A = n$. Nach 12. 4 besitzt das Gleichungssystem eine eindeutig bestimmte Lösung. Daher muß nur noch gezeigt werden, daß die angegebenen Werte für die x_i tatsächlich eine Lösung darstellen. Setzt man nun aber diese Werte in die k-te Gleichung ein, so erhält man wegen 14. 3

$$\begin{aligned} \sum_{i=1}^{n} a_{k,i} x_i &= \sum_{i=1}^{n} a_{k,i} \left(\frac{1}{D} \sum_{\nu=1}^{n} b_\nu (\text{Adj } a_{\nu,i}) \right) \\ &= \frac{1}{D} \sum_{\nu=1}^{n} b_\nu \left(\sum_{i=1}^{n} a_{k,i} (\text{Adj } a_{\nu,i}) \right) = b_k. \end{aligned}$$ ◆

Für die numerische Auflösung linearer Gleichungssysteme ist die CRAMERsche Regel allerdings nur von untergeordneter Bedeutung. Da nämlich die Berechnung von Determinanten recht mühevoll und unübersichtlich ist, ist auch die CRAMERsche Regel für die praktische Rechnung weitgehend unbrauchbar. Für theoretische Untersuchungen ist sie jedoch vielfach deswegen wesentlich, weil sie die explizite Angabe der Lösungen ermöglicht. So kann man die CRAMERsche Regel z. B. dazu benutzen, um die Inversenbildung von Matrizen explizit zu beschreiben.

Es sei $A = (a_{\mu,\nu})$ eine reguläre, n-reihige quadratische Matrix; es gilt also $\operatorname{Det} A \neq 0$. Dann existiert die inverse Matrix A^{-1}, deren Elemente mit $a'_{i,k}$ bezeichnet werden sollen. Wegen $AA^{-1} = E$ sind die Elemente $a'_{1,k}, \ldots, a'_{n,k}$ der k-ten Spalte von A^{-1} gerade die Lösungen des linearen Gleichungssystems aus 15. 2, wenn man dort $b_k = 1$ und $b_\nu = 0$ für $\nu \neq k$ setzt. Mit Hilfe der CRAMERschen Regel ergibt sich daher unmittelbar folgender Satz:

15. 3 *Es sei $A = (a_{\mu,\nu})$ eine n-reihige quadratische Matrix mit $D = \operatorname{Det} A \neq 0$. Für die Elemente $a'_{i,k}$ der inversen Matrix A^{-1} gilt dann*

$$a'_{i,k} = \frac{1}{D} (\operatorname{Adj} a_{k,i}).$$

Anders ausgedrückt besagt dieser Satz: Ersetzt man jedes Element von A durch seine Adjunkte, so erhält man eine neue Matrix B. Es gilt dann

$$A^{-1} = \frac{1}{\operatorname{Det} A} B^T \text{*)}$$

Die CRAMERsche Regel gestattet lediglich die Auflösung spezieller linearer Gleichungssysteme. In modifizierter Form kann sie jedoch auch zur Bestimmung der allgemeinen Lösung eines beliebigen linearen Gleichungssystems herangezogen werden. Es sei nämlich

$$(*) \qquad \begin{array}{c} a_{1,1}x_1 + \cdots + a_{1,n}x_n = b_1 \\ \cdots\cdots\cdots\cdots\cdots\cdots \\ a_{k,1}x_1 + \cdots + a_{k,n}x_n = b_k \end{array}$$

ein lineares Gleichungssystem, von dem lediglich vorausgesetzt werden soll, daß es überhaupt lösbar ist (vgl. 12. 2). Außerdem kann angenommen werden, daß die Koeffizientenmatrix $A = (a_{\mu,\nu})$ nicht die Nullmatrix ist. Dann gilt $\operatorname{Rg} A = r > 0$, und wegen 15. 1 existiert eine r-reihige quadratische Unter-

*) B^T ist die zu B transponierte Matrix.

matrix A_0 von A mit Det $A_0 \neq 0$. Ohne Beschränkung der Allgemeinheit kann angenommen werden, daß A_0 gerade durch die ersten r Zeilen und Spalten von A bestimmt wird. Die allgemeine Lösung des Gleichungssystems (*) ist dann auch die allgemeine Lösung des verkürzten Systems

$$(**)\qquad \begin{aligned} a_{1,1}x_1 + \cdots + a_{1,n}x_n &= b_1 \\ \cdots\cdots\cdots\cdots &\cdots\cdots \\ a_{r,1}x_1 + \cdots + a_{r,n}x_n &= b_r, \end{aligned}$$

das man auch in der Form

$$(***)\qquad \begin{aligned} a_{1,1}x_1 + \cdots + a_{1,r}x_r &= b_1 - a_{1,r+1}x_{r+1} - \cdots - a_{1,n}x_n \\ \cdots\cdots\cdots\cdots &\cdots\cdots\cdots\cdots\cdots\cdots \\ a_{r,1}x_1 + \cdots + a_{r,r}x_r &= b_r - a_{r,r+1}x_{r+1} - \cdots - a_{r,n}x_n \end{aligned}$$

schreiben kann. Setzt man hier auf der rechten Seite für $x_{r+1}, \ldots, x_n$ beliebige Werte $c_{r+1}, \ldots, c_n$ ein, so erhält man ein lineares Gleichungssystem mit quadratischer Koeffizientenmatrix, auf das man 15. 2 anwenden kann. Man gewinnt als eindeutig bestimmte Lösung

$$x_i = \frac{1}{\operatorname{Det} A_0} \sum_{\varrho=1}^{r} (b_\varrho - a_{\varrho,r+1}c_{r+1} - \cdots - a_{\varrho,n}c_n)\,(\operatorname{Adj} a_{\varrho,i}) \quad (i = 1, \ldots, r).$$

Zusammen mit $x_{r+1} = c_{r+1}, \ldots, x_n = c_n$ ist dies die allgemeine Lösung von (*).

Als Beispiel für diese Methode diene nochmals das Beispiel aus 12. I:

$$\begin{aligned} x_1 + 3x_2 - 4x_3 + 3x_4 &= 9 \\ 3x_1 + 9x_2 - 2x_3 - 11x_4 &= -3 \\ 4x_1 + 12x_2 - 6x_3 - 8x_4 &= 6 \\ 2x_1 + 6x_2 + 2x_3 - 14x_4 &= -12\ . \end{aligned}$$

Vorausgesetzt werden soll bereits die Kenntnis, daß die Koeffizientenmatrix den Rang 2 besitzt. Als reguläre Untermatrix kann dann die aus den ersten beiden Zeilen und der ersten und dritten Spalte entnommene Matrix

$$A_0 = \begin{pmatrix} 1 & -4 \\ 3 & -2 \end{pmatrix}$$

mit Det $A_0 = 10$ dienen. Es muß jetzt allerdings $x_2 = c_1$ und $x_4 = c_2$ gesetzt werden. Das verkürzte Gleichungssystem lautet nun

$$\begin{aligned} x_1 - 4x_3 &= 9 - 3c_1 - 3c_2 \\ 3x_1 - 2x_3 &= -3 - 9c_1 + 11c_2. \end{aligned}$$

Die CRAMERsche Regel liefert

$$x_1 = \frac{1}{10} \begin{vmatrix} (9 - 3c_1 - 3c_2) & -4 \\ (-3 - 9c_1 + 11c_2) & -2 \end{vmatrix} = \frac{1}{10}(-30 - 30c_1 + 50c_2)$$

$$= -3 - 3c_1 + 5c_2,$$

$$x_3 = \frac{1}{10} \begin{vmatrix} 1 & (9 - 3c_1 - 3c_2) \\ 3 & (-3 - 9c_1 + 11c_2) \end{vmatrix} = \frac{1}{10}(-30 + 20c_2)$$

$$= -3 + 2c_2.$$

Diese Lösung stimmt mit der in 12. 1 gewonnenen überein.

Ergänzungen und Aufgaben

15A **Aufgabe:** Bestimme den Rang der reellen Matrix

$$\begin{pmatrix} 2 & -3 & 1 & 5 \\ -1 & 3 & 1 & -7 \\ 1 & -2 & 0 & 4 \end{pmatrix}$$

mit Hilfe von 15. 1.

15B **Aufgabe:** Berechne die Inverse der Matrix aus 12. II mit Hilfe von 15. 3.

15C Für die reguläre quadratische Matrix $A = (a_{\mu,\nu})$ gelte

$$\sum_{\nu=1}^{n} a_{i,\nu}\, a_{k,\nu} = \begin{cases} 1 & \text{für } i = k \\ 0 & \phantom{\text{für }} i \neq k. \end{cases}$$

Aufgabe: Folgere, daß Det $A = \pm 1$ und $a_{k,i} = (\text{Det } A)\,(\text{Adj } a_{k,i})$ gilt.

Fünftes Kapitel

Äquivalenz und Ähnlichkeit von Matrizen

Ein und derselben linearen Abbildung $\varphi: X \to Y$ endlich-dimensionaler Räume sind hinsichtlich verschiedener Basen von X und Y im allgemeinen auch verschiedene Matrizen zugeordnet. Die Eigenschaft zweier Matrizen, hinsichtlich geeigneter Basen dieselbe lineare Abbildung zu beschreiben, wird als Äquivalenz dieser beiden Matrizen bezeichnet. Im ersten Paragraphen dieses Kapitels wird nun die Frage untersucht, ob sich die einer gegebenen linearen Abbildung zugeordnete Matrix durch geeignete Wahl der Basen möglichst einfach gestalten läßt; d. h. ob es zu jeder Matrix eine äquivalente Matrix möglichst einfacher Normalgestalt gibt. Im zweiten Paragraphen des Kapitels wird sodann die entsprechende Frage für die Endomorphismen eines Vektorraums untersucht, die hier zu dem Begriff der Ähnlichkeit quadratischer Matrizen führt. Sie wird jedoch an dieser Stelle nur für einen einfachen Spezialfall gelöst; nämlich für solche Matrizen, die sich auf Diagonalform transformieren lassen. In diesem Zusammenhang wird ausführlich auf die wichtigen Begriffe „Eigenvektor", „Eigenwert" und „charakteristisches Polynom" eingegangen.

§ 16 Äquivalenz von Matrizen

In diesem Paragraphen seien X und Y zwei endlich-dimensionale Vektorräume mit Dim $X = n$ und Dim $Y = r$.

Gegeben sei jetzt eine lineare Abbildung $\varphi: X \to Y$. Hinsichtlich einer Basis B_X von X und einer Basis B_Y von Y entspricht ihr dann umkehrbar eindeutig eine (n, r)-Matrix A. Die folgenden Untersuchungen beziehen sich auf die Frage, ob durch geeignete Wahl der Basen B_X und B_Y eine möglichst einfache Gestalt der Matrix A erzielt werden kann. Zunächst soll jedoch gezeigt werden, wie diese Frage auch noch anders gefaßt werden kann.

Definition 16a: *Zwei (n, r)-Matrizen A und B heißen* **äquivalent** *(in Zeichen: $A \sim B$), wenn es reguläre Matrizen S und T mit $B = SAT$ gibt.*

Entsprechend der Zeilen- und Spaltenzahl ist hierbei S eine n-reihige und T eine r-reihige quadratische Matrix.

Die so zwischen Matrizen gleicher Zeilen- und Spaltenzahl definierte Relation ist tatsächlich eine Äquivalenzrelation (vgl. 11 C): Wegen $A = E_n A E_r$ gilt $A \sim A$. Aus $A \sim B$, also aus $B = SAT$, folgt $A = S^{-1}BT^{-1}$ und somit $B \sim A$. Schließlich folgt aus $A \sim B$ und $B \sim C$, also aus $B = SAT$ und $C = S'BT'$, auch $C = (S'S)A(TT')$. Da die Produktmatrizen $S'S$ und TT' wieder regulär sind, erhält man $A \sim C$. Hinsichtlich dieser Äquivalenzrelation zerfällt die Menge aller (n, r)-Matrizen in paarweise fremde Äquivalenzklassen.

Mit der oben aufgeworfenen Frage steht der soeben eingeführte Äquivalenzbegriff in unmittelbarem Zusammenhang: Nach 10.4 ist nämlich die Gleichung $B = SAT$ gleichbedeutend damit, daß die Matrizen A und B hinsichtlich geeigneter Basen dieselbe lineare Abbildung $\varphi: X \to Y$ beschreiben. Das oben formulierte Problem ist daher gleichwertig mit der Frage, ob man in jeder Äquivalenzklasse von (n, r)-Matrizen einen möglichst einfachen Repräsentanten auszeichnen kann. Daß dies tatsächlich möglich ist, zeigt der nachstehende Satz. Als einfache Normalformen treten dabei folgende Matrizen auf: Für jede natürliche Zahl k mit $0 \leqq k \leqq \min(n, r)$ sei D_k diejenige (n, r)-Matrix, die an den ersten k Stellen der Hauptdiagonale eine Eins, sonst aber lauter Nullen aufweist:

$$D_k = \begin{pmatrix} \underbrace{\begin{matrix} 1 & & & \\ & 1 & & \\ & & \ddots & \\ & & & 1 \end{matrix}}_{k \text{ Einsen}} & & & \\ & 0 & & \\ & & \ddots & \\ & & & 0 \end{pmatrix}.$$

Speziell ist D_0 die Nullmatrix.

16.1 *Zwei (n, r)-Matrizen sind genau dann äquivalent, wenn sie denselben Rang besitzen. Jede (n, r)-Matrix A ist zu genau einer der Matrizen D_k äquivalent, und zwar zu derjenigen, für die $k = \operatorname{Rg} A$ gilt.*

Beweis: Einer gegebenen (n, r)-Matrix A entspricht hinsichtlich fester Basen von X und Y eindeutig eine lineare Abbildung $\varphi: X \to Y$. Es gelte $\operatorname{Rg}\varphi = \operatorname{Rg} A = k$, also $\operatorname{Def}\varphi = n - k$. Dann sei $\{\mathfrak{a}_{k+1}, \ldots, \mathfrak{a}_n\}$ eine Basis von Kern φ, und diese werde durch weitere Vektoren $\mathfrak{a}_1, \ldots, \mathfrak{a}_k$ zu einer Basis von X ergänzt. Wegen 8. 6 bilden dann die Vektoren $\mathfrak{b}_1 = \varphi\mathfrak{a}_1, \ldots, \mathfrak{b}_k = \varphi\mathfrak{a}_k$ eine Basis von φX, die schließlich durch Vektoren $\mathfrak{b}_{k+1}, \ldots, \mathfrak{b}_r$ zu einer Basis von Y erweitert werden kann. Hinsichtlich der so gewonnenen Basen $\{\mathfrak{a}_1, \ldots, \mathfrak{a}_n\}$ von X und $\{\mathfrak{b}_1, \ldots, \mathfrak{b}_r\}$ von Y entspricht der Abbildung φ gerade die Matrix D_k. Es gilt also $A \sim D_k$ mit $k = \operatorname{Rg} A$.

Da äquivalente Matrizen hinsichtlich geeigneter Basen dieselbe lineare Abbildung beschreiben, müssen ihre Ränge mit dem Rang dieser Abbildung übereinstimmen (vgl. 94), also gleich sein. Gilt für die (n, r)-Matrizen A und B umgekehrt $\operatorname{Rg} A = \operatorname{Rg} B = k$, so folgt nach dem vorher Bewiesenen $A \sim D_k$ und $B \sim D_k$, also auch $A \sim B$. Schließlich sind wegen $\operatorname{Rg} D_k = k$ die Matrizen D_k untereinander nicht äquivalent. Eine beliebige (n, r)-Matrix kann daher auch nur zu genau einer der Matrizen D_k äquivalent sein. ◆

Nach diesem Satz wird die von einer (n, r)-Matrix A erzeugte Äquivalenzklasse eindeutig durch den Rang der Matrix A gekennzeichnet. Wegen $0 \leqq \operatorname{Rg} A \leqq \min(n, r)$ gibt es daher nur endlich viele Äquivalenzklassen von (n, r)-Matrizen; nämlich genau $1 + \min(n, r)$.

Die Transformation einer Matrix A durch Matrizen S und T auf die entsprechende Normalform D_k ist im allgemeinen nicht eindeutig. Dies geht schon daraus hervor, daß die Aufstellung der Basen im Beweis von 16. 1 noch weitgehender Willkür unterlag. Das nachstehend skizzierte Verfahren zeigt, wie man bei gegebener Matrix A geeignete Transformationsmatrizen S und T gewinnen kann.

Gegeben sei eine (n, r)-Matrix A mit $\operatorname{Rg} A = k$. Auf A sollen nun die elementaren Umformungen aus § 7 angewandt werden. Dabei soll jedoch im vorliegenden Fall auch die Durchführung von Umformungen des Typs (c) mit Spalten statt mit Zeilen zugelassen werden. (Multiplikation einer Spalte mit einem Skalar c und nachfolgende Addition zu einer anderen Spalte.) Durch geeignete Anwendung dieser Umformungen kann A in eine Matrix $B = (b_{\nu,\varrho})$ mit von Null verschiedenen Diagonalelementen $b_{1,1}, \ldots, b_{k,k}$ und sonst lauter Nullen überführt werden:

$$B = \begin{pmatrix} b_{1,1} & & & & & \\ & \ddots & & & & \\ & & b_{k,k} & & & \\ & & & 0 & & \\ & & & & \ddots & \\ & & & & & 0 \end{pmatrix}.$$

Über die in § 7 erreichte Form hinaus kann man nämlich jetzt durch Anwendung der zusätzlichen Spaltenumformungen auch rechts von der Hauptdiagonale Nullen erzeugen.

Man überlegt sich nun, daß alle hierbei auftretenden Umformungen durch Multiplikationen mit Matrizen folgender Typen erreicht werden:

$$
(\alpha)\quad
\begin{bmatrix}
1 & & & \scriptstyle i & & & \scriptstyle k & & & \\
& \ddots & & \vdots & & & \vdots & & & \\
& & 1 & \vdots & & & \vdots & & & \\
& & & 0 & \cdots & \cdots & 1 & & & \\
& & & \vdots & 1 & & \vdots & & & \\
& & & \vdots & & \ddots & \vdots & & & \\
& & & \vdots & & 1 & \vdots & & & \\
& & & 1 & \cdots & \cdots & 0 & & & \\
& & & & & & & 1 & & \\
& & & & & & & & \ddots & \\
& & & & & & & & & 1
\end{bmatrix},
\qquad
(\beta)\quad
\begin{bmatrix}
1 & & \scriptstyle i & & \scriptstyle k & & \\
& \ddots & \vdots & & \vdots & & \\
& & 1 & \cdots & c & & \\
& & & \ddots & \vdots & & \\
& & & & 1 & & \\
& & & & & \ddots & \\
& & & & & & 1
\end{bmatrix}
$$

(sonst lauter Nullen).

Linksseitige Multiplikation mit einer Matrix (α) bewirkt die Vertauschung der i-ten und k-ten Zeile. Linksseitige Multiplikation mit einer Matrix (β) hingegen bewirkt die Multiplikation der k-ten Zeile mit c und nachfolgende Addition zur i-ten Zeile. Den Spaltenumformungen entsprechen in analoger Weise rechtsseitige Multiplikationen mit derartigen Matrizen. Es gilt daher $B = UAT$, wobei U und T Produkte von Matrizen der Typen (α) und (β) entsprechender Reihenzahl sind. Da außerdem die Matrizen (α) und (β) regulär sind, gilt dasselbe auch für U und T. Man gewinnt die Matrix U, indem man alle an A vorgenommenen Zeilenumformungen gleichzeitig an der n-reihigen Einheitsmatrix E_n durchführt. Entsprechend erhält man T, indem man alle Spaltenumformungen simultan auf die Einheitsmatrix E_r ausübt. Multipliziert man jetzt noch die Matrix B linksseitig mit der Matrix

$$
V = \begin{bmatrix}
b_{1,1}^{-1} & & & & & \\
& \ddots & & & & \\
& & b_{k,k}^{-1} & & & \\
& & & 1 & & \\
& & & & \ddots & \\
& & & & & 1
\end{bmatrix}
\quad \text{(sonst lauter Nullen),}
$$

so erhält man gerade die Matrix D_k. Mit $S = VU$ gilt daher $D_k = SAT$. Die Matrix S entsteht dabei aus U, indem man die ersten k Zeilen von U entsprechend durch die Skalare $b_{1,1}, \ldots, b_{k,k}$ dividiert.

Zur Erläuterung des Verfahrens diene das folgende Beispiel der reellen Matrix

$$A = \begin{pmatrix} 1 & 2 & -1 & 0 \\ 3 & 5 & 2 & 2 \\ 4 & 7 & 1 & 2 \end{pmatrix}.$$

Man erhält folgendes Rechenschema:

E_3			A				E_4			
1	0	0	1	2	−1	0	1	0	0	0
0	1	0	3	5	2	2	0	1	0	0
0	0	1	4	7	1	2	0	0	1	0
							0	0	0	1
1	0	0	1	2	−1	0	1	0	0	0
−3	1	0	0	−1	5	2	0	1	0	0
−4	0	1	0	−1	5	2	0	0	1	0
							0	0	0	1
−5	2	0	1	0	9	4	1	0	0	0
−3	1	0	0	−1	5	2	0	1	0	0
−1	−1	1	0	0	0	0	0	0	1	0
							0	0	0	1
−5	2	0	1	0	0	0	1	0	−9	−4
−3	1	0	0	−1	0	0	0	1	5	2
−1	−1	1	0	0	0	0	0	0	1	0
							0	0	0	1
−5	2	0	1	0	0	0	1	0	−9	−4
3	−1	0	0	1	0	0	0	1	5	2
−1	−1	1	0	0	0	0	0	0	1	0
							0	0	0	1
S			D_2				T			

Der Leser überzeuge sich durch Ausmultiplikation von der Richtigkeit der Gleichung $D_2 = SAT$.

Ergänzungen und Aufgaben

16A Aufgabe: Man wende das soeben beschriebene Verfahren auf die reelle Matrix

$$\begin{pmatrix} 1 & -2 & 2 & 0 \\ 4 & -7 & 10 & -1 \\ -2 & 4 & -5 & 2 \\ 3 & -5 & 7 & 1 \end{pmatrix}$$

an.

16B Aufgabe: Es gelte $SAT = D_k$ mit regulären Matrizen S und T. Man bestimme alle weiteren regulären Matrizen S' und T', für die ebenfalls $S'AT' = D_k$ gilt.

§ 17 Ähnlichkeit, Eigenvektoren, Eigenwerte

Zu einer entsprechenden Fragestellung wie im vorangehenden Paragraphen gelangt man, wenn man jetzt Endomorphismen nur eines endlich-dimensionalen Vektorraums X betrachtet. Einem solchen Endomorphismus $\varphi: X \to X$ ist bereits hinsichtlich einer Basis B von X eine quadratische Matrix A zugeordnet. Man kann sich dann wieder fragen, ob man durch geeignete Wahl der Basis B die Matrix A möglichst einfach gestalten kann.

Ebenso wie vorher führt diese Frage dazu, zwischen den n-reihigen quadratischen Matrizen eine entsprechende Äquivalenzbeziehung einzuführen.

Definition 17a: *Zwei n-reihige quadratische Matrizen A und B heißen* **ähnlich** *(in Zeichen: $A \approx B$), wenn es eine reguläre Matrix S mit $B = SAS^{-1}$ gibt.*

Wie im vorangehenden Paragraphen zeigt man, daß die so definierte Ähnlichkeit tatsächlich eine Äquivalenzrelation ist. Die Menge aller n-reihigen quadratischen Matrizen zerfällt somit in paarweise fremde Ähnlichkeitsklassen. Außerdem stellt Satz 11.7 eine Verbindung zwischen der Ähnlichkeit und den Endomorphismen her: Der Vektorraum X besitze die Dimension n. Dann ist die Ähnlichkeit zweier n-reihiger quadratischer Matrizen A und B gleichwertig damit, daß A und B hinsichtlich geeigneter Basen demselben Endomorphismus von X zugeordnet sind. Die oben gestellte Frage kann daher auch so formuliert werden: Kann man in jeder Ähnlichkeitsklasse eine Matrix möglichst einfacher Gestalt auszeichnen?

Im Fall der Äquivalenz konnte dieses Problem in recht einfacher Weise gelöst werden. Insbesondere gab es dort nur endlich viele Äquivalenzklassen. Im Fall der Ähnlichkeit sind die Verhältnisse wesentlich komplizierter. Zunächst sind ähnliche Matrizen offenbar auch äquivalent. Die Äquivalenzklassen werden daher durch die Ähnlichkeitsklassen weiter aufgegliedert. Der folgende Satz zeigt, daß es im Fall eines unendlichen Skalarenkörpers sogar unendlich viele Ähnlichkeitsklassen gibt.

17. 1 *Ähnliche Matrizen besitzen denselben Rang und dieselbe Determinante.*
Beweis: Aus $A \approx B$ folgt $A \sim B$ und daher wegen 16. 1 auch $\operatorname{Rg} A = \operatorname{Rg} B$. Außerdem gilt dann $B = SAS^{-1}$ und somit

$$\operatorname{Det} B = (\operatorname{Det} S)\,(\operatorname{Det} A)\,(\operatorname{Det} S)^{-1} = \operatorname{Det} A. \;\blacklozenge$$

Zu jedem Skalar c gibt es nun aber auch eine n-reihige quadratische Matrix A mit $\operatorname{Det} A = c$; z. B. die Matrix

$$\begin{pmatrix} 1 & & & & \\ & \cdot & & & \\ & & \cdot & & \\ & & & 1 & \\ & & & & c \end{pmatrix} \quad \text{(sonst lauter Nullen).}$$

Wenn daher der Skalarenkörper aus unendlich vielen Elementen besteht, muß es auch unendlich viele Ähnlichkeitsklassen geben. Insbesondere zerfällt dann die Äquivalenzklasse aller regulären Matrizen in unendlich viele Ähnlichkeitsklassen.

Da die Behandlung des allgemeinen Normalformenproblems für die Ähnlichkeitsklassen verhältnismäßig umfangreiche Vorbereitungen erfordert, soll sie erst später durchgeführt werden (vgl. § 35). Hier soll es sich lediglich um die Untersuchung eines wichtigen Spezialfalls handeln.

Man nennt eine quadratische Matrix eine **Diagonalmatrix**, wenn sie höchstens in der Hauptdiagonale von Null verschiedene Elemente besitzt. Hier soll nun nur die Frage behandelt werden, wann eine quadratische Matrix zu einer Diagonalmatrix ähnlich ist. Aus den gewonnenen Resultaten wird insbesondere folgen, daß hiermit nicht etwa schon der allgemeine Fall erfaßt wird, daß es nämlich Matrizen gibt, die zu keiner Diagonalmatrix ähnlich sind.

Definition 17b: *Es sei φ ein Endomorphismus des Vektorraums X. Ein Vektor $\mathfrak{x} \in X$ heißt dann ein* **Eigenvektor** *von φ, wenn $\mathfrak{x} \neq \mathfrak{o}$ und $\varphi\mathfrak{x} = c\mathfrak{x}$ mit einem geeigneten Skalar c gilt. Es wird dann c der zu diesem Eigenvektor gehörende* **Eigenwert** *von φ genannt.*

Mit $\mathfrak{x}$ ist natürlich auch jeder Vektor $a\mathfrak{x}$ mit $a \neq 0$ Eigenvektor zum selben Eigenwert. Der Zusammenhang dieser Begriffsbildung mit dem gestellten Problem wird durch den folgenden Satz hergestellt.

17. 2 *Einem Endomorphismus φ von X entspricht hinsichtlich einer Basis $\{\mathfrak{a}_1, \ldots, \mathfrak{a}_n\}$ genau dann eine Diagonalmatrix D, wenn die Basisvektoren*

$\mathfrak{a}_1, \ldots, \mathfrak{a}_n$ *Eigenvektoren von* φ *sind. Ist dies der Fall und sind* $c_1, \ldots, c_n$ *die entsprechenden Eigenwerte, so gilt*

$$D = \begin{pmatrix} c_1 & & & \\ & c_2 & & \\ & & \ddots & \\ & & & c_n \end{pmatrix}.$$

Beweis: Wenn φ hinsichtlich der Basis $\{\mathfrak{a}_1, \ldots, \mathfrak{a}_n\}$ die Diagonalmatrix D zugeordnet ist, gilt $\varphi\mathfrak{a}_\nu = c_\nu \mathfrak{a}_\nu$ für $\nu = 1, \ldots, n$. Die Basisvektoren sind dann also Eigenvektoren. Umgekehrt seien die Basisvektoren $\mathfrak{a}_1, \ldots, \mathfrak{a}_n$ Eigenvektoren von φ mit den Eigenwerten $c_1, \ldots, c_n$. Dann gilt wieder $\varphi\mathfrak{a}_\nu = c_\nu\mathfrak{a}_\nu$ $(\nu = 1, \ldots, n)$, und die φ zugeordnete Matrix D besitzt gerade die angegebene Form. ◆

Dieser Satz besagt: Ein Endomorphismus φ von X ist genau dann durch eine Diagonalmatrix darstellbar, wenn es eine Basis von X gibt, die aus lauter Eigenvektoren von φ besteht. Die ganze Problemstellung ist hierdurch auf die Frage zurückgeführt, wie man die Eigenvektoren und Eigenwerte eines Endomorphismus bestimmen kann.

Es sei also jetzt φ ein Endomorphismus des n-dimensionalen Vektorraums X, und $\mathfrak{x}$ sei ein Eigenvektor von φ mit dem Eigenwert c. Dann gilt $\varphi\mathfrak{x} = c\mathfrak{x}$ oder gleichwertig $\varphi\mathfrak{x} - c\mathfrak{x} = \mathfrak{o}$. Diese Gleichung kann auch in der Form $(\varphi - c\varepsilon)\,\mathfrak{x} = \mathfrak{o}$ (ε ist die Identität von X) geschrieben werden. Da $\mathfrak{x}$ als Eigenvektor nicht der Nullvektor ist, besagt diese Gleichung aber, daß der Endomorphismus $\varphi - c\varepsilon$ einen positiven Defekt hat und daß infolgedessen $\operatorname{Det}(\varphi - c\varepsilon) = 0$ gelten muß.

17.3 *Die Determinante des Endomorphismus* $\varphi - c\varepsilon$ *besitzt die Form*

$$\operatorname{Det}(\varphi - c\varepsilon) = (-1)^n c^n + q_{n-1}c^{n-1} + \cdots + q_1 c + q_0$$

mit geeigneten Skalaren $q_0, \ldots, q_{n-1}$. *Speziell gilt* $q_0 = \operatorname{Det}\varphi$.

Beweis: Es sei $\{\mathfrak{a}_1, \ldots, \mathfrak{a}_n\}$ eine Basis und Δ eine beliebige Determinantenform von X. Wegen der Linearitätseigenschaften von Δ erhält man dann

$$\Delta((\varphi - c\varepsilon)\,\mathfrak{a}_1, \ldots, (\varphi - c\varepsilon)\,\mathfrak{a}_n) = \Delta(\varphi\mathfrak{a}_1, \ldots, \varphi\mathfrak{a}_n) + p_1 c + \cdots + \\ + p_{n-1}c^{n-1} + (-c)^n \Delta(\varepsilon\mathfrak{a}_1, \ldots, \varepsilon\mathfrak{a}_n).$$

Die Skalare p_ν ergeben sich dabei auf folgende Weise: Berücksichtigt man auf der linken Seite von der Differenz $\varphi - c\varepsilon$ an ν Argumentstellen nur den Bestandteil $-c\varepsilon$, an den übrigen Argumentstellen jedoch den Bestandteil φ, so kann man wegen der zweiten Linearitätseigenschaft gerade den Faktor c^ν

vorziehen. Tut man dies auf alle möglichen Weisen und addiert die erhaltenen Werte, so ergibt sich als Summe ein Ausdruck der Form $p_\nu c^\nu$. Setzt man jetzt noch $q_\nu = p_\nu / \Delta(\mathfrak{a}_1, \ldots, \mathfrak{a}_n)$, so folgt

$$\operatorname{Det}(\varphi - c\varepsilon) = \frac{\Delta((\varphi - c\varepsilon)\,\mathfrak{a}_1, \ldots, (\varphi - c\varepsilon)\,\mathfrak{a}_n)}{\Delta(\mathfrak{a}_1, \ldots, \mathfrak{a}_n)}$$

$$= \operatorname{Det}\varphi + q_1 c + \cdots + q_{n-1}c^{n-1} + (-1)^n c^n$$

und damit die Behauptung. ◆

Ersetzt man jetzt in dieser Darstellung von Det $(\varphi - c\varepsilon)$ den Eigenwert c durch eine Unbestimmte t, so erhält man ein Polynom $f(t)$ vom Grad n, dessen höchster Koeffizient $(-1)^n$ und dessen absolutes Glied die Determinante von φ ist.

Definition 17c: *Das Polynom* $f(t) = \operatorname{Det}(\varphi - t\varepsilon)$ *heißt das* **charakteristische Polynom** *des Endomorphismus* φ *von* X. *Sein Grad ist gleich der Dimension von* X.

17.4 *Es sei* φ *ein Endomorphismus des endlich-dimensionalen Vektorraums* X, *und* f *sei sein charakteristisches Polynom. Dann gilt: Ein Skalar* c *ist genau dann Eigenwert von* φ *(d. h.* c *ist Eigenwert zu mindestens einem Eigenvektor von* φ*), wenn* c *eine Nullstelle von* f *ist (d. h. wenn* $f(c) = 0$ *gilt). Ist dies der Fall, so besitzt der Endomorphismus* $\varphi - c\varepsilon$ *positiven Defekt, und die vom Nullvektor verschiedenen Vektoren aus* Kern $(\varphi - c\varepsilon)$ *sind genau die Eigenvektoren von* φ *mit dem Eigenwert* c.

Beweis: Es sei c ein Eigenwert von φ zu dem Eigenvektor $\mathfrak{x}$. Wie vorher gezeigt wurde, gilt dann $f(c) = \operatorname{Det}(\varphi - c\varepsilon) = 0$ und außerdem $(\varphi - c\varepsilon)\mathfrak{x} = \mathfrak{o}$, also $\mathfrak{x} \in \operatorname{Kern}(\varphi - c\varepsilon)$. Umgekehrt sei c eine Nullstelle von f; es gilt also $\operatorname{Det}(\varphi - c\varepsilon) = 0$. Dann ist der Endomorphismus $\varphi - c\varepsilon$ wegen 13.7 kein Automorphismus, und sein Defekt ist daher positiv. Der Kern von $\varphi - c\varepsilon$ enthält daher mindestens einen von $\mathfrak{o}$ verschiedenen Vektor $\mathfrak{x}$. Für jeden solchen Vektor $\mathfrak{x}$ gilt aber $(\varphi - c\varepsilon)\,\mathfrak{x} = \mathfrak{o}$, also $\varphi\mathfrak{x} = c\mathfrak{x}$. Die von $\mathfrak{o}$ verschiedenen Vektoren aus Kern $(\varphi - c\varepsilon)$ sind somit Eigenvektoren mit c als Eigenwert. ◆

Die praktische Berechnung der Eigenwerte und Eigenvektoren eines Endomorphismus kann mit Hilfe der diesem Endomorphismus hinsichtlich einer Basis zugeordneten Matrix durchgeführt werden: Es sei $\{\mathfrak{a}_1, \ldots, \mathfrak{a}_n\}$ eine Basis von X, und dem Endomorphismus φ von X sei hinsichtlich dieser Basis die quadratische Matrix $A = (a_{\mu,\nu})$ zugeordnet. Das charakteristische Polynom f von φ lautet dann

$$f(t) = \text{Det}\ (\varphi - t\varepsilon) = \text{Det}\ (A - tE) = \begin{vmatrix} a_{1,1} - t & a_{1,2} & \cdots & a_{1,n} \\ a_{2,1} & a_{2,2} - t & \cdots & a_{2,n} \\ \cdots & \cdots & \cdots & \cdots \\ a_{n,1} & a_{n,2} & \cdots & a_{n,n} - t \end{vmatrix},$$

wobei die rechts stehende Determinante formal auszurechnen und nach Potenzen von t zu ordnen ist. Ist dann der Skalar c eine Nullstelle dieses Polynoms, so erhält man die Koordinaten $x_1, \ldots, x_n$ aller zu c gehörenden Eigenvektoren als die nicht-trivialen Lösungen des homogenen linearen Gleichungssystems

$$(x_1, \ldots, x_n)\ (A - cE) = (0, \ldots, 0)$$

oder ausführlich

$$\begin{aligned} (a_{1,1} - c)\, x_1 \quad &+ a_{2,1} x_2 + \cdots &&+ a_{n,1} x_n = 0 \\ a_{1,2} x_1 + (a_{2,2} &- c)\, x_2 + \cdots &&+ a_{n,2} x_n = 0 \\ \cdots\cdots &\cdots\cdots\cdots\cdots &&\cdots\cdots\cdots \\ a_{1,n} x_1 \quad &+ a_{2,n} x_2 + \cdots &&+ (a_{n,n} - c)\ x_n = 0. \end{aligned}$$

(Man beachte, daß die Koeffizientenmatrix die Matrix $(A - cE)^T$ ist!) Zur Orientierung diene das folgende Beispiel.

17. I Das charakteristische Polynom der reellen Matrix

$$\begin{pmatrix} 2 & 0 & 0 & 0 \\ 0 & 2 & 0 & 0 \\ 1 & -2 & 0 & -1 \\ 2 & -4 & 1 & 0 \end{pmatrix}$$

ist

$$\begin{vmatrix} 2 - t & 0 & 0 & 0 \\ 0 & 2 - t & 0 & 0 \\ 1 & -2 & -t & -1 \\ 2 & -4 & 1 & -t \end{vmatrix} = (2 - t)^2 (t^2 + 1) = t^4 - 4t^3 + 5t^2 - 4t + 4.$$

Es besitzt nur die eine reelle Nullstelle 2. Für die Koordinaten der Eigenvektoren zu diesem Eigenwert gilt folgendes Gleichungssystem:

$$\begin{aligned} x_3 + 2x_4 &= 0 \qquad & -2x_3 + x_4 &= 0 \\ -2x_3 - 4x_4 &= 0 \qquad & -x_3 - 2x_4 &= 0. \end{aligned}$$

Es besitzt den Rang 2. Zwei linear unabhängige Lösungen sind (1, 0, 0, 0) und (0, 1, 0, 0). Eigenvektoren zum Eigenwert 2 sind daher alle Vektoren, deren Koordinaten die Form $(a, b, 0, 0)$ besitzen, wobei a und b nicht gleichzeitig verschwinden.

Faßt man jedoch in diesem Beispiel als Skalarenkörper nicht den Körper der reellen Zahlen, sondern den Körper der komplexen Zahlen auf, so besitzt in ihm das charakteristische Polynom außerdem noch die Nullstellen $+i$ und $-i$. Die Berechnung der Eigenvektoren möge dem Leser überlassen bleiben. Das Ergebnis lautet: Eigenvektoren zum Eigenwert $+i$ bzw. $-i$ sind alle von Null verschiedenen Vielfachen des Vektors mit den Koordinaten $(-1, 2, -i, 1)$ bzw. $(-1, 2, +i, 1)$.

Das Polynom Det $(A - tE)$ nennt man auch das charakteristische Polynom der Matrix A. Offenbar haben Matrizen, die demselben Endomorphismus zugeordnet sind, auch dasselbe charakteristische Polynom. Es gilt daher:

17. 5 *Ähnliche Matrizen besitzen dasselbe charakteristische Polynom.*

Infolgedessen stimmen auch die Koeffizienten der charakteristischen Polynome ähnlicher Matrizen überein. Von dem absoluten Glied, der Determinante, wurde dies bereits festgestellt. Den bei $(-t)^{n-1}$ stehenden Koeffizienten bezeichnet man als die **Spur** des Endomorphismus bzw. der Matrix (in Zeichen: Sp φ, Sp A). Für die Spur einer quadratischen Matrix $A = (a_{\mu,\nu})$ erhält man unmittelbar durch Entwicklung der Determinante Det $(A - tE)$ nach Potenzen von t

$$\mathrm{Sp}\, A = a_{1,1} + \cdots + a_{n,n}.$$

Die Spur einer Matrix ist also die Summe ihrer Hauptdiagonalelemente. Ähnliche Matrizen besitzen dieselbe Spur.

Für Diagonalmatrizen gilt auch die Umkehrung des letzten Satzes:

17. 6 *Zwei Diagonalmatrizen sind genau dann ähnlich, wenn sie dasselbe charakteristische Polynom besitzen. Gleichwertig hiermit ist, daß sich die beiden Diagonalmatrizen nur in der Reihenfolge ihrer Diagonalelemente unterscheiden.*

Beweis: Die Diagonalelemente einer Diagonalmatrix sind nach 17. 2 gerade ihre Eigenwerte. Da ihre Anzahl gleich dem Grad des charakteristischen Polynoms ist, folgt: Zwei Diagonalmatrizen besitzen genau dann dasselbe charakteristische Polynom, wenn sie sich nur in der Reihenfolge ihrer Diagonalelemente unterscheiden. Bedeutet nun S die Matrix des Typs (α) aus dem vorangehenden Paragraphen, so ist die zu der Diagonalmatrix D ähnliche Matrix SDS^{-1} wieder eine Diagonalmatrix, die sich von D nur durch die

Vertauschung des i-ten und k-ten Diagonalelements unterscheidet. Daher sind auch alle Diagonalmatrizen mit gleichen Diagonalelementen ähnlich. ◆

17. 7 *Es seien $\mathfrak{a}_1, \ldots, \mathfrak{a}_r$ Eigenvektoren des Endomorphismus φ von X, deren zugehörige Eigenwerte $c_1, \ldots, c_r$ paarweise verschieden sind. Dann sind die Vektoren $\mathfrak{a}_1, \ldots, \mathfrak{a}_r$ linear unabhängig.*

Beweis: Wendet man den Endomorphismus $\varphi - c_\varrho \varepsilon$ $(\varrho = 1, \ldots, r)$ auf den Vektor $\mathfrak{a}_\sigma$ an, so erhält man

$$(\varphi - c_\varrho \varepsilon)\, \mathfrak{a}_\sigma = \begin{cases} (c_\sigma - c_\varrho)\, \mathfrak{a}_\sigma & \text{für } \sigma \neq \varrho \\ \mathfrak{o} & \phantom{\text{für }} \sigma = \varrho . \end{cases}$$

Aus $d_1 \mathfrak{a}_1 + \cdots + d_r \mathfrak{a}_r = \mathfrak{o}$ folgt daher durch sukzessive Anwendung aller Endomorphismen $\varphi - c_\varrho \varepsilon$ mit $\varrho \neq \sigma$

$$d_\sigma\, (c_1 - c_\sigma) \cdots (c_{\sigma-1} - c_\sigma)\, (c_{\sigma+1} - c_\sigma) \cdots (c_r - c_\sigma)\, \mathfrak{a}_\sigma = \mathfrak{o}$$

für $\sigma = 1, \ldots, r$. Da hier die Klammern wegen der Verschiedenheit der Eigenwerte nicht verschwinden, ergibt sich $d_1 = \cdots = d_r = 0$. ◆

Das charakteristische Polynom eines Endomorphismus braucht in dem betreffenden Skalarenkörper überhaupt keine Nullstellen zu besitzen, oder die Anzahl der Nullstellen kann geringer als der Grad des Polynoms sein (vgl. 17. I). Lediglich wenn der Skalarenkörper (wie z. B. der Körper der komplexen Zahlen) algebraisch abgeschlossen ist, zerfällt das charakteristische Polynom stets in lauter Linearfaktoren. Auch dann können aber noch mehrere Nullstellen des Polynoms gleich sein. Man nennt eine Nullstelle c des Polynoms f eine **k-fache Nullstelle**, wenn sich f in der Form

$$f(t) = (t - c)^k\, g(t)$$

darstellen läßt, wobei g ein Polynom mit $g(c) \neq 0$ ist. Die natürliche Zahl k heißt dann die **Vielfachheit** der Nullstelle c. So besitzt z. B. in 17. I die Nullstelle 2 die Vielfachheit 2.

17. 8 *Ein Endomorphismus φ des n-dimensionalen Vektorraums X kann genau dann durch eine Diagonalmatrix beschrieben werden, wenn sein charakteristisches Polynom in lauter Linearfaktoren zerfällt und wenn für jeden Eigenwert c mit der Vielfachheit k gilt:* $\operatorname{Rg}(\varphi - c\varepsilon) = n - k$.

Beweis: Es seien $c_1, \ldots, c_r$ die verschiedenen Eigenwerte von φ mit den entsprechenden Vielfachheiten $k_1, \ldots, k_r$. Gleichwertig mit dem Zerfall des charakteristischen Polynoms f in lauter Linearfaktoren ist dann $k_1 + \cdots + k_r = n$. Ist dies der Fall und gilt $\operatorname{Rg}(\varphi - c_\varrho \varepsilon) = n - k_\varrho$ $(\varrho = 1, \ldots, r)$, so besitzt die Gleichung $(\varphi - c_\varrho \varepsilon)\, \mathfrak{x} = \mathfrak{o}$ nach 12. 3 genau k_ϱ

linear unabhängige Lösungsvektoren $\mathfrak{a}_{\varrho,1}, \ldots, \mathfrak{a}_{\varrho,k_\varrho}$, die somit Eigenvektoren von φ sind. Für alle diese Eigenvektoren gelte nun

$$\sum_{\varrho=1}^{r} \sum_{\varkappa=1}^{k_\varrho} d_{\varrho,\varkappa} \mathfrak{a}_{\varrho,\varkappa} = \mathfrak{o}.$$

Weiter werde

$$\mathfrak{b}_\varrho = \sum_{\varkappa=1}^{k_\varrho} d_{\varrho,\varkappa} \mathfrak{a}_{\varrho,\varkappa} \quad (\varrho = 1, \ldots, r)$$

gesetzt, und $\mathfrak{b}_{\varrho_1}, \ldots, \mathfrak{b}_{\varrho_s}$ seien diejenigen unter diesen Vektoren, die vom Nullvektor verschieden sind. Es gilt dann $\mathfrak{b}_{\varrho_1} + \ldots + \mathfrak{b}_{\varrho_s} = \mathfrak{o}$ und $(\varphi - c_{\varrho_\sigma}\varepsilon)\,\mathfrak{b}_{\varrho_\sigma} = \mathfrak{o}$ $(\sigma = 1, \ldots, s)$. Wegen der zweiten Beziehung ist $\mathfrak{b}_{\varrho_\sigma}$ ein Eigenvektor mit dem Eigenwert c_{ϱ_σ}. Da diese Eigenwerte aber paarweise verschieden sind, stellt die erste Beziehung einen Widerspruch zu 17. 7 dar. Daher muß

$$\mathfrak{b}_\varrho = \sum_{\varkappa=1}^{k_\varrho} d_{\varrho,\varkappa} \mathfrak{a}_{\varrho,\varkappa} = \mathfrak{o} \text{ für } \varrho = 1, \ldots, r$$

gelten. Da aber bei festem ϱ die Vektoren $\mathfrak{a}_{\varrho,1}, \ldots, \mathfrak{a}_{\varrho,k_\varrho}$ linear unabhängig sind, folgt weiter $d_{\varrho,\varkappa} = 0$ für alle ϱ und $\varkappa$. Es sind also sogar alle Vektoren $\mathfrak{a}_{\varrho,\varkappa}$ linear unabhängig. Und da ihre Anzahl $k_1 + \cdots + k_r = n$ ist, bilden sie eine aus Eigenvektoren bestehende Basis von X. Wegen 17. 2 ist daher φ hinsichtlich dieser Basis eine Diagonalmatrix zugeordnet.

Umgekehrt sei jetzt φ hinsichtlich einer Basis von X eine Diagonalmatrix D zugeordnet. Weiter seien $c_1, \ldots, c_r$ die verschiedenen Diagonalelemente von D, und jedes c_ϱ trete genau k_ϱ-mal in der Diagonale auf. Für das charakteristische Polynom f bedeutet das

$$f(t) = \text{Det}\,(\varphi - t\varepsilon) = \text{Det}\,(D - tE) = (c_1 - t)^{k_1} \cdots (c_r - t)^{k_r};$$

d. h. f zerfällt in lauter Linearfaktoren, und die Vielfachheit von c_ϱ ist k_ϱ. Weiter steht in der Diagonalmatrix $D - c_\varrho E$ an genau k_ϱ Stellen der Hauptdiagonale eine Null. Daher ergibt sich auch $\text{Rg}\,(\varphi - c_\varrho\varepsilon) = \text{Rg}\,(D - c_\varrho E) = n - k_\varrho$. ◆

Matrizentheoretisch ausgedrückt besagt der letzte Satz:

17. 9 *Eine n-reihige quadratische Matrix A ist genau dann zu einer Diagonalmatrix ähnlich, wenn ihr charakteristisches Polynom in lauter Linearfaktoren zerfällt und wenn für jeden Eigenwert c von A mit der Vielfachheit k gilt:* $\text{Rg}\,(A - cE) = n - k$.

Mit Hilfe dieses Satzes kann sofort an Beispielen gezeigt werden, daß nicht jede quadratische Matrix zu einer Diagonalmatrix ähnlich ist.

17. II Es sei A die in dem letzten Paragraphen angegebene, n-reihige Matrix des Typs (β) mit $c \neq 0$, $i \neq k$ und $n > 1$. Ihr charakteristisches Polynom ist $f(t) = (1 - t)^n$. Dieses zerfällt also in lauter Linearfaktoren unabhängig davon, welches der Skalarenkörper ist. Der einzige Eigenwert 1 besitzt die Vielfachheit n. Die Matrix $A - 1E$ enthält das Element $c \neq 0$, sonst aber lauter Nullen. Ihr Rang ist daher 1. Wegen 17. 9 kann somit A zu keiner Diagonalmatrix ähnlich sein.

Die praktische Durchführung der Transformation einer gegebenen n-reihigen quadratischen Matrix A auf Diagonalform gestaltet sich nach dem Vorangehenden folgendermaßen: Zunächst bestimmt man das charakteristische Polynom f von A und berechnet seine Nullstellen, also die Eigenwerte von A. Zerfällt f nicht in Linearfaktoren, so kann A nicht auf Diagonalform transformiert werden. Zerfällt jedoch f, so berechnet man zu jedem Eigenwert c die allgemeine Lösung des homogenen linearen Gleichungssystems

$$(x_1, \ldots, x_n)\ (A - cE) = (0, \ldots, 0).$$

Man gewinnt so die Koordinaten linear unabhängiger Eigenvektoren zu diesem Eigenwert. Alle diese Eigenvektoren zusammen sind (vgl. Beweis von 17. 8) ebenfalls linear unabhängig. Ist ihre Gesamtzahl gleich n, so bilden sie sogar eine Basis, und A ist dann wegen 17. 2 zu einer Diagonalmatrix D ähnlich. Es gilt also $D = SAS^{-1}$. Die hierbei auftretende Transformationsmatrix S muß die kanonische Basis von K^n in die Basis der Eigenvektoren überführen. Ihre Zeilen sind daher gerade die schon berechneten Koordinaten der Eigenvektoren. So ist z. B. die Matrix aus 17. I (aufgefaßt als komplexe Matrix) auf Diagonalform transformierbar. Die Transformationsmatrix S und ihre Inverse sind in diesem Fall

$$S = \begin{pmatrix} 1 & 0 & 0 & 0 \\ 0 & 1 & 0 & 0 \\ -1 & 2 & -i & 1 \\ -1 & 2 & i & 1 \end{pmatrix} \quad \text{und} \quad S^{-1} = \begin{pmatrix} 1 & 0 & 0 & 0 \\ 0 & 1 & 0 & 0 \\ 0 & 0 & \frac{i}{2} & -\frac{i}{2} \\ 1 & -2 & \frac{1}{2} & \frac{1}{2} \end{pmatrix}.$$

Der Leser führe die Berechnung von S^{-1} selbst durch und überzeuge sich davon, daß SAS^{-1} die Diagonalmatrix mit den Diagonalelementen $2, 2, i, -i$ ist.

Ergänzungen und Aufgaben

17 A Aufgabe: Zeige, daß die reelle Matrix

$$\begin{pmatrix} 3 & 2 & -1 \\ 2 & 6 & -2 \\ 0 & 0 & 2 \end{pmatrix}$$

zu einer Diagonalmatrix ähnlich ist. Bestimme diese, die Transformationsmatrix S und ihre Inverse S^{-1}.

17B Aufgabe: Es sei c ein Eigenwert der n-reihigen quadratischen Matrix A mit der Vielfachheit k. Zeige: In jedem Fall gilt $\text{Rg}\,(A - cE) \geqq n - k$.

17C Aufgabe: 1). Eine quadratische Matrix A ist genau dann regulär, wenn 0 kein Eigenwert von A ist.

2). Eine n-reihige quadratische Matrix, die n paarweise verschiedene Eigenwerte besitzt, ist zu einer Diagonalmatrix ähnlich.

17D Es sei φ ein Endomorphismus eines komplexen Vektorraums. Für jede natürliche Zahl r werde ferner $\varphi^r = \varphi \circ \cdots \circ \varphi$ (φ tritt r-mal als Faktor auf) gesetzt.

Aufgabe: Zeige, daß eine komplexe Zahl a genau dann Eigenwert von φ^r ist, wenn es einen Eigenwert c von φ mit $a = c^r$ gibt. Zeige jedoch an einem Beispiel, daß die Vielfachheit von c^r als Eigenwert von φ^r größer sein kann als die Vielfachheit von c als Eigenwert von φ.

Sechstes Kapitel

Euklidische und unitäre Vektorräume

In diesem Kapitel wird in reellen und komplexen Vektorräumen eine zusätzliche Struktur definiert, die die Einführung einer Maßbestimmung gestattet; die es nämlich ermöglicht, die Länge eines Vektors und den Winkel zwischen zwei Vektoren zu definieren. Diese zusätzliche Struktur wird durch das skalare Produkt bestimmt, das in § 18 behandelt wird und zu dem Begriff des euklidischen bzw. unitären Vektorraums führt. Dabei handelt es sich tatsächlich um eine den Vektorräumen aufgeprägte neue Struktur, die nicht etwa durch den Vektorraum schon vorbestimmt ist. Skalare Produkte können in reellen und komplexen Vektorräumen auf mannigfache Art definiert werden und führen zu verschiedenen Maßbestimmungen. Die Begriffe „Länge" und „Winkel" erweisen sich also als Relativbegriffe, die von der Wahl des skalaren Produkts abhängen. Sie werden in § 19 behandelt. Wesentlich ist besonders der Begriff der Orthogonalität, auf den ausführlich in § 20 eingegangen wird. In den folgenden vier Paragraphen handelt es sich um die Untersuchung linearer Abbildungen, die mit den durch die skalaren Produkte bestimmten Strukturen in gewisser Weise gekoppelt sind. Unter ihnen sind die selbstadjungierten und die orthogonalen bzw. unitären Abbildungen von besonderem Interesse. Spezielle orthogonale Abbildungen sind schließlich die Drehungen, auf die sich der letzte Paragraph des Kapitels bezieht.

§ 18 Das skalare Produkt

Zunächst sei in diesem Paragraphen X ein beliebiger reeller Vektorraum; der Skalarenkörper ist also der Körper **R** der reellen Zahlen.

Weiter sei nun β eine Bilinearform (2-fache Linearform) von X: Jedem geordneten Paar $(\mathfrak{x}, \mathfrak{y})$ von Vektoren aus X wird also durch β eindeutig eine reelle Zahl $\beta(\mathfrak{x}, \mathfrak{y})$ als Wert zugeordnet, und es gelten die Linearitätseigenschaften

$$\beta(\mathfrak{x}_1 + \mathfrak{x}_2, \mathfrak{y}) = \beta(\mathfrak{x}_1, \mathfrak{y}) + \beta(\mathfrak{x}_2, \mathfrak{y}),$$
$$\beta(\mathfrak{x}, \mathfrak{y}_1 + \mathfrak{y}_2) = \beta(\mathfrak{x}, \mathfrak{y}_1) + \beta(\mathfrak{x}, \mathfrak{y}_2),$$
$$\beta(c\mathfrak{x}, \mathfrak{y}) = c\beta(\mathfrak{x}, \mathfrak{y}) = \beta(\mathfrak{x}, c\mathfrak{y}).$$

Definition 18a: *Eine Bilinearform* β *von* X *heißt ein* **skalares Produkt** *von* X, *wenn sie folgende Eigenschaften besitzt:*

(1) β *ist* **symmetrisch**: *Für beliebige Vektoren gilt*

$$\beta(\mathfrak{x}, \mathfrak{y}) = \beta(\mathfrak{y}, \mathfrak{x}).$$

(2) β ist **positiv definit**: Für jeden von $\mathfrak{o}$ verschiedenen Vektor $\mathfrak{x}$ gilt

$$\beta(\mathfrak{x}, \mathfrak{x}) > 0.$$

Ein skalares Produkt ist somit eine positiv definite, symmetrische Bilinearform β von X. Wegen $\beta(\mathfrak{o}, \mathfrak{y}) = \beta(0\mathfrak{o}, \mathfrak{y}) = 0\beta(\mathfrak{o}, \mathfrak{y}) = 0$ gilt $\beta(\mathfrak{o}, \mathfrak{o}) = 0$. Wegen (2) folgt aber aus $\beta(\mathfrak{x}, \mathfrak{x}) = 0$ umgekehrt auch $\mathfrak{x} = \mathfrak{o}$. Es ist also $\beta(\mathfrak{x}, \mathfrak{x}) = 0$ gleichwertig mit $\mathfrak{x} = \mathfrak{o}$, und für jeden Vektor $\mathfrak{x}$ gilt $\beta(\mathfrak{x}, \mathfrak{x}) \geqq 0$.

Beispiele:

18. I Es sei $\{\mathfrak{a}_1, \ldots, \mathfrak{a}_n\}$ eine Basis von X. Hinsichtlich dieser Basis entsprechen Vektoren $\mathfrak{x}, \mathfrak{y} \in X$ umkehrbar eindeutig Koordinaten-n-Tupel $(x_1, \ldots, x_n)$ bzw. $(y_1, \ldots, y_n)$. Durch

$$\beta(\mathfrak{x}, \mathfrak{y}) = x_1 y_1 + \cdots + x_n y_n$$

wird dann ein skalares Produkt definiert. Es gibt aber auch andere skalare Produkte von X: z. B. gelte $n = 2$ und

$$\beta(\mathfrak{x}, \mathfrak{y}) = 4x_1y_1 - 2x_1y_2 - 2x_2y_1 + 3x_2y_2.$$

Die Linearitätseigenschaften und die Symmetrie ergeben sich unmittelbar. Wegen

$$\beta(\mathfrak{x}, \mathfrak{x}) = (2x_1 - x_2)^2 + 2x_2^2$$

ist β jedoch auch positiv definit.

18. II Es sei X unendlich-dimensional, und B sei eine Basis von X. Je zwei Vektoren $\mathfrak{x}, \mathfrak{y}$ besitzen dann eindeutige Basisdarstellungen

$$\mathfrak{x} = \Sigma \{x_\mathfrak{a} \mathfrak{a} : \mathfrak{a} \in B\} \quad \text{und} \quad \mathfrak{y} = \Sigma \{y_\mathfrak{a} \mathfrak{a} : \mathfrak{a} \in B\},$$

wobei jedoch nur höchstens endlich viele der Skalare $x_\mathfrak{a}$ bzw. $y_\mathfrak{a}$ von Null verschieden sind (vgl. 7A). In

$$\beta(\mathfrak{x}, \mathfrak{y}) = \Sigma \{x_\mathfrak{a} y_\mathfrak{a} : \mathfrak{a} \in B\}$$

sind daher ebenfalls nur endlich viele Summanden von Null verschieden, und wie vorher wird hierdurch ein skalares Produkt von X definiert.

18. III Es seien a und b zwei reelle Zahlen mit $a < b$, und X sei der Vektorraum aller auf dem Intervall $[a, b]$ definierten und stetigen reellen Funktionen. Schließlich sei h eine stetige reelle Funktion mit $h(t) > 0$ für $a \leqq t \leqq b$. Setzt man für je zwei Funktionen $f, g \in X$

$$\beta(f, g) = \int_a^b h(t) f(t) g(t) \, dt,$$

so ist β ein skalares Produkt von X. (Dies gilt nicht mehr, wenn X sogar aus allen in $[a, b]$ integrierbaren Funktionen besteht; dann ist nämlich β nicht mehr positiv definit.)

Ein reeller Vektorraum, in dem zusätzlich ein skalares Produkt β ausgezeichnet ist, wird ein **euklidischer Vektorraum** genannt. Da in einem euklidischen Vektorraum das skalare Produkt fest gegeben ist, kann man auf das unterscheidende Funktionszeichen β verzichten. Man schreibt daher statt $\beta(\mathfrak{x}, \mathfrak{y})$ kürzer nur $\mathfrak{x} \cdot \mathfrak{y}$ oder bisweilen auch $(\mathfrak{x}, \mathfrak{y})$. Die zweite Bezeichnungsweise ist besonders in den Fällen üblich, in denen die Schreibweise $\mathfrak{x} \cdot \mathfrak{y}$ zu Verwechslungen führen kann. Dies gilt z. B. für Funktionenräume, in denen ja neben dem skalaren Produkt auch noch die gewöhnliche Produktbildung für Funktionen definiert ist. In einem euklidischen Vektorraum ist hiernach das skalare Produkt durch folgende Eigenschaften gekennzeichnet:

$$\begin{aligned}
(\mathfrak{x}_1 + \mathfrak{x}_2) \cdot \mathfrak{y} &= \mathfrak{x}_1 \cdot \mathfrak{y} + \mathfrak{x}_2 \cdot \mathfrak{y}, \\
(c\mathfrak{x}) \cdot \mathfrak{y} &= c(\mathfrak{x} \cdot \mathfrak{y}), \\
\mathfrak{x} \cdot \mathfrak{y} &= \mathfrak{y} \cdot \mathfrak{x}, \\
\mathfrak{x} \cdot \mathfrak{x} &> 0 \text{ für } \mathfrak{x} \neq \mathfrak{o}.
\end{aligned}$$

Die jeweils zweiten Linearitätseigenschaften

$$\mathfrak{x} \cdot (\mathfrak{y}_1 + \mathfrak{y}_2) = \mathfrak{x} \cdot \mathfrak{y}_1 + \mathfrak{x} \cdot \mathfrak{y}_2 \quad \text{und} \quad \mathfrak{x} \cdot (c\mathfrak{y}) = c(\mathfrak{x} \cdot \mathfrak{y})$$

folgen aus den ersten Linearitätseigenschaften und aus der Symmetrie; sie brauchen daher nicht gesondert aufgeführt zu werden.

Der Begriff des skalaren Produkts kann auch auf komplexe Vektorräume übertragen werden. Zuvor soll jedoch an das Rechnen mit komplexen Zahlen erinnert werden.

Eine **komplexe Zahl** a besitzt die Form $a = a_1 + a_2 i$ mit reellen Zahlen a_1, a_2 und der imaginären Einheit i. Es heißt a_1 der **Realteil** und a_2 der **Imaginärteil** der komplexen Zahl a. Man schreibt

$$a_1 = \operatorname{Re} a \quad \text{und} \quad a_2 = \operatorname{Im} a.$$

Ist $b = b_1 + b_2 i$ eine zweite komplexe Zahl, so gilt

$$a \pm b = (a_1 \pm b_1) + (a_2 \pm b_2)\, i,$$
$$ab = (a_1 b_1 - a_2 b_2) + (a_1 b_2 + a_2 b_1)\, i.$$

Insbesondere erhält man für die imaginäre Einheit: $i^2 = -1$. Die zu einer komplexen Zahl a **konjugierte Zahl** $\bar{a}$ ist durch $\bar{a} = a_1 - a_2 i$ definiert. Unmittelbar ergibt sich:

$$\overline{a \pm b} = \bar{a} \pm \bar{b}, \quad \overline{ab} = \bar{a} \cdot \bar{b}, \quad \overline{(\bar{a})} = a.$$

$$a + \bar{a} = 2 \operatorname{Re} a, \quad a - \bar{a} = 2i \operatorname{Im} a.$$

Die reellen Zahlen sind spezielle komplexe Zahlen; nämlich diejenigen, deren Imaginärteil verschwindet. Dies kann auch so ausgedrückt werden: Die komplexe Zahl a ist genau dann eine reelle Zahl, wenn $a = \bar{a}$ gilt. Während die reellen Zahlen durch die $\leqq$-Beziehung geordnet werden können, ist eine entsprechende, mit den algebraischen Operationen verträgliche Ordnung der komplexen Zahlen nicht möglich. Die Schreibweise $a \leqq b$ soll daher stets beinhalten, daß a und b speziell reelle Zahlen sind.

Für eine beliebige komplexe Zahl a gilt

$$a\bar{a} = (\operatorname{Re} a)^2 + (\operatorname{Im} a)^2.$$

Daher ist $a\bar{a}$ stets eine nicht-negative reelle Zahl, und $a\bar{a} = 0$ ist gleichwertig mit $a = 0$. Man nennt

$$|a| = {}_{+}\sqrt{a\bar{a}}$$

den **Betrag** der komplexen Zahl a. Er besitzt folgende Eigenschaften:

$$|a| \geqq 0; \quad |a| = 0 \text{ ist gleichwertig mit } a = 0.$$

$$|ab| = |a|\,|b|.$$

$$|a + b| \leqq |a| + |b|.$$

Speziell für reelle Zahlen stimmt diese Betragsdefinition mit der üblichen überein. Insbesondere gilt $|-a| = |a|$, $|\bar{a}| = |a|$, $|i| = 1$. Schließlich kann die Inversenbildung jetzt folgendermaßen beschrieben werden: Ist a eine von Null verschiedene komplexe Zahl, so ist $a\bar{a}$ eine positive reelle Zahl, und es gilt

$$\frac{1}{a} = \frac{\bar{a}}{a\bar{a}} = \frac{\bar{a}}{|a|^2}.$$

Weiterhin sei jetzt X ein komplexer Vektorraum; der Skalarenkörper ist also jetzt der Körper $\mathbf{C}$ der komplexen Zahlen. Um auch hier den Begriff des skalaren Produkts erklären zu können, muß zuvor der Begriff der Bilinearform modifiziert werden.

Definition 18b: *Unter einer* **Hermiteschen Form** β *von* X *versteht man eine Zuordnung, die jedem geordneten Paar* $(\mathfrak{x}, \mathfrak{y})$ *von Vektoren aus* X *eindeutig eine komplexe Zahl* $\beta(\mathfrak{x}, \mathfrak{y})$ *so zuordnet, daß folgende Eigenschaften erfüllt sind:*

(1) $$\beta(\mathfrak{x}_1 + \mathfrak{x}_2, \mathfrak{y}) = \beta(\mathfrak{x}_1, \mathfrak{y}) + \beta(\mathfrak{x}_2, \mathfrak{y}).$$

(2) $$\beta(c\mathfrak{x}, \mathfrak{y}) = c\beta(\mathfrak{x}, \mathfrak{y}).$$

(3) $$\beta(\mathfrak{y}, \mathfrak{x}) = \overline{\beta(\mathfrak{x}, \mathfrak{y})}.$$

Die ersten zwei Forderungen sind die Linearitätseigenschaften hinsichtlich des ersten Arguments. Forderung (3) tritt an die Stelle der Symmetrie bei reellen Bilinearformen. Sie besagt, daß bei Vertauschung der Argumente der Wert von β in die konjugiert komplexe Zahl übergeht.

18. 1 *Für eine* Hermitesche *Form* β *gilt:*

$$\beta(\mathfrak{x}, \mathfrak{y}_1 + \mathfrak{y}_2) = \beta(\mathfrak{x}, \mathfrak{y}_1) + \beta(\mathfrak{x}, \mathfrak{y}_2).$$

$$\beta(\mathfrak{x}, c\mathfrak{y}) = \bar{c}\,\beta(\mathfrak{x}, \mathfrak{y}).$$

$\beta(\mathfrak{x}, \mathfrak{x})$ *ist eine reelle Zahl.*

Beweis: Aus (1) und (3) folgt

$$\beta(\mathfrak{x}, \mathfrak{y}_1 + \mathfrak{y}_2) = \overline{\beta(\mathfrak{y}_1 + \mathfrak{y}_2, \mathfrak{x})} = \overline{\beta(\mathfrak{y}_1, \mathfrak{x})} + \overline{\beta(\mathfrak{y}_2, \mathfrak{x})} = \beta(\mathfrak{x}, \mathfrak{y}_1) + \beta(\mathfrak{x}, \mathfrak{y}_2).$$

Ebenso ergibt sich aus (2) und (3)

$$\beta(\mathfrak{x}, c\mathfrak{y}) = \overline{\beta(c\mathfrak{y}, \mathfrak{x})} = \overline{c\beta(\mathfrak{y}, \mathfrak{x})} = \bar{c}\;\overline{\beta(\mathfrak{y}, \mathfrak{x})} = \bar{c}\;\beta(\mathfrak{x}, \mathfrak{y}).$$

Wegen (3) gilt schließlich $\beta(\mathfrak{x}, \mathfrak{x}) = \overline{\beta(\mathfrak{x}, \mathfrak{x})}$, weswegen $\beta(\mathfrak{x}, \mathfrak{x})$ eine reelle Zahl ist. ◆

Hinsichtlich der zweiten Linearitätseigenschaft und des zweiten Arguments zeigen also die Hermiteschen Formen ein abweichendes Verhalten: Ein skalarer Faktor beim zweiten Argument tritt vor die Form als konjugiert-komplexe Zahl.

Da bei einer Hermiteschen Form nach dem letzten Satz $\beta(\mathfrak{x}, \mathfrak{x})$ stets eine reelle Zahl ist, kann die Definition von „positiv definit“ übernommen werden.

Definition 18c: *Eine* HERMITE*sche Form* β *heißt* **positiv definit,** *wenn aus* $\mathfrak{x} \neq \mathfrak{o}$ *stets* $\beta(\mathfrak{x}, \mathfrak{x}) > 0$ *folgt.*

Unter einem **skalaren Produkt** *eines komplexen Vektorraums* X *versteht man eine positiv definite* HERMITE*sche Form von* X.

Ein komplexer Vektorraum, in dem ein skalares Produkt ausgezeichnet ist, wird ein **unitärer Raum** *genannt.*

Ebenso wie vorher verzichtet man bei dem skalaren Produkt eines unitären Raumes auf das unterscheidende Funktionszeichen und bezeichnet es wieder mit $\mathfrak{x} \cdot \mathfrak{y}$ bzw. $(\mathfrak{x}, \mathfrak{y})$.

Ein zu 18. I analoges Beispiel eines unitären Raumes erhält man folgendermaßen: Es sei $\{\mathfrak{a}_1, \ldots, \mathfrak{a}_n\}$ eine Basis des komplexen Vektorraumes X. Je zwei Vektoren $\mathfrak{x}, \mathfrak{y} \in X$ entsprechen dann komplexe Koordinaten $x_1, \ldots, x_n$ bzw. $y_1, \ldots, y_n$, und durch

$$\mathfrak{x} \cdot \mathfrak{y} = x_1 \overline{y_1} + \cdots + x_n \overline{y_n}$$

wird ein skalares Produkt definiert. Ebenso ist im Fall $n = 2$ auch

$$\mathfrak{x} \cdot \mathfrak{y} = 4 x_1 \overline{y_1} - 2 x_1 \overline{y_2} - 2 x_2 \overline{y_1} + 3 x_2 \overline{y_2}$$

ein skalares Produkt.

Abschließend soll nun noch untersucht werden, in welchem Zusammenhang die euklidischen und die unitären Vektorräume stehen. Trotz der verschiedenartigen Definition der skalaren Produkte wird sich nämlich zeigen, daß die unitären Räume als Verallgemeinerung der euklidischen Räume aufgefaßt werden können.

Es sei wieder X ein reeller Vektorraum. Dieser soll nun zunächst in einen komplexen Raum eingebettet werden: Die Menge Z bestehe aus allen geordneten Paaren von Vektoren aus X; jedes Element $\mathfrak{z} \in Z$ besitzt also die Form $\mathfrak{z} = (\mathfrak{x}, \mathfrak{y})$ mit Vektoren $\mathfrak{x}, \mathfrak{y} \in X$. Ist $\mathfrak{z}' = (\mathfrak{x}', \mathfrak{y}')$ ein zweites Element von Z, so gelte

(a) $$\mathfrak{z} + \mathfrak{z} = (\mathfrak{x} + \mathfrak{x}', \mathfrak{y} + \mathfrak{y}').$$

Ist ferner $a = a_1 + a_2 i$ eine komplexe Zahl, so werde

(b) $$a\mathfrak{z} = (a_1 \mathfrak{x} - a_2 \mathfrak{y}, a_1 \mathfrak{y} + a_2 \mathfrak{x})$$

gesetzt. Man überzeugt sich nun unmittelbar davon, daß Z hinsichtlich der so definierten linearen Operationen ein komplexer Vektorraum mit dem Paar

$(\mathfrak{o}, \mathfrak{o})$ als Nullvektor ist. In ihn kann der Vektorraum X in folgendem Sinn eingebettet werden: Jedem Vektor $\mathfrak{x} \in X$ werde als Bild das Paar $\varphi\mathfrak{x} = (\mathfrak{x}, \mathfrak{o})$ aus Z zugeordnet. Dann gilt

$$\varphi(\mathfrak{x}_1 + \mathfrak{x}_2) = (\mathfrak{x}_1 + \mathfrak{x}_2, \mathfrak{o}) = (\mathfrak{x}_1, \mathfrak{o}) + (\mathfrak{x}_2, \mathfrak{o}) = \varphi\mathfrak{x}_1 + \varphi\mathfrak{x}_2.$$

Ist außerdem c eine reelle Zahl, so kann man sie auch als komplexe Zahl $c = c + 0i$ auffassen und erhält wegen (b)

$$\varphi(c\mathfrak{x}) = (c\mathfrak{x}, \mathfrak{o}) = c(\mathfrak{x}, \mathfrak{o}) = c(\varphi\mathfrak{x}).$$

Da φ außerdem eine 1-1-Abbildung ist, wird der Vektorraum X durch φ isomorph in Z eingebettet, und man kann einfacher die Paare $(\mathfrak{x}, \mathfrak{o})$ direkt mit den entsprechenden Vektoren $\mathfrak{x} \in X$ identifizieren. Wegen $i(\mathfrak{y}, \mathfrak{o}) = (\mathfrak{o}, \mathfrak{y})$ gilt dann im Sinn dieser Identifikation $(\mathfrak{x}, \mathfrak{y}) = \mathfrak{x} + i\mathfrak{y}$. Der so konstruierte Vektorraum Z soll die **komplexe Erweiterung** des reellen Vektorraums X genannt werden.

18. 2 *Es sei $\varphi: X \to X'$ eine lineare Abbildung der reellen Vektorräume X und X'. Ferner seien Z und Z' die komplexen Erweiterungen von X und X'. Dann kann φ auf genau eine Weise zu einer linearen Abbildung $\hat{\varphi}: Z \to Z'$ fortgesetzt werden (d. h. es gilt $\hat{\varphi}\mathfrak{x} = \varphi\mathfrak{x}$ für alle $\mathfrak{x} \in X$).*

Beweis: Wenn $\hat{\varphi}$ eine solche Fortsetzung ist, muß für jeden Vektor $\mathfrak{z} = \mathfrak{x} + i\mathfrak{y}$ aus Z gelten

$$\hat{\varphi}\mathfrak{z} = \hat{\varphi}(\mathfrak{x} + i\mathfrak{y}) = \hat{\varphi}\mathfrak{x} + i\hat{\varphi}\mathfrak{y} = \varphi\mathfrak{x} + i\varphi\mathfrak{y}.$$

$\hat{\varphi}$ ist somit durch φ eindeutig bestimmt. Umgekehrt wird aber durch die äußeren Seiten dieser Gleichung auch eine Fortsetzung $\hat{\varphi}$ der behaupteten Art definiert. ◆

In X sei nun ein skalares Produkt gegeben, das wie oben mit $\mathfrak{x} \cdot \mathfrak{y}$ bezeichnet werden soll. Außerdem sei β ein skalares Produkt der komplexen Erweiterung Z von X. Man nennt dann β eine Fortsetzung des skalaren Produkts von X auf Z, wenn $\beta(\mathfrak{x}_1, \mathfrak{x}_2) = \mathfrak{x}_1 \cdot \mathfrak{x}_2$ für alle Vektoren $\mathfrak{x}_1, \mathfrak{x}_2 \in X$ gilt.

18. 3 *Jedes in X gegebene skalare Produkt kann auf genau eine Weise auf die komplexe Erweiterung Z von X fortgesetzt werden.*

Beweis: Es sei β eine solche Fortsetzung. Da sich Vektoren $\mathfrak{z}, \mathfrak{z}' \in Z$ eindeutig in der Form

$$\mathfrak{z} = \mathfrak{x} + i\mathfrak{y} \quad \text{bzw.} \quad \mathfrak{z}' = \mathfrak{x}' + i\mathfrak{y}' \quad \text{mit} \quad \mathfrak{x}, \mathfrak{y}, \mathfrak{x}', \mathfrak{y}' \in X$$

darstellen lassen, erhält man

$$\beta(\mathfrak{z}, \mathfrak{z}') = \beta(\mathfrak{x} + i\mathfrak{y}, \mathfrak{x}' + i\mathfrak{y}') = \beta(\mathfrak{x}, \mathfrak{x}') + i\beta(\mathfrak{y}, \mathfrak{x}') - i\beta(\mathfrak{x}, \mathfrak{y}') + \beta(\mathfrak{y}, \mathfrak{y}')$$

und wegen $\beta(\mathfrak{x}, \mathfrak{x}') = \mathfrak{x} \cdot \mathfrak{x}'$ usw.

$$\beta(\mathfrak{z}, \mathfrak{z}') = (\mathfrak{x} \cdot \mathfrak{x}' + \mathfrak{y} \cdot \mathfrak{y}') + (\mathfrak{y} \cdot \mathfrak{x}' - \mathfrak{x} \cdot \mathfrak{y}')\,i.$$

Daher ist β durch das in X gegebene skalare Produkt eindeutig bestimmt. Andererseits rechnet man unmittelbar nach, daß durch die letzte Gleichung umgekehrt ein skalares Produkt β von Z definiert wird, das tatsächlich eine Fortsetzung des skalaren Produkts von X ist. ◆

Dieser Satz besagt, daß sich jeder euklidische Raum in einen unitären Raum einbetten läßt. Sätze über skalare Produkte brauchen daher im allgemeinen nur für unitäre Räume bewiesen zu werden und können auf den reellen Fall übertragen werden.

Ergänzungen und Aufgaben

18 A **Aufgabe:** In einem 2-dimensionalen unitären Raum mit der Basis $\{\mathfrak{a}_1, \mathfrak{a}_2\}$ gelte $\mathfrak{a}_1 \cdot \mathfrak{a}_1 = 4$ und $\mathfrak{a}_2 \cdot \mathfrak{a}_2 = 1$. Welche Werte kann dann das skalare Produkt $\mathfrak{a}_1 \cdot \mathfrak{a}_2$ besitzen?

18 B Es seien β_1 und β_2 zwei skalare Produkte eines komplexen Vektorraums X. **Aufgabe:** 1). Zeige, daß aus $\beta_1(\mathfrak{x}, \mathfrak{x}) = \beta_2(\mathfrak{x}, \mathfrak{x})$ für alle Vektoren $\mathfrak{x}$ sogar $\beta_1 = \beta_2$ folgt.

2). Welche Bedingung müssen die komplexen Zahlen a und b erfüllen, damit durch

$$\beta(\mathfrak{x}, \mathfrak{y}) = a\beta_1(\mathfrak{x}, \mathfrak{y}) + b\beta_2(\mathfrak{x}, \mathfrak{y})$$

wieder ein skalares Produkt definiert wird?

§ 19 Betrag und Orthogonalität

In diesem Paragraphen ist X stets ein euklidischer oder unitärer Vektorraum. Das skalare Produkt zweier Vektoren $\mathfrak{x}, \mathfrak{y} \in X$ wird wieder mit $\mathfrak{x} \cdot \mathfrak{y}$ bezeichnet.

19. 1 (SCHWARZsche Ungleichung) *Für je zwei Vektoren $\mathfrak{x}, \mathfrak{y} \in X$ gilt*

$$|\mathfrak{x} \cdot \mathfrak{y}|^2 \leqq (\mathfrak{x} \cdot \mathfrak{x})\,(\mathfrak{y} \cdot \mathfrak{y}).$$

Das Gleichheitszeichen gilt genau dann, wenn die Vektoren $\mathfrak{x}$ und $\mathfrak{y}$ linear abhängig sind.

Beweis: Im Fall $\mathfrak{y} = \mathfrak{o}$ gilt $\mathfrak{x} \cdot \mathfrak{y} = \mathfrak{y} \cdot \mathfrak{y} = 0$, und die behauptete Beziehung ist mit dem Gleichheitszeichen erfüllt. Es kann daher weiter $\mathfrak{y} \neq \mathfrak{o}$ und damit auch $\mathfrak{y} \cdot \mathfrak{y} > 0$ vorausgesetzt werden. Für einen beliebigen Skalar c gilt dann

$$\begin{aligned} 0 \leqq (\mathfrak{x} - c\mathfrak{y}) \cdot (\mathfrak{x} - c\mathfrak{y}) &= \mathfrak{x} \cdot \mathfrak{x} - c(\mathfrak{y} \cdot \mathfrak{x}) - \bar{c}(\mathfrak{x} \cdot \mathfrak{y}) + c\bar{c}(\mathfrak{y} \cdot \mathfrak{y}) \\ &= \mathfrak{x} \cdot \mathfrak{x} - c(\overline{\mathfrak{x} \cdot \mathfrak{y}}) - \bar{c}(\mathfrak{x} \cdot \mathfrak{y}) + c\bar{c}(\mathfrak{y} \cdot \mathfrak{y}). \end{aligned}$$

Setzt man hierin

$$c = \frac{\mathfrak{x} \cdot \mathfrak{y}}{\mathfrak{y} \cdot \mathfrak{y}}, \quad \text{also} \quad \bar{c} = \frac{\overline{\mathfrak{x} \cdot \mathfrak{y}}}{\mathfrak{y} \cdot \mathfrak{y}},$$

so erhält man nach Multiplikation mit $\mathfrak{y} \cdot \mathfrak{y}$ wegen $\mathfrak{y} \cdot \mathfrak{y} > 0$

$$0 \leqq (\mathfrak{x} \cdot \mathfrak{x})(\mathfrak{y} \cdot \mathfrak{y}) - (\mathfrak{x} \cdot \mathfrak{y})(\overline{\mathfrak{x} \cdot \mathfrak{y}}) = (\mathfrak{x} \cdot \mathfrak{x})(\mathfrak{y} \cdot \mathfrak{y}) - |\mathfrak{x} \cdot \mathfrak{y}|^2$$

und hieraus weiter die behauptete Ungleichung. Das Gleichheitszeichen gilt jetzt genau dann, wenn $\mathfrak{x} - c\mathfrak{y} = \mathfrak{o}$ erfüllt ist. Zusammen mit dem Fall $\mathfrak{y} = \mathfrak{o}$ ergibt dies die zweite Behauptung. ◆

Für jeden Vektor $\mathfrak{x} \in X$ gilt $\mathfrak{x} \cdot \mathfrak{x} \geqq 0$. Daher ist

$$|\mathfrak{x}| = {}_+\sqrt{\mathfrak{x} \cdot \mathfrak{x}}$$

eine nicht-negative reelle Zahl, die man die **Länge** oder den **Betrag** des Vektors $\mathfrak{x}$ nennt. Man beachte jedoch, daß die Länge eines Vektors noch von dem skalaren Produkt abhängt. Im allgemeinen kann man in einem Vektorraum verschiedene skalare Produkte definieren, hinsichtlich derer dann ein Vektor auch verschiedene Längen besitzen kann.

19.2 *Die Länge besitzt folgende Eigenschaften:*

(1) $|\mathfrak{x}| \geqq 0$.

(2) $|\mathfrak{x}| = 0$ *ist gleichwertig mit* $\mathfrak{x} = \mathfrak{o}$.

(3) $|c\mathfrak{x}| = |c|\,|\mathfrak{x}|$.

(4) $|\mathfrak{x} + \mathfrak{y}| \leqq |\mathfrak{x}| + |\mathfrak{y}|$. (*Dreiecksungleichung*)

Beweis: Unmittelbar aus der Definition folgt (1). Weiter gilt (2), weil $|\mathfrak{x}| = 0$ gleichwertig mit $\mathfrak{x} \cdot \mathfrak{x} = 0$, dies aber wieder gleichwertig mit $\mathfrak{x} = \mathfrak{o}$ ist. Eigenschaft (3) ergibt sich wegen

$$|c\mathfrak{x}| = {}_+\sqrt{c(\mathfrak{x}) \cdot (c\mathfrak{x})} = {}_+\sqrt{c\bar{c}}\;{}_+\sqrt{\mathfrak{x} \cdot \mathfrak{x}} = |c|\,|\mathfrak{x}|.$$

Schließlich erhält man zunächst

$$\begin{aligned} |\mathfrak{x} + \mathfrak{y}|^2 = (\mathfrak{x} + \mathfrak{y}) \cdot (\mathfrak{x} + \mathfrak{y}) &= \mathfrak{x} \cdot \mathfrak{x} + \mathfrak{x} \cdot \mathfrak{y} + \mathfrak{y} \cdot \mathfrak{x} + \mathfrak{y} \cdot \mathfrak{y} \\ &= \mathfrak{x} \cdot \mathfrak{x} + \mathfrak{x} \cdot \mathfrak{y} + \overline{\mathfrak{x} \cdot \mathfrak{y}} + \mathfrak{y} \cdot \mathfrak{y} \\ &= |\mathfrak{x}|^2 + 2 \operatorname{Re}(\mathfrak{x} \cdot \mathfrak{y}) + |\mathfrak{y}|^2. \end{aligned}$$

Nun gilt aber $\operatorname{Re}(\mathfrak{x}\cdot\mathfrak{y}) \leqq |\mathfrak{x}\cdot\mathfrak{y}|$, und aus 19.1 folgt durch Wurzelziehen $|\mathfrak{x}\cdot\mathfrak{y}| \leqq |\mathfrak{x}|\,|\mathfrak{y}|$. Somit ergibt sich weiter

$$|\mathfrak{x}+\mathfrak{y}|^2 \leqq |\mathfrak{x}|^2 + 2\,|\mathfrak{x}|\,|\mathfrak{y}| + |\mathfrak{y}|^2 = (|\mathfrak{x}| + |\mathfrak{y}|)^2$$

und damit (4). ◆

Ersetzt man in der Dreiecksungleichung (4) einerseits $\mathfrak{x}$ durch $\mathfrak{x}-\mathfrak{y}$ und andererseits $\mathfrak{y}$ durch $\mathfrak{y}-\mathfrak{x}$ und beachtet man $|\mathfrak{x}-\mathfrak{y}| = |\mathfrak{y}-\mathfrak{x}|$, so erhält man zusammen die Ungleichung

$$||\mathfrak{x}| - |\mathfrak{y}|| \leqq |\mathfrak{x}-\mathfrak{y}|.$$

Ein Vektor $\mathfrak{x}$ heißt **normiert** oder ein **Einheitsvektor**, wenn $|\mathfrak{x}| = 1$ gilt. Ist $\mathfrak{x}$ vom Nullvektor verschieden, so ist $\frac{1}{|\mathfrak{x}|}\mathfrak{x}$ ein normierter Vektor.

Aus dem Beweis der Dreiecksungleichung folgt unmittelbar, daß in ihr das Gleichheitszeichen genau dann gilt, wenn $\operatorname{Re}(\mathfrak{x}\cdot\mathfrak{y}) = |\mathfrak{x}|\,|\mathfrak{y}|$ erfüllt ist. Wegen $\operatorname{Re}(\mathfrak{x}\cdot\mathfrak{y}) \leqq |\mathfrak{x}\cdot\mathfrak{y}| \leqq |\mathfrak{x}|\,|\mathfrak{y}|$ folgt aus dieser Gleichung auch $|\mathfrak{x}\cdot\mathfrak{y}| = |\mathfrak{x}|\,|\mathfrak{y}|$ und daher nach 19.1 die lineare Abhängigkeit der Vektoren $\mathfrak{x}$ und $\mathfrak{y}$. Setzt man $\mathfrak{y} \neq \mathfrak{o}$ voraus, so muß $\mathfrak{x} = c\mathfrak{y}$ und weiter

$$(\operatorname{Re} c)\,|\mathfrak{y}|^2 = \operatorname{Re}(c\mathfrak{y}\cdot\mathfrak{y}) = \operatorname{Re}(\mathfrak{x}\cdot\mathfrak{y}) = |\mathfrak{x}|\,|\mathfrak{y}| = |c|\,|\mathfrak{y}|^2,$$

also $\operatorname{Re} c = |c|$ gelten. Dies ist aber nur für $c \geqq 0$ möglich. Gilt umgekehrt $\mathfrak{x} = c\mathfrak{y}$ mit $c \geqq 0$ oder $\mathfrak{y} = \mathfrak{o}$, so erhält man durch Einsetzen sofort $\operatorname{Re}(\mathfrak{x}\cdot\mathfrak{y}) = |\mathfrak{x}|\,|\mathfrak{y}|$. Damit hat sich ergeben:

19.3 $|\mathfrak{x}+\mathfrak{y}| = |\mathfrak{x}| + |\mathfrak{y}|$ *ist gleichwertig damit, daß* $\mathfrak{y} = \mathfrak{o}$ *oder* $\mathfrak{x} = c\mathfrak{y}$ *mit* $c \geqq 0$ *gilt.*

Für zwei vom Nullvektor verschiedene Vektoren $\mathfrak{x}, \mathfrak{y}$ definiert man den **Kosinus des Winkels** zwischen diesen Vektoren durch

$$(*)\qquad \cos(\mathfrak{x},\mathfrak{y}) = \frac{\mathfrak{x}\cdot\mathfrak{y}}{|\mathfrak{x}|\,|\mathfrak{y}|}.$$

Wegen $|\mathfrak{x}\cdot\mathfrak{y}| \leqq |\mathfrak{x}|\,|\mathfrak{y}|$ (vgl. 19.1) gilt im Fall eines euklidischen (reellen) Vektorraums $-1 \leqq \cos(\mathfrak{x},\mathfrak{y}) \leqq +1$. Durch (*) wird daher tatsächlich der Kosinus eines reellen Winkels definiert. Multiplikation von (*) mit dem Nenner liefert

$$\mathfrak{x}\cdot\mathfrak{y} = |\mathfrak{x}|\,|\mathfrak{y}|\cos(\mathfrak{x},\mathfrak{y}).$$

Ausrechnung des skalaren Produkts $(\mathfrak{x} - \mathfrak{y}) \cdot (\mathfrak{x} - \mathfrak{y})$ und Ersetzung von $\mathfrak{x} \cdot \mathfrak{y}$ durch den vorangehenden Ausdruck ergibt im reellen Fall die Gleichung

$$|\mathfrak{x} - \mathfrak{y}|^2 = |\mathfrak{x}|^2 + |\mathfrak{y}|^2 - 2\,|\mathfrak{x}|\,|\mathfrak{y}|\cos(\mathfrak{x}, \mathfrak{y}).$$

Dies ist der bekannte Kosinussatz für Dreiecke: Zwei Seiten des Dreiecks werden durch die Vektoren $\mathfrak{x}$ und $\mathfrak{y}$ repräsentiert. Die Länge der dem Winkel zwischen $\mathfrak{x}$ und $\mathfrak{y}$ gegenüberliegenden Seite ist dann gerade $|\mathfrak{x} - \mathfrak{y}|$. Im Fall eines rechtwinkligen Dreiecks gilt $\cos(\mathfrak{x}, \mathfrak{y}) = 0$, und der Kosinussatz geht in den Pythagoräischen Lehrsatz über.

Der wichtige Spezialfall, daß $\mathfrak{x}$ und $\mathfrak{y}$ einen rechten Winkel einschließen, ist offenbar gleichwertig mit $\mathfrak{x} \cdot \mathfrak{y} = 0$.

Definition 19a: *Zwei Vektoren* $\mathfrak{x}, \mathfrak{y}$ *heißen* **orthogonal,** *wenn* $\mathfrak{x} \cdot \mathfrak{y} = 0$ *gilt.*

Eine nicht-leere Teilmenge M *von* X *heißt ein* **Orthogonalsystem,** *wenn* $\mathfrak{o} \notin M$ *gilt und wenn je zwei verschiedene Vektoren aus* M *orthogonal sind.*

Ein Orthogonalsystem, das aus lauter normierten Vektoren besteht, wird ein **Orthonormalsystem** *genannt.*

Unter einer **Orthonormalbasis** *von* X *versteht man ein Orthonormalsystem, das gleichzeitig eine Basis von* X *ist.*

19. 4 *Jedes Orthogonalsystem ist linear unabhängig.*

Beweis: Es sei M ein Orthogonalsystem, und für die paarweise verschiedenen Vektoren $\mathfrak{a}_1, \ldots, \mathfrak{a}_n \in M$ gelte $c_1\mathfrak{a}_1 + \cdots + c_n\mathfrak{a}_n = \mathfrak{o}$. Für jeden festen Index k mit $1 \leqq k \leqq n$ folgt hieraus

$$c_1(\mathfrak{a}_1 \cdot \mathfrak{a}_k) + \cdots + c_k(\mathfrak{a}_k \cdot \mathfrak{a}_k) + \cdots + c_n(\mathfrak{a}_n \cdot \mathfrak{a}_k) = \mathfrak{o} \cdot \mathfrak{a}_k = 0.$$

Wegen $\mathfrak{a}_\nu \cdot \mathfrak{a}_k = 0$ für $\nu \neq k$ erhält man weiter $c_k(\mathfrak{a}_k \cdot \mathfrak{a}_k) = 0$ und wegen $\mathfrak{a}_k \neq \mathfrak{o}$, also $\mathfrak{a}_k \cdot \mathfrak{a}_k > 0$ schließlich $c_k = 0$. ◆

Wenn $\{\mathfrak{e}_1, \ldots, \mathfrak{e}_n\}$ ein Orthonormalsystem ist, gilt $\mathfrak{e}_\mu \cdot \mathfrak{e}_\nu = 0$ für $\mu \neq \nu$ und $\mathfrak{e}_\mu \cdot \mathfrak{e}_\mu = 1$. Um diesen Tatbestand bequemer ausdrücken zu können, führt man folgende Bezeichnungsweise ein:

Definition 19b:

$$\delta_{\mu,\nu} = \begin{cases} 0 & \text{für } \mu \neq \nu \\ 1 & \phantom{\text{für }} \mu = \nu. \end{cases}$$

Die so definierte Funktion der Indizes μ und ν heißt das **Kronecker-Symbol.**

19. 5 *Es sei* $\{\mathfrak{e}_1, \ldots, \mathfrak{e}_n\}$ *eine Orthonormalbasis von* X. *Sind dann* $x_1, \ldots, x_n$ *bzw.* $y_1, \ldots, y_n$ *die Koordinaten der Vektoren* $\mathfrak{x}$ *und* $\mathfrak{y}$ *bezüglich dieser Basis, so gilt*

$$\mathfrak{x} \cdot \mathfrak{y} = x_1 \bar{y}_1 + \cdots + x_n \bar{y}_n$$

und für die Koordinaten selbst $x_\nu = \mathfrak{x} \cdot \mathfrak{e}_\nu$ $(\nu = 1, \ldots, n)$.

Beweis: Wegen $\mathfrak{e}_\nu \cdot \mathfrak{e}_\mu = \delta_{\nu,\mu}$ erhält man

$$\mathfrak{x} \cdot \mathfrak{y} = \left(\sum_{\nu=1}^{n} x_\nu \mathfrak{e}_\nu\right) \cdot \left(\sum_{\mu=1}^{n} y_\mu \mathfrak{e}_\mu\right) = \sum_{\nu,\mu=1}^{n} x_\nu \bar{y}_\mu \, (\mathfrak{e}_\nu \cdot \mathfrak{e}_\mu) = \sum_{\nu=1}^{n} x_\nu \bar{y}_\nu$$

und

$$\mathfrak{x} \cdot \mathfrak{e}_\nu = \left(\sum_{\mu=1}^{n} x_\mu \mathfrak{e}_\mu\right) \cdot \mathfrak{e}_\nu = \sum_{\mu=1}^{n} x_\mu \delta_{\mu,\nu} = x_\nu. \quad \blacklozenge$$

Dieser Satz gilt sinngemäß auch bei unendlicher Dimension und kann dann ebenso bewiesen werden.

Im nächsten Paragraphen wird gezeigt werden, daß man in einem endlichdimensionalen euklidischen bzw. unitären Vektorraum stets eine Orthonormalbasis finden kann. Hinsichtlich einer solchen Basis nimmt dann das in dem Raum gegebene skalare Produkt die in 19. 5 angegebene einfache Form an. Umgekehrt kann 19. 5 aber auch dazu benutzt werden, um in einem beliebigen reellen oder komplexen Vektorraum (endlicher Dimension) ein skalares Produkt zu definieren: Man wähle eine beliebige Basis des Raumes und definiere das skalare Produkt durch die Gleichung aus 19. 5. Hinsichtlich dieses skalaren Produkts ist dann die gewählte Basis eine Orthonormalbasis.

Beispiele:

19. I Für je zwei Vektoren $\mathfrak{x} = (x_1, x_2)$ und $\mathfrak{y} = (y_1, y_2)$ des reellen arithmetischen Vektorraums $\mathbf{R}^2$ sei das skalare Produkt durch

$$\mathfrak{x} \cdot \mathfrak{y} = 4x_1 y_1 - 2x_1 y_2 - 2\, x_2 y_1 + 3\, x_2 y_2$$

definiert (vgl. 18. I). Dann bilden die Vektoren

$$\mathfrak{e}_1^* = \left(\frac{1}{2}, 0\right) \text{ und}$$

$$\mathfrak{e}_2^* = \left(\frac{1}{2\sqrt{2}}, \frac{1}{\sqrt{2}}\right)$$

eine Orthonormalbasis. Es gilt nämlich

$$\mathfrak{e}_1^* \cdot \mathfrak{e}_1^* = 4 \cdot \frac{1}{2} \cdot \frac{1}{2} = 1,$$

$$\mathfrak{e}_1^* \cdot \mathfrak{e}_2^* = 4 \cdot \frac{1}{2} \cdot \frac{1}{2\sqrt{2}} - 2 \cdot \frac{1}{2} \cdot \frac{1}{\sqrt{2}} = 0,$$

$$\mathfrak{e}_2^* \cdot \mathfrak{e}_2^* = 4 \cdot \frac{1}{2\sqrt{2}} \cdot \frac{1}{2\sqrt{2}} - 2 \cdot \frac{1}{2\sqrt{2}} \cdot \frac{1}{\sqrt{2}} - 2 \cdot \frac{1}{\sqrt{2}} \cdot \frac{1}{2\sqrt{2}} + 3 \cdot \frac{1}{\sqrt{2}} \cdot \frac{1}{\sqrt{2}} = 1.$$

Zwischen den Koordinaten x_1, x_2 hinsichtlich der kanonischen Basis $\mathfrak{e}_1 = (1, 0)$, $\mathfrak{e}_2 = (0, 1)$ und den Koordinaten x_1^*, x_2^* hinsichtlich $\{\mathfrak{e}_1^*, \mathfrak{e}_2^*\}$ besteht wegen

$$\mathfrak{e}_1^* = \frac{1}{2}\mathfrak{e}_1,$$

$$\mathfrak{e}_2^* = \frac{1}{2\sqrt{2}}\mathfrak{e}_1 + \frac{1}{\sqrt{2}}\mathfrak{e}_2$$

die Beziehung

$$x_1 = \frac{1}{2}x_1^* + \frac{1}{2\sqrt{2}}x_2^*, \quad x_2 = \frac{1}{\sqrt{2}}x_2^*.$$

Einsetzen dieser Werte liefert in der Tat

$$\mathfrak{x} \cdot \mathfrak{y} = 4\left(\frac{1}{2}x_1^* + \frac{1}{2\sqrt{2}}x_2^*\right)\left(\frac{1}{2}y_1^* + \frac{1}{2\sqrt{2}}y_2^*\right) - 2\left(\frac{1}{2}x_1^* + \frac{1}{2\sqrt{2}}x_2^*\right)\left(\frac{1}{\sqrt{2}}y_2^*\right)$$

$$- 2\left(\frac{1}{\sqrt{2}}x_2^*\right)\left(\frac{1}{2}y_1^* + \frac{1}{2\sqrt{2}}y_2^*\right) + 3\left(\frac{1}{\sqrt{2}}x_2^*\right)\left(\frac{1}{\sqrt{2}}y_2^*\right) = x_1^* y_1^* + x_2^* y_2^*.$$

19. II In dem Vektorraum aller in dem Intervall $[-\pi, +\pi]$ stetigen reellen Funktionen wird durch

$$(f, g) = \frac{1}{\pi} \int_{-\pi}^{+\pi} f(t)\, g(t)\, dt$$

ein skalares Produkt definiert. Hinsichtlich dieses skalaren Produkts bilden die Funktionen

$$\frac{1}{\sqrt{2}}, \quad \cos(nt), \quad \sin(nt) \qquad (n = 1, 2, 3, \ldots)$$

ein unendliches Orthonormalsystem.

Ergänzungen und Aufgaben

19 A Unabhängig von dem Vorhandensein eines skalaren Produkts kann man in reellen oder komplexen Vektorräumen auf mannigfache Art die Länge eines Vektors so definieren, daß ebenfalls die Eigenschaften (1)—(4) aus 19. 2 erfüllt sind. Jedoch lassen sich derartige Längendefinitionen im allgemeinen nicht auf ein skalares Produkt zurückführen.

Aufgabe: 1). Die durch ein skalares Produkt definierte Länge erfüllt die **Parallelogrammgleichung**

$$|\mathfrak{x}+\mathfrak{y}|^2+|\mathfrak{x}-\mathfrak{y}|^2=2(|\mathfrak{x}|^2+|\mathfrak{y}|^2).$$

2). Es sei X ein n-dimensionaler reeller oder komplexer Vektorraum ($n \geqq 2$). Hinsichtlich einer Basis von X seien $x_1, \ldots, x_n$ die Koordinaten eines Vektors $\mathfrak{x}$. Durch

$$\text{(a)}\quad w_1(\mathfrak{x}) = |x_1| + \cdots + |x_n|, \quad \text{(b)}\quad w_2(\mathfrak{x}) = \max\{|x_1|, \ldots, |x_n|\}$$

wird dann jedem Vektor $\mathfrak{x}$ eine „Länge" $w_1(\mathfrak{x})$ bzw. $w_2(\mathfrak{x})$ zugeordnet, die die Eigenschaften (1)—(4) aus 19. 2 besitzt.

3). w_1 und w_2 stimmen jedoch mit keinem Längenbegriff überein, der einem skalaren Produkt von X entstammt.

19B Es seien $\mathfrak{a}_1, \ldots, \mathfrak{a}_k$ linear unabhängige Vektoren eines euklidischen Vektorraums X. Die Menge aller Vektoren

$$\mathfrak{x} = x_1\mathfrak{a}_1 + \cdots + x_k\mathfrak{a}_k \quad \text{mit } 0 \leqq x_\varkappa \leqq 1 \qquad (\varkappa = 1, \ldots, k)$$

wird dann das von den Vektoren $\mathfrak{a}_1, \ldots, \mathfrak{a}_k$ aufgespannte **Parallelotop** genannt. Es sei nun $\{\mathfrak{e}_1, \ldots, \mathfrak{e}_k\}$ eine Orthonormalbasis des von den Vektoren $\mathfrak{a}_1, \ldots, \mathfrak{a}_k$ aufgespannten Unterraums von X (zur Existenz vgl. § 20). Gilt dann

$$\mathfrak{a}_\varkappa = \sum_{\lambda=1}^{k} a_{\varkappa,\lambda}\, \mathfrak{e}_\lambda \qquad (\varkappa = 1, \ldots, k),$$

so nennt man den Betrag der Determinante

$$\begin{vmatrix} a_{1,1} \cdots a_{1,k} \\ \cdots\cdots\cdots \\ a_{k,1} \cdots a_{k,k} \end{vmatrix}$$

das **Volumen** dieses Parallelotops.

Aufgabe: 1). Man beweise die Gleichung

$$\begin{vmatrix} (\mathfrak{a}_1 \cdot \mathfrak{e}_1) \cdots (\mathfrak{a}_1 \cdot \mathfrak{e}_k) \\ \cdots\cdots\cdots \\ (\mathfrak{a}_k \cdot \mathfrak{e}_1) \cdots (\mathfrak{a}_k \cdot \mathfrak{e}_k) \end{vmatrix}^2 = \begin{vmatrix} (\mathfrak{a}_1 \cdot \mathfrak{a}_1) \cdots (\mathfrak{a}_1 \cdot \mathfrak{a}_k) \\ \cdots\cdots\cdots \\ (\mathfrak{a}_k \cdot \mathfrak{a}_1) \cdots (\mathfrak{a}_k \cdot \mathfrak{a}_k) \end{vmatrix}.$$

2). Folgere, daß die Definition des Volumens unabhängig von der Wahl der Orthonormalbasis ist und daß die in 1) rechts stehende Determinante das Quadrat des Volumens ist.

3). In dem reellen arithmetischen Vektorraum $\mathbf{R}^4$ sei das skalare Produkt so definiert, daß die kanonische Basis eine Orthonormalbasis ist. Berechne das Volumen des von den Vektoren

$$(2, 1, 0, -1), \ (1, 0, 1, 0), \ (-2, 1, 1, 0)$$

aufgespannten Parallelotops.

§ 20 Orthogonalisierung

X bedeute stets einen euklidischen oder unitären Vektorraum. Die Sätze dieses Paragraphen beziehen sich vorwiegend auf den Fall endlicher oder höchstens abzählbar-unendlicher Dimension. Daß sich die Ergebnisse im allgemeinen nicht auf höhere Dimensionen übertragen lassen, wird am Schluß in den Ergänzungen gezeigt.

20.1 *Zu jedem endlichen oder höchstens abzählbar-unendlichen System* $\{\mathfrak{a}_1, \mathfrak{a}_2, \ldots\}$ *linear unabhängiger Vektoren aus X gibt es genau ein entsprechendes Orthonormalsystem* $\{\mathfrak{e}_1, \mathfrak{e}_2, \ldots\}$ *mit folgenden Eigenschaften:*

(1) *Für* $k = 1, 2, \ldots$ *spannen die Vektoren* $\mathfrak{a}_1, \ldots, \mathfrak{a}_k$ *und* $\mathfrak{e}_1, \ldots, \mathfrak{e}_k$ *denselben Unterraum* U_k *von X auf.*

(2) *Die zu der Basistransformation* $\{\mathfrak{a}_1, \ldots, \mathfrak{a}_k\} \to \{\mathfrak{e}_1, \ldots, \mathfrak{e}_k\}$ *von* U_k *gehörende Transformationsmatrix besitzt eine positive Determinante* D_k $(k = 1, 2, \ldots)$.

Beweis: Die Vektoren $\mathfrak{e}_1, \mathfrak{e}_2, \ldots$ werden induktiv definiert. Bei einem endlichen System $\{\mathfrak{a}_1, \ldots, \mathfrak{a}_n\}$ bricht das Verfahren nach n Schritten ab.

Wegen der vorausgesetzten linearen Unabhängigkeit gilt $\mathfrak{a}_1 \neq \mathfrak{o}$. Daher ist

$$\mathfrak{e}_1 = \frac{1}{|\mathfrak{a}_1|}\mathfrak{a}_1$$

ein Einheitsvektor, die Vektoren $\mathfrak{a}_1$ und $\mathfrak{e}_1$ spannen denselben Unterraum U_1 auf, und es gilt $D_1 = \frac{1}{|\mathfrak{a}_1|} > 0$. Ist umgekehrt $\mathfrak{e}_1'$ ein Einheitsvektor, der ebenfalls U_1 erzeugt, so gilt $\mathfrak{e}_1' = c\mathfrak{a}_1$. Und da jetzt c die Determinante der Transformationsmatrix ist, muß bei Gültigkeit von (2) außerdem $c > 0$ gelten. Man erhält

$$1 = \mathfrak{e}_1' \cdot \mathfrak{e}_1' = (c\bar{c})\ (\mathfrak{a}_1 \cdot \mathfrak{a}_1) = |c|^2\, |\mathfrak{a}_1|^2.$$

Wegen $c > 0$ folgt hieraus $c = 1/|\mathfrak{a}_1|$, also $\mathfrak{e}_1' = \mathfrak{e}_1$. Somit ist $\mathfrak{e}_1$ auch eindeutig bestimmt.

Es seien jetzt bereits die Vektoren $\mathfrak{e}_1, \ldots, \mathfrak{e}_n$ so konstruiert, daß (1) und (2) für $k = 1, \ldots, n$ erfüllt sind. Dann werde zunächst

$$\mathfrak{b}_{n+1} = \mathfrak{a}_{n+1} - \sum_{\nu=1}^{n} (\mathfrak{a}_{n+1} \cdot \mathfrak{e}_\nu)\, \mathfrak{e}_\nu$$

gesetzt. Wegen 6.4 sind die Vektoren $\mathfrak{e}_1, \ldots, \mathfrak{e}_n, \mathfrak{b}_{n+1}$ linear unabhängig und spannen denselben Unterraum auf wie die Vektoren $\mathfrak{e}_1, \ldots, \mathfrak{e}_n, \mathfrak{a}_{n+1}$, nämlich U_{n+1}. Insbesondere gilt $\mathfrak{b}_{n+1} \neq \mathfrak{o}$. Wegen $\mathfrak{e}_\nu \cdot \mathfrak{e}_\mu = \delta_{\nu,\mu}$ ergibt sich außerdem für $\mu = 1, \ldots, n$

$$\mathfrak{b}_{n+1} \cdot \mathfrak{e}_\mu = \mathfrak{a}_{n+1} \cdot \mathfrak{e}_\mu - \sum_{\nu=1}^{n} (\mathfrak{a}_{n+1} \cdot \mathfrak{e}_\nu)\, \delta_{\nu,\mu} = 0.$$

Setzt man daher

$$\mathfrak{e}_{n+1} = \frac{1}{|\mathfrak{b}_{n+1}|} \mathfrak{b}_{n+1},$$

so bilden die Vektoren $\mathfrak{e}_1, \ldots, \mathfrak{e}_{n+1}$ ein Orthonormalsystem mit der Eigenschaft (1) für $k = 1, \ldots, n + 1$. Die Transformation der $\mathfrak{a}_\nu$ in die $\mathfrak{e}_\nu$ hat die Form

$$\begin{aligned}
\mathfrak{e}_1 &= a_{1,1}\mathfrak{a}_1 \\
\mathfrak{e}_2 &= a_{2,1}\mathfrak{a}_1 + a_{2,2}\mathfrak{a}_2 \\
&\cdots\cdots\cdots\cdots\cdots\cdots \\
\mathfrak{e}_n &= a_{n,1}\mathfrak{a}_1 + \cdots + a_{n,n}\mathfrak{a}_n \\
\mathfrak{e}_{n+1} &= a_{n+1,1}\mathfrak{a}_1 + \cdots + \frac{1}{|\mathfrak{b}_{n+1}|}\mathfrak{a}_{n+1}.
\end{aligned}$$

Es folgt $D_n = a_{1,1} \cdots a_{n,n}$ und wegen $D_n > 0$ daher ebenfalls $D_{n+1} = \frac{1}{|\mathfrak{b}_{n+1}|} D_n > 0$.

Somit ist auch (2) erfüllt.

Ist umgekehrt $\mathfrak{e}'_{n+1}$ ein Vektor, für den $\{\mathfrak{e}_1, \ldots, \mathfrak{e}_n, \mathfrak{e}'_{n+1}\}$ ebenfalls ein Orthonormalsystem mit den Eigenschaften (1) und (2) ist, so muß wegen (1)

$$\mathfrak{e}'_{n+1} = \sum_{\nu=1}^{n} a_\nu \mathfrak{e}_\nu + c\mathfrak{a}_{n+1}$$

mit $c \neq 0$ gelten. Man kann daher $\mathfrak{e}'_{n+1}$ auch in der Form

$$\mathfrak{e}'_{n+1} = c\,[\mathfrak{a}_{n+1} - \sum_{\nu=1}^{n} b_\nu \mathfrak{e}_\nu]$$

schreiben. Für $\mu = 1, \ldots, n$ erhält man

$$0 = \mathfrak{e}'_{n+1} \cdot \mathfrak{e}_\mu = c\,[\mathfrak{a}_{n+1} \cdot \mathfrak{e}_\mu - b_\mu],$$

wegen $c \neq 0$ also $b_\mu = \mathfrak{a}_{n+1} \cdot \mathfrak{e}_\mu$. Es folgt $\mathfrak{e}'_{n+1} = c\mathfrak{b}_{n+1}$ und wegen (2) ebenso wie oben $c = \frac{1}{|\mathfrak{b}_{n+1}|}$. Somit gilt $\mathfrak{e}'_{n+1} = \mathfrak{e}_{n+1}$, womit auch die behauptete Eindeutigkeit bewiesen ist. ◆

Das in diesem Beweis entwickelte Konstruktionsverfahren für die Vektoren $\mathfrak{e}_\nu$ heißt das **Orthonormalisierungsverfahren** von E. SCHMIDT.

20.2 *X besitze endliche oder höchstens abzählbar-unendliche Dimension. Dann kann jede Orthonormalbasis eines endlich-dimensionalen Unterraums von X zu einer Orthonormalbasis von X verlängert werden. Speziell besitzt X selbst eine Orthonormalbasis.*

Beweis: Es sei U ein n-dimensionaler Unterraum von X, und $\{\mathfrak{e}_1, \ldots, \mathfrak{e}_n\}$ sei eine Orthonormalbasis von U. (Im Fall $n = 0$ ist die Orthonormalbasis durch die leere Menge zu ersetzen.) Diese Basis kann zu einer Basis $\{\mathfrak{e}_1, \ldots, \mathfrak{e}_n, \mathfrak{a}_{n+1}, \mathfrak{a}_{n+2}, \ldots\}$ von X verlängert werden. Wendet man auf sie das Orthonormalisierungsverfahren an, so bleiben die Vektoren $\mathfrak{e}_1, \ldots, \mathfrak{e}_n$ erhalten, und man gewinnt eine Orthonormalbasis $\{\mathfrak{e}_1, \ldots, \mathfrak{e}_n, \mathfrak{e}_{n+1}, \ldots\}$ von X. Der Fall $U = [\mathfrak{o}]$ liefert die Existenz einer Orthonormalbasis von X. ◆

Beispiele:

20.I In dem reellen arithmetischen Vektorraum $\mathbf{R}^4$ sei das skalare Produkt je zweier Vektoren $\mathfrak{x} = (x_1, \ldots, x_4)$ und $\mathfrak{y} = (y_1, \ldots, y_4)$ durch $\mathfrak{x} \cdot \mathfrak{y} = x_1 y_1 + \cdots + x_4 y_4$ definiert. Das Orthonormalisierungsverfahren werde auf die Vektoren

$$\mathfrak{a}_1 = (4, 2, -2, -1), \quad \mathfrak{a}_2 = (2, 2, -4, -5), \quad \mathfrak{a}_3 = (0, 8, -2, -5)$$

angewandt. Man erhält:

$$\mathfrak{e}_1 = \frac{1}{|\mathfrak{a}_1|}\,\mathfrak{a}_1 = \frac{1}{5}\,(4, 2, -2, -1).$$

$$\begin{aligned}\mathfrak{e}_2' = \mathfrak{a}_2 - (\mathfrak{a}_2 \cdot \mathfrak{e}_1)\,\mathfrak{e}_1 &= (2, 2, -4, -5) - \frac{25}{5} \cdot \frac{1}{5}\,(4, 2, -2, -1)\\ &= (-2, 0, -2, -4),\\ \mathfrak{e}_2 &= \frac{1}{\sqrt{24}}\,(-2, 0, -2, -4).\end{aligned}$$

$$\begin{aligned}\mathfrak{e}_3' &= \mathfrak{a}_3 - (\mathfrak{a}_3 \cdot \mathfrak{e}_1)\,\mathfrak{e}_1 - (\mathfrak{a}_3 \cdot \mathfrak{e}_2)\,\mathfrak{e}_2\\ &= (0, 8, -2, -5) - \frac{25}{5} \cdot \frac{1}{5}\,(4, 2, -2, -1) - \frac{24}{\sqrt{24}} \cdot \frac{1}{\sqrt{24}}\,(-2, 0, -2, -4)\\ &= (-2, 6, 2, 0),\end{aligned}$$

$$\mathfrak{e}_3 = \frac{1}{\sqrt{44}}\,(-2, 6, 2, 0).$$

20.II In dem reellen Vektorraum aller in $[0, 1]$ stetigen reellen Funktionen sei das skalare Produkt durch

$$(f, g) = \int_0^1 f(t)\,g(t)\,dt$$

definiert. Das Orthogonalisierungsverfahren soll auf die Polynome $1 = t^0$, t, $t^2, \ldots$ angewandt werden. Die Funktionen des entstehenden Orthonormalsystems sollen hier mit $e_0, e_1, e_2, \ldots$ bezeichnet werden. Die ersten Schritte lauten:

$$(1, 1) = \int_0^1 dt = 1, \text{ also } e_0(t) = 1.$$

$$(t, e_0) = \int_0^1 t\,dt = \frac{1}{2}, \qquad e_1'(t) = t - (t, e_0)\,e_0(t) = t - \frac{1}{2};$$

$$(e_1', e_1') = \int_0^1 \left(t - \frac{1}{2}\right)^2 dt = \frac{1}{12}, \text{ also } e_1(t) = \sqrt{12}\left(t - \frac{1}{2}\right).$$

$$(t^2, e_0) = \int_0^1 t^2\,dt = \frac{1}{3}, \quad (t^2, e_1) = \sqrt{12}\int_0^1 t^2\left(t - \frac{1}{2}\right)dt = \frac{1}{\sqrt{12}},$$

$$\begin{aligned} e_2'(t) &= t^2 - (t^2, e_0)\,e_0(t) - (t^2, e_1)\,e_1(t) \\ &= t^2 - \frac{1}{3} - \left(t - \frac{1}{2}\right) = t^2 - t + \frac{1}{6}; \end{aligned}$$

$$(e_2', e_2') = \int_0^1 \left(t^2 - t + \frac{1}{6}\right)^2 dt = \frac{1}{180}, \text{ also } e_2(t) = 6\sqrt{5}\left(t^2 - t + \frac{1}{6}\right).$$

Definition 20a: *Zwei Teilmengen M und N von X heißen* **orthogonal** *(in Zeichen: $M \perp N$), wenn $\mathfrak{x} \cdot \mathfrak{y} = 0$ für alle Vektoren $\mathfrak{x} \in M$ und $\mathfrak{y} \in N$ erfüllt ist, wenn also alle Vektoren aus M auf allen Vektoren aus N senkrecht stehen und umgekehrt.*

Wenn hierbei z. B. die Menge M aus nur einem Vektor $\mathfrak{x}$ besteht, wird statt $\{\mathfrak{x}\} \perp N$ einfacher $\mathfrak{x} \perp N$ geschrieben. Die leere Menge und der Nullraum sind zu jeder Teilmenge von X orthogonal.

20.3 *Zwei Teilmengen von X sind genau dann orthogonal, wenn die von ihnen erzeugten Unterräume orthogonal sind: $M \perp N$ ist gleichwertig mit $[M] \perp [N]$.*

Beweis: Es kann angenommen werden, daß M und N von der leeren Menge und vom Nullraum verschieden sind, da in diesen Fällen die Behauptung trivial ist. Aus $[M] \perp [N]$ folgt $M \perp N$ unmittelbar. Umgekehrt werde $M \perp N$ vorausgesetzt. Ein beliebiger Vektor $\mathfrak{x} \in [M]$ bzw. $\mathfrak{y} \in [N]$ besitzt die Form $\mathfrak{x} = x_1\mathfrak{a}_1 + \cdots + x_r\mathfrak{a}_r$ bzw. $\mathfrak{y} = y_1\mathfrak{b}_1 + \cdots + y_s\mathfrak{b}_s$ mit Vektoren $\mathfrak{a}_1, \ldots, \mathfrak{a}_r \in M$ bzw. $\mathfrak{b}_1, \ldots, \mathfrak{b}_s \in N$. Wegen $M \perp N$ gilt $\mathfrak{a}_\varrho \cdot \mathfrak{b}_\sigma = 0$ für alle Indizes ϱ und σ und daher

$$\mathfrak{x} \cdot \mathfrak{y} = \sum_{\varrho=1}^{r} \sum_{\sigma=1}^{s} x_\varrho \bar{y}_\sigma (\mathfrak{a}_\varrho \cdot \mathfrak{b}_\sigma) = 0.$$

Es folgt $[M] \perp [N]$. ◆

Wegen dieses Satzes ist mit $M \perp N$ auch $M \perp [N]$ und ebenso $[M] \perp N$ gleichwertig. Spezieller folgt noch: Ein Vektor ist genau dann zu einem Unterraum U orthogonal, wenn er auf allen Vektoren einer Basis von U senkrecht steht.

Definition 20b: *Die Menge aller Vektoren, die auf einer Teilmenge M von X senkrecht stehen, wird das* **orthogonale Komplement** *von M in X genannt und mit $M^\perp$ bezeichnet:*

$$M^\perp = \{\mathfrak{x} : \mathfrak{x} \perp M\}.$$

20.4 *$M^\perp$ ist ein Unterraum von X, und es gilt $M^\perp = [M]^\perp$.*

Beweis: Unmittelbar aus der Definition ergibt sich $M^\perp \perp M$, und aus $N \perp M$ folgt $N \leq M^\perp$. Aus der ersten Beziehung folgt wegen 20.3 einerseits $[M^\perp] \perp M$ und daher $[M^\perp] = M^\perp$; d. h. $M^\perp$ ist ein Unterraum. Andererseits folgt aber auch $M^\perp \perp [M]$, also $M^\perp \leq [M]^\perp$. Da sich aus der Definition umgekehrt $[M]^\perp \leq M^\perp$ ergibt, folgt die behauptete Gleichheit. ◆

Wegen dieses Satzes kann man sich bei der Behandlung orthogonaler Komplemente auf Unterräume von X beschränken.

Definition 20c: *Es sei U ein Unterraum und $\mathfrak{x}$ ein beliebiger Vektor von X. Ein Vektor $\mathfrak{u} \in U$ heißt dann* **orthogonale Projektion** *von $\mathfrak{x}$ in U, wenn $\mathfrak{x} = \mathfrak{u} + \mathfrak{v}$ mit $\mathfrak{v} \perp U$ gilt.*

20.5 *Wenn eine orthogonale Projektion von $\mathfrak{x}$ in U existiert, so ist sie eindeutig bestimmt.*

Beweis: Es gelte $\mathfrak{x} = \mathfrak{u} + \mathfrak{v} = \mathfrak{u}' + \mathfrak{v}'$ mit $\mathfrak{u}, \mathfrak{u}' \in U$ und $\mathfrak{v} \perp U$, $\mathfrak{v}' \perp U$. Mit $\mathfrak{u}^* = \mathfrak{u} - \mathfrak{u}'$ und $\mathfrak{v}^* = \mathfrak{v}' - \mathfrak{v}$ gilt daher $\mathfrak{u}^* = \mathfrak{v}^*$, $\mathfrak{u}^* \in U$ und $\mathfrak{v}^* \perp U$. Es folgt $\mathfrak{u}^* \cdot \mathfrak{u}^* = \mathfrak{v}^* \cdot \mathfrak{u}^* = 0$ und daher $\mathfrak{u}^* = \mathfrak{o}$, also $\mathfrak{u} = \mathfrak{u}'$. ◆

Die orthogonale Projektion eines Vektors in einen Unterraum U braucht nicht zu existieren. Nur wenn U endliche Dimension besitzt, kann ihre Existenz allgemein nachgewiesen werden.

20. 6 *Es sei U ein endlich-dimensionaler Unterraum von X. Zu jedem Vektor $\mathfrak{x} \in X$ existiert dann die orthogonale Projektion $\mathfrak{x}_U$ in U. Ist $\{\mathfrak{e}_1, \ldots, \mathfrak{e}_n\}$ eine Orthonormalbasis von U, so gilt $\mathfrak{x}_U = \sum_{\nu=1}^{n} (\mathfrak{x} \cdot \mathfrak{e}_\nu)\, \mathfrak{e}_\nu$.*

Beweis: Wegen 20. 2 besitzt U eine Orthonormalbasis $\{\mathfrak{e}_1, \ldots, \mathfrak{e}_n\}$. Für den Vektor $\mathfrak{x}_U = \sum_{\nu=1}^{n} (\mathfrak{x} \cdot \mathfrak{e}_\nu)\, \mathfrak{e}_\nu$ gilt dann $\mathfrak{x}_U \in U$ und für $\mu = 1, \ldots, n$

$$(\mathfrak{x} - \mathfrak{x}_U) \cdot \mathfrak{e}_\mu = \mathfrak{x} \cdot \mathfrak{e}_\mu - \sum_{\nu=1}^{n} (\mathfrak{x} \cdot \mathfrak{e}_\nu)\, \delta_{\nu,\mu} = 0.$$

Es folgt $(\mathfrak{x} - \mathfrak{x}_U) \perp U$. Daher ist $\mathfrak{x}_U$ die orthogonale Projektion von $\mathfrak{x}$ in U. ◆

20. 7 *Es sei U ein beliebiger Unterraum und $\mathfrak{x}$ ein beliebiger Vektor von X. Für Vektoren $\mathfrak{a} \in U$ sind dann folgende Aussagen gleichwertig:*

(1) *$\mathfrak{a}$ ist orthogonale Projektion von $\mathfrak{x}$ in U.*

(2) *Für jeden Vektor $\mathfrak{u} \in U$ gilt $|\mathfrak{x} - \mathfrak{a}| \leqq |\mathfrak{x} - \mathfrak{u}|$.*

Beweis: Zunächst sei $\mathfrak{a}$ die orthogonale Projektion von $\mathfrak{x}$ in U. Es gilt also $\mathfrak{x} - \mathfrak{a} \perp U$. Setzt man $\mathfrak{v} = \mathfrak{a} - \mathfrak{u}$, so gilt weiter $\mathfrak{v} \in U$ und $\mathfrak{x} - \mathfrak{u} = (\mathfrak{x} - \mathfrak{a}) + \mathfrak{v}$. Man erhält

$$|\mathfrak{x} - \mathfrak{u}|^2 = [(\mathfrak{x} - \mathfrak{a}) + \mathfrak{v}] \cdot [(\mathfrak{x} - \mathfrak{a}) + \mathfrak{v}] = |\mathfrak{x} - \mathfrak{a}|^2 + |\mathfrak{v}|^2 + 2\,\mathrm{Re}\,[(\mathfrak{x} - \mathfrak{a}) \cdot \mathfrak{v}].$$

Wegen $\mathfrak{v} \in U$ und $\mathfrak{x} - \mathfrak{a} \perp U$ verschwindet der letzte Summand. Daher gilt

$$|\mathfrak{x} - \mathfrak{u}|^2 = |\mathfrak{x} - \mathfrak{a}|^2 + |\mathfrak{v}|^2 \geqq |\mathfrak{x} - \mathfrak{a}|^2,$$

woraus (2) folgt.

Umgekehrt sei (2) erfüllt. Zu beweisen ist $\mathfrak{x} - \mathfrak{a} \perp U$. Wäre dies nicht der Fall, so würde es einen Vektor $\mathfrak{v} \in U$ mit $(\mathfrak{x} - \mathfrak{a}) \cdot \mathfrak{v} = c \neq 0$ geben. Ohne Einschränkung der Allgemeinheit kann $|\mathfrak{v}| = 1$ angenommen werden. Setzt man dann $\mathfrak{u} = \mathfrak{a} + c\mathfrak{v}$, so gilt $\mathfrak{u} \in U$ und

$$\begin{aligned} |\mathfrak{x} - \mathfrak{u}|^2 &= [(\mathfrak{x} - \mathfrak{a}) - c\mathfrak{v}] \cdot [(\mathfrak{x} - \mathfrak{a}) - c\mathfrak{v}] \\ &= |\mathfrak{x} - \mathfrak{a}|^2 + |c|^2 - 2\,\mathrm{Re}\,[\bar{c}(\mathfrak{x} - \mathfrak{a}) \cdot \mathfrak{v}] \\ &= |\mathfrak{x} - \mathfrak{a}|^2 + |c|^2 - 2\,|c|^2 < |\mathfrak{x} - \mathfrak{a}|^2 \end{aligned}$$

im Widerspruch zu (2). ◆

20. 8 *Für endlichdimensionale Unterräume U von X gilt $(U^\perp)^\perp = U$. Besitzt auch X endliche Dimension, so gilt weiter* $\mathrm{Dim}\, U^\perp = \mathrm{Dim}\, X - \mathrm{Dim}\, U$.

Beweis: Allgemein folgt aus der Definition $U \leq (U^\perp)^\perp$. Es gelte nun $\mathfrak{x} \in (U^\perp)^\perp$. Da U endliche Dimension besitzt, existiert nach 20. 6 die orthogonale Projektion $\mathfrak{x}_U$ von $\mathfrak{x}$ in U, und es gilt $(\mathfrak{x} - \mathfrak{x}_U) \in U^\perp$. Wegen $\mathfrak{x} \in (U^\perp)^\perp$ erhält man $(\mathfrak{x} - \mathfrak{x}_U) \cdot \mathfrak{x} = 0$ und wegen $\mathfrak{x}_U \in U$ auch $(\mathfrak{x} - \mathfrak{x}_U) \cdot \mathfrak{x}_U = 0$. Es folgt

$$|\mathfrak{x} - \mathfrak{x}_U|^2 = (\mathfrak{x} - \mathfrak{x}_U) \cdot \mathfrak{x} - (\mathfrak{x} - \mathfrak{x}_U) \cdot \mathfrak{x}_U = 0,$$

also $\mathfrak{x} = \mathfrak{x}_U$ und somit $\mathfrak{x} \in U$. Damit ist $(U^\perp)^\perp = U$ bewiesen. Besitzt nun sogar X endliche Dimension, so existiert wegen 20. 2 eine Orthonormalbasis $\{\mathfrak{e}_1, \ldots, \mathfrak{e}_r\}$ von U, und diese kann zu einer Orthonormalbasis $\{\mathfrak{e}_1, \ldots, \mathfrak{e}_r, \mathfrak{e}_{r+1}, \ldots, \mathfrak{e}_n\}$ von X verlängert werden. Da $U^\perp$ offenbar aus genau denjenigen Vektoren besteht, deren orthogonale Projektion in U der Nullvektor ist, ergibt sich wegen 20. 6 jetzt $U^\perp = [\mathfrak{e}_{r+1}, \ldots, \mathfrak{e}_n]$ und damit die behauptete Dimensionsbeziehung. ◆

Ergänzungen und Aufgaben

20 A Es sei F der reelle Vektorraum aller in $[0, 1]$ stetigen reellen Funktionen mit dem skalaren Produkt

$$(f, g) = \int_0^1 f(t)\, g(t)\, dt.$$

Der Unterraum U aller Polynome besitzt abzählbar-unendliche Dimension. Daher existiert nach 20. 2 eine Orthonormalbasis von U. Es sei nun f eine von der Nullfunktion verschiedene Funktion aus F. Dann gilt $(f, f) = a > 0$ und $|f(t)| < b$ für alle $t \in [0, 1]$. Nach dem Approximationssatz von WEIERSTRASS kann f in $[0, 1]$ gleichmäßig durch Polynome approximiert werden. Es gibt also ein Polynom $g \in U$ mit $|f(t) - g(t)| < \frac{a}{2b}$, und man erhält

$$(f, g) = \int_0^1 f(t)\,[f(t) - (f(t) - g(t))]\, dt$$

$$\geqq \int_0^1 f^2(t)\, dt - \int_0^1 |f(t)|\; |f(t) - g(t)|\, dt \geqq (f, f) - b\frac{a}{2b} = \frac{a}{2} > 0.$$

Daher ist außer der Nullfunktion keine Funktion aus F zu U orthogonal; d. h. $U^\perp$ ist der Nullraum und $(U^\perp)^\perp$ daher der ganze Raum F. Satz 20. 8 gilt somit nicht mehr für unendlich-dimensionale Unterräume. Ebenso gilt auch 20. 2 nicht mehr, weil eine Orthonormalbasis von U nicht zu einer Orthonormalbasis von F erweitert werden kann.

Aufgabe: Die Polynome selbst sind die einzigen Funktionen aus F, die eine orthogonale Projektion in U besitzen.

20 B In dem komplexen arithmetischen Vektorraum $\mathbf{C}^4$ sei das skalare Produkt zweier Vektoren $\mathfrak{x} = (x_1, \ldots, x_4)$ und $\mathfrak{y} = (y_1, \ldots, y_4)$ durch $\mathfrak{x} \cdot \mathfrak{y} = x_1\bar{y}_1 + \cdots + x_4\bar{y}_4$ definiert.

Aufgabe: Man bestimme eine Basis des orthogonalen Komplements des von den Vektoren $\mathfrak{a}_1 = (-1, i, 0, 1)$ und $\mathfrak{a}_2 = (i, 0, 2, 0)$ aufgespannten Unterraums.

§ 21 Adjungierte Abbildungen

Es seien X und Y zwei euklidische oder unitäre Räume, und φ sei eine lineare Abbildung von X in Y.

Definition 21a: *Eine lineare Abbildung* $\varphi^* : Y \to X$ *heißt eine zu* φ **adjungierte Abbildung,** *wenn für alle Vektoren* $\mathfrak{x} \in X$ *und* $\mathfrak{y} \in Y$

$$\varphi\mathfrak{x} \cdot \mathfrak{y} = \mathfrak{x} \cdot \varphi^*\mathfrak{y}$$

(und damit auch $\mathfrak{y} \cdot \varphi\mathfrak{x} = \varphi^*\mathfrak{y} \cdot \mathfrak{x}$*) gilt.*

Im allgemeinen braucht es zu einer linearen Abbildung $\varphi : X \to Y$ keine adjungierte Abbildung zu geben. Wenn jedoch eine adjungierte Abbildung φ^* existiert, so ist sie auch eindeutig bestimmt: Ist nämlich φ' ebenfalls eine zu φ adjungierte Abbildung, so gilt

$$\mathfrak{x} \cdot (\varphi^*\mathfrak{y} - \varphi'\mathfrak{y}) = \mathfrak{x} \cdot \varphi^*\mathfrak{y} - \mathfrak{x} \cdot \varphi'\mathfrak{y} = \varphi\mathfrak{x} \cdot \mathfrak{y} - \varphi\mathfrak{x} \cdot \mathfrak{y} = 0.$$

Da dies für jeden Vektor $\mathfrak{x} \in X$ gilt, folgt $\varphi^*\mathfrak{y} - \varphi'\mathfrak{y} = \mathfrak{o}$, also $\varphi^*\mathfrak{y} = \varphi'\mathfrak{y}$ für jeden Vektor $\mathfrak{y} \in Y$ und damit $\varphi' = \varphi^*$.

21. 1 *Wenn* X *endliche Dimension besitzt, existiert zu jeder linearen Abbildung* $\varphi : X \to Y$ *die adjungierte Abbildung* φ^*. *Ist* $\{\mathfrak{e}_1, \ldots, \mathfrak{e}_n\}$ *eine Orthonormalbasis von* X, *so gilt*

$$\varphi^*\mathfrak{y} = \sum_{\nu=1}^{n} (\mathfrak{y} \cdot \varphi\mathfrak{e}_\nu)\, \mathfrak{e}_\nu .$$

Beweis: Wegen 20. 2 besitzt X jedenfalls eine Orthonormalbasis $\{\mathfrak{e}_1, \ldots, \mathfrak{e}_n\}$. Für jeden Vektor $\mathfrak{x} \in X$ gilt dann $\mathfrak{x} = \sum_{\nu=1}^{n} (\mathfrak{x} \cdot \mathfrak{e}_\nu)\, \mathfrak{e}_\nu$. Definiert man nun die Abbildung φ^* durch $\varphi^*\mathfrak{y} = \sum_{\nu=1}^{n} (\mathfrak{y} \cdot \varphi\mathfrak{e}_\nu)\, \mathfrak{e}_\nu$, so ist φ^* wegen der Linearitätseigenschaften des skalaren Produkts jedenfalls eine lineare Abbildung und wegen

$$\varphi\,\mathfrak{x} \cdot \mathfrak{y} = \sum_{\nu=1}^{n} x_\nu (\varphi\mathfrak{e}_\nu \cdot \mathfrak{y}) = \sum_{\nu=1}^{n} x_\nu \overline{(\mathfrak{y} \cdot \varphi\mathfrak{e}_\nu)} = \mathfrak{x} \cdot \varphi^*\mathfrak{y} \qquad (x_\nu = \mathfrak{x} \cdot \mathfrak{e}_\nu)$$

sogar die zu φ adjungierte Abbildung. ◆

21. 2 *Zu* $\varphi : X \to Y$ *existiere die adjungierte Abbildung* φ^*. *Dann existiert auch die zu* φ^* *adjungierte Abbildung* $\varphi^{**} : X \to Y$, *und es gilt* $\varphi^{**} = \varphi$. *Ferner gilt*

$$\text{Kern}\ \varphi^* = (\varphi X)^\perp \quad \textit{und} \quad \text{Kern}\ \varphi = (\varphi^* Y)^\perp .$$

Ist φ surjektiv, so ist φ^* injektiv; ist φ^* surjektiv, so ist φ injektiv.

Beweis: Es gilt

$$\varphi^*\mathfrak{y} \cdot \mathfrak{x} = \overline{\mathfrak{x} \cdot \varphi^*\mathfrak{y}} = \overline{\varphi\mathfrak{x} \cdot \mathfrak{y}} = \mathfrak{y} \cdot \varphi\mathfrak{x}.$$

Daher ist φ die zu φ^* adjungierte Abbildung φ^{**}.

Gleichwertig mit $\mathfrak{y} \in \text{Kern}\,\varphi^*$ ist $\varphi^*\mathfrak{y} = \mathfrak{o}$, also $\varphi\mathfrak{x} \cdot \mathfrak{y} = \mathfrak{x} \cdot \varphi^*\mathfrak{y} = 0$ für alle $\mathfrak{x} \in X$. Dies aber ist wiederum gleichbedeutend mit $\mathfrak{y} \in (\varphi X)^\perp$. Weiter folgt wegen $\varphi = \varphi^{**}$ auch $\text{Kern}\,\varphi = \text{Kern}\,\varphi^{**} = (\varphi^* Y)^\perp$.

Ist φ surjektiv, so gilt $\text{Kern}\,\varphi^* = (\varphi X)^\perp = [\mathfrak{o}]$, und φ^* ist daher injektiv. Ebenso ergibt sich die letzte Behauptung. ◆

21. 3 *Zu $\varphi: X \to Y$ existiere die adjungierte Abbildung φ^*. Besitzt φ endlichen Rang, so gilt: φ^* ist genau dann injektiv, wenn φ surjektiv ist. Besitzt φ^* endlichen Rang, so gilt entsprechend: φ^* ist genau dann surjektiv, wenn φ injektiv ist.*

Beweis: Wegen 21. 2 ist nur noch jeweils eine Richtung zu beweisen. Wenn φ^* injektiv ist, gilt $(\varphi X)^\perp = \text{Kern}\,\varphi^* = [\mathfrak{o}]$. Besitzt nun φ endlichen Rang, so erhält man wegen 20. 8 weiter $\varphi X = ((\varphi X)^\perp)^\perp = [\mathfrak{o}]^\perp = Y$; d. h. φ ist surjektiv. Analog ergibt sich die zweite Behauptung. ◆

21. 4 *Die Vektorräume X und Y seien endlich-dimensional. Für jede lineare Abbildung $\varphi: X \to Y$ und ihre adjungierte Abbildung φ^* gilt dann:* $\text{Rg}\,\varphi^* = \text{Rg}\,\varphi$.

Beweis: Wegen 21. 2 und 20. 8 erhält man

$$\text{Rg}\,\varphi^* = \text{Dim}\,Y - \text{Dim}\,(\text{Kern}\,\varphi^*) = \text{Dim}\,Y - \text{Dim}\,(\varphi X)^\perp = \text{Dim}\,(\varphi X) = \text{Rg}\,\varphi. \ ◆$$

Wenn A eine komplexe Matrix ist, bedeute $\bar{A}$ diejenige Matrix, die aus A entsteht, wenn man alle Elemente $a_{\mu,\nu}$ durch die konjugierten Zahlen $\overline{a_{\mu,\nu}}$ ersetzt. Sind die Elemente der Matrix A speziell reelle Zahlen, so ist der Querstrich wirkungslos, und es gilt einfach $\bar{A} = A$. Weiter werde allgemein

$$A^* = (\bar{A})^T$$

gesetzt. Im Fall einer reellen Matrix A ist demnach A^* gleich der transponierten Matrix A^T. Im Fall einer komplexen Matrix tritt jedoch neben die Transposition noch der Übergang zum konjugiert Komplexen. Unmittelbar verifiziert man:

$$(A^*)^* = A, \ (A + B)^* = A^* + B^*, \ (cA)^* = \bar{c}\,A^*, \ (AB)^* = B^* A^*,$$
$$\text{Det}\,A^* = \overline{\text{Det}\,A}.$$

21.5 *Es seien X und Y endlich-dimensional. Ferner sei $\{\mathfrak{e}_1, \ldots, \mathfrak{e}_n\}$ eine Orthonormalbasis von X und $\{\mathfrak{f}_1, \ldots, \mathfrak{f}_r\}$ eine Orthonormalbasis von Y. Wenn dann der linearen Abbildung $\varphi: X \to Y$ hinsichtlich dieser beiden Basen die Matrix A entspricht, dann ist der adjungierten Abbildung φ^* hinsichtlich dieser Basen die Matrix A^* zugeordnet.*

Beweis: Die Elemente der Matrix $A = (a_{\nu,\varrho})$ sind durch die Gleichungen

$$\varphi\mathfrak{e}_\nu = \sum_{\varrho=1}^{r} a_{\nu,\varrho}\mathfrak{f}_\varrho \qquad (\nu = 1, \ldots, n)$$

bestimmt. Aus ihnen folgt, weil $\{\mathfrak{f}_1, \ldots, \mathfrak{f}_r\}$ eine Orthonormalbasis ist, $a_{\nu,\varrho} = \varphi\mathfrak{e}_\nu \cdot \mathfrak{f}_\varrho$ $(\nu = 1, \ldots, n;\ \varrho = 1, \ldots, r)$. Bezeichnet man die φ^* zugeordnete Matrix mit $B = (b_{\varrho,\nu})$, so gilt entsprechend

$$\varphi^*\mathfrak{f}_\varrho = \sum_{\nu=1}^{n} b_{\varrho,\nu}\mathfrak{e}_\nu \qquad (\varrho = 1, \ldots, r)$$

und $b_{\varrho,\nu} = \varphi^*\mathfrak{f}_\varrho \cdot \mathfrak{e}_\nu$ $(\varrho = 1, \ldots, r;\ \nu = 1, \ldots, n)$. Hieraus folgt aber

$$b_{\varrho,\nu} = \varphi^*\mathfrak{f}_\varrho \cdot \mathfrak{e}_\nu = \overline{\mathfrak{e}_\nu \cdot \varphi^*\mathfrak{f}_\varrho} = \overline{\varphi\mathfrak{e}_\nu \cdot \mathfrak{f}_\varrho} = \overline{a_{\nu,\varrho}}$$

und somit $B = \bar{A}^T = A^*$. ◆

Aus 21.4 und 21.5 folgt als Spezialfall das in 12.1 gewonnene Resultat $\operatorname{Rg} A^T = \operatorname{Rg} A$.

Alle bisherigen Resultate gelten natürlich auch dann, wenn X und Y zusammenfallen. Man hat es dann mit Endomorphismen von X und ihren adjungierten Endomorphismen zu tun.

Definition 21b: *Ein Endomorphismus φ eines unitären oder euklidischen Raumes heißt* **normal**, *wenn der zu ihm adjungierte Endomorphismus φ^* existiert und wenn φ und φ^* vertauschbar sind: $\varphi \circ \varphi^* = \varphi^* \circ \varphi$.*

21.6 *Ein Endomorphismus φ eines unitären oder euklidischen Raumes X ist genau dann normal, wenn sein adjungierter Endomorphismus φ^* existiert und wenn für alle Vektoren $\mathfrak{x}, \mathfrak{y} \in X$ gilt*

$$\varphi\mathfrak{x} \cdot \varphi\mathfrak{y} = \varphi^*\mathfrak{x} \cdot \varphi^*\mathfrak{y}.$$

Beweis: Aus $\varphi \circ \varphi^* = \varphi^* \circ \varphi$ folgt

$$\varphi\mathfrak{x} \cdot \varphi\mathfrak{y} = \mathfrak{x} \cdot \varphi^*(\varphi\mathfrak{y}) = \mathfrak{x} \cdot \varphi(\varphi^*\mathfrak{y}) = \varphi^*\mathfrak{x} \cdot \varphi^*\mathfrak{y}.$$

Umgekehrt gelte $\varphi\mathfrak{x} \cdot \varphi\mathfrak{y} = \varphi^*\mathfrak{x} \cdot \varphi^*\mathfrak{y}$ für alle Vektoren $\mathfrak{x}, \mathfrak{y} \in X$. Man erhält

$$(\varphi(\varphi^*\mathfrak{x})) \cdot \mathfrak{y} = \varphi^*\mathfrak{x} \cdot \varphi^*\mathfrak{y} = \varphi\mathfrak{x} \cdot \varphi\mathfrak{y} = (\varphi^*(\varphi\mathfrak{x})) \cdot \mathfrak{y},$$

also $((\varphi \circ \varphi^*)\,\mathfrak{x} - (\varphi^* \circ \varphi)\,\mathfrak{x}) \cdot \mathfrak{y} = 0$. Da diese Gleichung bei festem $\mathfrak{x}$ für alle Vektoren $\mathfrak{y} \in X$ gilt, folgt $(\varphi \circ \varphi^*)\,\mathfrak{x} = (\varphi^* \circ \varphi)\,\mathfrak{x}$. Und da dies für beliebige Vektoren $\mathfrak{x} \in X$ gilt, ergibt sich schließlich $\varphi \circ \varphi^* = \varphi^* \circ \varphi$. ◆

21.7 *Für einen normalen Endomorphismus φ gilt* Kern φ = Kern φ^*.

Beweis: Wegen 21.6 gilt für jeden Vektor $\mathfrak{x}$

$$|\varphi\mathfrak{x}|^2 = \varphi\mathfrak{x} \cdot \varphi\mathfrak{x} = \varphi^*\mathfrak{x} \cdot \varphi^*\mathfrak{x} = |\varphi^*\mathfrak{x}|^2.$$

Daher ist $\varphi\mathfrak{x} = \mathfrak{o}$ gleichwertig mit $\varphi^*\mathfrak{x} = \mathfrak{o}$. ◆

21.8 *Es sei φ ein normaler Endomorphismus. Dann besitzen φ und φ^* dieselben Eigenvektoren. Ist $\mathfrak{a}$ Eigenvektor von φ mit dem Eigenwert c, so gehört zu $\mathfrak{a}$ als Eigenvektor von φ^* der Eigenwert $\bar{c}$.*

Beweis: Es gilt wegen 21.6

$$\begin{aligned}(\varphi\mathfrak{a} - c\mathfrak{a}) \cdot (\varphi\mathfrak{a} - c\mathfrak{a}) &= \varphi\mathfrak{a} \cdot \varphi\mathfrak{a} - c(\mathfrak{a} \cdot \varphi\mathfrak{a}) - \bar{c}(\varphi\mathfrak{a} \cdot \mathfrak{a}) + c\bar{c}(\mathfrak{a} \cdot \mathfrak{a}) \\ &= \varphi^*\mathfrak{a} \cdot \varphi^*\mathfrak{a} - c(\varphi^*\mathfrak{a} \cdot \mathfrak{a}) - \bar{c}(\mathfrak{a} \cdot \varphi^*\mathfrak{a}) + c\bar{c}(\mathfrak{a} \cdot \mathfrak{a}) \\ &= (\varphi^*\mathfrak{a} - \bar{c}\mathfrak{a}) \cdot (\varphi^*\mathfrak{a} - \bar{c}\mathfrak{a}).\end{aligned}$$

Daher ist $\varphi\mathfrak{a} = c\mathfrak{a}$ gleichwertig mit $\varphi^*\mathfrak{a} = \bar{c}\mathfrak{a}$. ◆

Der folgende Satz zeigt, daß die normalen Endomorphismen endlich-dimensionaler unitärer Räume genau diejenigen Endomorphismen sind, die sich hinsichtlich einer Orthonormalbasis durch eine Diagonalmatrix beschreiben lassen.

21.9 *Es sei X ein endlich-dimensionaler unitärer Raum mit* Dim $X = n$. *Dann gilt: Ein Endomorphismus φ von X ist genau dann normal, wenn es zu ihm eine Orthonormalbasis von X gibt, die aus lauter Eigenvektoren von φ besteht.*

Beweis: Zunächst sei φ normal. Da X ein komplexer Vektorraum ist, existiert mindestens ein Eigenwert c_1 von φ und zu ihm ein Eigenvektor $\mathfrak{e}_1$. Ohne Beschränkung der Allgemeinheit kann $\mathfrak{e}_1$ als Einheitsvektor angenommen werden. Im Fall $n = 1$ ist die Behauptung damit bereits bewiesen. Es gelte nun $n > 1$, und die Behauptung sei für die Dimension $n - 1$ richtig. Weiter sei U der zu $\mathfrak{e}_1$ orthogonale Unterraum von X. Wegen 20.8 gilt Dim $U = n - 1$. Aus $\mathfrak{x} \in U$, also $\mathfrak{x} \cdot \mathfrak{e}_1 = 0$, folgt wegen 21.8

$$\varphi\mathfrak{x} \cdot \mathfrak{e}_1 = \mathfrak{x} \cdot \varphi^*\mathfrak{e}_1 = \mathfrak{x} \cdot (\bar{c}_1\mathfrak{e}_1) = c_1(\mathfrak{x} \cdot \mathfrak{e}_1) = 0.$$

Daher gilt auch $\varphi\mathfrak{x} \in U$ und weiter $\varphi U \leq U$. Somit induziert φ einen normalen Endomorphismus von U, zu dem es nach Voraussetzung eine Orthonormalbasis $\{\mathfrak{e}_2, \ldots, \mathfrak{e}_n\}$ von U gibt, die aus lauter Eigenvektoren von φ besteht.

Es ist dann schließlich $\{\mathfrak{e}_1, \ldots, \mathfrak{e}_n\}$ eine Orthonormalbasis von X der behaupteten Art.

Umgekehrt sei $\{\mathfrak{e}_1, \ldots, \mathfrak{e}_n\}$ eine Orthonormalbasis von X, die aus lauter Eigenvektoren des Endomorphismus φ besteht; es gelte also $\varphi\mathfrak{e}_\nu = c_\nu\mathfrak{e}_\nu$. Durch $\psi\mathfrak{e}_\nu = \bar{c}_\nu\mathfrak{e}_\nu$ wird dann ein Endomorphismus ψ von X definiert. Für $\mu, \nu = 1, \ldots, n$ gilt

$$\varphi\mathfrak{e}_\nu \cdot \mathfrak{e}_\mu = (c_\nu\mathfrak{e}_\nu) \cdot \mathfrak{e}_\mu = c_\nu\delta_{\nu,\mu} = c_\mu\delta_{\nu,\mu} = \mathfrak{e}_\nu \cdot (\bar{c}_\mu\mathfrak{e}_\mu) = \mathfrak{e}_\nu \cdot \psi\mathfrak{e}_\mu$$

und daher allgemein $\varphi\mathfrak{x} \cdot \mathfrak{y} = \mathfrak{x} \cdot \psi\mathfrak{y}$. Somit ist ψ der zu φ adjungierte Endomorphismus φ^*. Wegen

$$\varphi^*(\varphi\mathfrak{e}_\nu) = \psi(c_\nu\mathfrak{e}_\nu) = c_\nu\bar{c}_\nu\mathfrak{e}_\nu = \varphi(\bar{c}_\nu\mathfrak{e}_\nu) = \varphi(\psi\mathfrak{e}_\nu) = \varphi(\varphi^*\mathfrak{e}_\nu)$$
$$(\nu = 1, \ldots, n)$$

folgt schließlich $\varphi^* \circ \varphi = \varphi \circ \varphi^*$; d. h. φ ist normal. ◆

Der Beweis dieses Satzes läßt sich im allgemeinen nicht auf Endomorphismen eines euklidischen (also reellen) Vektorraums übertragen, weil dort nicht die Existenz (reeller) Eigenwerte gesichert ist. Der Beweis gilt jedoch wörtlich auch im reellen Fall, wenn der Endomorphismus lauter reelle Eigenwerte besitzt:

21. 10 *In einem endlich-dimensionalen euklidischen Raum existiert zu einem Endomorphismus φ genau dann eine Orthonormalbasis aus Eigenvektoren von φ, wenn φ ein normaler Endomorphismus mit lauter reellen Eigenwerten ist.*

Um auch den allgemeinen Fall zu erfassen, kann man folgendermaßen vorgehen: Es sei X ein endlich-dimensionaler euklidischer Raum. Dann kann man X nach § 18 in einen unitären Raum Z (gleicher Dimension) einbetten. Die Vektoren von Z besitzen die Form $\mathfrak{a} + i\mathfrak{b}$ mit $\mathfrak{a}, \mathfrak{b} \in X$, und das skalare Produkt wird durch $(\mathfrak{a} + i\mathfrak{b}) \cdot (\mathfrak{c} + i\mathfrak{d}) = \mathfrak{a} \cdot \mathfrak{c} + \mathfrak{b} \cdot \mathfrak{d} + i(\mathfrak{b} \cdot \mathfrak{c} - \mathfrak{a} \cdot \mathfrak{d})$ gegeben. Ferner wird φ nach 18. 2 durch $\hat{\varphi}(\mathfrak{a} + i\mathfrak{b}) = \varphi\mathfrak{a} + i\varphi\mathfrak{b}$ zu einem Endomorphismus $\hat{\varphi}$ von Z fortgesetzt.

21. 11 *Mit φ ist auch $\hat{\varphi}$ normal.*

Beweis: Wegen

$$\begin{aligned}\hat{\varphi}(\mathfrak{a} + i\mathfrak{b}) \cdot (\mathfrak{c} + i\mathfrak{d}) &= \varphi\mathfrak{a} \cdot \mathfrak{c} + \varphi\mathfrak{b} \cdot \mathfrak{d} + i(\varphi\mathfrak{b} \cdot \mathfrak{c} - \varphi\mathfrak{a} \cdot \mathfrak{d}) \\ &= \mathfrak{a} \cdot \varphi^*\mathfrak{c} + \mathfrak{b} \cdot \varphi^*\mathfrak{d} + i(\mathfrak{b} \cdot \varphi^*\mathfrak{c} - \mathfrak{a} \cdot \varphi^*\mathfrak{d}) \\ &= (\mathfrak{a} + i\mathfrak{b}) \cdot (\varphi^*\mathfrak{c} + i\varphi^*\mathfrak{d})\end{aligned}$$

gilt für den zu $\hat{\varphi}$ adjungierten Endomorphismus $\hat{\varphi}^*(\mathfrak{c} + i\mathfrak{d}) = \varphi^*\mathfrak{c} + i\varphi^*\mathfrak{d}$. Hieraus ergibt sich aber unmittelbar $\hat{\varphi}^* \circ \hat{\varphi} = \hat{\varphi} \circ \hat{\varphi}^*$. ◆

21. 12 *Es sei φ ein normaler Endomorphismus von X. Ferner sei $\mathfrak{e} = \mathfrak{a} + i\mathfrak{b}$ ein normierter Eigenvektor von $\hat{\varphi}$ mit dem nicht-reellen Eigenwert c. Dann ist $\mathfrak{e}' = \mathfrak{a} - i\mathfrak{b}$ ebenfalls ein normierter Eigenvektor von $\hat{\varphi}$ mit dem Eigenwert $\bar{c}$. Ferner sind $\mathfrak{e}$ und $\mathfrak{e}'$ orthogonal.*

Beweis: Da $\mathfrak{a}$ und $\mathfrak{b}$ aus dem euklidischen Raum X stammen, gilt $\mathfrak{a} \cdot \mathfrak{b} = \mathfrak{b} \cdot \mathfrak{a}$. Man erhält $\mathfrak{e}' \cdot \mathfrak{e}' = \mathfrak{a} \cdot \mathfrak{a} + \mathfrak{b} \cdot \mathfrak{b} + i(\mathfrak{a} \cdot \mathfrak{b} - \mathfrak{b} \cdot \mathfrak{a}) = \mathfrak{e} \cdot \mathfrak{e}$. Mit $\mathfrak{e}$ ist daher auch $\mathfrak{e}'$ normiert. Ferner gilt mit $c = c_1 + ic_2$ (c_1, c_2 reell) wegen

$$\varphi\mathfrak{a} + i\varphi\mathfrak{b} = \hat{\varphi}\mathfrak{e} = c\mathfrak{e} = c_1\mathfrak{a} - c_2\mathfrak{b} + i(c_1\mathfrak{b} + c_2\mathfrak{a})$$

zunächst $\varphi\mathfrak{a} = c_1\mathfrak{a} - c_2\mathfrak{b}$, $\varphi\mathfrak{b} = c_1\mathfrak{b} + c_2\mathfrak{a}$ und daher weiter

$$\hat{\varphi}\mathfrak{e}' = \varphi\mathfrak{a} - i\varphi\mathfrak{b} = c_1\mathfrak{a} - c_2\mathfrak{b} - i(c_1\mathfrak{b} + c_2\mathfrak{a}) = (c_1 - ic_2)\,(\mathfrak{a} - i\mathfrak{b}) = \bar{c}\mathfrak{e}';$$

d. h. $\mathfrak{e}'$ ist Eigenvektor von $\hat{\varphi}$ mit dem Eigenwert $\bar{c}$. Schließlich ist wegen 21. 8 außerdem $\mathfrak{e}'$ Eigenvektor von $\hat{\varphi}^*$ zum Eigenwert $\bar{\bar{c}} = c$. Es folgt

$$c(\mathfrak{e} \cdot \mathfrak{e}') = (c\mathfrak{e}) \cdot \mathfrak{e}' = \hat{\varphi}\mathfrak{e} \cdot \mathfrak{e}' = \mathfrak{e} \cdot \hat{\varphi}^*\mathfrak{e}' = \bar{c}(\mathfrak{e} \cdot \mathfrak{e}')$$

und wegen $c \neq \bar{c}$ (c ist nicht reell) weiter $\mathfrak{e} \cdot \mathfrak{e}' = 0$. ◆

Nach diesen Vorbereitungen kann jetzt der allgemeine Fall normaler Endomorphismen in euklidischen Räumen behandelt werden.

21. 13 *Es sei X ein euklidischer Raum mit* $\operatorname{Dim} X = n < \infty$. *Ein Endomorphismus φ von X ist genau dann normal, wenn es eine Orthonormalbasis von X gibt, hinsichtlich derer φ eine (reelle) Matrix A folgender Gestalt zugeordnet ist:*

$$A = \begin{pmatrix} c_1 & & & & & \\ & \ddots & & & & \\ & & c_k & & & \\ & & & \square & & \\ & & & & \ddots & \\ & & & & & \square \end{pmatrix},$$

wobei $c_1, \ldots, c_k$ die reellen Eigenwerte von φ sind und jedes Kästchen die folgende Form besitzt:

$$\boxed{\begin{matrix} a & -b \\ b & a \end{matrix}}\,.$$

Jedem solchen Zweierkästchen entspricht dabei ein Paar c, $\bar{c}$ konjugiert-komplexer Eigenwerte von $\hat{\varphi}$, und es gilt

$$a = \operatorname{Re} c, \quad b = \operatorname{Im} c.$$

Beweis: Im Fall $n = 1$ ist die Behauptung trivial. Es gelte jetzt $n > 1$, und für kleinere Dimensionen sei die Behauptung bereits bewiesen. Besitzt φ einen reellen Eigenwert, so kann man ebenso wie im Beweis von 21. 9 schließen. Besitzt aber φ keinen reellen Eigenwert, so werde X in seine komplexe Erweiterung Z eingebettet und φ zu dem Endomorphismus $\hat{\varphi}$ von Z fortgesetzt. Weiter sei c ein (nicht-reeller) Eigenwert von $\hat{\varphi}$. Zu ihm gibt es dann einen normierten Eigenvektor $\mathfrak{e}_1$ in Z. Es gelte $\mathfrak{e}_1 = \mathfrak{a}_1 + i\mathfrak{b}_1$ mit $\mathfrak{a}_1, \mathfrak{b}_1 \in X$. Nach 21. 12 ist dann auch $\mathfrak{e}_1' = \mathfrak{a}_1 - i\mathfrak{b}_1$ ein normierter und zu $\mathfrak{e}_1$ orthogonaler Eigenvektor von $\hat{\varphi}$ mit dem Eigenwert $\bar{c}$. Setzt man nun

$$\mathfrak{f}_1 = \frac{1}{\sqrt{2}}(\mathfrak{e}_1 + \mathfrak{e}_1') = \sqrt{2}\,\mathfrak{a}_1 \quad \text{und} \quad \mathfrak{f}_2 = \frac{1}{i\sqrt{2}}(\mathfrak{e}_1 - \mathfrak{e}_1') = \sqrt{2}\,\mathfrak{b}_1,$$

so gilt $\mathfrak{f}_1, \mathfrak{f}_2 \in X$. Wegen $\mathfrak{f}_1 \cdot \mathfrak{f}_1 = \mathfrak{f}_2 \cdot \mathfrak{f}_2 = \frac{1}{2}(\mathfrak{e}_1 \cdot \mathfrak{e}_1 + \mathfrak{e}_1' \cdot \mathfrak{e}_1') = 1$ sind die Vektoren $\mathfrak{f}_1, \mathfrak{f}_2$ normiert und wegen

$$\mathfrak{f}_1 \cdot \mathfrak{f}_2 = \frac{-1}{2i}(\mathfrak{e}_1 \cdot \mathfrak{e}_1 - \mathfrak{e}_1 \cdot \mathfrak{e}_1' + \mathfrak{e}_1' \cdot \mathfrak{e}_1 - \mathfrak{e}_1' \cdot \mathfrak{e}_1') = 0$$

auch orthogonal. Weiter gilt

$$\begin{aligned}
\varphi\mathfrak{f}_1 &= \frac{1}{\sqrt{2}}(\hat{\varphi}\,\mathfrak{e}_1 + \hat{\varphi}\mathfrak{e}_1') = \frac{1}{\sqrt{2}}(c\mathfrak{e}_1 + \bar{c}\mathfrak{e}_1') \\
&= \frac{1}{2}(c + \bar{c})\,\frac{\mathfrak{e}_1 + \mathfrak{e}_1'}{\sqrt{2}} + \frac{i}{2}(c - \bar{c})\,\frac{\mathfrak{e}_1 - \mathfrak{e}_1'}{i\sqrt{2}} = (\mathrm{Re}\,c)\,\mathfrak{f}_1 - (\mathrm{Im}\,c)\,\mathfrak{f}_2, \\
\varphi\mathfrak{f}_2 &= \frac{1}{i\sqrt{2}}(\hat{\varphi}\mathfrak{e}_1 - \hat{\varphi}\mathfrak{e}_1') = \frac{1}{i\sqrt{2}}(c\mathfrak{e}_1 - \bar{c}\mathfrak{e}_1') \\
&= \frac{1}{2i}(c - \bar{c})\,\frac{\mathfrak{e}_1 + \mathfrak{e}_1'}{\sqrt{2}} + \frac{1}{2}(c + \bar{c})\,\frac{\mathfrak{e}_1 - \mathfrak{e}_1'}{i\sqrt{2}} = (\mathrm{Im}\,c)\,\mathfrak{f}_1 + (\mathrm{Re}\,c)\,\mathfrak{f}_2.
\end{aligned}$$

Hinsichtlich $\mathfrak{f}_1, \mathfrak{f}_2$ entspricht also φ ein Zweierkästchen der behaupteten Art. Weiter verläuft der Beweis wie bei 21. 9 mit $U = [\mathfrak{f}_1, \mathfrak{f}_2]^{\perp}$. Wie dort folgt $\varphi U \leq U$, so daß φ einen normalen Endomorphismus von U induziert, auf den die Induktionsvoraussetzung angewandt werden kann.

Der Beweis der umgekehrten Behauptung soll dem Leser als Übung überlassen bleiben. ◆

Ergänzungen und Aufgaben

21 A Die Bezeichnungen seien aus 20 A übernommen. Weiter sei $\{p_1(t), p_2(t), \ldots\}$ eine Orthonormalbasis des Unterraums U aller Polynome, die ja nach 20. 2 existiert. Die

Identität von U kann als eine lineare Abbildung $\varphi: U \to F$ aufgefaßt werden. Schließlich werde angenommen, daß ihre adjungierte Abbildung $\varphi^*: F \to U$ existiert.

Aufgabe:

1). Zu dem Polynom $\varphi^*(e^t) \in U$ existiert ein Index n mit $(\varphi^*(e^t), p_\nu(t)) = 0$ für alle $\nu \geqq n$.

2). Es gibt ein $k \geqq n$ mit $(e^t, p_k(t)) \neq 0$.

3). Folgere hieraus einen Widerspruch und schließe, daß zu φ keine adjungierte Abbildung existiert.

21 B Aufgabe: In welcher Beziehung stehen die Koeffizienten der charakteristischen Polynome eines Endomorphismus und seines adjungierten Endomorphismus?

21 C Aufgabe: Wenn die adjungierten Abbildungen von $\varphi: X \to Y$ und $\psi: Y \to Z$ existieren, dann existiert auch die adjungierte Abbildung zu $\psi \circ \varphi$ und es gilt $(\psi \circ \varphi)^* = \varphi^* \circ \psi^*$.

21 D Es sei φ ein normaler Endomorphismus eines unitären oder euklidischen Raumes X endlicher Dimension.

Aufgabe:

1). Jeder Vektor $\mathfrak{x} \in X$ kann auf genau eine Weise in der Form $\mathfrak{x} = \mathfrak{x}' + \mathfrak{x}''$ mit $\mathfrak{x}' \in \varphi X$ und $\mathfrak{x}'' \in$ Kern φ dargestellt werden. Die Vektoren $\mathfrak{x}'$ und $\mathfrak{x}''$ sind dann orthogonal.

2). Es gilt $\operatorname{Rg} \varphi = \operatorname{Rg} (\varphi \circ \varphi)$.

§ 22 Selbstadjungierte Abbildungen

Unter den Endomorphismen eines unitären oder euklidischen Raumes besitzen diejenigen ein besonderes Interesse, die mit ihrem adjungierten Endomorphismus zusammenfallen. Geht man auf die Definition der adjungierten Abbildung (21a) zurück, so kann man sie folgendermaßen kennzeichnen:

Definition 22a: *Ein Endomorphismus φ eines unitären oder euklidischen Raumes X heißt* **selbstadjungiert,** *wenn für beliebige Vektoren $\mathfrak{x}, \mathfrak{y} \in X$ gilt:*

$$\varphi\mathfrak{x} \cdot \mathfrak{y} = \mathfrak{x} \cdot \varphi\mathfrak{y}.$$

Da ein selbstadjungierter Endomorphismus sein eigener adjungierter Endomorphismus ist, ist er trivialerweise mit diesem vertauschbar. Daher gilt (vgl. 21b)

22. 1 *Jeder selbstadjungierte Endomorphismus ist normal.*

Es sei φ ein selbstadjungierter Endomorphismus eines euklidischen Raumes X. Man kann dann wieder X in einen unitären Raum Z, nämlich die komplexe

Erweiterung, einbetten und φ zu einem Endomorphismus $\hat{\varphi}$ von Z fortsetzen. Es gilt dann

$$\begin{aligned}\hat{\varphi}(\mathfrak{a}+i\mathfrak{b})\cdot(\mathfrak{c}+i\mathfrak{d}) &= (\varphi\mathfrak{a}+i\varphi\mathfrak{b})\cdot(\mathfrak{c}+i\mathfrak{d}) = \varphi\mathfrak{a}\cdot\mathfrak{c}+\varphi\mathfrak{b}\cdot\mathfrak{d}+i(\varphi\mathfrak{b}\cdot\mathfrak{c}-\varphi\mathfrak{a}\cdot\mathfrak{d})\\ &= \mathfrak{a}\cdot\varphi\mathfrak{c}+\mathfrak{b}\cdot\varphi\mathfrak{d}+i(\mathfrak{b}\cdot\varphi\mathfrak{c}-\mathfrak{a}\cdot\varphi\mathfrak{d}) = (\mathfrak{a}+i\mathfrak{b})\cdot(\varphi\mathfrak{c}+i\varphi\mathfrak{d})\\ &= (\mathfrak{a}+i\mathfrak{b})\cdot\hat{\varphi}(\mathfrak{c}+i\mathfrak{d}).\end{aligned}$$

Daher ist auch $\hat{\varphi}$ ein selbstadjungierter Endomorphismus von Z.

Für die etwa vorhandenen Eigenwerte selbstadjungierter Endomorphismen gilt nun (auch in unitären Räumen) der wichtige Satz:

22.2 *Das charakteristische Polynom eines selbstadjungierten Endomorphismus φ besitzt lauter reelle Nullstellen. Insbesondere besitzt also ein selbstadjungierter Endomorphismus nur reelle Eigenwerte.*

Beweis: Zunächst sei φ ein selbstadjungierter Endomorphismus eines unitären Raumes. Ist dann c eine Nullstelle des charakteristischen Polynoms, also ein Eigenwert von φ, und ist $\mathfrak{a}$ ein zugehöriger Eigenvektor, so gilt

$$c(\mathfrak{a}\cdot\mathfrak{a}) = (c\mathfrak{a})\cdot\mathfrak{a} = \varphi\mathfrak{a}\cdot\mathfrak{a} = \mathfrak{a}\cdot\varphi\mathfrak{a} = \mathfrak{a}\cdot(c\mathfrak{a}) = \bar{c}(\mathfrak{a}\cdot\mathfrak{a}).$$

Wegen $\mathfrak{a}\cdot\mathfrak{a} \neq 0$ folgt hieraus $c=\bar{c}$; d. h. c ist reell. Zweitens sei φ ein selbstadjungierter Endomorphismus eines euklidischen Raumes. Dann besitzt die komplexe Fortsetzung $\hat{\varphi}$ von φ dasselbe charakteristische Polynom wie φ*), dessen Nullstellen nach dem Vorangehenden sämtlich reell sind. ◆

Der hier durchgeführte Beweis benutzt im Fall eines euklidischen Raumes entscheidend dessen Einbettung in einen unitären Raum. Zu einem vollständig im Reellen verlaufenden Beweis vgl. 22 A.

Aus der Realität aller Eigenwerte folgt, daß im Fall endlicher Dimension das charakteristische Polynom eines selbstadjungierten Endomorphismus reelle Koeffizienten besitzt, daß also insbesondere die Determinante und die Spur des Endomorphismus reell sind. Außerdem ergibt sich jetzt wegen 22.1 mit Hilfe von 21.9 bzw. 21.10:

22.3 *Zu jedem selbstadjungierten Endomorphismus φ eines endlich-dimensionalen euklidischen oder unitären Raumes existiert eine Orthonormalbasis, die aus lauter Eigenvektoren von φ besteht. Hinsichtlich dieser Basis entspricht φ eine reelle Diagonalmatrix.*

22.4 *Es sei φ ein beliebiger Endomorphismus eines euklidischen oder unitären Raumes X, zu dem jedoch der adjungierte Endomorphismus φ^* existiert. Dann sind $\varphi^* \circ \varphi$ und $\varphi \circ \varphi^*$ selbstadjungierte Endomorphismen, deren etwaige Eigenwerte sämtlich (reell und) nicht negativ sind.*

---

*) Hinsichtlich einer Basis von X (und damit von Z) ist φ und $\hat{\varphi}$ dieselbe Matrix zugeordnet.

Beweis: Für beliebige Vektoren $\mathfrak{x}, \mathfrak{y} \in X$ gilt

$$(\varphi^* \circ \varphi\mathfrak{x}) \cdot \mathfrak{y} = \varphi\mathfrak{x} \cdot \varphi\mathfrak{y} = \mathfrak{x} \cdot (\varphi^* \circ \varphi\mathfrak{y}).$$

Daher ist $\varphi^* \circ \varphi$ selbstadjungiert. Weiter sei c ein Eigenwert von $\varphi^* \circ \varphi$ mit dem Eigenvektor $\mathfrak{a}$. Man erhält

$$c(\mathfrak{a} \cdot \mathfrak{a}) = (\varphi^* \circ \varphi\mathfrak{a}) \cdot \mathfrak{a} = \varphi\mathfrak{a} \cdot \varphi\mathfrak{a} \geqq 0.$$

Wegen $\mathfrak{a} \cdot \mathfrak{a} > 0$ folgt hieraus $c \geqq 0$. Analog ergeben sich die Behauptungen für $\varphi \circ \varphi^*$. ◆

Definition 22b: *Eine komplexe quadratische Matrix A heißt eine* **Hermitesche Matrix**, *wenn $A^* = \overline{A}^T = A$ gilt. Ist hierbei A speziell eine reelle Matrix, so erübrigt sich die Konjugiertenbildung: Eine reelle quadratische Matrix A wird* **symmetrisch** *genannt, wenn $A = A^T$ gilt.*

Die symmetrischen Matrizen sind hiernach genau die reellen Hermiteschen Matrizen. Da bei Transposition die Elemente der Hauptdiagonale nicht geändert werden, müssen sie in Hermiteschen Matrizen mit ihren konjugierten Zahlen übereinstimmen. Daher gilt: Eine Hermitesche Matrix besitzt reelle Hauptdiagonal-Elemente.

22.5 *Es sei X ein endlich-dimensionaler unitärer (euklidischer) Raum, und $\{\mathfrak{e}_1, \ldots, \mathfrak{e}_n\}$ sei eine Orthonormalbasis von X: Ein Endomorphismus φ von X ist genau dann selbstadjungiert, wenn ihm hinsichtlich dieser Basis eine Hermitesche (symmetrische) Matrix entspricht.*

Beweis: Die Behauptung folgt unmittelbar aus 21.5: $A = A^*$ gilt genau dann, wenn $\varphi = \varphi^*$, wenn also φ selbstadjungiert ist. ◆

Wegen dieses Satzes und wegen 22.2, 22.3 erhält man:

22.6 *Alle Eigenwerte einer Hermiteschen oder symmetrischen Matrix sind reell. Insbesondere besitzt das charakteristische Polynom einer Hermiteschen Matrix reelle Koeffizienten; speziell sind die Determinante und die Spur einer Hermiteschen Matrix reell.*

Jede Hermitesche oder symmetrische Matrix ist zu einer reellen Diagonalmatrix ähnlich.

Eine mit den selbstadjungierten Endomorphismen verwandte Art wird durch die folgende Definition charakterisiert.

Definition 22c: *Ein Endomorphismus φ eines euklidischen oder unitären Raumes X heißt* **anti-selbstadjungiert**, *wenn für alle Vektoren $\mathfrak{x}, \mathfrak{y} \in X$ gilt:*

$$\varphi\mathfrak{x} \cdot \mathfrak{y} = -(\mathfrak{x} \cdot \varphi\mathfrak{y}).$$

Gleichwertig mit dieser Eigenschaft ist offenbar $\varphi^* = -\varphi$.

22. 7 *Jeder anti-selbstadjungierte Endomorphismus ist normal.*

Beweis: Wegen $\varphi^* = -\varphi$ ist φ^* mit φ vertauschbar. ◆

22. 8 *Es sei φ ein anti-selbstadjungierter Endomorphismus von X. Für jeden Vektor $\mathfrak{x} \in X$ gilt dann* Re $(\varphi\mathfrak{x} \cdot \mathfrak{x}) = 0$. *Ist X ein euklidischer Raum, so ist ein Endomorphismus φ genau dann anti-selbstadjungiert, wenn $\varphi\mathfrak{x} \cdot \mathfrak{x} = 0$ für alle $\mathfrak{x} \in X$ gilt; d. h. wenn $\mathfrak{x}$ stets auf seinem Bildvektor $\varphi\mathfrak{x}$ senkrecht steht.*

Beweis: Es gilt $\varphi\mathfrak{x} \cdot \mathfrak{x} = -\mathfrak{x} \cdot \varphi\mathfrak{x} = -\overline{\varphi\mathfrak{x} \cdot \mathfrak{x}}$ und daher

$$\operatorname{Re}(\varphi\mathfrak{x} \cdot \mathfrak{x}) = \frac{1}{2}(\varphi\mathfrak{x} \cdot \mathfrak{x} + \overline{\varphi\mathfrak{x} \cdot \mathfrak{x}}) = 0.$$

Speziell im Fall eines euklidischen (reellen) Raumes X ist dies gleichwertig mit $\varphi\mathfrak{x} \cdot \mathfrak{x} = 0$. Umgekehrt gelte im euklidischen Fall $\varphi\mathfrak{x} \cdot \mathfrak{x} = 0$ für alle $\mathfrak{x} \in X$. Ersetzt man hierin $\mathfrak{x}$ durch $\mathfrak{x} + \mathfrak{y}$, so erhält man

$$0 = (\varphi\mathfrak{x} + \varphi\mathfrak{y}) \cdot (\mathfrak{x} + \mathfrak{y}) = \varphi\mathfrak{x} \cdot \mathfrak{x} + \varphi\mathfrak{y} \cdot \mathfrak{x} + \varphi\mathfrak{x} \cdot \mathfrak{y} + \varphi\mathfrak{y} \cdot \mathfrak{y} = \mathfrak{x} \cdot \varphi\mathfrak{y} + \varphi\mathfrak{x} \cdot \mathfrak{y},$$

also $\varphi\mathfrak{x} \cdot \mathfrak{y} = -\mathfrak{x} \cdot \varphi\mathfrak{y}$; d. h. φ ist anti-selbstadjungiert. ◆

Speziell folgt aus diesem Satz noch:

22. 9 *Die Realteile aller Eigenwerte eines anti-selbstadjungierten Endomorphismus φ verschwinden.*

Beweis: Es sei c ein Eigenwert von φ und $\mathfrak{a}$ ein zugehöriger Eigenvektor.

Dann gilt wegen des vorangehenden Satzes und wegen $\mathfrak{a} \cdot \mathfrak{a} > 0$

$$(\operatorname{Re} c)\ (\mathfrak{a} \cdot \mathfrak{a}) = \operatorname{Re}(c\mathfrak{a} \cdot \mathfrak{a}) = \operatorname{Re}(\varphi\mathfrak{a} \cdot \mathfrak{a}) = 0,$$

also Re $c = 0$. ◆

Definition 22d: *Eine quadratische komplexe bzw. reelle Matrix A heißt eine* **schief-Hermitesche** *bzw.* **schiefsymmetrische** *Matrix wenn $A^* = \overline{A}^T = -A$ bzw. $A^T = -A$ gilt.*

Wie oben schließt man, daß die Hauptdiagonalelemente einer schief-Hermiteschen Matrix verschwindende Realteile besitzen und daß in der Hauptdiagonale einer schiefsymmetrischen Matrix lauter Nullen stehen müssen. Ebenso wie bei 22. 5 folgt unmittelbar mit Hilfe von 21. 5:

22. 10 *Es sei X ein endlich-dimensionaler unitärer (euklidischer) Raum, und $\{\mathfrak{e}_1, \ldots, \mathfrak{e}_n\}$ sei eine Orthonormalbasis von X: Ein Endomorphismus φ von X ist genau dann anti-selbstadjungiert, wenn ihm hinsichtlich dieser Basis eine schief-Hermitesche (schiefsymmetrische) Matrix entspricht.*

Wegen 22. 7, 22. 9 und 22. 10 ergibt sich mit Hilfe von 21. 9:

22. 11 *Zu jedem anti-selbstadjungierten Endomorphismus φ eines endlich-dimensionalen unitären Raumes existiert eine Orthonormalbasis aus lauter Eigenvektoren von φ. Hinsichtlich dieser Basis entspricht φ eine Diagonalmatrix, deren Hauptdiagonalelemente verschwindende Realteile besitzen. Jede schief-*HERMITE*sche Matrix ist zu einer derartigen Diagonalmatrix ähnlich.*

Ebenso erhält man mit Hilfe von 21. 13:

22. 12 *Zu jedem anti-selbstadjungierten Endomorphismus φ eines endlich-dimensionalen euklidischen Raumes existiert eine Orthonormalbasis, hinsichtlich derer φ eine reelle Matrix folgender Gestalt entspricht:*

$$\begin{pmatrix} 0 & & & & & \\ & \ddots & & & & \\ & & 0 & & & \\ & & & \boxed{\begin{matrix} 0 & -a_1 \\ a_1 & 0 \end{matrix}} & & \\ & & & & \ddots & \\ & & & & & \boxed{\begin{matrix} 0 & -a_k \\ a_k & 0 \end{matrix}} \end{pmatrix}.$$

Jede schiefsymmetrische Matrix ist zu einer derartigen Matrix ähnlich.

Da die in diesem Satz angegebene spezielle Matrix offenbar geradzahligen Rang besitzt, ergibt sich noch: Anti-selbstadjungierte Endomorphismen endlich-dimensionaler euklidischer Räume besitzen stets einen geradzahligen Rang. In euklidischen Räumen ungerader Dimension ist daher jeder anti-selbstadjungierte Endomorphismus singulär.

Mit Hilfe der selbstadjungierten und anti-selbstadjungierten Endomorphismen ergibt sich schließlich noch ein Darstellungssatz für beliebige Endomorphismen:

22. 13 *Jeder beliebige Endomorphismus φ eines unitären oder euklidischen Raumes, zu dem der adjungierte Endomorphismus φ^* existiert, kann auf genau eine Weise in der Form $\varphi = \varphi_1 + \varphi_2$ mit einem selbstadjungierten Endomorphismus φ_1 und einem anti-selbstadjungierten Endomorphismus φ_2 dargestellt werden. Es gilt*

$$\varphi_1 = \frac{1}{2}(\varphi + \varphi^*) \quad \textit{und} \quad \varphi_2 = \frac{1}{2}(\varphi - \varphi^*).$$

Beweis: Definiert man φ_1 und φ_2 in der angegebenen Weise, so gilt offenbar $\varphi = \varphi_1 + \varphi_2$. Ferner ist φ_1 wegen

$$\varphi_1^* = \frac{1}{2}(\varphi + \varphi^*)^* = \frac{1}{2}(\varphi^* + \varphi) = \varphi_1 \text{ *)}$$

selbstadjungiert. Entsprechend ist φ_2 wegen

$$\varphi_2^* = \frac{1}{2}(\varphi - \varphi^*)^* = \frac{1}{2}(\varphi^* - \varphi) = -\varphi_2$$

anti-selbstadjungiert. Gilt umgekehrt $\varphi = \psi_1 + \psi_2$ mit einem selbstadjungierten Endomorphismus ψ_1 und einem anti-selbstadjungierten Endomorphismus ψ_2, so folgt $\varphi^* = \psi_1^* + \psi_2^* = \psi_1 - \psi_2$ und hieraus

$$\psi_1 = \frac{1}{2}(\varphi + \varphi^*) = \varphi_1 \quad \text{und} \quad \psi_2 = \frac{1}{2}(\varphi - \varphi^*) = \varphi_2.$$

Das ist die behauptete Eindeutigkeit der Darstellung. ◆

Ergänzungen und Aufgaben

22 A Die folgende Aufgabe enthält einen anderen Beweis für die Existenz reeller Eigenwerte selbstadjungierter Endomorphismen eines endlich-dimensionalen euklidischen Raumes. Er vermeidet die Einbettung in die komplexe Erweiterung, benutzt aber dafür Hilfsmittel aus der Analysis.

Es sei φ ein selbstadjungierter Endomorphismus eines endlich-dimensionalen euklidischen Raumes X. Durch

$$f(\mathfrak{x}) = \frac{\mathfrak{x} \cdot \varphi\mathfrak{x}}{\mathfrak{x} \cdot \mathfrak{x}}$$

wird dann für alle Vektoren $\mathfrak{x} \neq \mathfrak{o}$ eine reellwertige Funktion f definiert.

Aufgabe:

1). Mit $\mathfrak{e}_{\mathfrak{x}} = \frac{1}{|\mathfrak{x}|}\mathfrak{x} \quad (\mathfrak{x} \neq \mathfrak{o})$ gilt $f(\mathfrak{x}) = f(\mathfrak{e}_{\mathfrak{x}})$.

2). f ist eine stetige Funktion der Koordinaten von $\mathfrak{x}$ und besitzt daher nach einem bekannten Satz der Analysis auf der kompakten (d. h. beschränkten und abgeschlossenen) Einheitssphäre $\{\mathfrak{x}: |\mathfrak{x}| = 1\}$ ein Minimum. Dieses Minimum werde für den Einheitsvektor $\mathfrak{e}$ angenommen.
(Die Kompaktheit der Einheitssphäre ist eine Folge der endlichen Dimension.)

3). Es gilt $f(\mathfrak{x}) \geqq f(\mathfrak{e})$ für alle Vektoren $\mathfrak{x} \neq \mathfrak{o}$.

4). Bei beliebig gewähltem $\mathfrak{x} \neq \mathfrak{o}$ besitzt die Funktion

$$g(t) = f(\mathfrak{e} + t\mathfrak{x})$$

der reellen Veränderlichen t an der Stelle $t = 0$ ein relatives Minimum.

5). Für die erste Ableitung an der Stelle $t = 0$ gilt

$$g'(0) = 2\mathfrak{x} \cdot [\varphi\mathfrak{e} - (\mathfrak{e} \cdot \varphi\mathfrak{e})\,\mathfrak{e}].$$

---

*) Unmittelbar aus der Definition der adjungierten Abbildungen folgt $(\varphi + \psi)^* = \varphi^* + \psi^*$.

6). Aus 4) und 5) folgt $\varphi\mathfrak{e} = (\mathfrak{e} \cdot \varphi\mathfrak{e})\,\mathfrak{e}$; d. h. $\mathfrak{e}$ ist ein Eigenvektor von φ mit dem reellen Eigenwert $c = \mathfrak{e} \cdot \varphi\mathfrak{e}$.

7). Für den zu $\mathfrak{e}$ orthogonalen Unterraum $U = [\mathfrak{e}]^{\perp}$ gilt $\varphi U \leq U$; d. h. φ induziert einen selbstadjungierten Endomorphismus von U.

8). Folgere aus 6) und 7) durch vollständige Induktion über die Dimension, daß φ lauter reelle Eigenwerte besitzt und daß eine aus lauter Eigenvektoren von φ bestehende Orthonormalbasis von X existiert.

22 B Es sei φ ein selbstadjungierter Endomorphismus eines unitären oder euklidischen Raumes X, für den $\varphi \circ \varphi = \varphi$ gilt. Ferner werde $U = \varphi X$ gesetzt.

Aufgabe: Zu jedem Vektor $\mathfrak{x} \in X$ existiert die orthogonale Projektion $\mathfrak{x}_U$ in U, und es gilt $\mathfrak{x}_U = \varphi\mathfrak{x}$.

22 C **Aufgabe:** In dem charakteristischen Polynom $f(t)$ einer schiefsymmetrischen Matrix gerader Reihenzahl tritt t nur in geraden Potenzen auf.

22 D **Aufgabe:** Es sei φ ein selbstadjungierter Endomorphismus eines endlich-dimensionalen euklidischen oder unitären Raumes mit lauter positiven Eigenwerten. Zeige, daß dann φ und $\varphi \circ \varphi$ dieselben Eigenvektoren besitzen und daß die Eigenwerte von $\varphi \circ \varphi$ die Quadrate der Eigenwerte von φ sind.

§ 23 Orthogonale und unitäre Abbildungen

Mit die wichtigsten linearen Abbildungen zwischen unitären bzw. euklidischen Räumen sind diejenigen, die das skalare Produkt invariant lassen.

Definition 23a: *Es seien X und Y zwei unitäre bzw. euklidische Räume: Eine lineare Abbildung $\varphi: X \to Y$ wird eine* **unitäre** *bzw.* **orthogonale Abbildung** *genannt, wenn für je zwei Vektoren $\mathfrak{x}, \mathfrak{x}' \in X$ gilt:*

$$\varphi\mathfrak{x} \cdot \varphi\mathfrak{x}' = \mathfrak{x} \cdot \mathfrak{x}'.$$

Derartige Abbildungen können noch auf verschiedene andere Weisen gekennzeichnet werden:

23. 1 *Folgende Aussagen sind paarweise gleichwertig:*

(1) *$\varphi: X \to Y$ ist eine unitäre bzw. orthogonale Abbildung.*

(2) *Aus $|\mathfrak{x}| = 1$ folgt stets $|\varphi\mathfrak{x}| = 1$.*

(3) *Für alle $\mathfrak{x} \in X$ gilt $|\mathfrak{x}| = |\varphi\mathfrak{x}|$.*

(4) *Ist $\{\mathfrak{e}_1, \ldots, \mathfrak{e}_n\}$ ein Orthonormalsystem von X, so ist $\{\varphi\mathfrak{e}_1, \ldots, \varphi\mathfrak{e}_n\}$ ein Orthonormalsystem von Y.*

Beweis:

(1) → (2): Aus $|\mathfrak{x}| = 1$ folgt $\varphi\mathfrak{x} \cdot \varphi\mathfrak{x} = \mathfrak{x} \cdot \mathfrak{x} = 1$, also auch $|\varphi\mathfrak{x}| = 1$.

(2) → (3): Ohne Beschränkung der Allgemeinheit kann $\mathfrak{x} \neq \mathfrak{o}$ angenommen werden. Mit $\mathfrak{e} = \frac{1}{|\mathfrak{x}|}\mathfrak{x}$ gilt $\mathfrak{x} = |\mathfrak{x}|\mathfrak{e}$ und $|\mathfrak{e}| = 1$, also $|\varphi\mathfrak{x}| = |\mathfrak{x}|\;|\varphi\mathfrak{e}| = |\mathfrak{x}|$.

(3) → (4): Für $\nu \neq \mu$ ($\nu, \mu = 1, \ldots, n$) gilt

$$\begin{aligned} 2\,\mathrm{Re}\,(\varphi\mathfrak{e}_\nu \cdot \varphi\mathfrak{e}_\mu) &= |\varphi(\mathfrak{e}_\nu + \mathfrak{e}_\mu)|^2 - |\varphi\mathfrak{e}_\nu|^2 - |\varphi\mathfrak{e}_\mu|^2 \\ &= |\mathfrak{e}_\nu + \mathfrak{e}_\mu|^2 - |\mathfrak{e}_\nu|^2 - |\mathfrak{e}_\mu|^2 = 0, \\ 2\,\mathrm{Im}\,(\varphi\mathfrak{e}_\nu \cdot \varphi\mathfrak{e}_\mu) &= |\varphi(\mathfrak{e}_\nu + i\mathfrak{e}_\mu)|^2 - |\varphi\mathfrak{e}_\nu|^2 - |\varphi\mathfrak{e}_\mu|^2 \\ &= |\mathfrak{e}_\nu + i\mathfrak{e}_\mu|^2 - |\mathfrak{e}_\nu|^2 - |\mathfrak{e}_\mu|^2 = 0. \end{aligned}$$

Es folgt $\varphi\mathfrak{e}_\nu \cdot \varphi\mathfrak{e}_\mu = 0$ für $\nu \neq \mu$ und nach Voraussetzung auch $|\varphi\mathfrak{e}_\nu| = |\mathfrak{e}_\nu| = 1$. Daher ist $\{\varphi\mathfrak{e}_1, \ldots, \varphi\mathfrak{e}_n\}$ ein Orthonormalsystem.

(4) → (1): Für beliebige Vektoren $\mathfrak{x}, \mathfrak{x}' \in X$ ist $\varphi\mathfrak{x} \cdot \varphi\mathfrak{x}' = \mathfrak{x} \cdot \mathfrak{x}'$ nachzuweisen. Es kann $\mathfrak{x} \neq \mathfrak{o}$ angenommen werden. Gilt nun erstens $\mathfrak{x}' = c\mathfrak{e}$ mit $\mathfrak{e} = \frac{1}{|\mathfrak{x}|}\mathfrak{x}$, so folgt $\mathfrak{x} \cdot \mathfrak{x}' = |\mathfrak{x}|\bar{c}(\mathfrak{e} \cdot \mathfrak{e}) = |\mathfrak{x}|\bar{c}$ und $\varphi\mathfrak{x} \cdot \varphi\mathfrak{x}' = |\mathfrak{x}|\bar{c}(\varphi\mathfrak{e} \cdot \varphi\mathfrak{e})$. Nach Voraussetzung ist aber mit $\{\mathfrak{e}\}$ auch $\{\varphi\mathfrak{e}\}$ ein Orthonormalsystem. Es gilt also $\varphi\mathfrak{e} \cdot \varphi\mathfrak{e} = 1$ und daher $\varphi\mathfrak{x} \cdot \varphi\mathfrak{x}' = \mathfrak{x} \cdot \mathfrak{x}'$. Zweitens seien die Vektoren $\mathfrak{x}, \mathfrak{x}'$ linear unabhängig. Wegen 20. 1 gibt es dann eine Orthonormalbasis $\{\mathfrak{e}_1, \mathfrak{e}_2\}$ des von $\mathfrak{x}$ und $\mathfrak{x}'$ aufgespannten Unterraums. Es gelte $\mathfrak{x} = x_1\mathfrak{e}_1 + x_2\mathfrak{e}_2$ und $\mathfrak{x}' = x_1'\mathfrak{e}_1 + x_2'\mathfrak{e}_2$. Da auch $\{\varphi\mathfrak{e}_1, \varphi\mathfrak{e}_2\}$ ein Orthonormalsystem ist, folgt $\varphi\mathfrak{x} \cdot \varphi\mathfrak{x}' = x_1\bar{x}_1' + x_2\bar{x}_2' = \mathfrak{x} \cdot \mathfrak{x}'$. ◆

Wegen 23. 1 (4) ergibt sich noch unmittelbar: Die komplexe Fortsetzung einer orthogonalen Abbildung ist eine unitäre Abbildung.

23. 2 *Jede unitäre oder orthogonale Abbildung φ ist injektiv.*

Beweis: Aus $\varphi\mathfrak{x} = \mathfrak{o}$ folgt wegen 23. 1 (3) auch $|\mathfrak{x}| = |\varphi\mathfrak{x}| = 0$, also $\mathfrak{x} = \mathfrak{o}$. Daher gilt Kern $\varphi = [\mathfrak{o}]$, und wegen 8. 8 ist φ injektiv. ◆

23. 3 *Es sei φ eine unitäre bzw. orthogonale Abbildung von X auf Y. Dann ist auch φ^{-1} eine unitäre bzw. orthogonale Abbildung. Es existiert die zu φ adjungierte Abbildung φ^*, und es gilt $\varphi^* = \varphi^{-1}$. Ist umgekehrt φ ein Isomorphismus von X auf Y mit $\varphi^{-1} = \varphi^*$, so ist φ eine unitäre bzw. orthogonale Abbildung.*

Beweis: Zu beliebigen Vektoren $\mathfrak{y}, \mathfrak{y}' \in Y$ gibt es Vektoren $\mathfrak{x}, \mathfrak{x}' \in X$ mit $\mathfrak{y} = \varphi\mathfrak{x}$ und $\mathfrak{y}' = \varphi\mathfrak{x}'$. Es folgt

$$\varphi^{-1}\mathfrak{y} \cdot \varphi^{-1}\mathfrak{y}' = (\varphi^{-1} \circ \varphi\mathfrak{x}) \cdot (\varphi^{-1} \circ \varphi\mathfrak{x}') = \mathfrak{x} \cdot \mathfrak{x}' = \varphi\mathfrak{x} \cdot \varphi\mathfrak{x}' = \mathfrak{y} \cdot \mathfrak{y}'.$$

Daher ist auch φ^{-1} unitär bzw. orthogonal. Weiter gilt

$$\varphi\mathfrak{x} \cdot \mathfrak{y}' = \varphi\mathfrak{x} \cdot \varphi\mathfrak{x}' = \mathfrak{x} \cdot \mathfrak{x}' = \mathfrak{x} \cdot \varphi^{-1}\mathfrak{y}'.$$

Somit ist φ^{-1} die zu φ adjungierte Abbildung.

Umgekehrt sei $\varphi: X \to Y$ ein Isomorphismus mit $\varphi^{-1} = \varphi^*$. Dann folgt $\varphi\mathfrak{x} \cdot \varphi\mathfrak{x}' = \mathfrak{x} \cdot (\varphi^* \circ \varphi\mathfrak{x}') = \mathfrak{x} \cdot \mathfrak{x}'$; d. h. φ ist eine unitäre bzw. orthogonale Abbildung. ◆

Definition 23b: *Eine komplexe quadratische Matrix A heißt eine* **unitäre Matrix,** *wenn sie regulär ist und wenn gilt*

$$A^{-1} = A^* = \bar{A}^T.$$

Im Fall einer reellen Matrix geht die Bedingung in

$$A^{-1} = A^T$$

über; es wird dann A eine **orthogonale Matrix** *genannt.*

23. 4 *Es gelte* Dim $X =$ Dim $Y < \infty$: *Eine lineare Abbildung* $\varphi: X \to Y$ *ist genau dann unitär (orthogonal), wenn ihr hinsichtlich beliebiger Orthonormalbasen von X und Y eine unitäre (orthogonale) Matrix entspricht. Ebenso ist ein Endomorphismus* $\varphi: X \to X$ *genau dann unitär (orthogonal), wenn ihm hinsichtlich einer Orthonormalbasis von X eine unitäre (orthogonale) Matrix entspricht.*

Beweis: Hinsichtlich zweier Orthonormalbasen von X und Y bzw. hinsichtlich einer Orthonormalbasis von X entspreche φ die Matrix A. Bezüglich derselben Basen ist dann der adjungierten Abbildung φ^* nach 21. 5 die Matrix A^* zugeordnet. Daher ist $A^{-1} = A^*$ gleichwertig mit $\varphi^{-1} = \varphi^*$. Die Behauptung ergibt sich hieraus wegen 23. 3. ◆

23. 5 *Für n-reihige quadratische Matrizen* $A = (a_{\nu,\mu})$ *sind folgende Aussagen paarweise gleichwertig:*

(1) *A ist eine unitäre (orthogonale) Matrix.*

(2) *Die Zeilen von A bilden ein Orthonormalsystem; d. h. es gilt*

$$\sum_{\varrho=1}^{n} a_{\nu,\varrho}\, \bar{a}_{\mu,\varrho} = \delta_{\nu,\mu}{}^{1)} \qquad (\nu, \mu = 1, \ldots, n).$$

(3) *Die Spalten von A bilden ein Orthonormalsystem; d. h. es gilt*

$$\sum_{\varrho=1}^{n} a_{\varrho,\nu}\, \bar{a}_{\varrho,\mu} = \delta_{\nu,\mu}{}^{1)} \qquad (\nu, \mu = 1, \ldots, n).$$

Beweis: Die Gleichungen aus (2) sind gleichwertig mit $AA^* = E$, die Gleichungen aus (3) mit $A^*A = E$. Jede dieser beiden Gleichungen ist aber gleichbedeutend mit $A^{-1} = A^*$. ◆

23. 6 *Jeder unitäre oder orthogonale Automorphismus* φ *ist normal, und alle Eigenwerte von* φ *besitzen den Betrag* 1. *Im Fall endlicher Dimension gilt insbesondere* $|\,\text{Det}\, \varphi\,| = 1$ *und speziell für orthogonale Endomorphismen* Det $\varphi = \pm 1$. *Ist umgekehrt* φ *ein normaler Endomorphismus eines endlich-*

[1]) Kronecker-Symbol.

dimensionalen unitären Raumes, dessen Eigenwerte sämtlich den Betrag 1 *haben, so ist* φ *unitär.*

Beweis: φ sei unitär (orthogonal). Nach 23. 3 gilt $\varphi^* = \varphi^{-1}$. Daher ist φ^* mit φ vertauschbar; d. h. φ ist normal. Weiter sei c ein Eigenwert von φ mit $\mathfrak{a}$ als Eigenvektor. Wegen 23. 1 (3) folgt $|\mathfrak{a}| = |\varphi\mathfrak{a}| = |c|\,|\mathfrak{a}|$ und daher $|c| = 1$. Im Fall endlicher Dimension erhält man weiter

$$|\operatorname{Det}\varphi| = |\operatorname{Det}\varphi^*| = |\operatorname{Det}\varphi^{-1}| = |\operatorname{Det}\varphi|^{-1}\,{}^{*})$$

und hieraus $|\operatorname{Det}\varphi| = 1$. Im Fall eines orthogonalen Endomorphismus ist die Determinante reell; es muß also $\operatorname{Det}\varphi = \pm 1$ gelten.

Weiter sei jetzt φ ein normaler Endomorphismus eines endlich-dimensionalen unitären Raumes X. Wegen 21. 9 gibt es dann eine Orthonormalbasis von X, die aus lauter Eigenvektoren von φ besteht. Hinsichtlich dieser Basis entspricht φ eine Diagonalmatrix A, deren Hauptdiagonalelemente gerade die Eigenwerte c_ν von φ sind. Wegen 21. 5 entspricht dem adjungierten Endomorphismus φ^* hinsichtlich derselben Basis die Diagonalmatrix A^* mit den Hauptdiagonalelementen $\bar{c}_\nu$. Wenn nun $|c_\nu| = 1$, also auch $c_\nu\bar{c}_\nu = 1$ für alle Eigenwerte gilt, folgt $AA^* = E$ und daher $\varphi^* = \varphi^{-1}$. Wegen 23. 3 ist somit φ unitär. ◆

23. 7 *Die Menge* $\mathfrak{G}$ *aller unitären (orthogonalen) Endomorphismen eines unitären (euklidischen) Raumes* X *auf sich ist hinsichtlich der Multiplikation der Endomorphismen eine Gruppe, die* **unitäre (orthogonale) Gruppe** *des Raumes.*

Beweis: Mit φ und ψ bildet auch $\psi \circ \varphi$ Orthonormalsysteme auf Orthonormalsysteme ab. Wegen 23. 1 folgt daher aus $\varphi, \psi \in \mathfrak{G}$ auch $\psi \circ \varphi \in \mathfrak{G}$. Trivialerweise enthält $\mathfrak{G}$ die Identität. Schließlich folgt aus $\varphi \in \mathfrak{G}$ wegen 23. 2 zunächst die Existenz von φ^{-1} und wegen 23. 3 weiter $\varphi^{-1} \in \mathfrak{G}$. ◆

Die unitären bzw. orthogonalen und die selbstadjungierten Endomorphismen ermöglichen eine bemerkenswerte Darstellung beliebiger Automorphismen endlich-dimensionaler Räume.

23. 8 *Es sei* X *ein endlich-dimensionaler unitärer (euklidischer) Raum, und* φ *sei ein beliebiger Automorphismus von* X. *Dann kann* φ *auf genau eine Weise in der Form* $\varphi = \chi \circ \psi$ *mit einem unitären (orthogonalen) Endomorphismus* χ *und einem selbstadjungierten Endomorphismus* ψ *mit lauter positiven Eigenwerten dargestellt werden.*

Beweis: Setzt man $\psi_0 = \varphi^* \circ \varphi$, so ist ψ_0 wegen 22. 4 selbstadjungiert und besitzt lauter nicht-negative, reelle Eigenwerte. Wegen 21. 3 ist mit φ auch φ^* und somit ebenfalls ψ_0 ein Automorphismus. Die Eigenwerte von ψ_0 sind

---

*) Aus der entsprechenden Beziehung für Matrizen (vgl. S. 137 unten) folgt $\operatorname{Det}\varphi^* = \overline{\operatorname{Det}\varphi}$.

daher sogar positiv. Nach 22. 3 existiert eine Orthonormalbasis $\{e_1, \ldots, e_n\}$ von X, die aus lauter Eigenvektoren von ψ_0 besteht. Es gilt also $\psi_0 e_\nu = c_\nu e_\nu$ mit $c_\nu > 0$ $(\nu = 1, \ldots, n)$. Durch $\psi e_\nu = {}_+\sqrt{c_\nu}\, e_\nu$ wird nun wieder ein selbstadjungierter Automorphismus von X mit lauter positiven Eigenwerten definiert. Für ihn gilt offenbar $\psi \circ \psi = \psi_0 = \varphi^* \circ \varphi$ und wegen der Selbstadjungiertheit auch $\psi = \psi^*$ und $\psi^{-1} = (\psi^{-1})^*$. Setzt man jetzt noch $\chi = \varphi \circ \psi^{-1}$, so erhält man

$$\begin{aligned}\chi^{-1} &= \psi \circ \varphi^{-1} = \psi^{-1} \circ \psi \circ \psi \circ \varphi^{-1} = \psi^{-1} \circ \varphi^* \circ \varphi \circ \varphi^{-1} = (\psi^{-1})^* \circ \varphi^* \\ &= (\varphi \circ \psi^{-1})^* = \chi^*.\end{aligned}$$

Daher ist χ unitär (orthogonal), und es gilt $\varphi = \chi \circ \psi$ wegen der Definition von χ.

Damit ist die Möglichkeit der behaupteten Darstellung bewiesen. Zum Nachweis ihrer Eindeutigkeit gelte jetzt $\varphi = \chi' \circ \psi'$ mit einem unitären (orthogonalen) Endomorphismus χ' und einem selbstadjungierten Endomorphismus ψ', der lauter positive Eigenwerte besitzt. Wegen $\chi'^* = \chi'^{-1}$ und $\psi'^* = \psi'$ ergibt sich

$$\psi \circ \psi = \psi_0 = \varphi^* \circ \varphi = \psi' \circ \chi'^{-1} \circ \chi' \circ \psi' = \psi' \circ \psi'.$$

Nun besitzen ψ' und $\psi' \circ \psi'$ dieselben Eigenvektoren, und die Eigenwerte von $\psi' \circ \psi'$ sind die Quadrate der Eigenwerte von ψ' (vgl. 22 D). Nach der letzten Gleichung gilt $(\psi' \circ \psi')\, e_\nu = (\psi \circ \psi)\, e_\nu = c_\nu e_\nu$. Da aber die Eigenwerte von ψ' positiv sein sollten, folgt $\psi' e_\nu = {}_+\sqrt{c_\nu}\, e_\nu = \psi e_\nu$ $(\nu = 1, \ldots, n)$ und daher $\psi' = \psi$. Hieraus ergibt sich schließlich auch $\chi' = \varphi \circ \psi'^{-1} = \varphi \circ \psi^{-1} = \chi$. ◆

In 22. 6 wurde gezeigt, daß jede HERMITEsche bzw. symmetrische Matrix A zu einer reellen Diagonalmatrix D ähnlich ist. Es gilt dann also $D = S^{-1}AS$ mit einer regulären Matrix S. Der folgende Satz zeigt, daß hierbei S sogar als unitäre bzw. orthogonale Matrix gewählt werden kann.

23. 9 *Zu jeder HERMITEschen bzw. symmetrischen Matrix A gibt es eine unitäre bzw. orthogonale Matrix S derart, daß $S^{-1}AS$ eine reelle Diagonalmatrix D ist. Insbesondere gilt dann auch $D = S^*AS$.*

Beweis: Nach 22. 5 entspricht A hinsichtlich einer Orthonormalbasis ein selbstadjungierter Endomorphismus φ. Zu φ existiert weiter nach 22. 3 eine Orthonormalbasis aus Eigenvektoren von φ, hinsichtlich derer dann φ eine reelle Diagonalmatrix D zugeordnet ist. Zu der Transformation der neuen Orthonormalbasis in die alte gehört wegen 23. 1 und 23. 4 als Transformationsmatrix eine unitäre bzw. orthogonale Matrix S. Es gilt dann $D = S^{-1}AS$ und wegen $S^{-1} = S^*$ auch $D = S^*AS$. ◆

Abschließend kann jetzt auch die Frage untersucht werden, wie sich allgemein in endlich-dimensionalen reellen oder komplexen Vektorräumen ein skalares Produkt definieren läßt.

23. 10 *Es sei X ein endlich-dimensionaler komplexer oder reeller Vektorraum, und $\{\mathfrak{a}_1, \ldots, \mathfrak{a}_n\}$ sei eine beliebige Basis von X. Für die Vektoren $\mathfrak{x}, \mathfrak{y} \in X$ gelte $\mathfrak{x} = x_1\mathfrak{a}_1 + \cdots + x_n\mathfrak{a}_n$ und $\mathfrak{y} = y_1\mathfrak{a}_1 + \cdots + y_n\mathfrak{a}_n$. Dann wird durch*

$$(*) \qquad \mathfrak{x} \cdot \mathfrak{y} = \sum_{\mu,\nu=1}^{n} x_\nu a_{\nu,\mu} \overline{y_\mu} = (x_1, \ldots, x_n) A \begin{pmatrix} \overline{y_1} \\ \vdots \\ \overline{y_n} \end{pmatrix}$$

in X genau dann ein skalares Produkt definiert, wenn $A = (a_{\nu,\mu})$ eine Hermite*sche bzw. symmetrische Matrix mit lauter positiven Eigenwerten ist.*

Beweis: Zunächst sei durch (*) ein skalares Produkt definiert. Dann gilt $a_{\nu,\mu} = \mathfrak{a}_\nu \cdot \mathfrak{a}_\mu = \overline{\mathfrak{a}_\mu \cdot \mathfrak{a}_\nu} = \overline{a}_{\mu,\nu}$, also $A = A^*$; d. h. A ist eine Hermitesche bzw. symmetrische Matrix. Weiter sei c ein Eigenwert von A und $\mathfrak{x}$ ein zugehöriger Eigenvektor. Dann gilt

$$\sum_{\nu=1}^{n} x_\nu a_{\nu,\mu} = c x_\mu \qquad (\mu = 1, \ldots n)$$

und daher

$$\mathfrak{x} \cdot \mathfrak{x} = \sum_{\nu,\mu=1}^{n} x_\nu a_{\nu,\mu} \overline{x}_\mu = c(x_1\overline{x}_1 + \cdots + x_n\overline{x}_n) = c(|x_1|^2 + \cdots + |x_n|^2).$$

Wegen $\mathfrak{x} \cdot \mathfrak{x} > 0$ und $|x_1|^2 + \cdots + |x_n|^2 > 0$ folgt hieraus $c > 0$.

Umgekehrt sei jetzt A eine Hermitesche bzw. symmetrische Matrix mit lauter positiven Eigenwerten. Aus (*) folgt unmittelbar $(\mathfrak{x}_1 + \mathfrak{x}_2) \cdot \mathfrak{y} = \mathfrak{x}_1 \cdot \mathfrak{y} + \mathfrak{x}_2 \cdot \mathfrak{y}$ und $(c\mathfrak{x}) \cdot \mathfrak{y} = c(\mathfrak{x} \cdot \mathfrak{y})$. Weiter erhält man wegen $a_{\nu,\mu} = \overline{a}_{\mu,\nu}$

$$\mathfrak{x} \cdot \mathfrak{y} = \sum_{\nu,\mu=1}^{n} x_\nu a_{\nu,\mu} \overline{y}_\mu = \overline{\sum_{\nu,\mu=1}^{n} y_\mu a_{\mu,\nu} \overline{x}_\nu} = \overline{\mathfrak{y} \cdot \mathfrak{x}}.$$

Es muß also nur noch $\mathfrak{x} \cdot \mathfrak{x} > 0$ für jeden Vektor $\mathfrak{x} \neq \mathfrak{o}$ nachgewiesen werden. Zu A gibt es nun aber nach 23. 9 eine unitäre bzw. orthogonale Matrix S, für die $D = S^*AS$ eine Diagonalmatrix ist. Dabei sind die Hauptdiagonalelemente von D die positiven Eigenwerte $c_1, \ldots, c_n$ von A. Setzt man noch $(x_1', \ldots, x_n') = (x_1, \ldots, x_n) S$, so folgt wegen $SS^* = S^*S = E$

$$\mathfrak{x}\cdot\mathfrak{x} = (x_1,\ldots,x_n)\,A\begin{pmatrix}\overline{x}_1\\ \vdots\\ \overline{x}_n\end{pmatrix} = (x_1,\ldots,x_n)\,SS^*ASS^*\begin{pmatrix}\overline{x}_1\\ \vdots\\ \overline{x}_n\end{pmatrix}$$

$$= (x_1',\ldots,x_n')\,D\begin{pmatrix}\overline{x}_1'\\ \vdots\\ \overline{x}_n'\end{pmatrix} = c_1x_1'\overline{x}_1' + \cdots + c_nx_n'\overline{x}_n'$$

$$= c_1\,|\,x_1'\,|^2 + \cdots + c_n\,|\,x_n'\,|^2.$$

Gilt nun $\mathfrak{x} \neq \mathfrak{o}$, so folgt wegen der Regularität von S auch $x_\nu' \neq 0$ für mindestens einen Index ν und wegen der Positivität der c_ν schließlich $\mathfrak{x}\cdot\mathfrak{x} > 0$. Damit sind die kennzeichnenden Eigenschaften eines skalaren Produkts nachgewiesen. ◆

Ergänzungen und Aufgaben

23 A Aufgabe: Ein unitärer Automorphismus φ ist genau dann selbstadjungiert, wenn $\varphi\circ\varphi$ die Identität ist.

23 B Aufgabe: Man stelle die reelle Matrix

$$A = \begin{pmatrix}2 & -1 & 0\\ 1 & 2 & 1\\ 1 & 0 & -1\end{pmatrix}$$

in der Form $A = BC$ mit einer symmetrischen Matrix B und einer orthogonalen Matrix C dar.

23 C Aufgabe: Für einen orthogonalen Endomorphismus φ eines n-dimensionalen euklidischen Raumes gilt $|\operatorname{Sp}\varphi| \leq n$. Wann steht hier das Gleichheitszeichen?

§ 24 Drehungen

Wegen 23. 6 und 21. 9 gibt es zu jedem unitären Automorphismus φ eines endlich-dimensionalen unitären Raumes (wegen 23. 4 ist ja jeder unitäre Endomorphismus ein Automorphismus) eine Orthonormalbasis aus Eigenvektoren von φ, und φ entspricht hinsichtlich dieser Basis eine Diagonalmatrix, deren Diagonalelemente als Eigenwerte von φ sämtlich den Betrag 1 haben. Umgekehrt ist auch jede solche Diagonalmatrix unitär, und jede unitäre Matrix ist zu einer derartigen Diagonalmatrix ähnlich.

Da man hiernach die unitären Automorphismen und die unitären Matrizen vollständig übersieht, sollen weiterhin nur noch die orthogonalen Automorphismen eines endlich-dimensionalen euklidischen Raumes X untersucht werden.

Nach 21. 13 gibt es zu jedem orthogonalen Automorphismus φ von X eine Orthonormalbasis, hinsichtlich derer φ eine reelle Matrix A der Form

$$A = \begin{pmatrix} c_1 & & & & & & \\ & \ddots & & & & & \\ & & c_k & & & & \\ & & & \boxed{\begin{matrix} a_1 & -b_1 \\ b_1 & a_1 \end{matrix}} & & & \\ & & & & \ddots & & \\ & & & & & \boxed{\begin{matrix} a_r & -b_r \\ b_r & a_r \end{matrix}} \end{pmatrix}$$

entspricht. Die Diagonalelemente $c_1, \ldots, c_k$ müssen dabei als reelle Eigenwerte von φ wegen 23. 6 den Wert $+1$ oder -1 haben. Ferner gilt für die Elemente a_ϱ, b_ϱ eines Zweierkästchens $a_\varrho = \operatorname{Re} c'_\varrho$ und $b_\varrho = \operatorname{Im} c'_\varrho$, wobei c'_ϱ ein komplexer Eigenwert der komplexen Fortsetzung $\hat{\varphi}$ von φ ist. Auch für ihn muß $a_\varrho^2 + b_\varrho^2 = |c'_\varrho|^2 = 1$ gelten. Es gibt daher genau einen Winkel α_ϱ mit $-\pi < \alpha_\varrho \leqq +\pi$ und $\cos \alpha_\varrho = a_\varrho$, $\sin \alpha_\varrho = -b_\varrho$. Damit hat sich ergeben:

24. 1 *Jedem orthogonalen Automorphismus φ von X entspricht hinsichtlich einer geeigneten Orthonormalbasis eine Matrix A der Form*

$$A = \begin{pmatrix} +1 & & & & & & & \\ & \ddots & & & & & & \\ & & +1 & & & & & \\ & & & -1 & & & & \\ & & & & \ddots & & & \\ & & & & & -1 & & \\ & & & & & & \square & \\ & & & & & & & \ddots \\ & & & & & & & & \square \end{pmatrix},$$

wobei jedes Zweierkästchen seinerseits die Gestalt

$$\boxed{\begin{matrix} \cos \alpha_\varrho & \sin \alpha_\varrho \\ -\sin \alpha_\varrho & \cos \alpha_\varrho \end{matrix}}$$

besitzt. Jede orthogonale Matrix ist zu einer Matrix der Form A ähnlich.

Die allgemeine Form der Matrix A kann noch etwas einfacher beschrieben werden: Je zwei Diagonalelemente $+1$ können zu einem Zweierkästchen mit dem Winkel $\alpha = 0$, je zwei Diagonalelemente -1 zu einem Zweierkästchen mit dem Winkel $\alpha = \pi$ zusammengefaßt werden. Damit besitzt dann A folgende Form: Entweder treten nur Zweierkästchen der beschriebenen Art auf, oder außerdem noch höchstens eine $+1$ und höchstens eine -1.

Für einen orthogonalen Automorphismus φ von X gilt nach 23. 6 stets $\operatorname{Det} \varphi = \pm 1$.

Definition 24a: *Ein orthogonaler Automorphismus φ von X heißt* **eigentlich orthogonal** *oder eine* **Drehung**, *wenn* $\operatorname{Det} \varphi = +1$ *gilt. Andernfalls wird φ* **uneigentlich orthogonal** *genannt.*

Offenbar bilden die Drehungen eine Untergruppe der orthogonalen Gruppe von X. Da in 24.1 jedes Zweierkästchen die Determinante $\cos^2\alpha_\varrho + \sin^2\alpha_\varrho = +1$ besitzt, folgt noch sofort:

24. 2 *Ein orthogonaler Automorphismus ist genau dann eine Drehung, wenn -1 als Eigenwert eine geradzahlige Vielfachheit (einschließlich der Vielfachheit 0) besitzt.*

Ein Unterraum H von X heißt eine **Hyperebene**, wenn $X = H + [\mathfrak{a}]$ mit $\mathfrak{a} \notin H$ gilt. Im Fall $\operatorname{Dim} X = n$ sind die Hyperebenen von X genau die Unterräume der Dimension $n - 1$. Ist H eine Hyperebene eines euklidischen Raumes X, so gilt sogar $X = H + [\mathfrak{a}]$ mit einem zu H orthogonalen Vektor $\mathfrak{a}$. Jeder Vektor $\mathfrak{x} \in X$ besitzt dann eine eindeutige Darstellung der Form $\mathfrak{x} = \mathfrak{y}_\mathfrak{x} + c_\mathfrak{x}\mathfrak{a}$ mit $\mathfrak{y}_\mathfrak{x} \in H$. Durch $\varphi\mathfrak{x} = \mathfrak{y}_\mathfrak{x} - c_\mathfrak{x}\mathfrak{a}$ wird daher eine Abbildung $\varphi : X \to X$ definiert, die sich unmittelbar als ein Automorphismus erweist. Man nennt φ die **Spieglung** an der Hyperebene H.

24. 3 *Jeder uneigentlich orthogonale Automorphismus φ kann in der Form $\varphi = \varphi_2 \circ \varphi_1$ dargestellt werden, wobei φ_1 eine Drehung und φ_2 eine Spieglung an einer Hyperebene ist. Die Hyperebene kann dabei noch beliebig vorgegeben werden.*

Beweis: Es gelte $\operatorname{Dim} X = n$, und H sei eine Hyperebene, also ein Unterraum der Dimension $n - 1$. Es sei dann weiter $\{\mathfrak{e}_1, \ldots, \mathfrak{e}_{n-1}\}$ eine Orthonormalbasis von H, die durch den Vektor $\mathfrak{e}_n$ zu einer Orthonormalbasis von X ergänzt wird. Durch $\varphi_2\mathfrak{e}_\nu = \mathfrak{e}_\nu$ für $\nu = 1, \ldots, n - 1$ und $\varphi_2\mathfrak{e}_n = -\mathfrak{e}_n$ wird dann ein uneigentlich orthogonaler Automorphismus definiert, der eine Spieglung an der Hyperebene H darstellt. Wegen $\operatorname{Det} \varphi = -1$ erhält man für den orthogonalen Automorphismus $\varphi_1 = \varphi_2^{-1} \circ \varphi$

$$\operatorname{Det} \varphi_1 = (\operatorname{Det} \varphi_2)^{-1} (\operatorname{Det} \varphi) = (-1)(-1) = +1.$$

Daher ist φ_1 eine Drehung. ◆

Definition 24b: *Es seien* $\{\mathfrak{a}_1, \ldots, \mathfrak{a}_n\}$ *und* $\{\mathfrak{a}'_1, \ldots, \mathfrak{a}'_n\}$ *zwei Basen eines reellen Vektorraums. Weiter sei* T *die Transformationsmatrix der Basistransformation* $\{\mathfrak{a}_1, \ldots, \mathfrak{a}_n\} \to \{\mathfrak{a}'_1, \ldots, \mathfrak{a}'_n\}$. *Dann heißen diese beiden Basen* **gleich orientiert,** *wenn* Det $T > 0$ *gilt. Im andern Fall werden sie* **entgegengesetzt orientiert** *genannt.*

Die Beziehung „gleich orientiert" ist offenbar eine Äquivalenzrelation. Die Gesamtheit aller Basen eines endlich-dimensionalen reellen Vektorraums zerfällt daher in zwei Klassen: Je zwei Basen derselben Klasse sind gleich orientiert, während je eine Basis der einen und der anderen Klasse entgegengesetzt orientiert sind. Man nennt den Vektorraum **orientiert,** wenn in ihm eine der beiden Klassen als **positiv orientiert** ausgezeichnet ist. Die Basen aus dieser ausgezeichneten Klasse werden dann ebenfalls positiv orientiert, die aus der anderen Klasse negativ orientiert genannt. Der Orthonormalisierungssatz 20. 1 besagte z. B., daß die Orthonormalisierung einer beliebigen Basis unter Beibehaltung der Orientierung der Unterräume U_k möglich ist.

Es sollen nun zunächst die orthogonalen Automorphismen eines 2-dimensionalen, orientierten euklidischen Raumes untersucht werden.

24. 4 *Es sei* φ *eine Drehung eines 2-dimensionalen, orientierten euklidischen Raumes* X. *Dann gibt es genau einen Winkel* α *mit* $-\pi < \alpha \leqq +\pi$ *und folgender Eigenschaft: Hinsichtlich jeder positiv orientierten Orthonormalbasis ist* φ *dieselbe Matrix*

$$A = \begin{pmatrix} \cos\alpha & \sin\alpha \\ -\sin\alpha & \cos\alpha \end{pmatrix}$$

zugeordnet. Hinsichtlich jeder negativ orientierten Orthonormalbasis entspricht φ *die Matrix* A^T, *die aus* A *auch durch Ersetzung von* α *durch* $-\alpha$ *hervorgeht.*

Beweis: Es sei $\{\mathfrak{e}_1, \mathfrak{e}_2\}$ eine positiv orientierte Orthonormalbasis von X. Es gilt

$$\varphi\mathfrak{e}_1 = (\varphi\mathfrak{e}_1 \cdot \mathfrak{e}_1)\,\mathfrak{e}_1 + (\varphi\mathfrak{e}_1 \cdot \mathfrak{e}_2)\,\mathfrak{e}_2,$$
$$\varphi\mathfrak{e}_2 = (\varphi\mathfrak{e}_2 \cdot \mathfrak{e}_1)\,\mathfrak{e}_1 + (\varphi\mathfrak{e}_2 \cdot \mathfrak{e}_2)\,\mathfrak{e}_2.$$

Wegen $|\varphi\mathfrak{e}_1| = |\mathfrak{e}_1| = 1$ ergibt sich $(\varphi\mathfrak{e}_1 \cdot \mathfrak{e}_1)^2 + (\varphi\mathfrak{e}_1 \cdot \mathfrak{e}_2)^2 = |\varphi\mathfrak{e}_1|^2 = 1$, und es gibt daher genau einen Winkel α mit $-\pi < \alpha \leqq +\pi$ und $\cos\alpha = \varphi\mathfrak{e}_1 \cdot \mathfrak{e}_1$, $\sin\alpha = \varphi\mathfrak{e}_1 \cdot \mathfrak{e}_2$. Es folgt

$$\begin{aligned} \cos\alpha(\varphi\mathfrak{e}_2 \cdot \mathfrak{e}_1) + \sin\alpha(\varphi\mathfrak{e}_2 \cdot \mathfrak{e}_2) &= \varphi\mathfrak{e}_1 \cdot \varphi\mathfrak{e}_2 = \mathfrak{e}_1 \cdot \mathfrak{e}_2 = 0, \\ -\sin\alpha(\varphi\mathfrak{e}_2 \cdot \mathfrak{e}_1) + \cos\alpha(\varphi\mathfrak{e}_2 \cdot \mathfrak{e}_2) &= \text{Det}\,\varphi \qquad\qquad = 1. \end{aligned}$$

Dieses lineare Gleichungssystem besitzt die eindeutig bestimmte Lösung $\varphi\mathfrak{e}_2 \cdot \mathfrak{e}_1 = -\sin\alpha$, $\varphi\mathfrak{e}_2 \cdot \mathfrak{e}_2 = \cos\alpha$. Die φ hinsichtlich $\{\mathfrak{e}_1, \mathfrak{e}_2\}$ zugeordnete

Matrix A hat daher die behauptete Gestalt. Weiter sei jetzt $\{e_1', e_2'\}$ eine zweite Orthonormalbasis von X, und es gelte

$$e_1' = t_{1,1}e_1 + t_{1,2}e_2$$
$$e_2' = t_{2,1}e_1 + t_{2,2}e_2.$$

Die Transformationsmatrix $T = (t_{\nu,\mu})$ muß dabei nach 23. 1 eine orthogonale Matrix sein. Es folgt

$$\varphi e_1' = (t_{1,1}\cos\alpha - t_{1,2}\sin\alpha)\, e_1 + (t_{1,1}\sin\alpha + t_{1,2}\cos\alpha)\, e_2,$$
$$\varphi e_2' = (t_{2,1}\cos\alpha - t_{2,2}\sin\alpha)\, e_1 + (t_{2,1}\sin\alpha + t_{2,2}\cos\alpha)\, e_2.$$

Bei Berücksichtigung der Orthogonalitätsrelationen aus 23. 5 erhält man jetzt

$$\begin{aligned}
\varphi e_1' \cdot e_1' &= t_{1,1}^2 \cos\alpha - t_{1,1}t_{1,2}\sin\alpha + t_{1,2}t_{1,1}\sin\alpha + t_{1,2}^2 \cos\alpha\\
&= (t_{1,1}^2 + t_{1,2}^2)\cos\alpha = \cos\alpha,\\
\varphi e_1' \cdot e_2' &= t_{2,1}t_{1,1}\cos\alpha - t_{2,1}t_{1,2}\sin\alpha + t_{2,2}t_{1,1}\sin\alpha + t_{2,2}t_{1,2}\cos\alpha\\
&= (t_{1,1}t_{2,2} - t_{1,2}t_{2,1})\sin\alpha = (\operatorname{Det} T)\sin\alpha,\\
\varphi e_2' \cdot e_1' &= t_{1,1}t_{2,1}\cos\alpha - t_{1,1}t_{2,2}\sin\alpha + t_{1,2}t_{2,1}\sin\alpha + t_{1,2}t_{2,2}\cos\alpha\\
&= -(t_{1,1}t_{2,2} - t_{1,2}t_{2,1})\sin\alpha = -(\operatorname{Det} T)\sin\alpha,\\
\varphi e_2' \cdot e_2' &= t_{2,1}^2 \cos\alpha - t_{2,1}t_{2,2}\sin\alpha + t_{2,2}t_{2,1}\sin\alpha + t_{2,2}^2 \cos\alpha\\
&= (t_{2,1}^2 + t_{2,2}^2)\cos\alpha = \cos\alpha.
\end{aligned}$$

Für die φ hinsichtlich $\{e_1', e_2'\}$ zugeordnete Matrix folgt hieraus unmittelbar: Ist $\{e_1', e_2'\}$ positiv orientiert, gilt also $\operatorname{Det} T > 0$, so stimmt sie mit A überein; im anderen Fall mit A^T. Wegen $\cos(-\alpha) = \cos\alpha$, $\sin(-\alpha) = -\sin\alpha$ geht A^T aus A bei Ersetzung von α durch $-\alpha$ hervor. ◆

Man nennt α den zu der Drehung φ gehörenden **orientierten Drehwinkel.** Bei entgegengesetzter Orientierung geht α offenbar in $-\alpha$ über.

24. 5 *Die Gruppe aller 2-dimensionalen Drehungen ist abelsch. Sind φ und ψ Drehungen mit den orientierten Drehwinkeln α und β, so ist der orientierte Drehwinkel von $\psi \circ \varphi$ der modulo 2π gerechnete Winkel $\alpha + \beta$.*

Beweis: Die zweite Behauptung folgt aus

$$\begin{pmatrix} \cos\alpha & \sin\alpha \\ -\sin\alpha & \cos\alpha \end{pmatrix}\begin{pmatrix} \cos\beta & \sin\beta \\ -\sin\beta & \cos\beta \end{pmatrix} =$$

$$\begin{pmatrix} \cos\alpha\cos\beta - \sin\alpha\sin\beta & \cos\alpha\sin\beta + \sin\alpha\cos\beta \\ -\sin\alpha\cos\beta - \cos\alpha\sin\beta & -\sin\alpha\sin\beta + \cos\alpha\cos\beta \end{pmatrix}$$

$$= \begin{pmatrix} \cos(\alpha+\beta) & \sin(\alpha+\beta) \\ -\sin(\alpha+\beta) & \cos(\alpha+\beta) \end{pmatrix}.$$

Hieraus folgt auch die erste Behauptung, weil ja die Addition der Winkel kommutativ ist. ◆

Über das Ergebnis von 24. 3 hinaus gilt im Fall der Dimension 2, daß man bei geeigneter Wahl der Hyperebene H, die ja jetzt eine Gerade ist, die Drehung φ_1 entbehren kann:

24. 6 *Ein uneigentlich orthogonaler Automorphismus φ eines 2-dimensionalen euklidischen Raumes ist eine Spieglung an einer eindeutig bestimmten Geraden.*

Beweis: Wegen 24. 2 muß φ die Eigenwerte $+1$ und -1 besitzen. Es ist dann φ eine Spieglung an demjenigen 1-dimensionalen Unterraum, der von dem Eigenvektor zum Eigenwert $+1$ aufgespannt wird. Dieser ist durch φ eindeutig bestimmt. ◆

Eine Drehung φ eines 3-dimensionalen euklidischen Raumes wird nach 24. 1 hinsichtlich einer geeigneten Orthonormalbasis durch eine Matrix der Form

$$A = \begin{pmatrix} 1 & 0 & 0 \\ 0 & \cos\alpha & \sin\alpha \\ 0 & -\sin\alpha & \cos\alpha \end{pmatrix}$$

beschrieben. Wenn φ nicht die Identität ist, erzeugen die Eigenvektoren zum Eigenwert $+1$ einen 1-dimensionalen Unterraum D, den man die **Drehachse** von φ nennt. Der zu D orthogonale, 2-dimensionale Unterraum heißt die **Drehebene** von φ. Die Drehebene wird durch φ auf sich abgebildet. Daher induziert φ in der Drehebene eine Drehung und bestimmt nach 24. 4 den Drehwinkel α. Dieser ist allerdings zunächst nur bis auf das Vorzeichen festgelegt, das erst durch Wahl einer Orientierung in der Drehebene eindeutig bestimmt wird. Der Kosinus des Drehwinkels kann einfach mit Hilfe der Spur ermittelt werden: Für die Spur der Matrix A gilt (vgl. p. 110) $\operatorname{Sp} A = 1 + 2\cos\alpha$. Da aber ähnliche Matrizen dieselbe Spur besitzen, kann diese Gleichung auch dann zur Berechnung von $\cos\alpha$ herangezogen werden, wenn A eine Matrix ist, die φ hinsichtlich irgendeiner (nicht notwendig orthonormalen) Basis entspricht. Zusammenfassend gilt also:

24. 7 *Eine von der Identität verschiedene Drehung eines 3-dimensionalen euklidischen Raumes bestimmt eindeutig eine Drehachse und (bis auf das Vorzeichen) einen Drehwinkel α. Die Drehachse wird von jedem zum Eigenwert $+1$ gehörenden Eigenvektor erzeugt. Für den Drehwinkel gilt* $\cos\alpha = \frac{1}{2}(\operatorname{Sp}\varphi - 1)$. *Ist φ hinsichtlich einer beliebigen Basis die Matrix $A = (a_{\nu,\mu})$ zugeordnet, so folgt*

$$\cos\alpha = \frac{1}{2}(\operatorname{Sp} A - 1) = \frac{1}{2}(a_{1,1} + a_{2,2} + a_{3,3} - 1).$$

Um zu einer normierten Darstellung der Drehungen eines 3-dimensionalen, orientierten euklidischen Raumes hinsichtlich einer vorgegebenen positiv orientierten Orthonormalbasis $\{e_1, e_2, e_3\}$ zu gelangen, kann man folgendermaßen vorgehen: Es sei φ eine beliebige Drehung. Wenn die Ebenen $[e_1, e_2]$ und $[\varphi e_1, \varphi e_2]$ zusammenfallen (d. h. wenn $\varphi e_3 = \pm e_3$ gilt), setze man $e_1' = e_1$. Im anderen Fall schneiden sich diese beiden Ebenen in einer Geraden G. Gilt $G = [e_2]$, so setze man $e_1' = e_2$. Sonst aber gibt es genau einen Einheitsvektor e_1' mit $G = [e_1']$ derart, daß $\{e_1', e_2, e_3\}$ eine positiv orientierte Basis ist. Gilt $\varphi e_3 = c_1 e_1 + c_2 e_2 + c_3 e_3$, so ist e_1' der normierte Vektor $e_1 - \frac{c_1}{c_2} e_2$. Nun ist aber eine 3-dimensionale Drehung eindeutig bestimmt, wenn man zwei orthonormierten Vektoren wieder zwei orthonormierte Vektoren als Bilder vorschreibt, weil dann das Bild des dritten orthonormierten Vektors bereits mit festgelegt wird. Durch

$$\begin{aligned} \varphi_1 e_1 &= e_1', & \varphi_2 e_1' &= e_1', & \varphi_3 e_1' &= \varphi e_1, \\ \varphi_1 e_3 &= e_3, & \varphi_2 e_3 &= \varphi e_3, & \varphi_3(\varphi e_3) &= \varphi e_3 \end{aligned}$$

werden daher eindeutig drei Drehungen $\varphi_1, \varphi_2, \varphi_3$ definiert. Und da $\varphi_3 \circ \varphi_2 \circ \varphi_1$ die Vektoren e_1 und e_3 auf die Vektoren φe_1 und φe_3 abbildet, muß $\varphi = \varphi_3 \circ \varphi_2 \circ \varphi_1$ gelten. Zu den Drehungen $\varphi_1, \varphi_2, \varphi_3$ gehören entsprechende Drehwinkel $\alpha_1, \alpha_2, \alpha_3$, die man die **Eulerschen Winkel** der Drehung φ bezüglich der Orthonormalbasis $\{e_1, e_2, e_3\}$ nennt. Man erhält

$$\begin{aligned} \varphi_1 e_1 &= e_1' = \cos\alpha_1 e_1 + \sin\alpha_1 e_2, & \varphi_2 e_1' &= e_1'' = e_1', \\ \varphi_1 e_2 &= e_2' = -\sin\alpha_1 e_1 + \cos\alpha_1 e_2, & \varphi_2 e_2' &= e_2'' = \cos\alpha_2 e_2' + \sin\alpha_2 e_3', \\ \varphi_1 e_3 &= e_3' = e_3, & \varphi_2 e_3' &= e_3'' = -\sin\alpha_2 e_2' + \cos\alpha_2 e_3', \end{aligned}$$

$$\begin{aligned} \varphi_3 e_1'' &= \varphi e_1 = \cos\alpha_3 e_1'' + \sin\alpha_3 e_2'', \\ \varphi_3 e_2'' &= \varphi e_2 = -\sin\alpha_3 e_1'' + \cos\alpha_3 e_2'', \\ \varphi_3 e_3'' &= \varphi e_3 = e_3'' \end{aligned}$$

und hieraus

$$\begin{aligned} \cos\alpha_1 &= e_1' \cdot e_1, & \sin\alpha_1 &= e_1' \cdot e_2; \\ \cos\alpha_2 &= \varphi e_3 \cdot e_3, & \sin\alpha_2 &= -\varphi e_3 \cdot e_2' = \varphi e_3 \cdot ((e_1' \cdot e_2) e_1 - (e_1' \cdot e_1) e_2); \\ \cos\alpha_3 &= \varphi e_1 \cdot e_1', & \sin\alpha_3 &= -\varphi e_2 \cdot e_1'. \end{aligned}$$

Zusammenfassend folgt jetzt:

24. 8 *Einer 3-dimensionalen Drehung sei hinsichtlich einer Orthonormalbasis* $\{\mathfrak{e}_1, \mathfrak{e}_2, \mathfrak{e}_3\}$ *die Matrix A zugeordnet. Dann gilt*

$$A = \begin{pmatrix} \cos\alpha_3 & \sin\alpha_3 & 0 \\ -\sin\alpha_3 & \cos\alpha_3 & 0 \\ 0 & 0 & 1 \end{pmatrix} \begin{pmatrix} 1 & 0 & 0 \\ 0 & \cos\alpha_2 & \sin\alpha_2 \\ 0 & -\sin\alpha_2 & \cos\alpha_2 \end{pmatrix} \begin{pmatrix} \cos\alpha_1 & \sin\alpha_1 & 0 \\ -\sin\alpha_1 & \cos\alpha_1 & 0 \\ 0 & 0 & 1 \end{pmatrix},$$

wobei $\alpha_1, \alpha_2, \alpha_3$ *die* EULER*schen Winkel der Drehung bezüglich der gegebenen Basis sind*[1]).

Ein uneigentlich orthogonaler Automorphismus eines 3-dimensionalen euklidischen Raumes wird nach 24. 1 hinsichtlich einer geeigneten Orthonormalbasis durch eine Matrix der Form

$$\begin{pmatrix} -1 & 0 & 0 \\ 0 & \cos\alpha & \sin\alpha \\ 0 & -\sin\alpha & \cos\alpha \end{pmatrix} = \begin{pmatrix} -1 & 0 & 0 \\ 0 & 1 & 0 \\ 0 & 0 & 1 \end{pmatrix} \begin{pmatrix} 1 & 0 & 0 \\ 0 & \cos\alpha & \sin\alpha \\ 0 & -\sin\alpha & \cos\alpha \end{pmatrix}$$

beschrieben. Daher gilt noch

24. 9 *Ein uneigentlich orthogonaler Automorphismus eines 3-dimensionalen euklidischen Raumes setzt sich aus einer Drehung und einer Spieglung an der Drehebene zusammen.*

Ergänzungen und Aufgaben

24 A Im $\mathbf{R}^2$ sei φ eine Drehung und ψ eine Spieglung an einer Geraden.

Aufgabe: Zeige, daß $\psi \circ \varphi = \varphi^{-1} \circ \psi$ gilt.

24 B Es sei φ ein uneigentlich orthogonaler Automorphismus eines 2-dimensionalen euklidischen Raumes. Wegen 24. 6 ist φ also eine Spieglung an einer Geraden.

Aufgabe: Zeige, daß φ hinsichtlich einer gegebenen Orthonormalbasis $\{\mathfrak{e}_1, \mathfrak{e}_2\}$ eine Matrix der Form

$$\begin{pmatrix} \cos\alpha & \sin\alpha \\ \sin\alpha & -\cos\alpha \end{pmatrix}$$

zugeordnet ist. Bestimme die Spiegelgerade und drücke ihren Neigungswinkel gegen $\mathfrak{e}_1$ durch den Winkel α aus.

---

[1]) Der Leser beachte die Reihenfolge der Matrizen und mache sich die besonderen Verhältnisse klar: Die φ_2, φ_3 entsprechenden Matrizen sind nicht diejenigen Matrizen, die φ_2, φ_3, hinsichtlich der Basis $\{\mathfrak{e}_1, \mathfrak{e}_2, \mathfrak{e}_3\}$ zugeordnet sind!

24C Hinsichtlich einer Orthonormalbasis sei einem Endomorphismus φ die reelle Matrix

$$A = \begin{pmatrix} \frac{1}{4}\sqrt{3}+\frac{1}{2} & \frac{1}{4}\sqrt{3}-\frac{1}{2} & -\frac{1}{4}\sqrt{2} \\ \frac{1}{4}\sqrt{3}-\frac{1}{2} & \frac{1}{4}\sqrt{3}+\frac{1}{2} & -\frac{1}{4}\sqrt{2} \\ \frac{1}{4}\sqrt{2} & \frac{1}{4}\sqrt{2} & \frac{1}{2}\sqrt{3} \end{pmatrix}$$

zugeordnet.

Aufgabe: 1). Zeige, daß φ eine Drehung ist.
2). Bestimme die Drehachse und den Drehwinkel.
3). Berechne die Eulerschen Winkel und stelle A in der in 24.8 angegebenen Form dar.

24D **Aufgabe:** Zeige, daß zwei von der Identität verschiedene Drehungen eines 3-dimensionalen euklidischen Raumes genau dann vertauschbar sind, wenn sie dieselbe Drehachse besitzen oder wenn ihre Drehachsen orthogonal sind und beide Drehwinkel gleich π.

Siebentes Kapitel

Anwendungen in der Geometrie

Das Wesen der analytischen Geometrie besteht darin, geometrische Objekte und die Beziehungen zwischen ihnen rechnerisch zu charakterisieren. Dies wird z. B. in der Ebene oder in dem 3-dimensionalen Anschauungsraum durch die Festlegung eines Koordinatensystems ermöglicht: Die geometrischen Beziehungen gehen dann in rechnerische Beziehungen zwischen Zahlen, nämlich den Koordinaten, über. Die Wahl des Koordinatensystems ist dabei jedoch noch willkürlich und nicht durch die geometrische Struktur bedingt. Rechnerische Beziehungen zwischen den Koordinaten werden daher auch nur eine geometrische Bedeutung besitzen, wenn sie von der Willkür der Koordinatenbestimmung unabhängig sind. Statt nun solche „invarianten" Beziehungen aufzustellen, kann man auch versuchen, die geometrischen Objekte direkt der Rechnung zugänglich zu machen. Ein solches Vorgehen wurde bereits in § 4 angedeutet: Nach Festlegung eines Anfangspunktes konnte man die Punkte durch ihre Ortsvektoren kennzeichnen; mit Vektoren aber kann man direkt rechnen, ohne auf ihre Koordinaten zurückgreifen zu müssen. Indes bleibt auch hierbei noch die Willkür in der Wahl des Anfangspunkts bestehen. Erst der in diesem Kapitel behandelte Begriff des affinen Raumes gestattet eine Beschreibung geometrischer Sachverhalte, die frei von willkürlichen Bestimmungsstücken ist. Eine wichtige Erweiterung der affinen Räume stellen sodann die projektiven Räume dar, die eine wesentlich übersichtlichere und einheitlichere Behandlung geometrischer Fragen gestatten. Da es sich hier allerdings nicht um ein Lehrbuch der analytischen Geometrie handelt, wird die Theorie der affinen und projektiven Räume sehr knapp und nur in dem für die nachfolgende Anwendung erforderlichen Umfang entwickelt. Diese Anwendung bezieht sich auf die Klassifizierung der Hyperflächen zweiter Ordnung, die zunächst projektiv und danach affin durchgeführt wird.

§ 25 Affine Räume

In der nachstehenden Definition bedeutet K einen beliebigen kommutativen Körper.

Definition 25a: *Ein* **affiner Raum** *A über K besteht erstens aus einer Menge, die ebenfalls mit A bezeichnet werden soll und deren Elemente* **Punkte** *genannt werden, zweitens aus einem Vektorraum X_A über K und drittens aus einer Zuordnung, die jedem geordneten Paar (p, q) von Punkten aus A eindeutig einen mit $\overrightarrow{pq}$ bezeichneten Vektor aus X_A so zuordnet, daß folgende Axiome erfüllt sind:*

(1) *Zu jedem Punkt $p \in A$ und jedem Vektor $\mathfrak{a} \in X_A$ gibt es genau einen Punkt $q \in A$ mit $\mathfrak{a} = \overrightarrow{pq}$.*

(2) $\overrightarrow{pq} + \overrightarrow{qr} = \overrightarrow{pr}$.

Als **Dimension** *von A bezeichnet man die Dimension des zugeordneten Vektorraums X_A:* $\operatorname{Dim} A = \operatorname{Dim} X_A$.

Das Axiom (1) besagt gerade, daß bei fester Wahl des Punktes p die Vektoren aus X_A umkehrbar eindeutig den Punkten aus A zugeordnet sind. Mit p als Anfangspunkt kann man daher X_A als den Raum der Ortsvektoren von A auffassen. Als Anfangspunkt kann jedoch jeder beliebige Punkt p gewählt werden. Aus Zweckmäßigkeitsgründen wird auch die leere Menge als affiner Raum bezeichnet. Ihr wird kein Vektorraum zugeordnet. Die Dimension des **leeren affinen Raumes** wird gleich -1 gesetzt.

25.1 *Für Punkte p, q eines affinen Raumes gilt $\overrightarrow{pp} = \mathfrak{o}$, $\overrightarrow{qp} = -\overrightarrow{pq}$.*

Beweis: Wegen (2) gilt $\overrightarrow{pp} + \overrightarrow{pp} = \overrightarrow{pp}$ und somit $\overrightarrow{pp} = \mathfrak{o}$. Weiter folgt $\overrightarrow{pq} + \overrightarrow{qp} = \overrightarrow{pp} = \mathfrak{o}$. Daher ist $\overrightarrow{qp}$ der zu $\overrightarrow{pq}$ negative Vektor. ◆

Definition 25b: *Eine Teilmenge U eines affinen Raumes A heißt ein* **Unterraum** *von A, wenn für einen beliebigen Punkt $p \in U$ die Menge $X_U = \{\overrightarrow{pq} : q \in U\}$ ein Unterraum von X_A ist oder wenn $U = \emptyset$ gilt.*

Eine nicht-leere Teilmenge U von A ist hiernach genau dann Unterraum, wenn sie hinsichtlich der in A gegebenen Vektorzuordnung selbst ein affiner Raum mit X_U als zugeordnetem Vektorraum ist. Die Definition von X_U ist dabei unabhängig von der Wahl des Punktes $p \in U$: Für einen anderen Punkt $p' \in U$ gilt wegen $\overrightarrow{p'q} = \overrightarrow{p'p} + \overrightarrow{pq} = -\overrightarrow{pp'} + \overrightarrow{pq}$ nämlich $\overrightarrow{p'q} \in X_U$ genau dann, wenn q ein Punkt aus U ist.

25.2 *Der Durchschnitt $\mathfrak{D} = \bigcap \{U : U \in \mathfrak{S}\}$ eines nicht-leeren Systems $\mathfrak{S}$ von Unterräumen eines affinen Raumes A ist selbst ein Unterraum von A. Im Fall $\mathfrak{D} \neq \emptyset$ gilt $X_D = \bigcap \{X_U : U \in \mathfrak{S}\}$.*

Beweis: Im Fall $\mathcal{D} = \emptyset$ ist die Behauptung trivial. Andernfalls gelte $p \in \mathcal{D}$. Dann folgt

$$X_D = \{\overrightarrow{pq}\colon q \in \mathcal{D}\} = \bigcap_{U \in \mathfrak{S}} \{\overrightarrow{pq}\colon q \in U\} = \bigcap \{X_U\colon U \in \mathfrak{S}\},$$

und wegen 5.2 ist X_D ein Unterraum von X_A. ◆

Wegen dieses Satzes existiert zu jeder Teilmenge M von A ein kleinster Unterraum von A, der die Menge M enthält; nämlich der Durchschnitt aller Unterräume U von A mit $M \leq U$. Man nennt ihn den von M **aufgespannten** oder **erzeugten Unterraum** und bezeichnet ihn wieder mit $[M]$. Der von der Vereinigungsmenge eines Systems $\mathfrak{S}$ von Unterräumen erzeugte Unterraum wird der **Verbindungsraum** dieses Systems genannt und mit $\bigvee \{U\colon U \in \mathfrak{S}\}$ bzw. bei endlich vielen Unterräumen mit $U_1 \vee \cdots \vee U_n$ bezeichnet.

Beispiele:

25. I Jede einpunktige Teilmenge $\{p\}$ eines affinen Raumes A ist ein Unterraum mit dem Nullraum $[\mathfrak{o}] = \{\overrightarrow{pp}\}$ als zugeordnetem Vektorraum. Es gilt daher $\operatorname{Dim}\{p\} = 0$. Umgekehrt besteht jeder Unterraum U mit $\operatorname{Dim} U = 0$ aus genau einem Punkt. Der Verbindungsraum $p \vee q$ zweier verschiedener Punkte (statt $\{p\} \vee \{q\}$ wird einfacher $p \vee q$ geschrieben) besitzt die Dimension 1. Umgekehrt ist auch jeder Unterraum der Dimension 1 Verbindungsraum von zwei verschiedenen Punkten. Unterräume der Dimension 1 werden **Geraden**, Unterräume der Dimension 2 **Ebenen** genannt. Gilt für einen Unterraum $U \neq A$ und $U \vee p = A$ mit einem Punkt p, so heißt U eine **Hyperebene** von A. Wenn A die endliche Dimension n besitzt, sind die Hyperebenen genau die Unterräume der Dimension $n - 1$.

25. II Jeder Vektorraum X kann als affiner Raum mit sich selbst als zugeordnetem Vektorraum aufgefaßt werden, wenn man für je zwei Vektoren $\mathfrak{a}, \mathfrak{b} \in X$ den Vektor $\overrightarrow{\mathfrak{a}\mathfrak{b}}$ durch $\overrightarrow{\mathfrak{a}\mathfrak{b}} = \mathfrak{b} - \mathfrak{a}$ definiert. Die affinen Unterräume von X sind dann gerade die linearen Mannigfaltigkeiten (vgl. 5B).

25. III Ein affiner Raum A, dessen zugeordneter Vektorraum X_A ein reeller oder komplexer Vektorraum ist, wird entsprechend ein reeller bzw. komplexer affiner Raum genannt. Ist zusätzlich in X_A ein skalares Produkt definiert, so heißt A ein **euklidisch-affiner** bzw. **unitär-affiner Raum**. Der **Abstand** $\overline{pq}$ zweier Punkte wird dann durch $\overline{pq} = |\overrightarrow{pq}|$ definiert. Entsprechend wird der **Kosinus** des von den verschiedenen Punkten p, q, r mit p als Scheitel bestimmten Winkels durch $\cos(p; q, r) = \cos(\overrightarrow{pq}, \overrightarrow{pr})$ erklärt.

25. 3 *Es seien* U *und* $\mathcal{V}$ *zwei endlich-dimensionale Unterräume eines affinen Raumes* A. *Im Fall* $U = \emptyset$ *oder* $\mathcal{V} = \emptyset$ *oder* $U \cap \mathcal{V} \neq \emptyset$ *gilt dann*

$$\operatorname{Dim} U + \operatorname{Dim} \mathcal{V} = \operatorname{Dim} (U \vee \mathcal{V}) + \operatorname{Dim} (U \cap \mathcal{V});$$

im Fall $U \neq \emptyset$, $\mathcal{V} \neq \emptyset$ *und* $U \cap \mathcal{V} = \emptyset$ *gilt jedoch*

$$\operatorname{Dim} U + \operatorname{Dim} \mathcal{V} = \operatorname{Dim} (U \vee \mathcal{V}) + \operatorname{Dim} (U \cap \mathcal{V}) + \operatorname{Dim} (X_U \cap X_V).$$

Beweis: Da die Fälle $U = \emptyset$ bzw. $\mathcal{V} = \emptyset$ trivial sind, kann weiterhin $U \neq \emptyset$, $\mathcal{V} \neq \emptyset$ und zunächst auch $U \cap \mathcal{V} \neq \emptyset$, also die Existenz eines $p \in U \cap \mathcal{V}$ angenommen werden. Es gilt dann $X_{U \cap V} = X_U \cap X_V$ wegen 25. 2. Unmittelbar ergibt sich $X_U \leq X_{U \vee V}$, $X_V \leq X_{U \vee V}$ und daher $X_U + X_V \leq X_{U \vee V}$. Da aber $W = \{q \colon \overrightarrow{pq} \in X_U + X_V\}$ ein Unterraum von A mit $U \leq W$ und $\mathcal{V} \leq W$ ist, folgt $W = U \vee \mathcal{V}$ und $X_{U \vee V} = X_U + X_V$. Wegen 6. 7 erhält man jetzt

$$\begin{aligned}\operatorname{Dim} (U \vee \mathcal{V}) + \operatorname{Dim} (U \cap \mathcal{V}) &= \operatorname{Dim} (X_U + X_V) + \operatorname{Dim} (X_U \cap X_V)\\ &= \operatorname{Dim} X_U + \operatorname{Dim} X_V = \operatorname{Dim} U + \operatorname{Dim} \mathcal{V}.\end{aligned}$$

Zweitens werde $U \neq \emptyset$, $\mathcal{V} \neq \emptyset$ und $U \cap \mathcal{V} = \emptyset$ vorausgesetzt. Dann gilt $\operatorname{Dim} (U \cap \mathcal{V}) = -1$. Weiter seien $p \in U$ und $p' \in \mathcal{V}$ fest gewählt. Man erhält $X_U + X_V + [\overrightarrow{pp'}] \leq X_{U \vee V}$. Für den Unterraum $W = \{q \colon \overrightarrow{pq} \in X_U + X_V + [\overrightarrow{pp'}]\}$ von A gilt offenbar $U \leq W$, wegen $\overrightarrow{pq} = \overrightarrow{pp'} + \overrightarrow{p'q}$ und $p' \in \mathcal{V}$ aber auch $\mathcal{V} \leq W$. Daher folgt $W = U \vee \mathcal{V}$ und $X_{U \vee V} = X_U + X_V + [\overrightarrow{pp'}]$. Würde $\overrightarrow{pp'} \in X_U + X_V$ gelten, so gäbe es Punkte $q \in U$ und $q' \in \mathcal{V}$ mit $\overrightarrow{pp'} = \overrightarrow{pq} + \overrightarrow{q'p'}$, also mit $\overrightarrow{qq'} = \overrightarrow{qp} + \overrightarrow{pp'} + \overrightarrow{p'q'} = \mathfrak{o}$. Es würde $q = q'$ und damit der Widerspruch $q \in U \cap \mathcal{V}$ zu $U \cap \mathcal{V} = \emptyset$ folgen. Daher gilt

$$\begin{aligned}\operatorname{Dim} (U \vee \mathcal{V}) &= \operatorname{Dim} (X_U + X_V + [\overrightarrow{pp'}]) = \operatorname{Dim} (X_U + X_V) + 1\\ &= \operatorname{Dim} X_U + \operatorname{Dim} X_V - \operatorname{Dim} (X_U \cap X_V) - \operatorname{Dim} (U \cap \mathcal{V}).\end{aligned}$$

Hieraus folgt die Behauptung im zweiten Fall. ◆

Definition 25c: *Zwei nicht-leere Unterräume* U *und* $\mathcal{V}$ *eines affinen Raumes heißen* **parallel** (*in Zeichen:* $U \parallel \mathcal{V}$), *wenn* $X_U \leq X_V$ *oder* $X_V \leq X_U$ *gilt.*

25. 4 *Es gelte* $\operatorname{Dim} A = n \geq 1$. *Ferner sei* U *ein nicht-leerer Unterraum und* H *eine Hyperebene von* A. *Dann sind* U *und* H *parallel, oder es gilt* $\operatorname{Dim} (U \cap H) = \operatorname{Dim} U - 1$.

Beweis: Aus $U \leq H$ folgt $X_U \leq X_H$ und daher $U \parallel H$. Weiter sei jetzt U nicht in H enthalten. Dann gilt $U \vee H = A$ und im Fall $U \cap H \neq \emptyset$ wegen 25. 3.

$$\operatorname{Dim}(U \cap H) = \operatorname{Dim} U + \operatorname{Dim} H - \operatorname{Dim}(U \vee H) = \operatorname{Dim} U + (n-1) - n.$$

Im Fall $U \cap H = \emptyset$ liefert 25.3 jedoch

$$\operatorname{Dim}(X_U \cap X_H) = \operatorname{Dim} U + \operatorname{Dim} H - \operatorname{Dim}(U \vee H) - \operatorname{Dim}(U \cap H) = \operatorname{Dim} U + (n-1) - n - (-1) = \operatorname{Dim} U = \operatorname{Dim} X_U.$$

Es folgt $X_U \cap X_H = X_U$, also $X_U \leq X_H$ und daher wieder $U \,||\, H$. ◆

Als Spezialfall dieses Satzes erhält man: Zwei Geraden einer affinen Ebene sind entweder parallel, oder sie besitzen genau einen Schnittpunkt.

Weiterhin sei jetzt A stets ein affiner Raum über K mit der endlichen Dimension n.

Definition 25d: *Ein geordnetes $(n+1)$-Tupel $(p_0, \ldots, p_n)$ von Punkten aus A heißt ein* **Koordinatensystem** *von A, wenn die Vektoren $\overrightarrow{p_0p_1}, \ldots, \overrightarrow{p_0p_n}$ linear unabhängig sind und somit eine Basis von X_A bilden. Es heißt dann p_0 der* **Anfangspunkt** *des Koordinatensystems, und $p_1, \ldots, p_n$ werden seine* **Einheitspunkte** *genannt.*

Gleichwertig damit, daß die Punkte $p_0, \ldots, p_n$ ein Koordinatensystem von A bilden, ist offenbar $p_0 \vee \cdots \vee p_n = A$. Jedem Punkt $x \in A$ können hinsichtlich eines Koordinatensystems $(p_0, \ldots, p_n)$ umkehrbar eindeutig n Skalare $x_1, \ldots, x_n \in K$ als Koordinaten zugeordnet werden: Da nämlich $\{\overrightarrow{p_0p_1}, \ldots, \overrightarrow{p_0p_n}\}$ eine Basis von X_A ist, besitzt der Vektor $\overrightarrow{p_0x}$ eine eindeutige Basisdarstellung

$$\overrightarrow{p_0x} = x_1\,\overrightarrow{p_0p_1} + \cdots + x_n\overrightarrow{p_0p_n}.$$

Sind $y_1, \ldots, y_n$ die Koordinaten eines zweiten Punktes y, so gilt

$$\overrightarrow{xy} = \overrightarrow{p_0y} - \overrightarrow{p_0x} = (y_1 - x_1)\,\overrightarrow{p_0p_1} + \cdots + (y_n - x_n)\,\overrightarrow{p_0p_n}.$$

Der Vektor $\overrightarrow{xy}$ besitzt also hinsichtlich der Basis $\{\overrightarrow{p_0p_1}, \ldots, \overrightarrow{p_0p_n}\}$ die Koordinaten $y_1 - x_1, \ldots, y_n - x_n$.

Es seien jetzt $(p_0, \ldots, p_n)$ und $(p_0^*, \ldots, p_n^*)$ zwei Koordinatensysteme von A. Der Basistransformation $\{\overrightarrow{p_0p_1}, \ldots, \overrightarrow{p_0p_n}\} \to \{\overrightarrow{p_0^*p_1^*}, \ldots, \overrightarrow{p_0^*p_n^*}\}$ von X_A entspricht dann eine Transformationsmatrix $T = (t_{\nu,\mu})$, deren Elemente durch die Gleichungen

$$(*) \qquad \overrightarrow{p_0^*p_\nu^*} = \sum_{\mu=1}^{n} t_{\nu,\mu}\,\overrightarrow{p_0p_\mu} \qquad (\nu = 1, \ldots, n)$$

bestimmt sind. Außerdem besitzt p_0^* hinsichtlich des ersten Koordinatensystems n durch die Gleichung

$$(**) \qquad \overrightarrow{p_0p_0^*} = s_1\overrightarrow{p_0p_1} + \cdots + s_n\overrightarrow{p_0p_n}$$

bestimmte Koordinaten $s_1, \ldots, s_n$, die die Verschiebung des Anfangspunkts charakterisieren. Der Transformation $(p_0, \ldots, p_n) \to (p_0^*, \ldots, p_n^*)$ dieser Koordinatensysteme entspricht also eine reguläre Matrix T und ein n-Tupel $(s_1, \ldots, s_n)$. Sind umgekehrt eine reguläre Matrix T und ein n-Tupel $(s_1, \ldots, s_n)$ sowie ein Koordinatensystem $(p_0, \ldots, p_n)$ gegeben, so ist hierdurch ein neues Koordinatensystem $(p_0^*, \ldots, p_n^*)$ eindeutig festgelegt: Der Anfangspunkt p_0^* ergibt sich aus (**), und die Einheitspunkte $p_1^*, \ldots, p_n^*$ sind danach durch (*) bestimmt.

Ein fester Punkt $x \in A$ besitzt hinsichtlich der Koordinatensysteme $(p_0, \ldots, p_n)$ und $(p_0^*, \ldots, p_n^*)$ im allgemeinen verschiedene Koordinaten $x_1, \ldots, x_n$ bzw. $x_1^*, \ldots, x_n^*$. Es gilt dann einerseits

$$\overrightarrow{p_0 x} = \sum_{\mu=1}^{n} x_\mu \overrightarrow{p_0 p_\mu},$$

andererseits aber auch

$$\overrightarrow{p_0 x} = \overrightarrow{p_0 p_0^*} + \overrightarrow{p_0^* x} = \sum_{\mu=1}^{n} s_\mu \overrightarrow{p_0 p_\mu} + \sum_{\nu=1}^{n} x_\nu^* \overrightarrow{p_0^* p_\nu^*} = \sum_{\mu=1}^{n} [s_\mu + \sum_{\nu=1}^{n} x_\nu^* t_{\nu,\mu}] \overrightarrow{p_0 p_\mu}.$$

Hieraus ergibt sich durch Koeffizientenvergleich folgende Transformationsformel:

25.5 *Einer Transformation $(p_0, \ldots, p_n) \to (p_0^*, \ldots, p_n^*)$ zweier Koordinatensysteme von A entsprechen vermöge der Gleichungen (*) und (**) eindeutig eine Transformationsmatrix $T = (t_{\nu,\mu})$ und ein n-Tupel $(s_1, \ldots, s_n)$. Die zugehörige Koordinatentransformation lautet dann*

$$x_\mu = s_\mu + \sum_{\nu=1}^{n} x_\nu^* t_{\nu,\mu} \qquad (\mu = 1, \ldots, n)$$

oder in Matrizenschreibweise

$$(x_1, \ldots, x_n) = (s_1, \ldots, s_n) + (x_1^*, \ldots, x_n^*)\, T.$$

Wenn A sogar ein euklidisch-affiner bzw. unitär-affiner Raum ist, heißt ein Koordinatensystem $(p_0, \ldots, p_n)$ von A ein **kartesisches Koordinatensystem**, wenn $\{\overrightarrow{p_0 p_1}, \ldots, \overrightarrow{p_0 p_n}\}$ eine Orthonormalbasis von X_A ist.

25.6 *Hinsichtlich eines Koordinatensystems $(p_0, \ldots, p_n)$ ist die Menge U aller Punkte $x \in A$, deren Koordinaten $x_1, \ldots, x_n$ Lösungen eines gegebenen linearen Gleichungssystems*

$$(***) \qquad \sum_{\nu=1}^{n} a_{\varrho,\nu} x_\nu = b_\varrho \qquad (\varrho = 1, \ldots, r)$$

sind, ein Unterraum von A. Im Fall $U \neq \emptyset$ gilt Dim $U = n - k$, *wobei k der Rang der Koeffizientenmatrix $(a_{\varrho,\nu})$ ist.*

Beweis: Wenn (***) nicht lösbar ist, gilt $U = \emptyset$. Andernfalls sei x ein fester Punkt aus U mit den Koordinaten $x_1, \ldots, x_n$. Dann ist $y \in U$ gleichwertig damit, daß die Koordinaten $y_1, \ldots, y_n$ von y Lösungen von (***), daß also die Koordinaten $y_1 - x_1, \ldots, y_n - x_n$ des Vektors $\vec{xy}$ Lösungen des zugehörigen homogenen Gleichungssystems sind. Wegen 12. 3 ist daher $X_U = \{\vec{xy}\colon\ y \in U\}$ ein $(n - k)$-dimensionaler Unterraum des Vektorraums X_A; d. h. U ist ein Unterraum von A mit $\operatorname{Dim} U = n - k$. ◆

Speziell ist nach diesem Satz $a_1 x_1 + \cdots + a_n x_n = 0$ die Gleichung einer Hyperebene, wenn nicht alle Koeffizienten a_ν verschwinden.

Man nennt drei Punkte x, y, z eines affinen Raumes **kollinear**, wenn sie auf einer gemeinsamen Geraden liegen. Im Fall $x \neq y$ ist dies gleichwertig damit, daß $\vec{xz} = c\vec{xy}$ mit einem geeigneten Skalar c gilt. Man nennt dann c das **Teilverhältnis** der kollinearen Punkte x, y, z und schreibt $c = TV(x,y,z)$. Sind x_ν, y_ν, z_ν $(\nu = 1, \ldots, n)$ die Koordinaten von x, y, z hinsichtlich eines beliebigen Koordinatensystems, so gilt $z_\nu - x_\nu = c(y_\nu - x_\nu)$ für $\nu = 1, \ldots, n$ und $y_\nu \neq x_\nu$ für mindestens einen Index ν. Für jeden solchen Index erhält man daher

$$TV(x, y, z) = \frac{z_\nu - x_\nu}{y_\nu - x_\nu}.$$

Ergänzungen und Aufgaben

25 A Aufgabe: Welche Dimension kann in einem n-dimensionalen affinen Raum der Durchschnitt eines r-dimensionalen und eines s-dimensionalen Unterraums besitzen?

25 B Es sei A ein 3-dimensionaler affiner Raum über dem Körper K, der aus genau zwei Elementen besteht (vgl. 3. IV).

Aufgabe: Wie viele Punkte, Geraden und Ebenen enthält A? Wie viele Punkte enthält eine Gerade? Wie viele Punkte und Geraden enthält eine Ebene? Wie viele parallele Geraden gibt es zu einer gegebenen Geraden?

25 C Hinsichtlich eines Koordinatensystems $(p_0, \ldots, p_n)$ von A seien $x_{\varrho,1}, \ldots, x_{\varrho,n}$ die Koordinaten von Punkten x_ϱ $(\varrho = 0, \ldots, r)$.

Aufgabe: Ein Punkt y liegt genau dann in dem Verbindungsraum $x_0 \vee \cdots \vee x_r$, wenn sich seine Koordinaten $y_1, \ldots, y_n$ in der Form

$$y_\nu = c_0 x_{0,\nu} + \cdots + c_r x_{r,\nu} \quad \text{mit} \quad c_0 + \cdots + c_r = 1 \qquad (\nu = 1, \ldots, n)$$

darstellen lassen.

25 D Hinsichtlich eines Koordinatensystems des 4-dimensionalen reellen affinen Raumes seien folgende Punkte durch ihre Koordinaten gegeben:

$$q_0\colon (3, -4, 1, 6), \quad q_1\colon (3, -2, -10, 0), \quad q_2\colon (2, 0, -3, 2), \quad q_3\colon (1, 2, 4, 4).$$

Aufgabe: 1) Bestimme die Dimension des von den Punkten $q_0, \ldots, q_3$ aufgespannten Unterraums U.

2). Bestimme den Durchschnitt von U mit der durch die Gleichung

$$4x_1 + x_2 + x_3 - 2x_4 + 6 = 0$$

gegebenen Hyperebene.

25 E Aufgabe: Durch die Gleichungssysteme

$$\sum_{\nu=1}^{n} a_{\varrho,\nu} x_\nu = b_\varrho \qquad (\varrho = 1, \ldots, r)$$

und

$$\sum_{\nu=1}^{n} a'_{\sigma,\nu} x_\nu = b'_\sigma \qquad (\sigma = 1, \ldots, s)$$

seien zwei Unterräume U und V eines n-dimensionalen affinen Raumes gegeben. Man gebe eine notwendige und hinreichende Bedingung für die Koeffizienten an, unter der U und V parallel sind.

25 F In einem 2-dimensionalen affinen Raum seien G und H zwei verschiedene parallele Geraden. Ferner seien x, y, z drei verschiedene Punkte von G und ebenso x', y', z' verschiedene Punkte von H.

Aufgabe: Es gilt $TV(x, y, z) = TV(x', y', z')$ genau dann, wenn sich die Geraden $x \vee x'$, $y \vee y'$, $z \vee z'$ in einem Punkt schneiden oder alle parallel sind.

§ 26 Affine Abbildungen

Es seien A und $\mathcal{B}$ zwei nicht-leere affine Räume über K mit den zugehörigen Vektorräumen X_A und Y_B.

Definition 26a: *Eine Abbildung $\varphi: A \to \mathcal{B}$ heißt eine* **affine Abbildung,** *wenn es zu ihr eine lineare Abbildung $\hat{\varphi}: X_A \to Y_B$ mit $\hat{\varphi}\overrightarrow{pq} = \overrightarrow{\varphi p\, \varphi q}$ für alle Punkte $p, q \in A$ gibt.*

Jede affine Abbildung $\varphi: A \to \mathcal{B}$ bestimmt hiernach eindeutig eine lineare Abbildung $\hat{\varphi}: X_A \to Y_B$. Ist umgekehrt eine lineare Abbildung $\hat{\varphi}: X_A \to Y_B$ gegeben, so kann man noch einem Punkt $p \in A$ seinen Bildpunkt $p^* \in \mathcal{B}$ beliebig vorschreiben. Dann aber gibt es genau eine affine Abbildung $\varphi: A \to \mathcal{B}$ mit $\varphi p = p^*$ und $\hat{\varphi}$ als zugeordneter linearer Abbildung: Für jeden Punkt $x \in A$ muß dann nämlich $\overrightarrow{p^* \varphi x} = \overrightarrow{\varphi p\, \varphi x} = \hat{\varphi}\, \overrightarrow{px}$ gelten; und umgekehrt wird hierdurch eine affine Abbildung der behaupteten Art definiert. Es gilt also:

26.1 *Bei festen Punkten $p \in A$ und $p^* \in \mathcal{B}$ entsprechen die linearen Abbildungen $\hat{\varphi}: X_A \to Y_B$ umkehrbar eindeutig den affinen Abbildungen $\varphi: A \to \mathcal{B}$ mit $\varphi p = p^*$.*

Die einfachen Beweise der folgenden Behauptungen können dem Leser als Übung überlassen bleiben.

26. 2 *Eine affine Abbildung $\varphi: A \to \mathcal{B}$ ist genau dann eine 1-1-Abbildung (eine Abbildung von A auf $\mathcal{B}$), wenn die zugeordnete lineare Abbildung $\hat{\varphi}$ injektiv (surjektiv) ist.*

Ist U ein Unterraum von A, so ist φU ein Unterraum von $\mathcal{B}$ mit $\hat{\varphi} X_U$ als zugehörigem Vektorraum.

Ist $\mathcal{V}$ ein Unterraum von $\mathcal{B}$, so ist $\varphi^-(\mathcal{V})$ ein Unterraum von A mit $\hat{\varphi}^-(Y_V)$ als zugehörigem Vektorraum.

Mit φ und ψ ist auch $\psi \circ \varphi$ eine affine Abbildung, deren zugeordnete lineare Abbildung $\hat{\psi} \circ \hat{\varphi}$ ist.

Wenn φ eine affine 1-1-Abbildung von A auf $\mathcal{B}$ ist, dann ist auch φ^{-1} eine affine Abbildung mit $\hat{\varphi}^{-1}$ als zugeordneter linearer Abbildung.

26. 3 *Es sei $\varphi: A \to \mathcal{B}$ eine affine Abbildung:*

Sind U und $\mathcal{V}$ parallele Unterräume von A, so sind φU und $\varphi \mathcal{V}$ ebenfalls parallel.

Sind U' und $\mathcal{V}'$ parallele Unterräume von $\mathcal{B}$, so sind auch $\varphi^-(U')$ und $\varphi^-(\mathcal{V}')$ parallel.

Mit x, y, z sind auch die Bildpunkte $\varphi x, \varphi y, \varphi z$ kollinear. Aus $x \neq y$ und $\varphi x \neq \varphi y$ folgt $TV(\varphi x, \varphi y, \varphi z) = TV(x, y, z)$.

Beweis: Ohne Einschränkung der Allgemeinheit kann $X_U \leq X_V$ angenommen werden. Nach 26.2 sind $\hat{\varphi} X_U$ und $\hat{\varphi} X_V$ die zu φU und $\varphi \mathcal{V}$ gehörenden Vektorräume. Wegen $\hat{\varphi} X_U \leq \hat{\varphi} X_V$ sind daher φU und $\varphi \mathcal{V}$ parallel. Entsprechend ergibt sich die zweite Behauptung. Es seien jetzt x, y, z kollineare Punkte. Mit $U = x \vee y \vee z$ gilt dann $\operatorname{Dim} U \leqq 1$ und daher $\operatorname{Dim}(\varphi U) = \operatorname{Dim}(\hat{\varphi} X_U) \leqq \operatorname{Dim} X_U \leqq 1$ wegen 8.3. Die Punkte $\varphi x, \varphi y, \varphi z \in \varphi U$ sind somit ebenfalls kollinear. Gilt weiter $x \neq y$ und $\overrightarrow{xz} = c\overrightarrow{xy}$, so folgt $\overrightarrow{\varphi x \varphi z} = \hat{\varphi}\overrightarrow{xz} = c(\hat{\varphi}\overrightarrow{xy}) = c\overrightarrow{\varphi x \varphi y}$ und im Fall $\varphi x \neq \varphi y$ hieraus die letzte Behauptung. ◆

26. 4 *Es sei $(p_0, \ldots, p_n)$ ein Koordinatensystem von A, und $p_0^*, \ldots, p_n^*$ seien beliebige Punkte von $\mathcal{B}$. Dann gibt es genau eine affine Abbildung φ mit $\varphi p_\nu = p_\nu^*$ $(\nu = 0, \ldots, n)$ von A auf den Unterraum $\mathcal{V} = p_0^* \vee \cdots \vee p_n^*$ von $\mathcal{B}$. Es ist φ genau dann eine 1-1-Abbildung, wenn $(p_0^*, \ldots, p_n^*)$ ein Koordinatensystem von $\mathcal{V}$ ist.*

Beweis: Da die Vektoren $\overrightarrow{p_0 p_1}, \ldots, \overrightarrow{p_0 p_n}$ eine Basis von X_A bilden, gibt es nach 8. 2 genau eine lineare Abbildung $\hat{\varphi}: X_A \to Y_B$ mit $\hat{\varphi}\overrightarrow{p_0 p_\nu} = \overrightarrow{p_0^* p_\nu^*}$ $(\nu = 1, \ldots, n)$. Diese ist wegen 8. 8 genau dann injektiv, wenn auch die Vektoren $\overrightarrow{p_0^* p_1^*}, \ldots, \overrightarrow{p_0^* p_n^*}$ linear unabhängig sind, wenn also

$(p_0^*, \ldots, p_n^*)$ ein Koordinatensystem von $\mathcal{V}$ ist. Der linearen Abbildung $\hat{\varphi}$ und den Punkten p_0, p_0^* entspricht aber nach 26. 1 umkehrbar eindeutig eine affine Abbildung $\varphi: \mathcal{A} \to \mathcal{B}$ mit den behaupteten Eigenschaften: Es gilt ja $\overrightarrow{p_0^* \varphi p_\nu} = \hat{\varphi}\overrightarrow{p_0 p_\nu} = \overrightarrow{p_0^* p_\nu^*}$ und daher $\varphi p_\nu = p_\nu^*$ $(\nu = 0, \ldots, n)$. Die letzte Behauptung ergibt sich jetzt mit Hilfe von 26. 2. ◆

Wegen 26. 1 genügt zur Beschreibung einer affinen Abbildung φ nicht die zugeordnete lineare Abbildung $\hat{\varphi}$, sondern es muß auch noch der Bildpunkt p^* eines Punktes p angegeben werden. Bei der koordinatenmäßigen Darstellung einer affinen Abbildung wählt man dabei für p den Anfangspunkt eines Koordinatensystems. Es sei nämlich $(p_0, \ldots, p_n)$ ein Koordinatensystem von $\mathcal{A}$ und $(p_0^*, \ldots, p_r^*)$ ein Koordinatensystem von $\mathcal{B}$. Ist nun $\varphi: \mathcal{A} \to \mathcal{B}$ eine affine Abbildung, so entspricht der zugeordneten linearen Abbildung $\hat{\varphi}$ hinsichtlich der Basen $\{\overrightarrow{p_0 p_1}, \ldots, \overrightarrow{p_0 p_n}\}$ und $\{\overrightarrow{p_0^* p_1^*}, \ldots, \overrightarrow{p_0^* p_r^*}\}$ von $X_{\mathcal{A}}$ und $Y_{\mathcal{B}}$ umkehrbar eindeutig eine Matrix $A = (a_{\nu,\varrho})$ vermöge der Gleichungen

$$(*) \qquad \hat{\varphi}\overrightarrow{p_0 p_\nu} = \sum_{\varrho=1}^{r} a_{\nu,\varrho} \overrightarrow{p_0^* p_\varrho^*} \qquad (\nu = 1, \ldots, n).$$

Außerdem besitzt der Bildpunkt von p_0 Koordinaten $t_1, \ldots, t_r$, die durch

$$(**) \qquad \overrightarrow{p_0^* \varphi p_0} = \sum_{\varrho=1}^{r} t_\varrho \overrightarrow{p_0^* p_\varrho^*}$$

bestimmt sind. Umgekehrt wird aber auch durch eine Matrix A und durch ein r-Tupel $(t_1, \ldots, t_r)$ hinsichtlich gegebener Koordinatensysteme eine affine Abbildung φ eindeutig durch (*) und (**) beschrieben. Sind nun weiter $x_1, \ldots, x_n$ die Koordinaten eines Punktes $x \in \mathcal{A}$, so erhält man

$$\overrightarrow{p_0^* \varphi x} = \overrightarrow{p_0^* \varphi p_0} + \overrightarrow{\varphi p_0 \varphi x} = \overrightarrow{p_0^* \varphi p_0} + \hat{\varphi}\overrightarrow{p_0 x} = \sum_{\varrho=1}^{r} t_\varrho \overrightarrow{p_0^* p_\varrho^*} + \hat{\varphi} \sum_{\nu=1}^{n} x_\nu \overrightarrow{p_0 p_\nu}$$
$$= \sum_{\varrho=1}^{r} \left[t_\varrho + \sum_{\nu=1}^{n} x_\nu a_{\nu,\varrho} \right] \overrightarrow{p_0^* p_\varrho^*}.$$

Die auf der rechten Seite stehende eckige Klammer ist gerade die ϱ-te Koordinate x_ϱ^* des Bildpunktes φx. Damit gilt:

26. 5 *Hinsichtlich gegebener Koordinatensysteme entsprechen jeder affinen Abbildung $\varphi: \mathcal{A} \to \mathcal{B}$ umkehrbar eindeutig eine (n, r)-Matrix $A = (a_{\nu,\varrho})$ und ein r-Tupel $(t_1, \ldots, t_r)$, die durch die Gleichungen (*) und (**) bestimmt sind. Für die Koordinaten $x_1^*, \ldots, x_r^*$ des Bildpunktes φx eines Punktes $x \in \mathcal{A}$ mit den Koordinaten $x_1, \ldots, x_n$ gilt dann*

$$x_\varrho^* = t_\varrho + \sum_{\nu=1}^{n} x_\nu a_{\nu,\varrho} \qquad (\varrho = 1, \ldots, r),$$

oder in Matrizenschreibweise

$$(x_1^*, \ldots, x_r^*) = (t_1, \ldots, t_r) + (x_1, \ldots, x_n) A.$$

Diese Gleichungen und die Gleichungen (*) und (**) gelten sinngemäß auch für affine Abbildungen eines affinen Raumes A in sich. Nur braucht man dann wie bei den Endomorphismen eines Vektorraums lediglich ein Koordinatensystem von A.

Affine 1-1-Abbildungen eines affinen Raumes A auf sich werden **Affinitäten** genannt. Wegen 26. 2 bilden die Affinitäten eines affinen Raumes A eine Gruppe, die **affine Gruppe** von A.

Definition 26b: *Eine Affinität φ von A heißt eine* **Translation,** *wenn $\overrightarrow{p\varphi p} = \overrightarrow{q\varphi q}$ für alle Punkte $p, q \in A$ gilt. Der dann von der Wahl des Punktes p unabhängige Vektor $\mathfrak{t} = \overrightarrow{p\varphi p}$ wird der* **Translationsvektor** *genannt.*

Eine Translation ist durch ihren Translationsvektor eindeutig bestimmt; und jeder Vektor $\mathfrak{t} \in X_A$ ist auch Translationsvektor der durch $\overrightarrow{p\varphi p} = \mathfrak{t}$ definierten Translation. Die Identität ist die Translation mit dem Nullvektor als Translationsvektor. Sind φ und ψ zwei Translationen mit den Translationsvektoren $\mathfrak{t}$ und $\mathfrak{t}'$, so sind auch $\psi \circ \varphi$ und $\varphi \circ \psi$ Translationen mit $\mathfrak{t} + \mathfrak{t}'$ als Translationsvektor. Es folgt $\psi \circ \varphi = \varphi \circ \psi$; d. h. je zwei Translationen sind vertauschbar. Schließlich ist $-\mathfrak{t}$ der Translationsvektor von φ^{-1}, wenn $\mathfrak{t}$ der Translationsvektor von φ ist. Die Translationen von A bilden daher eine abelsche Gruppe.

26. 6 *Für eine Affinität φ von A sind folgende Aussagen paarweise gleichwertig:*

(1) *φ ist eine Translation.*

(2) *Für je zwei Punkte $p, q \in A$ gilt $\overrightarrow{\varphi p\, \varphi q} = \overrightarrow{pq}$.*

(3) *Die φ zugeordnete lineare Abbildung $\hat{\varphi}$ ist die Identität.*

Beweis: Es ist $\overrightarrow{p\varphi p} = \overrightarrow{q\varphi q}$ gleichwertig mit $\overrightarrow{\varphi p\, p} = -\overrightarrow{q\varphi q}$, wegen $\overrightarrow{\varphi p\, \varphi q} = \overrightarrow{\varphi p\, p} + \overrightarrow{pq} + \overrightarrow{q\varphi q}$ also auch gleichwertig mit $\overrightarrow{\varphi p\, \varphi q} = \overrightarrow{pq}$. Die letzte Gleichung ist aber wegen $\hat{\varphi}\, \overrightarrow{pq} = \overrightarrow{\varphi p\, \varphi q}$ wieder gleichwertig damit, daß $\hat{\varphi}$ die Identität ist. ◆

Ein Punkt p heißt **Fixpunkt** einer Affinität φ, wenn $\varphi p = p$ gilt.

26. 7 *Bei gegebenem $p \in A$ kann jede Affinität φ von A auf genau eine Weise in der Form $\varphi = \varphi'' \circ \varphi'$ dargestellt werden, wobei φ'' eine Translation und φ' eine Affinität mit p als Fixpunkt ist.*

Beweis: Es sei φ'' die Translation mit dem Translationsvektor $\overrightarrow{p\varphi p}$. Dann gilt $\varphi'' p = \varphi p$, und für die Affinität $\varphi' = \varphi''^{-1} \circ \varphi$ folgt hieraus

$\varphi' p = \varphi''^{-1}(\varphi p) = p$. Ist umgekehrt $\varphi = \varphi'' \circ \varphi'$ eine Darstellung der angegebenen Art, so folgt $\varphi'' p = \varphi''(\varphi' p) = \varphi p$. Daher muß $\overrightarrow{p\varphi p}$ der Translationsvektor von φ'' sein; d. h. φ'' und damit auch φ' sind eindeutig bestimmt. ◆

Da einer Translation von A nach 26. 6 als zugeordnete lineare Abbildung die Identität, dieser aber im Fall endlicher Dimension hinsichtlich einer beliebigen Basis von X_A die Einheitsmatrix entspricht, ergibt sich mit Hilfe von 26. 5:

26. 8 *Es sei $(p_0, \ldots, p_n)$ ein Koordinatensystem von A, und φ sei eine Translation von A mit dem Translationsvektor $\mathfrak{t}$. Für die Koordinaten $x_1, \ldots, x_n$ bzw. $x_1^*, \ldots, x_n^*$ eines Punktes $x \in A$ und seines Bildpunktes φx gilt dann*

$$(x_1^*, \ldots, x_n^*) = (t_1, \ldots, t_n) + (x_1, \ldots, x_n),$$

wobei $t_1, \ldots, t_n$ die Koordinaten von $\mathfrak{t}$ hinsichtlich der Basis $\{\overrightarrow{p_0 p_1}, \ldots, \overrightarrow{p_0 p_n}\}$ sind.

Weiterhin sei jetzt A sogar ein euklidisch-affiner bzw. unitär-affiner Raum.

Definition 26c: *Eine Affinität φ von A heißt eine* **Kongruenz**, *wenn sie den Abstand je zweier Punkte (vgl. 25. III) nicht ändert, wenn also $\overline{\varphi p \varphi q} = \overline{pq}$ für alle Punkte $p, q \in A$ gilt.*

Jede Translation φ ist eine Kongruenz; wegen 26.6 gilt nämlich $\overline{\varphi p \varphi q} = |\overrightarrow{\varphi p \varphi q}| = |\overrightarrow{pq}| = \overline{pq}$. Mit φ und ψ sind außerdem offenbar auch $\psi \circ \varphi$ und φ^{-1} Kongruenzen. Die Kongruenzen von A bilden daher ihrerseits eine Gruppe, die die Gruppe der Translationen als Untergruppe enthält.

26. 9 *Eine Affinität φ von A ist genau dann eine Kongruenz, wenn die ihr zugeordnete lineare Abbildung $\hat{\varphi}$ eine orthogonale bzw. unitäre Abbildung ist.*

Beweis: Wegen $\overrightarrow{\varphi p \varphi q} = \hat{\varphi}\overrightarrow{pq}$ ist φ genau dann eine Kongruenz, wenn $|\hat{\varphi}\overrightarrow{pq}| = |\overrightarrow{pq}|$ für alle $p, q \in A$, also $|\hat{\varphi}\mathfrak{x}| = |\mathfrak{x}|$ für alle $\mathfrak{x} \in X_A$ gilt. Dies ist aber nach 23. 1 gleichwertig damit, daß $\hat{\varphi}$ orthogonal bzw. unitär ist. ◆

Hieraus folgt noch, daß eine Kongruenz nicht nur die Abstände, sondern auch die Winkel (abgesehen von der Orientierung) ungeändert läßt.

Nach 26. 5 entspricht einer Affinität φ im endlich-dimensionalen Fall hinsichtlich eines Koordinatensystems eine quadratische Matrix A. Aus 26. 9 und 23. 4 ergibt sich daher: φ ist genau dann eine Kongruenz, wenn φ hinsichtlich eines kartesischen Koordinatensystems (vgl. p. 169) eine orthogonale bzw. unitäre Matrix entspricht.

Definition 26d: *Eine Affinität φ von A heißt eine* **Ähnlichkeit,** *wenn es eine reelle Zahl $c > 0$ gibt, so daß $\overline{\varphi p\, \varphi q} = c\overline{pq}$ für alle $p, q \in A$ gilt. Es wird dann c der* **Ähnlichkeitsfaktor** *von φ genannt.*

Jede Kongruenz ist eine Ähnlichkeit mit dem Ähnlichkeitsfaktor 1. Sind φ und ψ Ähnlichkeiten mit den Ähnlichkeitsfaktoren c bzw. c', so ist $\psi \circ \varphi$ eine Ähnlichkeit mit dem Faktor cc' und φ^{-1} eine Ähnlichkeit mit dem Faktor $\frac{1}{c}$. Daher bilden auch die Ähnlichkeiten von A eine Gruppe, die die Gruppe der Kongruenzen als Untergruppe enthält.

26. 10 *Eine Affinität φ von A ist genau dann eine Ähnlichkeit, wenn die ihr zugeordnete lineare Abbildung $\hat{\varphi}$ die Form $\hat{\varphi} = c\hat{\psi}$ mit einer reellen Zahl $c > 0$ und einer orthogonalen bzw. unitären Abbildung $\hat{\psi}$ besitzt.*

Beweis: Es ist φ genau dann eine Ähnlichkeit mit dem Ähnlichkeitsfaktor c, wenn $|\hat{\varphi}\overrightarrow{pq}| = c\,|\overrightarrow{pq}|$ für alle $p, q \in A$, also $|\hat{\varphi}\mathfrak{x}| = c\,|\mathfrak{x}|$ für alle $\mathfrak{x} \in X_A$ gilt. Dies ist aber gleichwertig mit $|\left(\frac{1}{c}\hat{\varphi}\right)\mathfrak{x}| = |\mathfrak{x}|$, wegen 23. 1 also damit, daß $\hat{\psi} = \frac{1}{c}\hat{\varphi}$ eine orthogonale bzw. unitäre Abbildung ist. ◆

Ebenso wie bei den Kongruenzen folgt hieraus für den Fall endlicher Dimension: Eine Affinität ist genau dann eine Ähnlichkeit, wenn ihr hinsichtlich eines kartesischen Koordinatensystems eine Matrix der Form cA mit $c > 0$ und einer orthogonalen bzw. unitären Matrix A entspricht.

Ergänzungen und Aufgaben

26A Man nennt eine 1-1-Abbildung eines affinen Raumes auf sich eine **Kollineation,** wenn sie kollineare Punkte wieder auf kollineare Punkte abbildet. Jede Affinität ist nach 26. 3 eine Kollineation. Für reelle affine Räume A mit $2 \leqq \text{Dim}\, A < \infty$ gilt hiervon auch die Umkehrung: Dort sind die Kollineationen genau die Affinitäten. Aber z. B. in komplexen affinen Räumen gilt dieser Satz nicht mehr.

Aufgabe: 1). In einer komplexen affinen Ebene werde hinsichtlich eines Koordinatensystems jedem Punkt x mit den Koordinaten x_1, x_2 als Bild φx der Punkt mit den konjugiert-komplexen Koordinaten $\overline{x_1}$, $\overline{x_2}$ zugeordnet. Zeige, daß φ eine Kollineation, aber keine Affinität ist.

2). Es sei φ eine 1-1-Abbildung einer affinen Geraden auf sich. Zeige, daß φ genau dann eine Affinität ist, wenn für je drei Punkte $TV(\varphi x, \varphi y, \varphi z) = TV(x, y, z)$ gilt.

26B Es sei A ein affiner Raum mit $\text{Dim}\, A = n \geqq 2$. Eine Affinität φ von A heißt **perspektiv,** wenn $p \vee \varphi p \parallel q \vee \varphi q$ für je zwei Punkte $p, q \in A$ gilt.

Aufgabe: 1). Eine von der Identität verschiedene Affinität von A ist genau dann eine Translation, wenn sie perspektiv ist und keinen Fixpunkt besitzt.

2). Die Menge aller Fixpunkte einer von der Identität verschiedenen perspektiven Affinität ist entweder leer oder eine Hyperebene.

3). Zu jeder Hyperebene H von A und je zwei nicht in H liegenden Punkten p, p^* gibt es genau eine perspektive Affinität φ mit $\varphi p = p^*$ und $\varphi x = x$ für alle $x \in H$.

4). Im Fall $n = 2$ kann jede Affinität von A als Produkt von zwei perspektiven Affinitäten dargestellt werden.

26C Es sei $\mathfrak{U}$ eine Untergruppe der Gruppe $\mathfrak{A}$ aller Affinitäten eines affinen Raumes A. Man nennt dann eine Aussage über Teilmengen von A eine **$\mathfrak{U}$-invariante** Aussage, wenn folgende Bedingung erfüllt ist: Trifft die Aussage auf Teilmengen $M_1, M_2, \ldots$ zu, so soll sie für beliebiges $\varphi \in \mathfrak{U}$ auch auf die Bildmengen $\varphi M_1, \varphi M_2, \ldots$ zutreffen. Die Menge aller $\mathfrak{U}$-invarianten Aussagen wird dann die zur Untergruppe $\mathfrak{U}$ gehörende **Geometrie** genannt. Die zu der Gruppe $\mathfrak{A}$ aller Affinitäten gehörende Geometrie heißt **affine Geometrie**; die zu der Gruppe aller Ähnlichkeiten bzw. Kongruenzen eines euklidisch- oder unitär-affinen Raumes gehörende Geometrie wird **Ähnlichkeitsgeometrie** bzw. **Kongruenzgeometrie (euklidische Geometrie)** genannt. Ist $\mathfrak{U}$ eine Untergruppe von $\mathfrak{U}'$, so ist jede Aussage der zu $\mathfrak{U}'$ gehörenden Geometrie auch eine Aussage der zu $\mathfrak{U}$ gehörenden Geometrie. Eine derartige gruppentheoretische Charakterisierung der Geometrien ist der Inhalt des **Erlanger Programms** von F. Klein.

Es sei wieder $\mathfrak{U}$ eine Untergruppe von $\mathfrak{A}$. Zwei Teilmengen M und M' von A heißen dann **$\mathfrak{U}$-äquivalent**, wenn es eine Affinität $\varphi \in \mathfrak{U}$ mit $\varphi M = M'$ gibt. Ist $\mathfrak{U}$ speziell die Gruppe aller Affinitäten, aller Ähnlichkeiten oder aller Kongruenzen, so werden $\mathfrak{U}$-äquivalente Mengen entsprechend **affin-äquivalent**, **ähnlich** oder **kongruent** genannt.

Aufgabe: 1). Die $\mathfrak{U}$-Äquivalenz ist eine Äquivalenzrelation (vgl. 11C).

2). Man beweise die Kongruenzsätze für Dreiecke; d. h. man zeige, daß zwei Dreiecke der euklidisch-affinen Ebene genau dann durch eine Kongruenz auf einander abgebildet werden können, wenn sie in folgenden Stücken übereinstimmen:

(α) den Längen aller Seiten,

(β) den Längen zweier Seiten und dem eingeschlossenen Winkel,

(γ) der Länge einer Seite und den beiden anliegenden Winkeln,

(δ) den Längen zweier Seiten und dem der größeren Seite gegenüberliegenden Winkel.

§ 27 Projektive Räume

Die Sätze der affinen Geometrie enthalten vielfach störende Fallunterscheidungen. So gilt z. B. in einer affinen Ebene nicht allgemein, daß sich zwei Geraden in einem Punkt schneiden; eine Ausnahme bilden die parallelen Geraden. Man kann nun die affinen Räume zu Räumen erweitern, die man projektive Räume nennt und in denen derartige Ausnahmefälle nicht mehr auftreten.

Es sei X ein beliebiger Vektorraum. Das Hauptinteresse gilt jetzt jedoch nicht mehr den Vektoren, sondern den 1-dimensionalen Unterräumen von X, die als Punkte eines neuen Raumes aufgefaßt werden sollen.

Definition 27a: *Ein* **projektiver Raum** $\mathcal{P}$ *über einem kommutativen Körper* K *ist die Menge aller* 1*-dimensionalen Unterräume eines Vektorraums* X *über* K. *Eine Teilmenge* U *von* $\mathcal{P}$ *heißt ein (projektiver)* **Unterraum** *von* $\mathcal{P}$, *wenn sie*

aus genau den 1-dimensionalen Unterräumen eines Unterraums X_U von X besteht, wenn sie also selbst ein projektiver Raum ist. Als (projektive) **Dimension** *eines Unterraums U von $\mathcal{P}$ (in Zeichen:* dim U*) wird die um Eins verminderte Dimension des Vektorraums X_U definiert:* dim U = Dim $X_U - 1$.

Zur Vermeidung von Mißverständnissen soll die projektive Dimension durch einen kleinen Anfangsbuchstaben gekennzeichnet werden. Projektive Unterräume der Dimension 0 werden **Punkte**, der Dimension 1 bzw. 2 **projektive Geraden** bzw. **Ebenen** genannt. Ein Punkt $p \in \mathcal{P}$ ist also der von einem Vektor $\mathfrak{a} \neq \mathfrak{o}$ aufgespannte Unterraum von X; es gilt also $p = [\mathfrak{a}]$. Die projektiven Geraden entsprechen umkehrbar eindeutig den 2-dimensionalen, die projektiven Ebenen den 3-dimensionalen Unterräumen von X. Auch die leere Menge ist ein projektiver Raum; als Vektorraum entspricht ihr der Nullraum, der ja keine 1-dimensionalen Unterräume besitzt. Es folgt dim $\emptyset$ = Dim $[\mathfrak{o}] - 1 = -1$.

Der Begriff des projektiven Raumes unterscheidet sich hiernach von dem des Vektorraums nur durch die Art der Auffassung. Alle Sätze über Unterräume eines Vektorraums können daher auch unmittelbar in Sätze über projektive Unterräume übersetzt werden: Man braucht statt „k-dimensionaler Vektorunterraum" nur „$(k-1)$-dimensionaler projektiver Unterraum" einzusetzen. So ist z. B. der Durchschnitt beliebig vieler projektiver Unterräume wieder ein projektiver Unterraum. Jedes System $\mathfrak{S}$ von Unterräumen eines projektiven Raumes erzeugt einen projektiven Unterraum, der wie im affinen Raum mit $\bigvee \{U : U \in \mathfrak{S}\}$ bzw. $U_1 \vee \cdots \vee U_n$ bezeichnet und der **Verbindungsraum** genannt werden soll. Offenbar gilt $X_{U \vee V} = X_U + X_V$. Ein Unterraum H eines projektiven Raumes $\mathcal{P}$ heißt eine **Hyperebene**, wenn $H \neq \mathcal{P}$, aber $H \vee p = \mathcal{P}$ mit einem Punkt $p \in \mathcal{P}$ gilt. Wenn $\mathcal{P}$ die endliche projektive Dimension n besitzt, sind die Hyperebenen genau die Unterräume H mit dim $H = n - 1$.

27.1 *Für Unterräume U, $\mathcal{V}$ eines endlich-dimensionalen projektiven Raumes $\mathcal{P}$ gilt*

$$\dim U + \dim \mathcal{V} = \dim (U \vee \mathcal{V}) + \dim (U \cap \mathcal{V}).$$

Ist H eine Hyperebene und U ein nicht in H enthaltener Unterraum, so folgt dim $(U \cap H)$ = dim $U - 1$. *Insbesondere besitzen in einer projektiven Ebene zwei verschiedene Geraden genau einen Schnittpunkt.*

Beweis: Wegen 6.7 erhält man

$$\dim U + \dim \mathcal{V} = \text{Dim } X_U - 1 + \text{Dim } X_V - 1 = \text{Dim } (X_U + X_V) - 1$$
$$+ \text{Dim } (X_U \cap X_V) - 1 = \dim (U \vee \mathcal{V}) + \dim (U \cap \mathcal{V}).$$

Ist U nicht in H enthalten, so gilt $U \vee H = \mathcal{P}$, also

$$\dim (U \vee H) = \dim \mathcal{P} = \dim H + 1$$

und daher

$$\dim (U \cap H) = \dim U + \dim H - \dim (U \vee H) = \dim U - 1.$$

In einer projektiven Ebene sind die Hyperebenen genau die Geraden. Für zwei verschiedene Geraden $\mathcal{G}$ und H einer projektiven Ebene gilt daher nach dem Vorangehenden $\dim (\mathcal{G} \cap H) = \dim \mathcal{G} - 1 = 0$; d. h. $\mathcal{G} \cap H$ ist ein Punkt. ◆

Es sei jetzt $\mathcal{P}$ ein nicht-leerer projektiver Raum mit dem zugehörigen Vektorraum X. Weiter sei H eine Hyperebene von $\mathcal{P}$ und a ein nicht in H liegender Punkt; d. h. es gilt $H \vee a = \mathcal{P}$. Die Menge A aller nicht in H liegenden Punkte von $\mathcal{P}$ kann dann in folgender Weise als ein affiner Raum aufgefaßt werden: Zu a werde ein Vektor $\mathfrak{a} \in X$ mit $a = [\mathfrak{a}]$ fest gewählt. Zu jedem Punkt $p \in A$ gibt es dann genau einen Vektor $\mathfrak{x}_p \in X_H$ mit $p = [\mathfrak{a} + \mathfrak{x}_p]$. Setzt man nun $\overrightarrow{pq} = \mathfrak{x}_q - \mathfrak{x}_p$ für je zwei Punkte $p, q \in A$, so ist A hinsichtlich dieser Zuordnung ein affiner Raum mit X_H als zugehörigem Vektorraum. Außerdem gilt $\operatorname{Dim} A = \operatorname{Dim} X_H = \dim H + 1 = \dim \mathcal{P}$.

Damit hat sich folgender Zusammenhang zwischen den projektiven und den affinen Räumen ergeben: Entfernt man aus einem projektiven Raum $\mathcal{P}$ eine beliebige Hyperebene H, so kann die Menge A aller übrigen Punkte als ein affiner Raum mit $\operatorname{Dim} A = \dim \mathcal{P}$ aufgefaßt werden. Bei dieser Erzeugungsweise bezeichnet man die Punkte von A als **eigentliche Punkte**, die von H als **uneigentliche Punkte**; entsprechend wird H die zu A gehörige **uneigentliche Hyperebene** genannt. Umgekehrt kann jeder affine Raum A durch Hinzunahme einer (uneigentlichen) Hyperebene zu einem projektiven Raum $\mathcal{P}$ erweitert werden. So entsteht aus einer affinen Geraden durch Adjunktion eines uneigentlichen Punktes eine projektive Gerade, aus einer affinen Ebene durch Hinzunahme einer uneigentlichen Geraden eine projektive Ebene.

In den folgenden beiden Sätzen mögen $\mathcal{P}$, H, A usw. die soeben benutzte Bedeutung haben.

27.2 *Für jeden projektiven Unterraum U von $\mathcal{P}$ ist die Menge $U_0 = U \cap A$ der eigentlichen Punkte von U ein affiner Unterraum von A. Umgekehrt gibt es zu jedem nicht-leeren affinen Unterraum U_0 von A genau einen projektiven Unterraum U von $\mathcal{P}$ mit $U_0 = U \cap A$. Es gilt dann* $\operatorname{Dim} U_0 = \dim U$, *und der zu U_0 gehörende Vektorraum ist der Vektorraum $X_U \cap X_H$.*

Beweis: Es sei U ein Unterraum von $\mathcal{P}$. Im Fall $U \leq H$ gilt $U_0 = \emptyset$; d. h. U_0 ist der leere Unterraum von A. Andernfalls existiert ein Punkt $p \in U_0$, und man erhält unmittelbar $\{\overrightarrow{pq}: q \in U_0\} = X_U \cap X_H = X_{U \cap H}$. Es ist dann also U_0 ein affiner Unterraum von A mit $X_{U \cap H}$ als zugeordnetem Vektorraum. Zweitens sei U_0 ein nicht-leerer Unterraum von A mit dem Unterraum X^* von X_H als zugeordnetem Vektorraum. Ist nun p ein fester Punkt aus U_0, so gilt $p = [\mathfrak{p}]$ mit $\mathfrak{p} \notin X_H$. Der Unterraum $X_U = X^* + [\mathfrak{p}]$ von X bestimmt dann einen Unterraum U von $\mathcal{P}$, für den offenbar $U_0 = U \cap A$ gilt. Umgekehrt folgt aus $U_0 = U \cap A$ sofort $X_U = (X_U \cap X_H) + [\mathfrak{p}] = X^* + [\mathfrak{p}]$; d. h. U ist auch eindeutig bestimmt. Im Fall endlicher Dimension ergibt sich hieraus noch

$$\operatorname{Dim} U_0 = \operatorname{Dim} X^* = \operatorname{Dim} X_U - 1 = \dim U. \quad \blacklozenge$$

27. 3 *Eine Hyperebene U_0 von A und ein nicht-leerer und nicht in U_0 enthaltener echter Unterraum $\mathcal{V}_0$ von A sind genau dann parallel, wenn die zugehörigen projektiven Unterräume U und $\mathcal{V}$ von $\mathcal{P}$ die Bedingung $U \cap \mathcal{V} \leq H$ erfüllen, wenn also ihr Durchschnitt nur aus uneigentlichen Punkten besteht.*

Beweis: Da $\mathcal{V}_0$ nicht in U_0 enthalten ist, folgt aus $U_0 \,||\, \mathcal{V}_0$, daß U_0 und $\mathcal{V}_0$ keinen Schnittpunkt in A besitzen können. Daher kann $U \cap \mathcal{V}$ nur aus uneigentlichen Punkten bestehen. Umgekehrt gelte $U \cap \mathcal{V} \leq H$, also auch $X_U \cap X_V \leq X_H$. Da $\mathcal{V}_0$ nicht leer ist, enthält $\mathcal{V}$ einen eigentlichen Punkt und daher X_V einen Vektor $\mathfrak{v}$ mit $\mathfrak{v} \notin X_H$. Und weil U eine Hyperebene ist, gilt außerdem $X_U + [\mathfrak{v}] = X$. Es sei nun weiter $\mathfrak{x}$ ein beliebiger Vektor aus $X_V \cap X_H$. Dann gilt $\mathfrak{x} = \mathfrak{u} + c\mathfrak{v}$ mit einem Vektor $\mathfrak{u} \in X_U$. Wegen $\mathfrak{x} \in X_V$ und $\mathfrak{v} \in X_V$ folgt auch $\mathfrak{u} \in X_V$, also $\mathfrak{u} \in X_U \cap X_V$ und somit $\mathfrak{u} \in X_H$. Wegen $\mathfrak{x} \in X_H$ und $\mathfrak{u} \in X_H$ folgt jetzt aber $c\mathfrak{v} \in X_H$, wegen $\mathfrak{v} \notin X_H$ also $c = 0$ und $\mathfrak{x} = \mathfrak{u}$. Damit hat sich $X_V \cap X_H \leq X_U \cap X_H$ ergeben. Und weil dies die den affinen Unterräumen U_0 und $\mathcal{V}_0$ zugeordneten Vektorräume sind, erhält man schließlich $U_0 \,||\, \mathcal{V}_0$. $\blacklozenge$

Die letzten beiden Sätze können dazu benutzt werden, um aus projektiven Sätzen die entsprechenden affinen Sätze zu gewinnen. So folgt z. B. aus dem projektiven Satz, daß sich zwei verschiedene Geraden einer projektiven Ebene in genau einem Punkt schneiden, der affine Satz, daß zwei verschiedene Geraden U_0 und $\mathcal{V}_0$ einer affinen Ebene genau einen Schnittpunkt besitzen oder parallel sind: Wenn nämlich der Schnittpunkt p der entsprechenden projektiven Geraden U und $\mathcal{V}$ ein eigentlicher Punkt ist, so gilt auch $U_0 \cap \mathcal{V}_0 = \{p\}$. Ist aber p ein uneigentlicher Punkt, so folgt aus 27. 3 die Parallelität von U_0 und $\mathcal{V}_0$.

Definition 27b: *Je $k+1$ Punkte $p_0, \ldots, p_k$ eines projektiven Raumes heißen* **unabhängig**, *wenn* $\dim(p_0 \vee \ldots \vee p_k) = k$ *gilt.*

27.4 *Für die Punkte $p_0, \ldots, p_k$ (aufgefaßt als 1-dimensionale Unterräume von X) gelte $p_\varkappa = [\mathfrak{a}_\varkappa]$ für $\varkappa = 0, \ldots, k$. Dann folgt: Die Punkte $p_0, \ldots, p_k$ sind genau dann unabhängig, wenn die Vektoren $\mathfrak{a}_0, \ldots, \mathfrak{a}_k$ linear unabhängig sind.*

Beweis: Es ist $\dim(p_0 \vee \cdots \vee p_k) = k$ gleichwertig mit $\operatorname{Dim}([\mathfrak{a}_0] + \cdots + [\mathfrak{a}_k]) = k+1$, also damit, daß die Vektoren $\mathfrak{a}_0, \ldots, \mathfrak{a}_k$ einen $(k+1)$-dimensionalen Unterraum aufspannen und somit linear unabhängig sind. ◆

Es sei nun $\mathcal{P}$ ein n-dimensionaler projektiver Raum. Für den zugehörigen Vektorraum X gilt also $\operatorname{Dim} X = \dim \mathcal{P} + 1 = n + 1$. Weiter seien nun $n+2$ Punkte $p_0, \ldots, p_n, e$ von $\mathcal{P}$ gegeben, unter denen je $n+1$ Punkte unabhängig sind. Wählt man jetzt Vektoren $\mathfrak{a}'_0, \ldots, \mathfrak{a}'_n, \mathfrak{e} \in X$ mit $[\mathfrak{a}'_\nu] = p_\nu$ $(\nu = 0, \ldots, n)$ und $[\mathfrak{e}] = e$, so bilden je $n+1$ unter diesen Vektoren nach dem letzten Satz eine Basis von X. Insbesondere gilt also $\mathfrak{e} = c_0\mathfrak{a}'_0 + \cdots + c_n\mathfrak{a}'_n$ mit geeigneten Skalaren c_ν. Für keinen Index ν kann dabei $c_\nu = 0$ gelten, weil sonst die $n+1$ Vektoren $\mathfrak{e}$ und $\mathfrak{a}'_\mu$ mit $\mu \neq \nu$ linear abhängig wären. Mit $\mathfrak{a}_\nu = c_\nu \mathfrak{a}'_\nu$ $(\nu = 0, \ldots, n)$ gilt daher ebenfalls $p_\nu = [\mathfrak{a}_\nu]$ und weiter auch $\mathfrak{e} = \mathfrak{a}_0 + \cdots + \mathfrak{a}_n$. Durch die Punkte $p_0, \ldots, p_n, e$ wird also bei fester Wahl von $\mathfrak{e}$ eindeutig eine Basis $\{\mathfrak{a}_0, \ldots, \mathfrak{a}_n\}$ von X bestimmt. Ist $\mathfrak{e}^*$ ein anderer Vektor mit $e = [\mathfrak{e}^*]$, so gibt es ebenfalls genau eine Basis $\{\mathfrak{a}_0^*, \ldots, \mathfrak{a}_n^*\}$ von X mit $[\mathfrak{a}_\nu^*] = p_\nu$ $(\nu = 0, \ldots, n)$ und $\mathfrak{e}^* = \mathfrak{a}_0^* + \cdots + \mathfrak{a}_n^*$. Da aber wegen $[\mathfrak{e}] = [\mathfrak{e}^*]$ jedenfalls $\mathfrak{e}^* = c\mathfrak{e}$ mit $c \neq 0$ gelten muß, folgt $\mathfrak{a}_\nu^* = c\mathfrak{a}_\nu$ $(\nu = 0, \ldots, n)$. Durch die Punkte $p_0, \ldots, p_n, e$ ist also in der beschriebenen Weise eine Basis $\{\mathfrak{a}_0, \ldots, \mathfrak{a}_n\}$ von X bis auf einen gemeinsamen Faktor $c \neq 0$ aller Vektoren eindeutig bestimmt. Wählt man nun zu einem gegebenen Punkt $x \in \mathcal{P}$ einen Vektor $\mathfrak{x} \in X$ mit $x = [\mathfrak{x}]$ beliebig aus, so entspricht ihm hinsichtlich der Basis $\{\mathfrak{a}_0, \ldots, \mathfrak{a}_n\}$ eindeutig ein Koordinaten-$(n+1)$-Tupel $(x_0, \ldots, x_n)$. Wegen $\mathfrak{x} \neq \mathfrak{o}$ sind hierbei nicht alle Koordinaten gleich Null. Ist $\mathfrak{x}'$ ein zweiter Vektor mit $x = [\mathfrak{x}']$, so gilt $\mathfrak{x}' = a\mathfrak{x}$ mit $a \neq 0$, und die Koordinaten von $\mathfrak{x}'$ unterscheiden sich von denen des Vektors $\mathfrak{x}$ nur um den gemeinsamen Faktor a. Ebenso ändern sich die Koordinaten nach dem Vorangehenden nur um einen gemeinsamen, von Null verschiedenen Faktor, wenn man statt der Basis $\{\mathfrak{a}_0, \ldots, \mathfrak{a}_n\}$ eine andere, durch die Punkte $p_0, \ldots, p_n, e$ bestimmte Basis benutzt.

Definition 27c: *Ein geordnetes $(n+2)$-Tupel $(p_0, \ldots, p_n, e)$ von Punkten eines n-dimensionalen projektiven Raumes $\mathcal{P}$ heißt ein* **Koordinatensystem** *von $\mathcal{P}$.*

wenn je $n+1$ unter diesen Punkten unabhängig sind. Es werden dann $p_0,\ldots,p_n$ die **Grundpunkte** *und e der* **Einheitspunkt** *des Koordinatensystems genannt.*

Nach den vorangehenden Überlegungen kann jedem Punkt $x \in \mathcal{P}$ hinsichtlich eines Koordinatensystems $(p_0, \ldots, p_n, e)$ ein bis auf einen von Null verschiedenen Faktor eindeutig bestimmtes Koordinaten-$(n+1)$-Tupel $(x_0, \ldots, x_n)$ zugeordnet werden, in dem nicht sämtliche Koordinaten verschwinden. Umgekehrt bestimmt offenbar jedes von $(0, \ldots, 0)$ verschiedene $(n+1)$-Tupel genau einen Punkt x. Man bezeichnet diese Koordinaten als **homogene Koordinaten**. Die Grundpunkte $p_0, \ldots, p_n$ besitzen die Koordinaten $(1, 0, \ldots, 0), \ldots, (0, \ldots, 0, 1)$; die Koordinaten des Einheitspunktes sind $(1, 1, \ldots, 1)$.

Es sei jetzt $\mathcal{P}$ ein n-dimensionaler projektiver Raum, aus dem durch Herausnahme einer uneigentlichen Hyperebene H der n-dimensionale affine Raum A entstehen möge. Weiter sei $(p_0, \ldots, p_n)$ ein affines Koordinatensystem von A. Diesem kann man dann auf folgende Weise ein projektives Koordinatensystem $(p_0^*, \ldots, p_n^*, e^*)$ von $\mathcal{P}$ zuordnen: Nach 27.1 schneiden die projektiven Verbindungsgeraden von p_0 und p_ν die uneigentliche Hyperebene in genau einem Punkt $p_\nu^* = (p_0 \vee p_\nu) \frown H$ $(\nu = 1, \ldots, n)$. Weiter sei e^* der durch $\overrightarrow{p_0 e^*} = \overrightarrow{p_0 p_1} + \cdots + \overrightarrow{p_0 p_n}$ bestimmte eigentliche Punkt, der also die affinen Koordinaten $(1, \ldots, 1)$ besitzt. Setzt man schließlich noch $p_0^* = p_0$, so zeigen einfache Überlegungen, daß $(p_0^*, \ldots, p_n^*, e^*)$ ein projektives Koordinatensystem von $\mathcal{P}$ ist. Eine zu diesem Koordinatensystem von $\mathcal{P}$ gehörende Basis von X gewinnt man folgendermaßen: Durch die weiter oben beschriebene Art der Einbettung von A in $\mathcal{P}$ ist durch p_0 eindeutig ein Vektor $\mathfrak{a}_0$ mit $p_0 = [\mathfrak{a}_0]$ bestimmt. Setzt man jetzt noch $\mathfrak{a}_\nu = \overrightarrow{p_0 p_\nu}$ $(\nu = 1, \ldots, n)$, so ist $\{\mathfrak{a}_0, \ldots, \mathfrak{a}_n\}$ eine Basis von X und $\{\mathfrak{a}_1, \ldots, \mathfrak{a}_n\}$ eine Basis von X_H. Außerdem gilt offenbar $e^* = [\mathfrak{a}_0 + \mathfrak{a}_1 + \cdots + \mathfrak{a}_n]$. Für einen beliebigen Punkt $x \in A$ mit den affinen Koordinaten $(x_1, \ldots, x_n)$ ist dann $\mathfrak{x} = \mathfrak{a}_0 + \overrightarrow{p_0 x} = 1\,\mathfrak{a}_0 + x_1 \mathfrak{a}_1 + \cdots + x_n \mathfrak{a}_n$ ein Vektor mit $x = [\mathfrak{x}]$. Dies bedeutet aber, daß $(1, x_1, \ldots, x_n)$ gerade die homogenen Koordinaten von x bezüglich des projektiven Koordinatensystems $(p_0^*, \ldots, p_n^*, e^*)$ sind. Umgekehrt seien $(x_0^*, \ldots, x_n^*)$ die homogenen Koordinaten eines Punktes $x \in \mathcal{P}$. Da $\{\mathfrak{a}_1, \ldots, \mathfrak{a}_n\}$ eine Basis von X_H ist, gilt $x \in H$ genau dann, wenn $x_0^* = 0$ ist. Speziell sei nun x ein eigentlicher Punkt, also ein Punkt aus A. Dann gilt $x_0^* \neq 0$, und auch $\left(1, \dfrac{x_1^*}{x_0^*}, \ldots, \dfrac{x_n^*}{x_0^*}\right)$ ist ein $(n+1)$-Tupel homogener Koordinaten von x. Es folgt

$$\overrightarrow{p_0 x} = 1 \cdot \mathfrak{a}_0 + \frac{x_1^*}{x_0^*}\mathfrak{a}_1 + \cdots + \frac{x_n^*}{x_0^*}\mathfrak{a}_n - \mathfrak{a}_0 = \frac{x_1^*}{x_0^*}\overrightarrow{p_0 p_1} + \cdots + \frac{x_n^*}{x_0^*}\overrightarrow{p_0 p_n};$$

d. h. $\frac{x_1^*}{x_0^*}, \ldots, \frac{x_n^*}{x_0^*}$ sind die affinen Koordinaten von x. Damit hat sich folgende einfache Beziehung zwischen den affinen und den projektiven Koordinaten hinsichtlich geeigneter Koordinatensysteme ergeben:

27.5 *Jedes affine Koordinatensystem* $(p_0, \ldots, p_n)$ *eines affinen Raumes* A *bestimmt in der oben angegebenen Weise eindeutig ein projektives Koordinatensystem* $(p_0^*, \ldots, p_n^*, e^*)$ *des durch Hinzunahme einer uneigentlichen Hyperebene* H *entstehenden projektiven Raumes* $\mathcal{P}$. *Sind dann* $(x_1, \ldots, x_n)$ *die affinen Koordinaten eines Punktes* $x \in A$, *so sind* $(1, x_1, \ldots, x_n)$ *die homogenen Koordinaten von* x *bezüglich des projektiven Koordinatensystems. Sind umgekehrt* $(x_0^*, \ldots, x_n^*)$ *die homogenen Koordinaten eines Punktes* $x \in \mathcal{P}$, *so gilt* $x \in H$ *(d. h.* x *ist ein uneigentlicher Punkt) genau dann, wenn* $x_0^* = 0$ *ist. Im Fall eines eigentlichen Punktes sind* $\left(\frac{x_1^*}{x_0^*}, \ldots, \frac{x_n^*}{x_0^*}\right)$ *die affinen Koordinaten von* x.

Es seien jetzt x, y, z, u kollineare Punkte eines projektiven Raumes; d. h. diese vier Punkte sollen auf einer projektiven Geraden $\mathcal{G}$ liegen. Nimmt man noch an, daß x, y, z drei verschiedene Punkte sind, so sind sie zu je zweien unabhängig und bilden somit ein Koordinatensystem (x, y, z) von $\mathcal{G}$ mit x, y als Grundpunkten und z als Einheitspunkt. Der vierte kollineare Punkt u besitzt hinsichtlich dieses Koordinatensystems homogene Koordinaten (u_0^*, u_1^*). Nimmt man noch $u \neq y$ an, so gilt außerdem $u_0^* \neq 0$. Da u_0^* und u_1^* bis auf einen gemeinsamen Faktor eindeutig bestimmt sind, ist der Quotient $\frac{u_1^*}{u_0^*}$ sogar eindeutig durch die vier Punkte festgelegt. Man nennt ihn das **Doppelverhältnis** des geordneten Quadrupels (x, y, z, u) kollinearer Punkte und bezeichnet dieses mit $DV(x, y, z, u)$. Um auch den Fall $u = y$, also $u_0^* = 0$, zu erfassen, schreibt man formal $DV(x, y, z, y) = \infty$.

Wenn die kollinearen Punkte x, y, z, u hinsichtlich irgendeines Koordinatensystems durch die ihnen entsprechenden Koordinaten-$(n+1)$-Tupel $\mathfrak{x} = (x_0, \ldots, x_n), \ldots, \mathfrak{u} = (u_0, \ldots, u_n)$ gegeben sind, gestaltet sich die Berechnung des Doppelverhältnisses folgendermaßen: Zunächst hat man Skalare s und t mit $\mathfrak{z} = s\mathfrak{x} + t\mathfrak{y}$ zu bestimmen. Mit $\mathfrak{a}_0 = s\mathfrak{x}$ und $\mathfrak{a}_1 = t\mathfrak{y}$ ist danach $\mathfrak{u}$ in der Form $\mathfrak{u} = u_0^*\mathfrak{a}_0 + u_1^*\mathfrak{a}_1$ darzustellen. Dann gilt $DV(x,y,z,u) = \frac{u_1^*}{u_0^*}$.

Die Kollinearität der Punkte ist gleichwertig damit, daß die Vektoren $\mathfrak{x}, \mathfrak{y}, \mathfrak{z}, \mathfrak{u}$ einen 2-dimensionalen Vektorraum aufspannen, daß also die Matrix

$$\begin{pmatrix} x_0 & \cdots & x_n \\ y_0 & \cdots & y_n \\ z_0 & \cdots & z_n \\ u_0 & \cdots & u_n \end{pmatrix}$$

den Rang 2 besitzt. Wegen $x \neq y$ gibt es sogar Indizes i und k mit

$$\begin{vmatrix} x_i & x_k \\ y_i & y_k \end{vmatrix} \neq 0.$$

Für s, t, u_0^*, u_1^* ergeben sich dann die linearen Gleichungssysteme

$$\begin{aligned} x_i s + y_i t &= z_i \\ x_k s + y_k t &= z_k \end{aligned} \quad \text{und} \quad \begin{aligned} x_i s u_0^* + y_i t u_1^* &= u_i \\ x_k s u_0^* + y_k t u_1^* &= u_k \end{aligned}.$$

Es folgt

$$\frac{s}{t} = \frac{z_i y_k - z_k y_i}{x_i z_k - x_k z_i} \quad \text{und} \quad \frac{u_1^*}{u_0^*} = \frac{x_i u_k - x_k u_i}{u_i y_k - u_k y_i} \frac{s}{t},$$

also

$$DV(x, y, z, u) = \frac{x_i u_k - x_k u_i}{u_i y_k - u_k y_i} \cdot \frac{z_i y_k - z_k y_i}{x_i z_k - x_k z_i}.$$

Wenn x, y, z, u speziell Punkte eines affinen Raumes mit den affinen Koordinaten $(x_1, \ldots, x_n), \ldots, (u_1, \ldots, u_n)$ sind, erhält man aus ihnen nach 27. 5 die zugehörigen homogenen Koordinaten, indem man $x_0 = y_0 = z_0 = u_0 = 1$ setzt. In der vorangehenden Rechnung kann man nun $i = 0$ annehmen und für k einen Index mit $x_k \neq y_k$ wählen. Man erhält dann als Wert für das Doppelverhältnis in affinen Koordinaten:

$$DV(x, y, z, u) = \frac{x_k - u_k}{y_k - u_k} \cdot \frac{y_k - z_k}{x_k - z_k} = \frac{TV(z, x, y)}{TV(u, x, y)},$$

also ein Verhältnis von Teilverhältnissen. Hierdurch ist der Name „Doppelverhältnis" begründet.

Besonders einfach gestaltet sich das Ergebnis, wenn einer der vier Punkte — etwa u — ein uneigentlicher Punkt ist. Dann kann man $i = 0$ setzen und $u_0 = 0$, $u_k = x_0 = y_0 = z_0 = 1$ annehmen. Man erhält:

$$DV(x, y, z, u) = \frac{y_k - z_k}{x_k - z_k} = TV(z, x, y).$$

Das Doppelverhältnis geht in diesem Fall also in das Teilverhältnis über.

Ergänzungen und Aufgaben

27A Es sei (p_0, p_1, p_2, e) ein Koordinatensystem einer projektiven Ebene. Für einen von p_0, p_1, p_2 verschiedenen Punkt x werde dann (vgl. Fig.)

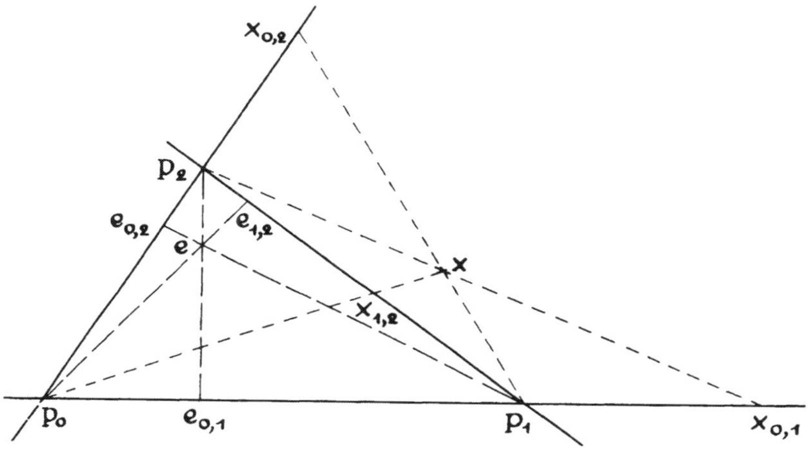

$$x_{0,1} = (p_0 \vee p_1) \frown (p_2 \vee x),$$
$$x_{0,2} = (p_0 \vee p_2) \frown (p_1 \vee x),$$
$$x_{1,2} = (p_1 \vee p_2) \frown (p_0 \vee x)$$

gesetzt.

Aufgabe: Es seien x_0^*, x_1^*, x_2^* die homogenen Koordinaten des Punktes x bezüglich des gegebenen Koordinatensystems. Zeige: Für je zwei Indizes i, k mit $i < k$ gilt

$$\frac{x_k^*}{x_i^*} = DV(p_i, p_k, e_{i,k}, x_{i,k}).$$

27B Das Doppelverhältnis von vier kollinearen Punkten p_1, p_2, p_3, p_4 hängt von der Reihenfolge dieser Punkte ab. Nachstehend bedeute π eine beliebige Permutation der Indizes.

Aufgabe: 1). Für welche Permutationen gilt $DV(p_1, p_2, p_3, p_4) = DV(p_{\pi 1}, p_{\pi 2}, p_{\pi 3}, p_{\pi 4})$? 2). Es gelte $DV(p_1, p_2, p_3, p_4) = c$. Man drücke für alle Permutationen π das Doppelverhältnis $DV(p_{\pi 1}, p_{\pi 2}, p_{\pi 3}, p_{\pi 4})$ durch c aus. Wie viele verschiedene Doppelverhältnisse treten auf?

27C Eine reelle projektive Gerade G kann umkehrbar eindeutig (und stetig) auf eine Kreislinie abgebildet werden: Hinsichtlich eines Koordinatensystems von G seien nämlich (x_0, x_1) die homogenen Koordinaten eines Punktes $x \in G$. Durch $\alpha(x) = 2 \operatorname{arctg} \frac{x_1}{x_0}$ wird dann x umkehrbar eindeutig ein Winkel $\alpha(x)$ mit $-\pi < \alpha(x) \leqq +\pi$ zugeordnet. Jedem solchen Winkel $\alpha(x)$ kann aber wiederum in natürlicher Weise ein Punkt x^* einer Kreislinie zugeordnet werden. An diesem Modell erkennt man, daß die auf der reellen affinen Geraden sinnvolle Aussage „der Punkt p liegt zwischen den Punkten q und r" auf G keinen Sinn mehr besitzt: Unter drei verschiedenen Punkten der Kreislinie ist keiner durch seine Lage ausgezeichnet. An die Stelle von „zwischen" tritt in G der Begriff

„trennen": Man sagt, daß zwei Punktepaare (p_1, p_2) und (p_3, p_4) von G sich **trennen**, wenn die beiden die Punkte p_1^* und p_2^* verbindenden Bögen der Kreislinie je einen der beiden Punkte p_3^*, p_4^* enthalten.

Aufgabe: 1). Zeige: Zwei Punktepaare (p_1, p_2) und (p_3, p_4) von G trennen sich genau dann, wenn $DV\,(p_1, p_2, p_3, p_4) < 0$ gilt.
2). Der Punkt $u \in G$ sei als uneigentlicher Punkt ausgezeichnet. Zeige, daß der eigentliche Punkt z genau dann zwischen den eigentlichen Punkten x und y liegt, wenn $DV(x, y, z, u) < 0$ gilt. Zeige weiter, daß z genau dann Mittelpunkt der durch x und y bestimmten Strecke der affinen Geraden ist, wenn $DV(x, y, z, u) = -1$ erfüllt ist. (Man sagt in diesem Fall, daß sich die Punktepaare (x, y) und (z, u) **harmonisch** trennen.)

§ 28 Projektivitäten

Es sei $\mathcal{P}$ ein projektiver Raum mit dem zugehörigen Vektorraum X. Eine lineare 1-1-Abbildung $\hat{\varphi}$ von X auf sich, also ein Automorphismus von X, bildet dann jeden 1-dimensionalen Unterraum wieder auf einen 1-dimensionalen Unterraum von X ab. Daher induziert $\hat{\varphi}$ eine 1-1-Abbildung φ von $\mathcal{P}$ auf sich: Ist nämlich $x = [\mathfrak{x}]$ ein Punkt von $\mathcal{P}$, so ist sein Bildpunkt φx durch $\varphi x = [\hat{\varphi}\mathfrak{x}]$ eindeutig bestimmt; denn ist $\mathfrak{x}'$ ein anderer Vektor mit $x = [\mathfrak{x}']$, so folgt $\mathfrak{x}' = c\mathfrak{x}$ mit $c \neq 0$, also $\hat{\varphi}\mathfrak{x}' = c\hat{\varphi}\mathfrak{x}$ und somit $[\hat{\varphi}\mathfrak{x}'] = [\hat{\varphi}\mathfrak{x}]$.

Definition 28a: *Eine 1-1-Abbildung φ von $\mathcal{P}$ auf sich heißt eine* **Projektivität** *von $\mathcal{P}$, wenn sie von einem Automorphismus $\hat{\varphi}$ von X induziert wird, wenn also $\varphi[\mathfrak{x}] = [\hat{\varphi}\mathfrak{x}]$ für jeden Punkt $x = [\mathfrak{x}]$ von $\mathcal{P}$ gilt.*

Verschiedene Automorphismen von X können dieselbe Projektivität von $\mathcal{P}$ induzieren. Man kann jedoch eine einfache Bedingung dafür angeben, wann zwei Automorphismen von X dieselbe Projektivität bestimmen.

28.1 *Zwei Automorphismen $\hat{\varphi}$ und $\hat{\psi}$ von X induzieren genau dann dieselbe Projektivität von $\mathcal{P}$, wenn $\hat{\psi} = c\hat{\varphi}$ mit einem Skalar $c \neq 0$ gilt.*

Beweis: Aus $\hat{\psi} = c\hat{\varphi}$ mit $c \neq 0$ folgt $\hat{\psi}\mathfrak{x} = c\hat{\varphi}\mathfrak{x}$ und somit $[\hat{\psi}\mathfrak{x}] = [\hat{\varphi}\mathfrak{x}]$ für jeden Vektor $\mathfrak{x} \in X$. Für die induzierten Projektivitäten ψ und φ erhält man daher $\psi x = \varphi x$ bei beliebigem $x \in \mathcal{P}$, also $\psi = \varphi$. Umgekehrt gelte $\psi = \varphi$. Für jeden Vektor $\mathfrak{x} \in X$ mit $\mathfrak{x} \neq \mathfrak{o}$ muß dann $[\hat{\psi}\mathfrak{x}] = [\hat{\varphi}\mathfrak{x}]$ und folglich $\hat{\psi}\mathfrak{x} = c_{\mathfrak{x}}\hat{\varphi}\mathfrak{x}$ mit einem Skalar $c_{\mathfrak{x}} \neq 0$ erfüllt sein. Sind nun $x = [\mathfrak{x}]$ und $y = [\mathfrak{y}]$ zwei verschiedene Punkte, so sind die Vektoren $\mathfrak{x}$ und $\mathfrak{y}$ linear unabhängig, und mit $\mathfrak{z} = \mathfrak{x} + \mathfrak{y}$ muß einerseits $\hat{\psi}\mathfrak{z} = c_{\mathfrak{z}}\hat{\varphi}\mathfrak{z} = c_{\mathfrak{z}}\hat{\varphi}\mathfrak{x} + c_{\mathfrak{z}}\hat{\varphi}\mathfrak{y}$, andererseits aber auch $\hat{\psi}\mathfrak{z} = \hat{\psi}\mathfrak{x} + \hat{\psi}\mathfrak{y} = c_{\mathfrak{x}}\hat{\varphi}\mathfrak{x} + c_{\mathfrak{y}}\hat{\varphi}\mathfrak{y}$ gelten. Da aber $\hat{\varphi}$ ein Automorphismus ist, sind auch $\hat{\varphi}\mathfrak{x}$ und $\hat{\varphi}\mathfrak{y}$ linear unabhängig, und es folgt durch Koeffizientenvergleich $c_{\mathfrak{x}} = c_{\mathfrak{z}} = c_{\mathfrak{y}}$. Daher sind die Skalare $c_{\mathfrak{x}}$ in Wirklichkeit von $\mathfrak{x}$ unabhängig und gleich einem festen c. Man erhält $\hat{\psi}\mathfrak{x} = c\hat{\varphi}\mathfrak{x}$ für alle $\mathfrak{x} \in X$, also $\hat{\psi} = c\hat{\varphi}$. ◆

Unmittelbar aus der Definition ergibt sich:

28.2 *Mit zwei Projektivitäten* φ *und* ψ *ist auch* $\psi \circ \varphi$ *eine Projektivität mit dem induzierenden Automorphismus* $\hat{\psi} \circ \hat{\varphi}$. *Mit* φ *ist auch* φ^{-1} *eine Projektivität, die von* $\hat{\varphi}^{-1}$ *induziert wird.*

28.3 *Jede Projektivität bildet Unterräume auf Unterräume gleicher Dimension ab und läßt das Doppelverhältnis kollinearer Punkte ungeändert.*

Beweis: Die erste Behauptung folgt unmittelbar daraus, daß ein Automorphismus eines Vektorraums Unterräume auf Unterräume gleicher Dimension abbildet. Weiter sei φ eine Projektivität, und die Punkte x, y, z, u seien kollinear. Wegen der ersten Behauptung sind dann auch die Bildpunkte φx, φy, φz, φu kollinear. Es gelte nun $x = [\mathfrak{x}]$, $y = [\mathfrak{y}]$, $z = [\mathfrak{z}]$ und $u = [\mathfrak{u}]$ mit $\mathfrak{x} + \mathfrak{y} = \mathfrak{z}$ und $\mathfrak{u} = u_0\mathfrak{x} + u_1\mathfrak{y}$. Es folgt $\varphi x = [\hat{\varphi}\mathfrak{x}]$, $\varphi y = [\hat{\varphi}\mathfrak{y}]$ usw.; außerdem aber auch $\hat{\varphi}\mathfrak{x} + \hat{\varphi}\mathfrak{y} = \hat{\varphi}\mathfrak{z}$ und $\hat{\varphi}\mathfrak{u} = u_0\hat{\varphi}\mathfrak{x} + u_1\hat{\varphi}\mathfrak{y}$. Daher gilt

$$DV(x, y, z, u) = \frac{u_1}{u_0} = DV(\varphi x, \varphi y, \varphi z, \varphi u). \blacklozenge$$

Weiterhin sei jetzt $\mathcal{P}$ ein n-dimensionaler projektiver Raum mit dem zugehörigen Vektorraum X.

28.4 *Es seien* $(p_0, \ldots, p_n, e)$ *und* $(p_0^*, \ldots, p_n^*, e^*)$ *zwei Koordinatensysteme von* $\mathcal{P}$. *Dann gibt es genau eine Projektivität* φ *von* $\mathcal{P}$ *mit* $\varphi p_\nu = p_\nu^*$ $(\nu = 0, \ldots, n)$ *und* $\varphi e = e^*$.

Beweis: Es sei $\{\mathfrak{a}_0, \ldots, \mathfrak{a}_n\}$ eine Basis von X mit $p_\nu = [\mathfrak{a}_\nu]$ $(\nu = 0, \ldots, n)$ und $e = [\mathfrak{a}_0 + \cdots + \mathfrak{a}_n]$. Ebenso sei $\{\mathfrak{a}_0^*, \ldots, \mathfrak{a}_n^*\}$ eine entsprechend zu dem zweiten Koordinatensystem gehörende Basis. Dann gibt es nach 8.2 genau eine lineare Abbildung $\hat{\varphi}: X \to X$ mit $\hat{\varphi}\mathfrak{a}_\nu = \mathfrak{a}_\nu^*(\nu = 0, \ldots, n)$; und diese ist wegen 8.9 sogar ein Automorphismus von X. Die von $\hat{\varphi}$ induzierte Projektivität φ besitzt offenbar die verlangten Eigenschaften. Ist weiter auch ψ eine Projektivität der behaupteten Art, so muß $[\hat{\psi}\mathfrak{a}_\nu] = [\mathfrak{a}_\nu^*] = [\hat{\varphi}\mathfrak{a}_\nu]$, also $\hat{\psi}\mathfrak{a}_\nu = c_\nu\hat{\varphi}\mathfrak{a}_\nu$ für $\nu = 0, \ldots, n$ gelten. Außerdem muß aber auch $[\hat{\psi}(\mathfrak{a}_0 + \cdots + \mathfrak{a}_n)] = [\mathfrak{a}_0^* + \cdots + \mathfrak{a}_n^*] = [\hat{\varphi}(\mathfrak{a}_0 + \cdots + \mathfrak{a}_n)]$ und somit $\hat{\psi}(\mathfrak{a}_0 + \cdots + \mathfrak{a}_n) = c\hat{\varphi}(\mathfrak{a}_0 + \cdots + \mathfrak{a}_n)$ erfüllt sein. Vergleich liefert $c_0 = \cdots = c_n = c$ und weiter $\hat{\psi} = c\hat{\varphi}$, wegen 28.1 also $\psi = \varphi$. $\blacklozenge$

Hinsichtlich eines Koordinatensystems $(p_0, \ldots, p_n, e)$ kann jeder Projektivität φ eine reguläre quadratische Matrix zugeordnet werden: Es sei nämlich wieder $\{\mathfrak{a}_0, \ldots, \mathfrak{a}_n\}$ eine Basis von X mit $p_\nu = [\mathfrak{a}_\nu]$ $(\nu = 0, \ldots, n)$ und $e = [\mathfrak{a}_0 + \cdots + \mathfrak{a}_n]$. Die Projektivität φ werde durch den Automorphismus $\hat{\varphi}$ von X induziert. Dann entspricht $\hat{\varphi}$ hinsichtlich der Basis $\{\mathfrak{a}_0, \ldots, \mathfrak{a}_n\}$

umkehrbar eindeutig eine reguläre quadratische Matrix $A = (a_{\nu,\mu})$ vermöge der Gleichungen

$$\hat{\varphi}\mathfrak{a}_\nu = \sum_{\mu=0}^{n} a_{\nu,\mu}\,\mathfrak{a}_\mu \qquad (\nu = 0, \ldots, n).$$

Wählt man eine andere, zu dem Koordinatensystem gehörende Basis $\{\mathfrak{a}_0^*, \ldots, \mathfrak{a}_n^*\}$, so gilt (vgl. p. 181) $\mathfrak{a}_\nu^* = c\,\mathfrak{a}_\nu$ $(\nu = 0, \ldots, n)$, und $\hat{\varphi}$ ist hinsichtlich dieser Basis dieselbe Matrix A zugeordnet. Nun ist aber $\hat{\varphi}$ durch φ nicht eindeutig bestimmt. Nach 28. 1 besitzt jedoch jeder andere Automorphismus, der ebenfalls φ induziert, die Form $c\hat{\varphi}$ mit $c \neq 0$. Hinsichtlich jeder zu dem Koordinatensystem gehörenden Basis von X entspricht ihm daher die Matrix cA. Man kann auf diese Art also jeder Projektivität φ hinsichtlich eines Koordinatensystems eine reguläre quadratische Matrix A zuordnen, die allerdings nur bis auf einen skalaren Faktor $c \neq 0$ eindeutig bestimmt ist. Umgekehrt legt natürlich jede reguläre quadratische Matrix A auch einen Automorphismus von X und somit eine Projektivität von $\mathcal{P}$ fest; und zwei solche Matrizen A und B bestimmen genau dann dieselbe Projektivität, wenn $B = cA$ mit $c \neq 0$ gilt.

Unter Beibehaltung aller Bezeichnungen seien jetzt $(x_0, \ldots, x_n)$ die Koordinaten eines Punktes x; d. h. es gilt $x = [\mathfrak{x}]$ mit $\mathfrak{x} = \sum_{\nu=0}^{n} x_\nu \mathfrak{a}_\nu$. Für den Bildpunkt φx folgt hieraus $\varphi x = [\hat{\varphi}\mathfrak{x}]$ und

$$\hat{\varphi}\mathfrak{x} = \sum_{\nu=0}^{n} x_\nu \hat{\varphi}\mathfrak{a}_\nu = \sum_{\mu=0}^{n} \left(\sum_{\nu=0}^{n} x_\nu a_{\nu,\mu} \right) \mathfrak{a}_\mu .$$

Die rechts in den Klammern stehenden Summen sind daher gerade die homogenen Koordinaten x_μ^* des Bildpunktes, die ja ebenso wie die Koeffizienten $a_{\nu,\mu}$ der Matrix nur bis auf einen von Null verschiedenen Faktor eindeutig bestimmt sind. Zusammenfassend hat sich damit ergeben:

28. 5 *Hinsichtlich eines Koordinatensystems $(p_0, \ldots, p_n, e)$ entspricht jeder Projektivität φ eine bis auf einen Faktor $c \neq 0$ eindeutig bestimmte reguläre quadratische Matrix $A = (a_{\nu,\mu})$ mit $n + 1$ Zeilen und Spalten. Sind $(x_0, \ldots, x_n)$ und $(x_0^*, \ldots, x_n^*)$ die homogenen Koordinaten des Punktes x bzw. seines Bildpunktes φx, so gilt*

$$x_\mu^* = \sum_{\nu=0}^{n} x_\nu a_{\nu,\mu} \qquad (\mu = 0, \ldots, n),$$

oder in Matrizenschreibweise

$$(x_0^*, \ldots, x_n^*) = (x_0, \ldots, x_n)\,A .$$

Umgekehrt bestimmt jede reguläre quadratische Matrix auf diese Weise eindeutig eine Projektivität; und zwei Matrizen A und B bestimmen genau dann dieselbe Projektivität, wenn $B = cA$ mit $c \neq 0$ gilt.

Dem Übergang von einem Koordinatensystem zu einem zweiten entspricht auch hier eine reguläre, $(n+1)$-reihige quadratische Matrix S. Ist einer Projektivität hinsichtlich des einen Koordinatensystems die Matrix A, hinsichtlich des anderen die Matrix B zugeordnet, so gilt wieder $B = SAS^{-1}$, wobei jetzt allerdings alle Matrizen nur bis auf einen von Null verschiedenen Faktor bestimmt sind. Schließlich spiegeln sich auch die Produkt- und Inversenbildung bei Projektivitäten in den entsprechenden Operationen der zugeordneten Matrizen wider. Da die Beweise völlig analog zu den entsprechenden früheren Beweisen verlaufen, können sie hier übergangen werden.

Zum Schluß soll noch ein Zusammenhang zwischen den Affinitäten und den Projektivitäten hergestellt werden.

Es sei wieder $\mathcal{P}$ ein n-dimensionaler projektiver Raum, aus dem durch Auszeichnung einer uneigentlichen Hyperebene H der affine Raum A hervorgehe. Weiter sei $(p_0, \ldots, p_n)$ ein affines Koordinatensystem von A, das nach 27.5 in eindeutiger Weise ein projektives Koordinatensystem $(p_0^*, \ldots, p_n^*, e^*)$ von $\mathcal{P}$ bestimmt. Einer Affinität φ_0 von A entspricht nun hinsichtlich $(p_0, \ldots, p_n)$ nach 26.5 umkehrbar eindeutig eine reguläre quadratische Matrix $A_0 = (a_{\nu,\mu})$ $(\nu, \mu = 1, \ldots, n)$ und ein n-Tupel $(t_1, \ldots, t_n)$. Sind $(x_1, \ldots, x_n)$ die affinen Koordinaten eines Punktes $x \in A$, so sind die Koordinaten $(x_1', \ldots, x_n')$ seines Bildpunktes $\varphi_0 x$ durch die Gleichungen

$$(*) \qquad x_\mu' = t_\mu + \sum_{\nu=1}^{n} x_\nu a_{\nu,\mu} \qquad (\mu = 1, \ldots, n)$$

bestimmt. Die homogenen Koordinaten $(x_0^*, \ldots, x_n^*)$ von x und $(x_0'^*, \ldots, x_n'^*)$ von $\varphi_0 x$ bezüglich des Koordinatensystems $(p_0^*, \ldots, p_n^*, e^*)$ werden nach 27.5 durch $x_0^* = 1$ und $x_\nu^* = x_\nu$ $(\nu = 1, \ldots, n)$ bzw. durch $x_0'^* = 1$ und $x_\mu'^* = x_\mu'$ $(\mu = 1, \ldots, n)$ gegeben. Für sie ergibt sich daher mit Hilfe der Gleichungen (*)

$$x_0'^* = x_0^* \quad \text{und} \quad x_\mu'^* = x_0^* t_\mu + x_1^* a_{1,\mu} + \cdots + x_n^* a_{n,\mu} \qquad (\mu = 1, \ldots, n).$$

Diese Gleichungen können mit der Matrix

$$A = \begin{pmatrix} 1 & t_1 & \cdots & t_n \\ 0 & a_{1,1} & \cdots & a_{1,n} \\ \cdot & \cdot & \cdot & \cdot \\ 0 & a_{n,1} & \cdots & a_{n,n} \end{pmatrix}$$

auch in der einen Gleichung

$$(x_0'^*, \ldots, x_n'^*) = (x_0^*, \ldots, x_n^*)\, A$$

zusammengefaßt werden. Wegen Det A = Det $A_0 \neq 0$ (Entwicklung nach der ersten Spalte!) ist auch A eine reguläre Matrix. Sie bestimmt somit eindeutig eine Projektivität φ von P. Für die eigentlichen Punkte $x \in A$ gilt offenbar $\varphi x = \varphi_0 x$; d. h. φ ist eine Fortsetzung der Affinität φ_0 zu einer Projektivität von $\mathcal{P}$. Die uneigentlichen Punkte $x \in H$ sind durch $x_0^* = 0$ gekennzeichnet. Aus der speziellen Form der Matrix A folgt hieraus auch $x_0'^* = 0$; d. h. φx ist ebenfalls ein uneigentlicher Punkt. Es gilt also $\varphi H = H$. Aus der Konstruktion folgt außerdem unmittelbar, daß φ auch die einzige Fortsetzung von φ_0 zu einer Projektivität von $\mathcal{P}$ ist.

Umgekehrt sei jetzt φ eine Projektivität von $\mathcal{P}$, der hinsichtlich $(p_0^*, \ldots, p_n^*, e^*)$ die reguläre Matrix $A = (a_{\nu,\mu})$ $(\nu, \mu = 0, \ldots, n)$ entsprechen möge. Notwendig dafür, daß φ Fortsetzung einer Affinität φ_0 von A ist, ist offenbar, daß φ uneigentliche Punkte auf uneigentliche Punkte abbildet, daß also $\varphi H = H$ gilt. Da die Punkte $x \in H$ durch $x_0^* = 0$ gekennzeichnet sind, ist hiermit gleichwertig $a_{1,0} = \cdots = a_{n,0} = 0$. Wegen Det $A \neq 0$ muß dann aber $a_{0,0} \neq 0$ gelten. Und da A ohnehin nur bis auf einen von Null verschiedenen Faktor durch φ bestimmt ist, kann $a_{0,0} = 1$ angenommen werden. Ist nun x ein eigentlicher Punkt mit den affinen Koordinaten $(x_1, \ldots, x_n)$, so folgt

$$(1, x_1, \ldots, x_n) A = (1, x_1', \ldots, x_n')$$

mit

$$x_\mu' = a_{0,\mu} + \sum_{\nu=1}^{n} x_\nu a_{\nu,\mu} \qquad (\mu = 1, \ldots, n).$$

Es sind also $(x_1', \ldots, x_n')$ die affinen Koordinaten des Bildpunktes φx, und φ ist tatsächlich Fortsetzung einer Affinität φ_0 von A, der hinsichtlich des affinen Koordinatensystems $(p_0, \ldots, p_n)$ die reguläre Matrix $A_0 = (a_{\nu,\mu})$ $(\nu, \mu = 1, \ldots, n)$ und das n-Tupel $(a_{0,1}, \ldots, a_{0,n})$ zugeordnet sind. Damit hat sich ergeben:

28. 6 *Jede Affinität φ_0 von A kann auf genau eine Weise zu einer Projektivität φ von $\mathcal{P}$ fortgesetzt werden. Umgekehrt induziert eine Projektivität φ von $\mathcal{P}$ genau dann eine Affinität φ_0 von A, wenn $\varphi H = H$ gilt.*

Ergänzungen und Aufgaben

28 A Ebenso wie für die Affinitäten (vgl. 26 A) gilt auch in einem reellen projektiven Raum P mit dim $P \geqq 2$: Eine 1-1-Abbildung von P auf sich ist genau dann eine Projektivität, wenn sie eine Kollineation ist.

Aufgabe: Zeige, daß eine 1-1-Abbildung einer projektiven Geraden auf sich genau dann eine Projektivität ist, wenn sie das Doppelverhältnis ungeändert läßt.

28 B Aus dem n-dimensionalen projektiven Raum P entstehe durch Herausnahme einer uneigentlichen Hyperebene H der affine Raum A.

Aufgabe: Zeige, daß eine Projektivität φ von P mit $\varphi H = H$ genau dann eine Translation von A induziert, wenn $\varphi x = x$ für alle $x \in H$ gilt, wenn also φ in H die Identität induziert, und wenn φ in A keinen Fixpunkt besitzt.

28 C Für den projektiven Raum P gelte $\dim P \geqq 2$. Eine Projektivität φ von P heißt eine **Perspektivität** mit dem Punkt z als **Zentrum**, wenn für jeden Punkt $x \in P$ die Punkte $z, x, \varphi x$ kollinear sind.

Aufgabe: 1). Für eine Perspektivität φ mit dem Zentrum z gilt $\varphi z = z$; außerdem gibt es eine Hyperebene U von P mit $\varphi x = x$ für alle $x \in U$.

2). Zu jeder Hyperebene U und gegebenen kollinearen Punkten z, p, p^* mit $p \neq z$, $p^* \neq z$, $p \notin U$, $p^* \notin U$ gibt es genau eine Perspektivität φ mit z als Zentrum, mit $\varphi p = p^*$ und mit $\varphi x = x$ für alle $x \in U$.

3). Es entstehe der affine Raum A aus P durch Auszeichnung einer uneigentlichen Hyperebene H. Zeige: Eine Perspektivität φ von P mit dem Zentrum z induziert in A genau dann eine perspektive Affinität φ_0 (vgl. 26 B), wenn $z \in H$ gilt. Wann ist φ_0 eine Translation?

§ 29 Projektive Hyperflächen 2. Ordnung

In diesem Paragraphen sei $\mathcal{P}$ stets ein reeller projektiver Raum mit $\dim \mathcal{P} = n$ und mit X als zugehörigem Vektorraum.

Wenn β eine Bilinearform von X ist, so wird durch $\Phi(\mathfrak{x}) = \beta(\mathfrak{x}, \mathfrak{x})$ eine Abbildung Φ von X in die reellen Zahlen definiert. Jede so aus einer Bilinearform β entstehende Abbildung Φ wird eine **quadratische Form** von X genannt. Gilt $\Phi(\mathfrak{x}) = 0$ für einen Vektor $\mathfrak{x} \neq \mathfrak{o}$, so folgt für jeden Vektor $\mathfrak{x}'$ mit $\mathfrak{x}' = c\mathfrak{x}$ ebenfalls

$$\Phi(\mathfrak{x}') = \beta(\mathfrak{x}', \mathfrak{x}') = \beta(c\mathfrak{x}, c\mathfrak{x}) = c^2\beta(\mathfrak{x}, \mathfrak{x}) = c^2\Phi(\mathfrak{x}) = 0.$$

Wenn also eine quadratische Form Φ für einen Vektor $\mathfrak{x} \neq \mathfrak{o}$ verschwindet, dann verschwindet sie auch für alle Vektoren des von $\mathfrak{x}$ aufgespannten 1-dimensionalen Unterraums $[\mathfrak{x}]$, also für alle Vektoren, die den Punkt $x = [\mathfrak{x}]$ von $\mathcal{P}$ bestimmen. Man nennt in diesem Fall den Punkt x eine **Nullstelle** der quadratischen Form Φ.

Definition 29a: *Eine Teilmenge $\mathcal{F}$ von $\mathcal{P}$ heißt eine* **Hyperfläche 2. Ordnung,** *wenn sie genau aus den Nullstellen einer quadratischen Form von X besteht.*

Statt „Hyperfläche 2. Ordnung" soll weiterhin die abgekürzte Bezeichnung „Hyperfläche" benutzt werden. Jede quadratische Form bestimmt eindeutig eine Hyperfläche; nämlich die Menge aller ihrer Nullstellen in $\mathcal{P}$. Umgekehrt können aber verschiedene quadratische Formen dieselbe Hyperfläche definieren.

29.1 *Es sei $A = (a_{\nu,\mu})$ eine $(n+1)$-reihige, reelle quadratische Matrix. Hinsichtlich eines gegebenen Koordinatensystems von $\mathcal{P}$ ist dann die Menge aller Punkte $x \in \mathcal{P}$, deren homogene Koordinaten $(x_0, \ldots, x_n)$ die Gleichung*

$$(*)\qquad (x_0, \ldots, x_n)\, A \begin{pmatrix} x_0 \\ \vdots \\ x_n \end{pmatrix} = \sum_{\nu,\mu=0}^{n} a_{\nu,\mu} x_\nu x_\mu = 0$$

erfüllen, eine Hyperfläche. Umgekehrt kann jede Hyperfläche auf diese Art mit einer sogar symmetrischen Matrix A dargestellt werden.

Beweis: Durch $\beta(\mathfrak{x}, \mathfrak{y}) = \sum_{\nu,\mu=0}^{n} a_{\nu,\mu} x_\nu y_\mu$ wird eine Bilinearform von X definiert, die eine quadratische Form Φ bestimmt. Die Gleichung (*) ist daher gleichwertig mit $\Phi(\mathfrak{x}) = 0$. Umgekehrt sei $\mathcal{F}$ eine Hyperfläche, die aus den Nullstellen einer quadratischen Form Φ besteht. Es gelte $\Phi(\mathfrak{x}) = \beta(\mathfrak{x}, \mathfrak{x})$ mit einer Bilinearform β von X. Ist nun $\{\mathfrak{a}_0, \ldots, \mathfrak{a}_n\}$ eine zu dem gegebenen Koordinatensystem von $\mathcal{P}$ gehörende Basis von X, so werden durch $a_{\nu,\mu} = \beta(\mathfrak{a}_\nu, \mathfrak{a}_\mu)$ die Elemente einer quadratischen Matrix $A = (a_{\nu,\mu})$ definiert. Für einen Punkt $x \in \mathcal{P}$ mit den homogenen Koordinaten $(x_0, \ldots, x_n)$ gilt dann $x = [\mathfrak{x}]$ mit $\mathfrak{x} = x_0\mathfrak{a}_0 + \cdots + x_n\mathfrak{a}_n$ und weiter

$$\Phi(\mathfrak{x}) = \beta(\mathfrak{x}, \mathfrak{x}) = \sum_{\nu,\mu=0}^{n} x_\nu x_\mu \beta(\mathfrak{a}_\nu, \mathfrak{a}_\mu) = \sum_{\nu,\mu=0}^{n} a_{\nu,\mu} x_\nu x_\mu .$$

Daher besteht $\mathcal{F}$ aus genau den Punkten, deren Koordinaten die Gleichung (*) erfüllen. Setzt man nun noch $b_{\nu,\mu} = a_{\nu,\mu} + a_{\mu,\nu}$, so folgt

$$\sum_{\nu,\mu=0}^{n} b_{\nu,\mu} x_\nu x_\mu = \sum_{\nu,\mu=0}^{n} a_{\nu,\mu} x_\nu x_\mu + \sum_{\nu,\mu=0}^{n} a_{\mu,\nu} x_\nu x_\mu = 2 \sum_{\nu,\mu=0}^{n} a_{\nu,\mu} x_\nu x_\mu ;$$

d. h. $\mathcal{F}$ wird auch durch die Gleichung $\sum_{\nu,\mu=0}^{n} b_{\nu,\mu} x_\nu x_\mu = 0$ beschrieben. Die Matrix $B = (b_{\nu,\mu})$ ist aber symmetrisch. ◆

Beispiele:

29.I Im Fall der reellen projektiven Ebene ($n = 2$) sind die Hyperflächen im allgemeinen Kurven. Eine anschauliche Vorstellung von der durch die Gleichung $x_0^2 + x_1^2 - x_2^2 = 0$ bestimmten Kurve $\mathcal{F}$ kann man folgendermaßen gewinnen: Zeichnet man die durch $x_0 = 0$ bestimmte Hyperebene als uneigentliche Hyperebene aus, so sind (x_1, x_2) die affinen Koordinaten der durch $x_0 = 1$ gekennzeichneten eigentlichen Punkte. Die affinen Koordinaten der eigentlichen Punkte von $\mathcal{F}$ erfüllen daher die Gleichung $x_1^2 - x_2^2 = 1$; der eigentliche Teil von $\mathcal{F}$ ist also eine Hyperbel. Zeichnet man andererseits die durch $x_2 = 0$ bestimmte Hyperebene aus, so sind (x_0, x_1) die affinen Koordinaten der durch $x_2 = 1$ charakterisierten eigentlichen Punkte. Für sie gilt die Gleichung $x_0^2 + x_1^2 = 1$; d. h. der eigentliche Teil von $\mathcal{F}$ ist jetzt ein Kreis.

29. II Die Gleichung $x_0^2 - x_1^2 = 0$ ist gleichwertig damit, daß eine der beiden linearen Gleichungen $x_0 + x_1 = 0$, $x_0 - x_1 = 0$ erfüllt ist. Die durch $x_0^2 - x_1^2 = 0$ bestimmte Hyperfläche besteht daher aus zwei verschiedenen Hyperebenen, die man ein **Hyperebenenpaar** nennt.

29. III Für $k \leqq n$ ist $x_0^2 + \cdots + x_k^2 = 0$ gleichwertig mit $x_0 = \cdots = x_k = 0$. Die zugehörige Hyperfläche $\mathcal{F}$ ist ein $(n - k - 1)$-dimensionaler Unterraum von $\mathcal{P}$. Im Fall $k = n$ ist $\mathcal{F}$ die leere Menge. Auch der Fall $k = -1$ kann zugelassen werden, wenn man ihn so interpretiert, daß auf der linken Seite überhaupt keine Koordinaten auftreten, daß also die Gleichung $0 = 0$ lautet. Sie wird dann von allen $(n + 1)$-Tupeln erfüllt; die zugehörige Hyperfläche ist der ganze Raum $\mathcal{P}$.

Jede eine Hyperfläche $\mathcal{F}$ bestimmende Gleichung der Form (*) aus 29. 1 wird eine **homogene quadratische Gleichung**, die Matrix $A = (a_{\nu,\mu})$ ihrer Koeffizienten eine zu $\mathcal{F}$ gehörende oder eine $\mathcal{F}$ bestimmende Matrix genannt. Jede Hyperfläche kann nach 29. 1 durch eine symmetrische Matrix bestimmt werden. Weiterhin soll daher immer vorausgesetzt werden, *daß alle zur Bestimmung von Hyperflächen benutzten Matrizen symmetrisch sind.*

Definition 29b: *Zwei Hyperflächen $\mathcal{F}$ und $\mathcal{F}'$ von $\mathcal{P}$ heißen* **projektiv äquivalent** *(in Zeichen: $\mathcal{F} \sim \mathcal{F}'$), wenn es eine Projektivität φ von $\mathcal{P}$ mit $\varphi\mathcal{F}' = \mathcal{F}$ gibt.*

Die so erklärte Beziehung zwischen Hyperflächen ist eine Äquivalenzrelation (vgl. 11C). Die Menge aller Hyperflächen von $\mathcal{P}$ zerfällt daher in Äquivalenzklassen. Ziel der weiteren Untersuchungen ist es, einen Überblick über alle Äquivalenzklassen zu gewinnen.

29. 2 *Es sei A eine zu der Hyperfläche $\mathcal{F}$ gehörende Matrix. Dann gilt: Eine Hyperfläche $\mathcal{F}'$ ist genau dann zu $\mathcal{F}$ projektiv äquivalent, wenn sie durch eine Matrix der Form $B = SAS^T$ mit einer regulären Matrix S bestimmt wird.*

Beweis: Es sei φ eine Projektivität mit $\varphi\mathcal{F}' = \mathcal{F}$. Hinsichtlich des gegebenen Koordinatensystems entspricht ihr nach 28. 5 eine reguläre Matrix S. Für einen Punkt x' mit den Koordinaten $(x'_0, \ldots, x'_n)$ und seinen Bildpunkt $x = \varphi x'$ mit den Koordinaten $(x_0, \ldots, x_n)$ gilt dann $(x_0, \ldots, x_n) = (x'_0, \ldots, x'_n)\, S$ und daher

$$(x_0, \ldots, x_n)\, A \begin{pmatrix} x_0 \\ \vdots \\ x_n \end{pmatrix} = (x'_0, \ldots, x'_n)\, SAS^T \begin{pmatrix} x'_0 \\ \vdots \\ x'_n \end{pmatrix}.$$

Da aber $x' \in \mathcal{F}'$ gleichwertig mit $x \in \mathcal{F}$ ist, gehört zu $\mathcal{F}'$ die Matrix SAS^T. Gehören umgekehrt zu $\mathcal{F}$ und $\mathcal{F}'$ die Matrizen A und SAS^T, so zeigen dieselben Überlegungen, daß die reguläre Matrix S eine Projektivität φ mit $\varphi\mathcal{F}' = \mathcal{F}$ bestimmt. Überdies ist mit A auch SAS^T eine symmetrische Matrix. ◆

Definition 29c: *Für eine Hyperfläche $\mathcal{F}$ von $\mathcal{P}$ sei $u(\mathcal{F})$ das Maximum aller Dimensionen von in $\mathcal{F}$ enthaltenen Unterräumen von $\mathcal{P}$.*

Die Kurve $\mathcal{F}$ aus 29. I enthält Punkte, aber keine Geraden. Für sie gilt daher $u(\mathcal{F}) = 0$. Für das Hyperebenenpaar $\mathcal{F}$ aus 29. II ist $u(\mathcal{F}) = n - 1$; für die Fläche $\mathcal{F}$ aus 29. III gilt $u(\mathcal{F}) = n - k - 1$.

29. 3 *Aus $\mathcal{F} \sim \mathcal{F}'$ folgt $u(\mathcal{F}) = u(\mathcal{F}')$.*

Beweis: Nach 28. 3 bildet eine Projektivität φ mit $\varphi\mathcal{F}' = \mathcal{F}$ Unterräume $U' \leq \mathcal{F}'$ auf Unterräume $U \leq \mathcal{F}$ gleicher Dimension ab. Umgekehrt wird auch jeder Unterraum $U \leq \mathcal{F}$ durch φ^{-1} auf einen Unterraum $U' \leq \mathcal{F}'$ gleicher Dimension abgebildet. Die Maxima der Dimensionen derartiger Unterräume müssen daher gleich sein. ◆

Definition 29d: *Ein Punkt x einer Hyperfläche $\mathcal{F}$ heißt ein* **Doppelpunkt** *von $\mathcal{F}$, wenn jede durch x gehende Gerade entweder ganz in $\mathcal{F}$ enthalten ist oder mit $\mathcal{F}$ nur den Punkt x selbst gemeinsam hat. Eine Hyperfläche, die Doppelpunkte besitzt, wird* **ausgeartet** *genannt.*

Die Kurve aus 29. I besitzt keine Doppelpunkte, ist also nicht ausgeartet. Ein aus den Hyperebenen H und H' bestehendes Hyperebenenpaar (vgl. 29. III) besitzt als Doppelpunkte genau die Punkte aus $H \cap H'$. Die in 29. III als Hyperflächen auftretenden Unterräume bestehen nur aus Doppelpunkten. Man bezeichnet sie daher in den Fällen der Dimension 0, 1, 2 als **Doppelpunkt**, **Doppelgerade** bzw. **Doppelebene**.

29. 4 *Die Menge $D(\mathcal{F})$ aller Doppelpunkte einer Hyperfläche $\mathcal{F}$ ist ein Unterraum von $\mathcal{P}$. Wird $\mathcal{F}$ durch die symmetrische Matrix A bestimmt, so liegt ein Punkt x genau dann in $D(\mathcal{F})$, wenn seine homogenen Koordinaten $(x_0, \ldots, x_n)$ die Gleichung*

$$(**) \qquad (x_0, \ldots, x_n)\, A = (0, \ldots, 0)$$

erfüllen.

Beweis: Es gelte (**), also $\sum_{\nu=0}^{n} a_{\nu,\mu} x_\nu = 0$ für $\mu = 0, \ldots, n$. Für die Koordinaten $(y_0, \ldots, y_n)$ eines von x verschiedenen Punktes $y \in \mathcal{F}$ gilt $\sum_{\nu,\mu=0}^{n} a_{\nu,\mu} y_\nu y_\mu = 0$.

Mit beliebigen Skalaren s und t folgt dann wegen $a_{\nu,\mu} = a_{\mu,\nu}$

$$\sum_{\nu,\mu=0}^{n} a_{\nu,\mu}(sx_\nu + ty_\nu)(sx_\mu + ty_\mu) = \sum_{\mu=0}^{n}\left(\sum_{\nu=0}^{n} a_{\nu,\mu}x_\nu\right)(s^2x_\mu + 2sty_\mu) + t^2 \sum_{\nu,\mu=0}^{n} a_{\nu,\mu}y_\nu y_\mu = 0.$$

Dies bedeutet, daß alle Punkte mit Koordinaten der Form

$$s(x_0, \ldots, x_n) + t(y_0, \ldots, y_n),$$

also alle Punkte der Verbindungsgeraden von x und y in $\mathcal{F}$ liegen. Eine durch x gehende Gerade, die außerdem noch einen weiteren Punkt y von $\mathcal{F}$ enthält, liegt also ganz in $\mathcal{F}$; d. h. x ist Doppelpunkt.

Umgekehrt sei jetzt x ein Doppelpunkt von $\mathcal{F}$. Wegen $x \in \mathcal{F}$ gilt dann $\sum_{\nu,\mu=0}^{n} a_{\nu,\mu}x_\nu x_\mu = 0$. Für einen beliebigen Punkt y und für beliebige Skalare s und t folgt jetzt

$$(***) \qquad \sum_{\nu,\mu=0}^{n} a_{\nu,\mu}(sx_\nu + ty_\nu)(sx_\mu + ty_\mu) = 2st \sum_{\mu=0}^{n}\left(\sum_{\nu=0}^{n} a_{\nu,\mu}x_\nu\right)y_\mu + t^2 \sum_{\nu,\mu=0}^{n} a_{\nu,\mu}y_\nu y_\mu.$$

Ist hierbei auch y ein Punkt von $\mathcal{F}$, so gilt $\sum_{\nu,\mu=0}^{n} a_{\nu,\mu}y_\nu y_\mu = 0$. Außerdem verschwindet aber auch die linke Seite von (***) für alle Werte von s und t, weil dann die ganze Verbindungsgerade von x und y in $\mathcal{F}$ enthalten sein muß. Es folgt also $\sum_{\mu=0}^{n}\left(\sum_{\nu=0}^{n} a_{\nu,\mu}x_\nu\right)y_\mu = 0$. Gilt aber $y \notin \mathcal{F}$, so kann die Verbindungsgerade von x und y mit $\mathcal{F}$ nur den Punkt x gemeinsam haben; d. h. die linke Seite von (***) verschwindet nur für $t = 0$. Würde $\sum_{\mu=0}^{n}\left(\sum_{\nu=0}^{n} a_{\nu,\mu}x_\nu\right)y_\mu \neq 0$ gelten, so könnte man im Widerspruch hierzu für $t = 1$ einen Wert s so bestimmen, daß die rechte Seite von (***) verschwindet. Daher gilt $\sum_{\mu=0}^{n}\left(\sum_{\nu=0}^{n} a_{\nu,\mu}x_\nu\right)y_\mu = 0$ bei beliebiger Wahl von y. Und dies ist nur möglich, wenn sogar $\sum_{\nu=0}^{n} a_{\nu,\mu}x_\nu = 0$ für $\mu = 0, \ldots, n$, also (**) erfüllt ist. Durch (**) wird aber ein Unterraum von $\mathcal{P}$ definiert; d. h. $D(\mathcal{F})$ ist ein Unterraum. ◆

Definition 29e: *Die projektive Dimension von $D(\mathcal{F})$ werde mit $d(\mathcal{F})$ bezeichnet:* $d(\mathcal{F}) = \dim D(\mathcal{F})$.

Da $D(\mathcal{F})$ ein in $\mathcal{F}$ enthaltener Unterraum ist, gilt trivialerweise $d(\mathcal{F}) \leqq u(\mathcal{F})$. Die Hyperflächen $\mathcal{F}$ mit $d(\mathcal{F}) = -1$ sind genau die nichtausgearteten Hyperflächen.

29. 5 *Aus* $\mathcal{F} \sim \mathcal{F}'$ *folgt* $d(\mathcal{F}) = d(\mathcal{F}')$.

Beweis: Die definierenden Eigenschaften eines Doppelpunkts bleiben bei Projektivitäten erhalten. Ist daher φ eine Projektivität mit $\varphi\mathcal{F}' = \mathcal{F}$, so folgt $\varphi D(\mathcal{F}') = D(\mathcal{F})$ und wegen 28. 3 auch $d(\mathcal{F}') = d(\mathcal{F})$. ◆

Die für die projektive Äquivalenz von Hyperflächen notwendigen Bedingungen aus 29. 3 und 29. 5 erweisen sich nun aber auch als hinreichend:

29. 6 *Zwei Hyperflächen* $\mathcal{F}$ *und* $\mathcal{F}'$ *sind genau dann projektiv äquivalent, wenn* $u(\mathcal{F}) = u(\mathcal{F}')$ *und* $d(\mathcal{F}) = d(\mathcal{F}')$ *gilt. Jede Hyperfläche* $\mathcal{F}$ *ist bei gegebenem Koordinatensystem von* $\mathfrak{P}$ *zu genau einer der folgenden Hyperflächen* $\mathcal{F}_{t,r}$ *mit* $-1 \leqq t \leqq r \leqq n$ *und* $t + 1 \geqq r - t$ *projektiv äquivalent. Dabei ist* $\mathcal{F}_{t,r}$ *durch die Gleichung*

$$x_0^2 + \cdots + x_t^2 - x_{t+1}^2 - \cdots - x_r^2 = 0$$

bestimmt, und es gilt $u(\mathcal{F}) = n - t - 1$, $d(\mathcal{F}) = n - r - 1$. *(Zu dem Fall* $t = r = -1$ *vergleiche man die entsprechende Bemerkung in* 29. III.)

Beweis: Die Hyperfläche $\mathcal{F}$ sei durch die symmetrische Matrix A bestimmt. Wegen 23. 9 gibt es dann eine orthogonale Matrix S, für die $B = SAS^{-1}$ eine reelle Diagonalmatrix ist. Ohne Einschränkung der Allgemeinheit kann angenommen werden, daß B die Form

$$B = \begin{pmatrix} b_0 & & & & & & & & \\ & \ddots & & & & & & & \\ & & b_t & & & & & & \\ & & & b_{t+1} & & & & & \\ & & & & \ddots & & & & \\ & & & & & b_r & & & \\ & & & & & & 0 & & \\ & & & & & & & \ddots & \\ & & & & & & & & 0 \end{pmatrix}$$

besitzt, wobei $b_0, \ldots, b_t$ positive und $b_{t+1}, \ldots, b_r$ negative Zahlen sind, sofern die Anzahl der negativen Diagonalelemente nicht größer ist als die der positiven. Im anderen Fall seien umgekehrt $b_0, \ldots, b_t$ negativ und $b_{t+1}, \ldots, b_r$ positiv. Es gilt also stets $t + 1 \geqq r - t$.

Da S eine orthogonale Matrix ist, gilt (vgl. 23b) $S^{-1} = S^T$ und somit $B = SAS^T$. Wegen 29.2 ist daher die durch B bestimmte Hyperfläche $\mathcal{F}'$ zu $\mathcal{F}$ projektiv äquivalent Da aber $\mathcal{F}'$ auch durch die Matrix $-B$ bestimmt wird, kann man sich auf den Fall beschränken, daß $b_0, \ldots, b_t$ positive und $b_{t+1}, \ldots, b_r$ negative Zahlen sind. Setzt man nun noch

$$S' = \begin{bmatrix} \frac{1}{\sqrt{|b_0|}} & & & & & \\ & \ddots & & & & \\ & & \frac{1}{\sqrt{|b_r|}} & & & \\ & & & 1 & & \\ & & & & \ddots & \\ & & & & & 1 \end{bmatrix},$$

so ist $C = S'BS'^T$ eine Diagonalmatrix, in deren Hauptdiagonale zunächst $(t+1)$-mal der Wert $+1$, dann $(r-t)$-mal der Wert -1 und danach lauter Nullen stehen. Wieder wegen 29.2 ist $\mathcal{F}'$ und somit auch $\mathcal{F}$ zu der durch C bestimmten Hyperfläche $\mathcal{F}_{t,r}$ projektiv äquivalent. Dabei gilt nach Konstruktion $-1 \leqq t \leqq r \leqq n$ und $t+1 \geqq r-t$. Der Fall $t = r = -1$ tritt genau dann ein, wenn B und damit auch A die Nullmatrix ist.

Die $(n+1)$-reihige Diagonalmatrix C hat den Rang $r+1$. Die allgemeine Lösung des homogenen linearen Gleichungssystems $(x_0, \ldots, x_n)\, C = (0, \ldots, 0)$ besitzt daher nach 12.3 die Dimension $(n+1) - (r+1) = n - r$. Wegen 29.4 bestimmt sie gerade den Unterraum $D(\mathcal{F}_{t,r})$ der Doppelpunkte von $\mathcal{F}_{t,r}$, dessen projektive Dimension somit $n - r - 1$ ist. Mit Hilfe von 29.5 erhält man daher $d(\mathcal{F}) = d(\mathcal{F}_{t,r}) = n - r - 1$.

Durch die Gleichungen $x_0 = x_{t+1}, \ldots, x_{r-t-1} = x_r$, $x_{r-t} = 0, \ldots, x_t = 0$ wird ein Unterraum U von $\mathcal{P}$ mit $\dim U = n - t - 1$ bestimmt. Da aus diesen Gleichungen auch $x_0^2 + \cdots + x_t^2 - x_{t+1}^2 - \cdots - x_r^2 = 0$ folgt, gilt $U \leq \mathcal{F}_{t,r}$. Weiter beschreiben die Gleichungen $x_{t+1} = 0, \ldots, x_n = 0$ einen Unterraum $\mathcal{V}$ von $\mathcal{P}$ mit $\dim \mathcal{V} = t$, der mit $\mathcal{F}_{t,r}$ keinen Punkt gemeinsam hat: Aus diesen Gleichungen und aus $x_0^2 + \cdots + x_t^2 - x_{t+1}^2 - \cdots - x_r^2 = 0$ würde nämlich außerdem $x_0 = \cdots = x_t = 0$ folgen. Die homogenen Koordinaten eines Punktes sind aber nicht alle gleich Null. Ist nun $\mathcal{W}$ ein in $\mathcal{F}_{t,r}$ enthaltener Unterraum, so gilt erst recht $\mathcal{V} \cap \mathcal{W} = \emptyset$ und jedenfalls $\dim(\mathcal{V} \vee \mathcal{W}) \leqq n$. Wegen 27.1 folgt daher

$$\dim \mathcal{W} = \dim(\mathcal{V} \vee \mathcal{W}) + \dim(\mathcal{V} \cap \mathcal{W}) - \dim \mathcal{V} \leqq n + (-1) - t.$$

Zusammen besagen diese Ergebnisse, daß die maximale Dimension der in $\mathcal{F}_{t,r}$ enthaltenen Unterräume $n - t - 1$ ist. Wegen 29.3 gilt daher $u(\mathcal{F}) = u(\mathcal{F}_{t,r}) = n - t - 1$.

Die Größen $u(\mathcal{F})$ und $d(\mathcal{F})$ bestimmen somit eindeutig die Indizes t und r. Daher ist $\mathcal{F}$ auch nur zu genau einer der Hyperflächen $\mathcal{F}_{t,r}$ projektiv äquivalent. Außerdem ergibt sich hieraus: Gilt für zwei Hyperflächen $\mathcal{F}$ und $\mathcal{F}'$ sowohl $u(\mathcal{F}) = u(\mathcal{F}')$ als auch $d(\mathcal{F}) = d(\mathcal{F}')$, so müssen $\mathcal{F}$ und $\mathcal{F}'$ zu derselben Hyperfläche $\mathcal{F}_{t,r}$, also auch zu einander projektiv äquivalent sein. ◆

Der letzte Satz ermöglicht eine vollständige Übersicht über die projektiven Äquivalenzklassen der Hyperflächen eines n-dimensionalen reellen projektiven Raumes. In den nachstehenden Tabellen sind die Äquivalenzklassen für die Dimensionen $n = 2$ und $n = 3$ zusammengestellt. Der Leser überzeuge sich von ihrer Vollständigkeit und von der Richtigkeit der Typenkennzeichnung.

$n = 2$: Es gibt sechs verschiedene Äquivalenzklassen.

r	t	d	u	Gleichung (Normalform)	Bezeichnung
—1	—1	2	2	$0 = 0$	projektive Ebene
0	0	1	1	$x_0^2 = 0$	Doppelgerade
1	0	0	1	$x_0^2 - x_1^2 = 0$	Geradenpaar
1	1	0	0	$x_0^2 + x_1^2 = 0$	Doppelpunkt
2	1	—1	0	$x_0^2 + x_1^2 - x_2^2 = 0$	nicht-ausgeartete Kurve
2	2	—1	—1	$x_0^2 + x_1^2 + x_2^2 = 0$	leere Menge

$n = 3$: Es gibt neun verschiedene Äquivalenzklassen.

r	t	d	u	Gleichung (Normalform)	Bezeichnung
—1	—1	3	3	$0 = 0$	3-dim. projektiver Raum
0	0	2	2	$x_0^2 = 0$	Doppelebene
1	0	1	2	$x_0^2 - x_1^2 = 0$	Ebenenpaar
1	1	1	1	$x_0^2 + x_1^2 = 0$	Doppelgerade
2	1	0	1	$x_0^2 + x_1^2 - x_2^2 = 0$	Kegel
2	2	0	0	$x_0^2 + x_1^2 + x_2^2 = 0$	Doppelpunkt
3	1	—1	1	$x_0^2 + x_1^2 - x_2^2 - x_3^2 = 0$	nicht-ausgeartete Fläche, die Geraden enthält (Ringfläche)
3	2	—1	0	$x_0^2 + x_1^2 + x_2^2 - x_3^2 = 0$	nicht-ausgeartete Fläche, die keine Geraden enthält (Ovalfläche)
3	3	—1	—1	$x_0^2 + x_1^2 + x_2^2 + x_3^2 = 0$	leere Menge

Wegen $t = n - u(\mathcal{F}) - 1$ und $r = n - d(\mathcal{F}) - 1$ sind auch die Zahlen t und r durch die Hyperfläche $\mathcal{F}$ eindeutig bestimmt und besitzen für projektiv äquivalente Hyperflächen denselben Wert. Man nennt t den **Trägheitsindex.** Ist A eine zu $\mathcal{F}$ gehörende (symmetrische) Matrix, so ist $t + 1$ das Maximum der Anzahl der positiven bzw. negativen Eigenwerte von A und $r + 1$ der Rang von A. Der Inhalt von 29. 6 kann auch noch folgendermaßen gedeutet werden: Ist eine Hyperfläche $\mathcal{F}$ hinsichtlich eines Koordinatensystems durch eine homogene quadratische Gleichung gegeben, so kann man durch einen geeigneten Wechsel des Koordinatensystems diese Gleichung auf die in 29. 6 angegebene Normalform transformieren.

Als Beispiel für die Klassifizierung einer Hyperfläche diene die durch die Gleichung

$$x_1^2 - 3x_2^2 + 5x_3^2 - 4x_0x_2 - 4x_0x_3 - 2x_1x_2 + 2x_1x_3 - 2x_2x_3 = 0$$

bestimmte Hyperfläche des 3-dimensionalen reellen projektiven Raumes. Zu ihr gehört die symmetrische Matrix

$$A = \begin{pmatrix} 0 & 0 & -2 & -2 \\ 0 & 1 & -1 & 1 \\ -2 & -1 & -3 & -1 \\ -2 & 1 & -1 & 5 \end{pmatrix}.$$

Ihr charakteristisches Polynom $f(t) = t^4 - 3t^3 - 24t^2 + 40t$ besitzt außer der Nullstelle 0 noch zwei positive und eine negative Nullstelle. Es folgt $t = 1$ und $r = 2$, also $d = 0$ und $u = 1$. Die Fläche ist daher ein Kegel, dessen Spitze der einzige Doppelpunkt ist. Für die Koordinaten des Doppelpunkts erhält man nach 29. 4 das Gleichungssystem

$$\begin{aligned} -2x_2 - 2x_3 &= 0 \\ x_1 \quad - x_2 \quad + x_3 &= 0 \\ -2x_0 \quad - x_1 \quad - 3x_2 \quad - x_3 &= 0 \\ -2x_0 \quad + x_1 \quad - x_2 + 5x_3 &= 0, \end{aligned}$$

für das $(2, -2, -1, 1)$ eine Lösung ist.

Ergänzungen und Aufgaben

29 A Um die projektive Äquivalenzklasse einer durch eine homogene quadratische Gleichung gegebenen Hyperfläche zu bestimmen, muß man zunächst eine zu ihr gehörende symmetrische Matrix A aufstellen. Sodann genügt es aber, von den Eigenwerten der Matrix A lediglich die Vorzeichen zu ermitteln. Hierzu müssen die Eigenwerte nicht numerisch berechnet werden. Ihre Vorzeichen bestimmen sich mit Hilfe der **Kartesischen Zeichenregel**: Bei einem Polynom

$$t^n + a_{n-1}t^{n-1} + \cdots + a_1 t + a_0 \qquad (a_0 \neq 0)$$

mit reellen Koeffizienten, das lauter reelle Nullstellen besitzt, ist die Anzahl der positiven Nullstellen gleich der Anzahl der Vorzeichenwechsel in der Folge der Koeffizienten, die Anzahl der negativen Nullstellen gleich der Anzahl der Vorzeichenfolgen. Dabei müssen jedoch alle Koeffizienten berücksichtigt werden; also auch die verschwindenden. Einem verschwindenden Koeffizienten kann ein beliebiges Vorzeichen zugeordnet werden. Die Voraussetzung, daß das Polynom lauter reelle Nullstellen besitzen soll, ist bei dem charakteristischen Polynom einer symmetrischen Matrix nach 22. 6 stets erfüllt.

29 B Aufgabe: Man klassifiziere die durch

$$5(x_1^2 + x_3^2) - 4x_0 x_2 + 2x_1 x_3 = 0$$

gegebene Hyperfläche und bestimme die Matrix einer Transformation, die diese Gleichung in die Normalform überführt.

29 C Durch

$$c(x_1 - x_3)^2 + c(c-1)x_2^2 + 4x_0 x_1 + 2x_0 x_3 = 0$$

wird eine Schar von Hyperflächen mit c als Scharparameter bestimmt.

Aufgabe: Man klassifiziere die Hyperflächen in Abhängigkeit von c.

§ 30 Affine Hyperflächen 2. Ordnung

In diesem Paragraphen ist A stets ein n-dimensionaler, reeller affiner Raum. Dieser sei gemäß § 27 durch Hinzunahme einer uneigentlichen Hyperebene H zu dem n-dimensionalen, reellen projektiven Raum $\mathcal{P}$ erweitert. Jedes affine Koordinatensystem $(p_0, \ldots, p_n)$ von A bestimmt dann eindeutig ein projektives Koordinatensystem $(p_0^*, \ldots, p_n^*; e^*)$ von $\mathcal{P}$, in dem die uneigentliche Hyperebene H durch $x_0 = 0$ gekennzeichnet ist.

Definition 30a: *Eine Teilmenge $\mathcal{F}_0$ von A heißt eine* **affine Hyperfläche 2. Ordnung** *(kurz: affine Hyperfläche), wenn sie aus den eigentlichen Punkten einer projektiven Hyperfläche $\mathcal{F}$ von $\mathcal{P}$ besteht; d. h. wenn $\mathcal{F}_0 = \mathcal{F} \cap A$ gilt. Die Menge $\mathcal{F}^* = \mathcal{F} \cap H$ der uneigentlichen Punkte von $\mathcal{F}$ wird der* **uneigentliche Teil** *von $\mathcal{F}$ genannt.*

Jede projektive Hyperfläche $\mathcal{F}$ bestimmt eindeutig die affine Hyperfläche $\mathcal{F}_0 = \mathcal{F} \cap A$. Es können aber sogar projektiv-inäquivalente Hyperflächen dieselbe affine Hyperfläche bestimmen: Im Fall $n = 2$ sei z. B. $\mathcal{F}$ durch die Gleichung $x_1^{*2} = 0$ und $\mathcal{F}'$ durch $x_0^* x_1^* = 0$ gegeben. Dann ist $\mathcal{F}$ eine Doppelgerade, $\mathcal{F}'$ hingegen ein Geradenpaar. Setzt man in diesen Gleichungen $x_0^* = 1$, so sind $x_1 = x_1^*$ und $x_2 = x_2^*$ die affinen Koordinaten der eigentlichen Punkte, die im ersten Fall durch die Gleichung $x_1^2 = 0$, im zweiten Fall durch $x_1 = 0$ charakterisiert sind. Daher bestimmen $\mathcal{F}$ und $\mathcal{F}'$ dieselbe affine Hyperfläche, nämlich die Gerade $x_1 = 0$. Allgemein gestaltet sich die koordinatenmäßige Beschreibung folgendermaßen:

Eine projektive Hyperfläche $\mathcal{F}$ wird durch eine homogene quadratische Gleichung

$$\sum_{\nu,\mu=0}^{n} a_{\nu,\mu} x_\nu^* x_\mu^* = 0$$

beschrieben, wobei die Koeffizientenmatrix $A = (a_{\nu,\mu})$ symmetrisch gewählt werden kann. Setzt man hierin $x_0^* = 1$ und $x_\nu^* = x_\nu$ $(\nu = 1, \ldots, n)$, so ergibt sich wegen $a_{\nu,\mu} = a_{\mu,\nu}$

$$\sum_{\nu,\mu=1}^{n} a_{\nu,\mu} x_\nu x_\mu + 2 \sum_{\nu=1}^{n} a_{\nu,0} x_\nu + a_{0,0} = 0$$

als Gleichung der affinen Hyperfläche $\mathcal{F}_0 = \mathcal{F} \cap A$ in den affinen Koordinaten $(x_1, \ldots, x_n)$. Umgekehrt bestimmt eine Gleichung der Form

(*) $$\sum_{\nu,\mu=1}^{n} b_{\nu,\mu} x_\nu x_\mu + \sum_{\nu=1}^{n} b_\nu x_\nu + b = 0$$

auch eine affine Hyperfläche: Setzt man $a_{\nu,\mu} = b_{\nu,\mu} + b_{\mu,\nu}$, $a_{\nu,0} = a_{0,\nu} = b_\nu$ $(\nu, \mu = 1, \ldots, n)$ und $a_{0,0} = 2b$, so erhält man als gleichwertige Gleichung

(**) $$\sum_{\nu,\mu=1}^{n} a_{\nu,\mu} x_\nu x_\mu + 2 \sum_{\nu=1}^{n} a_{\nu,0} x_\nu + a_{0,0} = 0.$$

Ersetzt man in ihr jetzt noch x_ν durch $\dfrac{x_\nu^*}{x_0^*}$ $(\nu = 1, \ldots, n)$ und multipliziert man mit x_0^{*2}, so ergibt sich

$$\sum_{\nu,\mu=0}^{n} a_{\nu,\mu} x_\nu^* x_\mu^* = 0$$

mit einer symmetrischen Matrix $A = (a_{\nu,\mu})$. Dies ist die Gleichung einer projektiven Hyperfläche $\mathcal{F}$, deren zugehörige affine Hyperfläche $\mathcal{F}_0 = \mathcal{F} \cap A$ offenbar gerade durch die Ausgangsgleichung (*) beschrieben wird. Weiterhin kann jedoch angenommen werden, daß die Gleichung einer affinen Hyperfläche in affinen Koordinaten stets in der Form (**) gegeben ist, bei der die Koeffizienten $a_{\nu,\mu}$ $(\nu, \mu = 1, \ldots, n)$ eine symmetrische Matrix bilden.

Definition 30b: *Zwei affine Hyperflächen* $\mathcal{F}_0$ *und* $\mathcal{F}_0'$ *von* A *heißen* **affin-äquivalent** *(in Zeichen:* $\mathcal{F}_0 \approx \mathcal{F}_0'$*), wenn es eine Affinität* φ_0 *von* A *mit* $\varphi_0 \mathcal{F}_0' = \mathcal{F}_0$ *gibt.*

Hinsichtlich dieser Äquivalenzrelation (vgl. 11C) zerfällt die Menge aller affinen Hyperflächen von A in affine Äquivalenzklassen, deren Bestimmung das Ziel dieses Paragraphen ist. Besonders übersichtlich gestalten sich die Verhältnisse, wenn man zunächst statt der affinen Hyperflächen die sie bestimmenden projektiven Hyperflächen hinsichtlich einer geeigneten neuen Äquivalenzrelation untersucht.

Definition 30c: *Zwei projektive Hyperflächen* $\mathcal{F}$ *und* $\mathcal{F}'$ *von* $\mathcal{P}$ *heißen* **affin-äquivalent** (*in Zeichen:* $\mathcal{F} \approx \mathcal{F}'$), *wenn es eine Projektivität* φ *von* $\mathcal{P}$ *mit* $\varphi\mathcal{F}' = \mathcal{F}$ *gibt, die außerdem noch die Bedingung* $\varphi H = H$ *erfüllt, die also nach* 28. 6 *eine Affinität* φ_0 *von* A *induziert. Derartige Projektivitäten sollen weiterhin* **affine Projektivitäten** *genannt werden.*

30. 1 *Aus* $\mathcal{F} \approx \mathcal{F}'$ *folgt, daß auch die affinen Hyperflächen* $\mathcal{F}_0 = \mathcal{F} \cap A$ *und* $\mathcal{F}'_0 = \mathcal{F}' \cap A$ *affin-äquivalent sind.*

Beweis: Aus $\varphi\mathcal{F}' = \mathcal{F}$ und $\varphi H = H$ folgt auch $\varphi A = A$ und für die induzierte Affinität φ_0

$$\varphi_0\mathcal{F}'_0 = \varphi_0(\mathcal{F}' \cap A) = \varphi\mathcal{F}' \cap \varphi A = \mathcal{F} \cap A = \mathcal{F}_0. \ \blacklozenge$$

30. 2 *Aus* $\mathcal{F} \approx \mathcal{F}'$ *folgt die projektive Äquivalenz* $\mathcal{F} \sim \mathcal{F}'$ *und auch die projektive Äquivalenz* $\mathcal{F}^* \sim \mathcal{F}'^*$ *der uneigentlichen Teile von* $\mathcal{F}$ *und* $\mathcal{F}'$.

Beweis: Es gelte $\varphi\mathcal{F}' = \mathcal{F}$ und $\varphi H = H$. Wegen $\varphi\mathcal{F}' = \mathcal{F}$ folgt $\mathcal{F} \sim \mathcal{F}'$. Wegen $\varphi H = H$ induziert φ eine Projektivität φ^* von H, und es gilt

$$\varphi^*\mathcal{F}'^* = \varphi^*(\mathcal{F}' \cap H) = \varphi\mathcal{F}' \cap \varphi H = \mathcal{F} \cap H = \mathcal{F}^*,$$

also $\mathcal{F}^* \sim \mathcal{F}'^*$. ◆

Speziell folgt aus diesem Satz, daß die affine Äquivalenz eine Verschärfung der projektiven Äquivalenz darstellt, daß also die projektiven Äquivalenzklassen durch die affine Äquivalenz weiter unterteilt werden.

Jede projektive Hyperfläche $\mathcal{F}$ bestimmt eindeutig die Zahlen $u(\mathcal{F})$ und $d(\mathcal{F})$ (vgl. 29c und 29e). Da der uneigentliche Teil $\mathcal{F}^*$ eine Hyperfläche von H ist, sind für ihn bezüglich H ebenfalls die Größen $u(\mathcal{F}^*)$ und $d(\mathcal{F}^*)$ definiert. Setzt man nun $u^*(\mathcal{F}) = u(\mathcal{F}^*)$ und $d^*(\mathcal{F}) = d(\mathcal{F}^*)$, so erhält man aus 30. 2 wegen 29. 3 und 29. 5:

30. 3 *Aus* $\mathcal{F} \approx \mathcal{F}'$ *folgt* $u(\mathcal{F}) = u(\mathcal{F}')$, $d(\mathcal{F}) = d(\mathcal{F}')$ *und auch* $u^*(\mathcal{F}) = u^*(\mathcal{F}')$, $d^*(\mathcal{F}) = d^*(\mathcal{F}')$.

In dem nächsten Satz sollen die homogenen Koordinaten bezüglich eines festen, von einem affinen Koordinatensystem bestimmten projektiven Koordinatensystems einfach mit $(x_0, \ldots, x_n)$ bezeichnet werden; die vorher angefügten Sterne sollen also fortgelassen werden.

30. 4 *Die Hyperflächen $\tilde{\mathfrak{F}}$ seien durch die in der nachstehenden Tabelle angegebenen Gleichungen definiert. Dann gilt: Jede projektive Hyperfläche $\mathfrak{F}$ von $\mathfrak{P}$ ist zu genau einer der Hyperflächen $\tilde{\mathfrak{F}}$ affin-äquivalent. Die Größen u, d, u*, d* besitzen dabei die in der Tabelle angegebenen Werte.*

Zwei projektive Hyperflächen $\mathfrak{F}$ und $\mathfrak{F}'$ sind genau dann affin-äquivalent, wenn sie in den Größen u, d, u, d* übereinstimmen.*

Typ	Gleichung	Bedingungen für t und r	d	u	d^*	u^*
(1)	$x_1^2+\cdots+x_t^2-x_{t+1}^2-\cdots-x_r^2 = 0$	$0\leqq t\leqq r\leqq n$, $r-t\leqq t$	$n-r$	$n-t$	$n-r-1$	$n-t-1$
(2)	$x_1^2+\cdots+x_t^2-x_{t+1}^2-\cdots-x_r^2 = x_0^2$	$0\leqq t\leqq r\leqq n$, $r-t<t$	$n-r-1$	$n-t$	$n-r-1$	$n-t-1$
(3)	$x_1^2+\cdots+x_t^2-x_{t+1}^2-\cdots-x_r^2 = x_0^2$	$0\leqq t\leqq r\leqq n$, $r-t\geqq t$	$n-r-1$	$n-(r-t)-1$	$n-r-1$	$n-(r-t)-1$
(4)	$x_1^2+\cdots+x_t^2-x_{t+1}^2-\cdots-x_r^2 = x_0x_{r+1}$	$0\leqq t\leqq r \leqq n-1$, $r-t\leqq t$	$n-r-2$	$n-t-1$	$n-r-1$	$n-t-1$

(Der Fall $t = 0$ besagt, daß auf der linken Seite der Gleichung keine positiven Glieder auftreten; im Fall $r = 0$ ist die linke Seite durch 0 zu ersetzen.)

Beweis: Die Hyperfläche $\mathfrak{F}$ sei durch die Gleichung

$$\sum_{\nu,\mu=0}^{n} a_{\nu,\mu}x_\nu x_\mu = 0$$

mit einer symmetrischen Matrix $A = (a_{\nu,\mu})$ gegeben. Die Gleichung des uneigentlichen Teils $\mathfrak{F}^*$ lautet dann in den Koordinaten $x_1, \ldots, x_n$ ($x_0 = 0$ gesetzt!)

$$\sum_{\nu,\mu=1}^{n} a_{\nu,\mu}x_\nu x_\mu = 0.$$

Nach 29. 6 ist $\mathfrak{F}^*$ (als Hyperfläche von H) zu einer Hyperfläche $\mathfrak{F}'^*$ von H projektiv äquivalent, die durch eine Gleichung der Form

$$x_1^2 + \cdots + x_t^2 - x_{t+1}^2 - \cdots - x_r^2 = 0 \text{ mit } 0 \leqq t \leqq r \leqq n \text{ und } r - t \leqq t$$

bestimmt ist. (Da in H die Indizes der Koordinaten erst mit 1 beginnen, ergeben sich die obigen Abweichungen gegenüber 29. 6.) Es gibt also eine Projektivität φ^* von H mit $\varphi^*\mathfrak{F}^* = \mathfrak{F}'^*$. Sie werde durch die Gleichungen

$$x'_\nu = \sum_{\mu=1}^{n} s_{\nu,\mu}x_\mu \qquad (\nu = 1, \ldots, n)$$

beschrieben. Nimmt man noch die Gleichung $x'_0 = x_0$ hinzu, so wird durch alle Gleichungen zusammen eine affine Projektivität von $\mathcal{P}$ bestimmt. Sie bildet $\mathcal{F}$ auf eine affin-äquivalente Hyperfläche $\mathcal{F}'$ mit $\mathcal{F}'^*$ als uneigentlichem Teil ab. Die Gleichung von $\mathcal{F}'$ besitzt daher die Form (statt x' wieder x geschrieben)

$$x_1^2 + \cdots + x_t^2 - x_{t+1}^2 - \cdots - x_r^2 = bx_0^2 + \sum_{\nu=1}^{n} b_\nu x_0 x_\nu$$

$$\text{mit } 0 \leqq t \leqq r \leqq n,\ r - t \leqq t.$$

Weiter definieren jetzt die Gleichungen

$$x'_0 = x_0,\ x'_\tau = x_\tau - \frac{b_\tau}{2} x_0 \quad (\tau = 1, \ldots, t),$$

$$x'_\varrho = x_\varrho + \frac{b_\varrho}{2} x_0 \qquad (\varrho = t + 1, \ldots, r),$$

$$x'_\nu = x_\nu \qquad (\nu = r + 1, \ldots, n)$$

wieder eine affine Projektivität, die $\mathcal{F}'$ auf eine affin-äquivalente Hyperfläche $\mathcal{F}''$ abbildet, deren Gleichung die folgende Form besitzt:

$$x_1^2 + \cdots + x_t^2 - x_{t+1}^2 - \cdots - x_r^2 = cx_0^2 + \sum_{\nu=r+1}^{n} b_\nu x_0 x_\nu$$

$$\text{mit } 0 \leqq t \leqq r \leqq n,\ r - t \leqq t.$$

Es werden nun folgende Fälle unterschieden:

Fall a: $c = 0$ und $b_\nu = 0$ für $\nu = r + 1, \ldots, n$.

Dann ist bereits $\mathcal{F}''$ eine Hyperfläche $\tilde{\mathcal{F}}$ des Typs (1) der Tabelle. Die Werte von u und d ergeben sich mit Hilfe von 29. 6. Dabei ist jedoch zu beachten, daß die Gleichung mit x_1 statt mit x_0 beginnt. In den Formeln aus 29. 6 muß daher t durch $t - 1$ und r durch $r - 1$ ersetzt werden. Man erhält

$$u(\mathcal{F}'') = n - (t - 1) - 1 = n - t,\ d(\mathcal{F}'') = n - (r - 1) - 1 = n - r.$$

Die Gleichung des uneigentlichen Teils $\mathcal{F}''^*$ ist dieselbe wie die von $\mathcal{F}''$. Bei der Bestimmung von u^* und d^* muß aber jetzt statt n die Dimension von H, also $n - 1$, eingesetzt werden. Es gilt somit weiter

$$u^*(\mathcal{F}'') = n - t - 1,\ d^*(\mathcal{F}'') = n - r - 1.$$

Fall b: $c > 0$ und $b_\nu = 0$ für $\nu = r + 1, \ldots, n$.

Dann wird durch

$$x'_0 = \sqrt{c}\, x_0,\ x'_\nu = x_\nu \qquad (\nu = 1, \ldots, n)$$

eine affine Projektivität definiert, die $\mathcal{F}''$ auf eine affin-äquivalente Hyperfläche $\tilde{\mathcal{F}}$ mit der Gleichung

$$x_1^2 + \cdots + x_t^2 - x_{t+1}^2 - \cdots - x_r^2 = x_0^2 \quad (0 \leqq t \leqq r \leqq n,\ r - t \leqq t)$$

abbildet. Im Fall $r - t < t$ ist dies der Typ (2) der Tabelle, im Fall $r - t = t$ der Typ (3). In beiden Fällen stimmt die Gleichung des uneigentlichen Teils mit der entsprechenden Gleichung in Fall a überein. Daher gilt auch hier $u^*(\mathcal{F}) = n - t - 1$ und $d^*(\mathcal{F}) = n - r - 1$, wobei man allerdings im Fall $r - t = t$ ebenso auch $u^*(\mathcal{F}) = n - (r - t) - 1$ schreiben kann. Zur Berechnung von u und d muß die Gleichung zunächst auf die Form

$$x_1^2 + \cdots + x_t^2 - x_{t+1}^2 - \cdots - x_r^2 - x_0^2 = 0$$

gebracht werden. Im Fall $r - t < t$ ist hier immer noch die Bedingung erfüllt, daß die Anzahl der positiven Glieder nicht kleiner ist als die der negativen Glieder. Man kann daher die Formeln aus 29. 6 anwenden, wobei nur t durch $t - 1$ zu ersetzen ist, während r wegen des zusätzlichen Gliedes $-x_0^2$ nicht geändert zu werden braucht. Man erhält $u(\mathcal{F}) = n - t$ und $d(\mathcal{F}) = n - r - 1$. Im Fall $r - t = t$ muß man jedoch zunächst die Gleichung mit (-1) multiplizieren. In den Formeln aus 29. 6 muß dann t durch $r - t$ ersetzt werden, während r wieder seine Bedeutung behält. Man erhält jetzt $u(\mathcal{F}) = n - (r - t) - 1$ und $d(\mathcal{F}) = n - r - 1$.

Fall c: $c < 0$ und $b_\nu = 0$ für $\nu = r + 1, \ldots, n$.

Dann bildet die durch

$$x_0' = \sqrt{|c|}\, x_0, \quad x_\nu' = x_\nu \qquad (\nu = 1, \ldots, n)$$

definierte affine Projektivität $\mathcal{F}''$ auf eine affin-äquivalente Hyperfläche mit der Gleichung

$$x_1^2 + \cdots + x_t^2 - x_{t+1}^2 - \cdots - x_r^2 = -x_0^2 \quad (0 \leqq t \leqq r \leqq n,\ r - t \leqq t)$$

ab. Multiplikation dieser Gleichung mit (-1) und nachfolgende Anwendung der durch

$$x_0' = x_0,\ x_\tau' = x_{t+\tau} (\tau = 1, \ldots, r - t),\ x_\varrho' = x_{\varrho-(r-t)}\ (\varrho = r - t + 1, \ldots, r),$$
$$x_\nu' = x_\nu \qquad (\nu = r + 1, \ldots, n)$$

definierten affinen Projektivität liefert eine affin-äquivalente Hyperfläche $\tilde{\mathcal{F}}$ mit der Gleichung

$$x_1^2 + \cdots + x_{r-t}^2 - x_{r-t+1}^2 - \cdots - x_r^2 = x_0^2 \quad (0 \leqq t \leqq r \leqq n,\ r - t \leqq t).$$

Ersetzt man hier noch $r - t$ durch t, so folgt

$$x_1^2 + \cdots + x_t^2 - x_{t+1}^2 - \cdots - x_r^2 = x_0^2 \quad (0 \leqq t \leqq r \leqq n,\ r - t \geqq t).$$

Man hat es also mit dem Typ (3) der Tabelle zu tun. Zur Berechnung von u, d, u^*, d^* hat man hier wieder zunächst die letzte Gleichung mit (-1) zu multiplizieren, um danach die Formeln aus 29. 6 anwenden zu können. Entsprechende Überlegungen wie vorher ergeben die behaupteten Werte, die der Leser selbst überprüfen möge.

Fall d: $b_\nu \neq 0$ für mindestens ein $\nu \geqq r + 1$.

Da eine Vertauschung der Koordinaten x_μ mit $\mu \neq 0$ eine affine Projektivität ist, kann ohne Einschränkung der Allgemeinheit $b_{r+1} \neq 0$ angenommen werden. Die durch

$$x'_\nu = x_\nu \ (\nu \neq r + 1),\ x'_{r+1} = c x_0 + \sum_{\nu=r+1}^{n} b_\nu x_\nu$$

definierte affine Projektivität bildet dann $\mathcal{F}''$ auf eine Hyperfläche $\tilde{\mathcal{F}}$ mit der Gleichung

$$x_1^2 + \cdots + x_t^2 - x_{t+1}^2 - \cdots - x_r^2 = x_0 x_{r+1} \quad (0 \leqq t \leqq r \leqq n - 1,\ r - t \leqq t)$$

ab. Es handelt sich also jetzt um den Typ (4) der Tabelle. Für u^* und d^* erhält man wieder dieselben Werte wie in Fall *a*. Zur Berechnung von u und d werde auf $\tilde{\mathcal{F}}$ noch die durch

$$x'_0 = \frac{1}{2}(x_{r+1} - x_0),\ x'_{r+1} = \frac{1}{2}(x_{r+1} + x_0),\ x'_\nu = x_\nu \ (\nu \neq 0,\ r + 1)$$

definierte Projektivität (sie ist keine affine Projektivität!) ausgeübt, wobei ja u und d nicht geändert werden. Die Gleichung von $\tilde{\mathcal{F}}$ geht dann über in die Gleichung

$$x_0^2 + \cdots + x_t^2 - x_{t+1}^2 - \cdots - x_{r+1}^2 = 0,$$

aus der nach 29.6 unmittelbar $u(\mathcal{F}) = n - t - 1$ und $d(\mathcal{F}) = n - (r + 1) - 1 = n - r - 2$ folgt.

Da die vorangehende Fallunterscheidung vollständig ist, muß jede Hyperfläche $\mathcal{F}$ zu mindestens einer Hyperfläche $\tilde{\mathcal{F}}$ der Tabelle affin-äquivalent sein. Nun bestimmt aber $\mathcal{F}$ eindeutig die Größen u, d, u^*, d^*, durch die weiter dann auch $\tilde{\mathcal{F}}$ eindeutig bestimmt wird: Innerhalb jedes der Typen (1)—(4) sind die Indizes t und r bereits durch u und d oder durch u^* und d^* festgelegt. Weiter aber ist der Typ (1) durch $d^* = d - 1$, der Typ (2) durch $d^* = d$, $u^* = u - 1$, der Typ (3) durch $d^* = d$, $u^* = u$ und schließlich der Typ (4) durch $d^* = d + 1$ gekennzeichnet. Daher ist eine Hyperfläche $\mathcal{F}$ auch nur zu genau einer der Hyperflächen $\mathcal{F}$ affin-äquivalent. Wenn also u, d, u^*, d^* für $\mathcal{F}$ und $\mathcal{F}'$ denselben Wert besitzen, dann müssen $\mathcal{F}$ und $\mathcal{F}'$ zu derselben Hyperfläche $\tilde{\mathcal{F}}$, also auch zueinander affin-äquivalent sein. ◆

Der soeben bewiesene Satz 30. 4 gestattet eine systematische Aufstellung aller affinen Äquivalenzklassen projektiver Hyperflächen. In den folgenden beiden Tabellen ist sie wieder für die Dimensionen $n = 2$ und $n = 3$ durchgeführt.

Affine Klassen mit denselben Werten von u und d bilden zusammen eine projektive Klasse. Mit Hilfe dieser Tabellen kann man daher feststellen, welche projektiven Klassen weiter aufgeteilt werden.

Nach 30. 1 bestimmen affin-äquivalente projektive Hyperflächen auch affin-äquivalente affine Hyperflächen. Bei dem Übergang von den affinen Klassen projektiver Hyperflächen zu den Klassen affiner Hyperflächen können jedoch noch Klassen zusammenfallen; nämlich dann, wenn sie sich nur in

$n=2$: Es gibt 12 verschiedene Klassen.

Nr.	Typ	t	r	d	u	d^*	u^*	Gleichung (Normalform)	Bezeichnung (affin)	uneigentlicher Teil
1	(1)	0	0	2	2	1	1	$0 = 0$	Ebene	Gerade
2		1	1	1	1	0	0	$x_1^2 = 0$	eigentliche Gerade	Punkt
3		1	2	0	1	-1	0	$x_1^2 - x_2^2 = 0$	Geradenpaar mit eigentl. Schnittpunkt	Punktepaar
4		2	2	0	0	-1	-1	$x_1^2 + x_2^2 = 0$	eigentl. Pkt.	$\emptyset$
5	(2)	1	1	0	1	0	0	$x_1^2 = x_0^2$	Paar parall. Geraden	Punkt
6		2	2	-1	0	-1	-1	$x_1^2 + x_2^2 = x_0^2$	Ellipse	$\emptyset$
7	(3)	0	0	1	1	1	1	$0 = x_0^2$	uneigentl. Gerade	Gerade
8		0	1	0	0	0	0	$-x_1^2 = x_0^2$	uneigentl. Punkt	Punkt
9		0	2	-1	-1	-1	-1	$-x_1^2 - x_2^2 = x_0^2$	$\emptyset$	$\emptyset$
10		1	2	-1	0	-1	0	$x_1^2 - x_2^2 = x_0^2$	Hyperbel	Punktepaar
11	(4)	0	0	0	1	1	1	$0 = x_0 x_1$	eine eigentl. u. die uneigentl. Gerade	Gerade
12		1	1	-1	0	0	0	$x_1^2 = x_0 x_2$	Parabel	Punkt

$n=3$: Es gibt 20 verschiedene Klassen.

Nr.	Typ	t	r	d	u	d^*	u^*	Gleichung (Normalform)	Bezeichnung (affin)	uneigentlicher Teil
1	(1)	0	0	3	3	2	2	$0=0$	3-dim. Raum	Ebene
2		1	1	2	2	1	1	$x_1^2=0$	eigentl. Ebene	Gerade
3		1	2	1	2	0	1	$x_1^2-x_2^2=0$	Ebenenpaar mit eigentl. Schnittger.	Geradenpaar
4		2	2	1	1	0	0	$x_1^2+x_2^2=0$	eigentl. Gerade	Punkt
5		2	3	0	1	—1	0	$x_1^2+x_2^2-x_3^2=0$	Kegel	nicht-ausg. Kurve
6		3	3	0	0	—1	—1	$x_1^2+x_2^2+x_3^2=0$	eigentl. Pkt.	∅
7	(2)	1	1	1	2	1	1	$x_1^2=x_0^2$	Paar parall. Ebenen	Gerade
8		2	2	0	1	0	0	$x_1^2+x_2^2=x_0^2$	ellipt. Zylinder	Punkt
9		2	3	—1	1	—1	0	$x_1^2+x_2^2-x_3^2=x_0^2$	einschalig. Hyperboloid	nicht-ausg. Kurve
10		3	3	—1	0	—1	—1	$x_1^2+x_2^2+x_3^2=x_0^2$	Ellipsoid	∅
11	(3)	0	0	2	2	2	2	$0=x_0^2$	uneigentl. Ebene	Ebene
12		0	1	1	1	1	1	$-x_1^2=x_0^2$	uneigentl. Gerade	Gerade
13		0	2	0	0	0	0	$-x_1^2-x_2^2=x_0^2$	uneigentl. Punkt	Punkt
14		0	3	—1	—1	—1	—1	$-x_1^2-x_2^2-x_3^2=x_0^2$	∅	∅
15		1	2	0	1	0	1	$x_1^2-x_2^2=x_0^2$	hyperbol. Zylinder	Geradenpaar
16		1	3	—1	0	—1	0	$x_1^2-x_2^2-x_3^2=x_0^2$	zweischal. Hyperboloid	nicht-ausg. Kurve
17	(4)	0	0	1	2	2	2	$0=x_0x_1$	eigentl. Ebene u. die uneigentl. Ebene	Ebene
18		1	1	0	1	1	1	$x_1^2=x_0x_2$	parabol. Zylinder	Gerade
19		1	2	—1	1	0	1	$x_1^2-x_2^2=x_0x_3$	hyperbol. Paraboloid	Geradenpaar
20		2	2	—1	0	0	0	$x_1^2+x_2^2=x_0x_3$	ellipt. Paraboloid	Punkt

ihrem uneigentlichen Teil unterscheiden. Aus den Listen stellt man nun unmittelbar fest:

Im Fall $n = 2$ fallen beim Übergang zu den affinen Kurven die Klassen 7, 8 und 9 zusammen (der eigentliche Teil ist die leere Menge) und außerdem die Klassen 2 und 11 (der eigentliche Teil ist eine Gerade). Mehr Klassen fallen nicht zusammen. Es gibt also 9 verschiedene Klassen affiner Kurven 2. Ordnung.

Im Fall $n = 3$ fallen beim Übergang zu den affinen Flächen die Klassen 11—14 zusammen (der eigentliche Teil ist die leere Menge) und außerdem die Klassen 2 und 17 (der eigentliche Teil ist eine Ebene). Mehr Klassen fallen wieder nicht zusammen. Es gibt somit 16 verschiedene Klassen affiner Flächen 2. Ordnung.

Praktisch gestaltet sich die Klassifizierung folgendermaßen: Wenn eine affine Hyperfläche $\mathcal{F}_0$ im n-dimensionalen affinen Raum durch eine Gleichung

$$\sum_{\nu,\mu=1}^{n} b_{\nu,\mu} x_\nu x_\mu + \sum_{\nu=1}^{n} b_\nu x_\nu + b = 0$$

in affinen Koordinaten gegeben ist, gehe man zunächst zu projektiven Koordinaten über, indem man x_ν durch $\frac{x_\nu^*}{x_0^*}$ ersetzt und mit x_0^{*2} durchmultipliziert. Die so gewonnene homogene quadratische Gleichung bringe man auf die Form

$$\sum_{\nu,\mu=0}^{n} a_{\nu,\mu} x_\nu^* x_\mu^* = 0$$

mit einer symmetrischen Matrix

$$A = \begin{pmatrix} a_{0,0} & a_{0,1} & \cdots & a_{0,n} \\ a_{1,0} & \boxed{\begin{matrix} a_{1,1} & \cdots & a_{1,n} \\ \cdot & \cdots & \cdot \\ a_{n,1} & \cdots & a_{n,n} \end{matrix}} \\ \cdot & \\ a_{n,0} & \end{pmatrix}.$$

Die eingerahmte Untermatrix B gehört dann zu dem uneigentlichen Teil der projektiven Hyperfläche $\mathcal{F}$. Sodann berechne man die charakteristischen Polynome f_1 von A und f_2 von B und bestimme die Vorzeichen ihrer Nullstellen. Dies kann mit Hilfe der Kartesischen Zeichenregel geschehen (vgl. 29A). Die Größen u, d, u^*, d^* können dann nach den Bemerkungen am Ende des vorangehenden Paragraphen und mit Hilfe von 29. 6 bestimmt werden. Bei der Bestimmung von u^* und d^* ist allerdings darauf zu achten, daß n durch $n - 1$ ersetzt werden muß.

Als Beispiel diene im Fall $n = 3$ die Gleichung

$$x_1^2 - 5x_2^2 - x_1x_2 + x_1x_3 + x_2x_3 - 4x_2 - 1 = 0.$$

In homogenen Koordinaten lautet sie

$$-x_0^{*2} + x_1^{*2} - 5x_2^{*2} - 4x_0^*x_2^* - x_1^*x_2^* + x_1^*x_3^* + x_2^*x_3^* = 0.$$

Nach Multiplikation mit 2 kann man

$$\begin{pmatrix} -2 & 0 & -4 & 0 \\ 0 & 2 & -1 & 1 \\ -4 & -1 & -10 & 1 \\ 0 & 1 & 1 & 0 \end{pmatrix}$$

als zugehörige symmetrische Matrix wählen. Die charakteristischen Polynome sind

$$f_1(t) = t^4 + 10t^3 - 23t^2 - 20t + 4,$$
$$f_2(t) = -t^3 - 8t^2 + 23t + 6.$$

Nach der Kartesischen Zeichenregel besitzt f_1 zwei positive und zwei negative Nullstellen. Es folgt

$$u = 3 - 1 - 1 = 1, \; d = 3-3-1 = -1.$$

Weiter besitzt f_2 eine positive und zwei negative Nullstellen, und man erhält

$$u^* = 2-1-1 = 0, \; d^* = 2-2-1 = -1.$$

Die Fläche gehört somit zur Klasse Nr. 9, ist also ein einschaliges Hyperboloid.

Um die Transformation der Gleichung auf Normalform tatsächlich durchzuführen, muß man zunächst die zu dem uneigentlichen Teil gehörende Untermatrix B auf Diagonalform transformieren. Dies erfordert die numerische Berechnung der Eigenwerte und Eigenvektoren von B. Die weiteren Transformationen können dann wie im Beweis von 30. 4 durchgeführt werden.

Ergänzungen und Aufgaben

30 A Aufgabe: Zeige, daß durch die Gleichung (sie besitze mindestens eine Lösung)

$$ax_1^2 + bx_2^2 + 2cx_1x_2 + 2dx_1 + 2ex_2 + f = 0$$

genau dann ein nicht-ausgearteter Kegelschnitt (also eine Ellipse, Parabel oder Hyperbel) beschrieben wird, wenn

$$\begin{vmatrix} f & d & e \\ d & a & c \\ e & c & b \end{vmatrix} \neq 0$$

gilt. Und zwar handelt es sich um eine

$$\left.\begin{matrix} \text{Ellipse} \\ \text{Parabel} \\ \text{Hyperbel} \end{matrix}\right\}, \text{ wenn } \quad \begin{vmatrix} a & c \\ c & b \end{vmatrix} \quad \left\{\begin{matrix} > 0 \\ = 0 \\ < 0 \end{matrix}\right.$$

erfüllt ist.

30 B Statt der affinen Äquivalenz kann man bei den affinen Hyperflächen auch die schärfere Äquivalenzrelation der Kongruenz zugrunde legen: **Zwei affine Hyperflächen F_0 und F_0' sind kongruent, wenn sie durch eine Kongruenz des euklidisch-affinen Raumes aufeinander abgebildet werden können.**

Aufgabe: Die Hyperfläche F_0 sei hinsichtlich eines kartesischen Koordinatensystems durch die Gleichung

$$\sum_{\nu,\mu=1}^{n} a_{\nu,\mu} x_\nu x_\mu + 2 \sum_{\nu=1}^{n} a_{0,\nu} x_\nu + a_{0,0} = 0 \qquad (a_{\nu,\mu} = a_{\mu,\nu})$$

gegeben. Man gehe zu der entsprechenden Gleichung in homogenen Koordinaten über und untersuche, in welchem Umfang sich die Transformationen aus dem Beweis von 30. 4 durch solche affinen Projektivitäten bewerkstelligen lassen, die in dem affinen Raum sogar eine Kongruenz induzieren, die also die affinen Hyperflächen auf kongruente Hyperflächen abbilden. Welche Normaltypen ergeben sich für die Kongruenzklassen?

30 C Aufgabe: Man bestimme die affinen Klassen der Hyperflächen der Schar aus 29 C in Abhängigkeit vom Scharparameter c, wenn die uneigentliche Hyperebene durch $x_0 = 0$ bestimmt ist. Welche affinen Klassen erhält man, wenn die uneigentliche Hyperebene durch $x_2 = 0$ gegeben ist?

30 D Aufgabe: In der reellen affinen Ebene seien hinsichtlich eines kartesischen Koordinatensystems folgende Punkte gegeben:

$$p_1\colon (1, 2), \; p_2\colon (3, 0), \; p_3\colon (0, -1).$$

Man bestimme die Gleichung der Schar aller Kegelschnitte, die durch p_1 und p_2 gehen und die Geraden $p_1 \vee p_3$, $p_2 \vee p_3$ berühren. Man ermittle die affinen Klassen in Abhängigkeit vom Scharparameter. (Zweckmäßig bildet man die gesuchte Schar zunächst durch eine Projektivität so ab, daß die Gleichung der Bildschar unmittelbar angegeben werden kann. Ein Kegelschnitt K berührt eine Gerade G, wenn $K \cap G$ ein affiner Unterraum ist; ist K nicht entartet, so ist $K \cap G$ dann ein Punkt.)

Anhang

§ 31 Das Vektorprodukt

In diesem Paragraphen sei X stets ein 3-dimensionaler, orientierter euklidischer Raum. In ihm soll je zwei Vektoren $\mathfrak{x}$, $\mathfrak{y}$ eindeutig ein auf ihnen senkrecht stehender Vektor $\mathfrak{x} \times \mathfrak{y}$ zugeordnet werden, der als das **Vektorprodukt** von $\mathfrak{x}$ und $\mathfrak{y}$ bezeichnet wird.

31. 1 *Zu je zwei Vektoren* $\mathfrak{x}, \mathfrak{y} \in X$ *gibt es genau einen Vektor* $\mathfrak{x} \times \mathfrak{y}$ *mit folgenden Eigenschaften:*

(a) $\mathfrak{x} \cdot (\mathfrak{x} \times \mathfrak{y}) = \mathfrak{y} \cdot (\mathfrak{x} \times \mathfrak{y}) = 0$,

(b) $|\mathfrak{x} \times \mathfrak{y}|^2 = |\mathfrak{x}|^2 |\mathfrak{y}|^2 - (\mathfrak{x} \cdot \mathfrak{y})^2$,

(c) *im Fall linear unabhängiger Vektoren* $\mathfrak{x}$, $\mathfrak{y}$ *ist* $\{\mathfrak{x}, \mathfrak{y}, \mathfrak{x} \times \mathfrak{y}\}$ *eine positiv orientierte Basis von* X.

Es gilt

$$\mathfrak{y} \times \mathfrak{x} = -(\mathfrak{x} \times \mathfrak{y}),$$

und $\mathfrak{x} \times \mathfrak{y} \neq \mathfrak{o}$ *ist gleichwertig mit der linearen Unabhängigkeit von* $\mathfrak{x}$ *und* $\mathfrak{y}$.

Beweis: Die letzte Behauptung folgt unmittelbar aus (b) mit Hilfe von 19. 1. Im Fall linear abhängiger Vektoren $\mathfrak{x}$, $\mathfrak{y}$ ist daher $\mathfrak{x} \times \mathfrak{y}$ bereits durch (b) eindeutig bestimmt: $\mathfrak{x} \times \mathfrak{y} = \mathfrak{y} \times \mathfrak{x} = \mathfrak{o}$.

Weiterhin seien daher $\mathfrak{x}$ und $\mathfrak{y}$ linear unabhängig. Dann gibt es genau einen zu $\mathfrak{x}$ und $\mathfrak{y}$ orthogonalen Einheitsvektor $\mathfrak{e}$, mit dem $\{\mathfrak{x}, \mathfrak{y}, \mathfrak{e}\}$ eine positiv orientierte Basis von X ist. Wegen (a) und (c) muß $\mathfrak{x} \times \mathfrak{y} = |\mathfrak{x} \times \mathfrak{y}|\mathfrak{e}$, wegen (b) also

$$\mathfrak{x} \times \mathfrak{y} = +\sqrt{|\mathfrak{x}|^2 |\mathfrak{y}|^2 - (\mathfrak{x} \cdot \mathfrak{y})^2}\ \mathfrak{e}$$

gelten. Definiert man hierdurch umgekehrt den Vektor $\mathfrak{x} \times \mathfrak{y}$, so erfüllt er (a) — (c). Schließlich ergibt sich $\mathfrak{y} \times \mathfrak{x} = -(\mathfrak{x} \times \mathfrak{y})$ unmittelbar daraus, daß $\{\mathfrak{x}, \mathfrak{y}, \mathfrak{e}\}$ und $\{\mathfrak{y}, \mathfrak{x}, -\mathfrak{e}\}$ gleich orientierte Basen sind. ◆

Gilt $\mathfrak{x} \neq \mathfrak{o}$, $\mathfrak{y} \neq \mathfrak{o}$, so folgt aus (b)

$$|\mathfrak{x} \times \mathfrak{y}|^2 = |\mathfrak{x}|^2 |\mathfrak{y}|^2 (1 - \cos^2(\mathfrak{x}, \mathfrak{y})) = |\mathfrak{x}|^2 |\mathfrak{y}|^2 \sin^2(\mathfrak{x}, \mathfrak{y})$$

und somit

$$|\mathfrak{x} \times \mathfrak{y}| = |\mathfrak{x}|\,|\mathfrak{y}|\,|\sin(\mathfrak{x}, \mathfrak{y})|.$$

Der hier rechts stehende Ausdruck kann anschaulich als Flächenmaß des von den Vektoren $\mathfrak{x}$ und $\mathfrak{y}$ aufgespannten Parallelogramms gedeutet werden.

Um zu einem Berechnungsverfahren für das Vektorprodukt zu gelangen, sei weiterhin $\{\mathfrak{e}_1, \mathfrak{e}_2, \mathfrak{e}_3\}$ eine positiv orientierte Orthonormalbasis. Bildet man dann mit den Koordinaten der Vektoren

$$\mathfrak{u} = u_1\mathfrak{e}_1 + u_2\mathfrak{e}_2 + u_3\mathfrak{e}_3,\ \mathfrak{x} = x_1\mathfrak{e}_1 + x_2\mathfrak{e}_2 + x_3\mathfrak{e}_3,\ \mathfrak{y} = y_1\mathfrak{e}_1 + y_2\mathfrak{e}_2 + y_3\mathfrak{e}_3$$

die Matrix

$$A_{\mathfrak{u},\mathfrak{x},\mathfrak{y}} = \begin{pmatrix} u_1 & u_2 & u_3 \\ x_1 & x_2 & x_3 \\ y_1 & y_2 & y_3 \end{pmatrix},$$

so hängen die Adjunkten der Elemente der ersten Zeile nur von $\mathfrak{x}$ und $\mathfrak{y}$, nicht aber von $\mathfrak{u}$ ab. Es soll nun gezeigt werden, daß der mit ihnen gebildete Vektor

$$\begin{aligned}\mathfrak{p} &= (\operatorname{Adj} u_1)\mathfrak{e}_1 + (\operatorname{Adj} u_2)\mathfrak{e}_2 + (\operatorname{Adj} u_3)\mathfrak{e}_3 \\ &= (x_2 y_3 - x_3 y_2)\mathfrak{e}_1 + (x_3 y_1 - x_1 y_3)\mathfrak{e}_2 + (x_1 y_2 - x_2 y_1)\mathfrak{e}_3\end{aligned}$$

gerade das Vektorprodukt $\mathfrak{x} \times \mathfrak{y}$ ist. Dazu werden für $\mathfrak{p}$ die Eigenschaften (a) — (c) aus 31. 1 nachgewiesen.

Zunächst gilt für einen beliebigen Vektor $\mathfrak{u}$ wegen 14. 3

(*) $$\mathfrak{u} \cdot \mathfrak{p} = \sum_{\nu=1}^{3} u_\nu (\operatorname{Adj} u_\nu) = \operatorname{Det} A_{\mathfrak{u},\mathfrak{x},\mathfrak{y}}.$$

Im Fall $\mathfrak{u} = \mathfrak{x}$ oder $\mathfrak{u} = \mathfrak{y}$ verschwindet diese Determinante, weil dann $A_{\mathfrak{u},\mathfrak{x},\mathfrak{y}}$ zwei gleiche Zeilen besitzt. Es folgt $\mathfrak{x} \cdot \mathfrak{p} = \mathfrak{y} \cdot \mathfrak{p} = 0$, also (a). Weiter ist (b) gleichwertig mit der unmittelbar zu verifizierenden Gleichung

$$\begin{aligned}(x_2 y_3 - x_3 y_2)^2 &+ (x_3 y_1 - x_1 y_3)^2 + (x_1 y_2 - x_2 y_1)^2 \\ &= (x_1^2 + x_2^2 + x_3^2)(y_1^2 + y_2^2 + y_3^2) - (x_1 y_1 + x_2 y_2 + x_2 y_3)^2.\end{aligned}$$

Wegen 15. 1 gilt $\mathfrak{p} \neq \mathfrak{o}$ im Fall linear unabhängiger Vektoren $\mathfrak{x}, \mathfrak{y}$. Daher folgt schließlich (c) wegen

$$\operatorname{Det} A_{\mathfrak{x},\mathfrak{y},\mathfrak{p}} = \operatorname{Det} A_{\mathfrak{p},\mathfrak{x},\mathfrak{y}} = \mathfrak{p} \cdot \mathfrak{p} > 0.$$

Damit hat sich ergeben:

31. 2 *Hinsichtlich einer positiv orientierten Orthonormalbasis* $\{\mathfrak{e}_1, \mathfrak{e}_2, \mathfrak{e}_3\}$ *besitzt das Vektorprodukt folgende Koordinatendarstellung:*

$$\mathfrak{x} \times \mathfrak{y} = (x_2 y_3 - x_3 y_2)\mathfrak{e}_1 + (x_3 y_1 - x_1 y_3)\mathfrak{e}_2 + (x_1 y_2 - x_2 y_1)\mathfrak{e}_3.$$

Am übersichtlichsten läßt sich dieser Ausdruck in der folgenden *Merkregel* zusammenfassen:

$$\mathfrak{x} \times \mathfrak{y} = \begin{vmatrix} \mathfrak{e}_1 & \mathfrak{e}_2 & \mathfrak{e}_3 \\ x_1 & x_2 & x_3 \\ y_1 & y_2 & y_3 \end{vmatrix}.$$

Dabei ist diese „Determinante“ so zu verstehen, daß man sie formal mit Hilfe des Entwicklungssatzes 14. 3 nach der ersten Zeile entwickelt.

Aus der Gleichung (*) und den Rechenregeln für Determinanten folgt außerdem

31. 3 *Hinsichtlich einer positiv orientierten Orthonormalbasis gilt für je drei Vektoren* $\mathfrak{u}$, $\mathfrak{x}$, $\mathfrak{y}$

$$\mathfrak{u} \cdot (\mathfrak{x} \times \mathfrak{y}) = \mathfrak{y} \cdot (\mathfrak{u} \times \mathfrak{x}) = \mathfrak{x} \cdot (\mathfrak{y} \times \mathfrak{u}) = \begin{vmatrix} u_1 & u_2 & u_3 \\ x_1 & x_2 & x_3 \\ y_1 & y_2 & y_3 \end{vmatrix} .$$

Das gemischte Produkt $\mathfrak{u} \cdot (\mathfrak{x} \times \mathfrak{y})$ wird auch als **Spatprodukt** bezeichnet.

Schließlich ergibt sich unmittelbar aus der Koordinatendarstellung des Vektorprodukts oder auch aus den Linearitätseigenschaften der Determinanten, daß das Vektorprodukt ebenfalls linear in jedem Faktor ist:

31. 4
$$\begin{aligned} (\mathfrak{x}_1 + \mathfrak{x}_2) \times \mathfrak{y} &= \mathfrak{x}_1 \times \mathfrak{y} + \mathfrak{x}_2 \times \mathfrak{y} , \\ \mathfrak{x} \times (\mathfrak{y}_1 + \mathfrak{y}_2) &= \mathfrak{x} \times \mathfrak{y}_1 + \mathfrak{x} \times \mathfrak{y}_2 , \\ (c\mathfrak{x}) \times \mathfrak{y} &= c(\mathfrak{x} \times \mathfrak{y}) = \mathfrak{x} \times (c\mathfrak{y}) . \end{aligned}$$

Ein Anwendungsbeispiel ist die Berechnung des Abstands und der Fußpunkte des gemeinsamen Lots von zwei in Parameterdarstellung gegebenen windschiefen Geraden

$$G_1 \colon \mathfrak{x} = \mathfrak{a}_1 + t\mathfrak{b}_1 , \qquad G_2 \colon \mathfrak{x} = \mathfrak{a}_2 + t\mathfrak{b}_2 .$$

Da sie windschief sein sollen, sind die Vektoren $\mathfrak{b}_1$, $\mathfrak{b}_2$ linear unabhängig, und die Richtung des gemeinsamen Lots wird durch das Vektorprodukt $\mathfrak{b}_1 \times \mathfrak{b}_2$ gegeben. Für die Fußpunkte

$$\mathfrak{x}_1 = \mathfrak{a}_1 + t_1\mathfrak{b}_1 \qquad \text{und} \qquad \mathfrak{x}_2 = \mathfrak{a}_2 + t_2\mathfrak{b}_2$$

des Lots gilt dann mit einem weiteren Skalar t_3

$$\mathfrak{a}_1 + t_1\mathfrak{b}_1 + t_3(\mathfrak{b}_1 \times \mathfrak{b}_2) = \mathfrak{a}_2 + t_2\mathfrak{b}_2 ,$$

also

(**)
$$t_1\mathfrak{b}_1 - t_2\mathfrak{b}_2 + t_3(\mathfrak{b}_1 \times \mathfrak{b}_2) = \mathfrak{a}_2 - \mathfrak{a}_1 .$$

Dies ist ein lineares Gleichungssystem, aus dem t_1, t_2, t_3 berechnet werden können. Für den Abstand d der Geraden folgt dann

$$d = |t_3(\mathfrak{b}_1 \times \mathfrak{b}_2)| .$$

Multipliziert man die Gleichung (**) skalar mit $\mathfrak{b}_1 \times \mathfrak{b}_2$, so erhält man wegen $\mathfrak{b}_1 \cdot (\mathfrak{b}_1 \times \mathfrak{b}_2) = \mathfrak{b}_2 \cdot (\mathfrak{b}_1 \times \mathfrak{b}_2) = 0$

$$t_3|\mathfrak{b}_1 \times \mathfrak{b}_2|^2 = (\mathfrak{a}_2 - \mathfrak{a}_1) \cdot (\mathfrak{b}_1 \times \mathfrak{b}_2)$$

und damit

$$d = \frac{|(\mathfrak{a}_2 - \mathfrak{a}_1) \cdot (\mathfrak{b}_1 \times \mathfrak{b}_2)|}{|\mathfrak{b}_1 \times \mathfrak{b}_2|} .$$

Ergänzungen und Aufgaben

31 A Aufgabe: Man beweise die Gleichung

$$(\mathfrak{x} \times \mathfrak{y}) \times \mathfrak{z} = (\mathfrak{x} \cdot \mathfrak{z})\,\mathfrak{y} - (\mathfrak{y} \cdot \mathfrak{z})\,\mathfrak{x}$$

und folgere, daß die Vektorproduktbildung nicht assoziativ ist.

31 B Aufgabe: Man berechne die Fläche F desjenigen Dreiecks, dessen Ecken hinsichtlich einer Orthonormalbasis folgende Koordinatenvektoren besitzen:

$$\mathfrak{a}_1 = (1, -1, 2), \qquad \mathfrak{a}_2 = (1, 1, 3), \qquad \mathfrak{a}_3 = (2, -1, 3).$$

31 C Aufgabe: Hinsichtlich einer Orthonormalbasis seien

$$\mathfrak{x} = (1, -2, 3) + t(2, 3, 2),$$
$$\mathfrak{x} = (5, 7, -5) + t(1, -2, -6)$$

die Parameterdarstellungen zweier Geraden. Man berechne ihren Abstand d und die Koordinaten der Fußpunkte ihres gemeinsamen Lots.

Lösungen der Aufgaben

1B Beweis unmittelbar durch Einsetzen der Definitionen. Ist φ eine 1 - 1-Abbildung, so folgt aus $y \in \bigcap \varphi M$ auch $\varphi^{-1} y \in \bigcap M$, also $y \in \varphi \bigcap M$. Setzt man $X = \{a, b\}$, $Y = \{c\}$, $M_1 = \{a\}$, $M_2 = \{b\}$, $\mathfrak{S} = \{M_1, M_2\}$ und $\varphi a = \varphi b = c$, so gilt $\varphi(M_1 \cap M_2) = \emptyset$ und $\varphi M_1 \cap \varphi M_2 = \{c\} \neq \emptyset$.

2A Wegen (*) existiert zu a, z ein y mit $a \circ y = z$. Aus $x \circ a = a$ und (I) folgt daher $x \circ z = x \circ a \circ y = a \circ y = z$. Wegen (*) existiert ein e mit $e \circ a = a$, für das nach dem Vorangehenden auch $e \circ z = z$ für alle $z \in G$ gilt; d. h. (II) ist erfüllt. (III) folgt unmittelbar aus (*). Umgekehrt folgt (*) wegen 2. 5 aus den Gruppenaxiomen.

2B (i, k) bedeute diejenige Transposition, die die Zahlen i und k vertauscht. Es gilt $\varepsilon = (1, 2) \circ (1, 2)$. Jede Permutation, die mindestens r Zahlen fest läßt, sei als Produkt von Transpositionen darstellbar. Läßt α nur $r - 1$ Zahlen fest und gilt $\alpha(s) = a_s \neq s$, so läßt $\beta = (s, a_s) \circ \alpha$ mindestens r Zahlen fest. Wegen $\alpha = (s, a_s) \circ \beta$ folgt nun die erste Behauptung durch Induktion. Für das Polynom

$$f(x_1, \ldots, x_n) = \prod_{1 \leq \mu < \nu \leq n} (x_\mu - x_\nu)$$

und jede Permutation π gilt $f(x_{\pi 1}, \ldots, x_{\pi n}) = c_\pi \cdot f(x_1, \ldots, x_n)$ mit $c_\pi = \pm 1$. Für eine Transposition π gilt $c_\pi = -1$. Hieraus folgen die übrigen Behauptungen.

3A Mit $a - c$ und $b - d$ sind auch $(a + b) - (c + d) = (a - c) + (b - d)$ und $ab - cd = (a - c)\, b + c(b - d)$ durch q teilbar. Hieraus folgt 1) und der erste Teil von 2). Die Gültigkeit der Ringaxiome ergibt sich unmittelbar. K_q besteht aus den Klassen $\bar{0}, \bar{1}, \ldots, \overline{q-1}$. Aus $\bar{a} \neq \bar{0}, \bar{a} \cdot \bar{b} = \bar{a} \cdot \bar{c}$ folgt, daß q ein Teiler von $a(b - c)$, aber nicht von a ist. Ist q Primzahl, so muß q Teiler von $b - c$ sein, woraus $\bar{b} = \bar{c}$ folgt. Durch $\varphi \bar{x} = \bar{a} \cdot \bar{x}$ $(\bar{a} \neq \bar{0})$ wird daher eine 1 - 1-Abbildung von K_q auf sich definiert. Zu $\bar{a}$ existiert also eine Klasse $\bar{b}$ mit $\bar{a} \cdot \bar{b} = \bar{1}$; d. h. K_q ist ein Körper. Wegen $q \times \bar{1} = \bar{q} = \bar{0}$ und $r \times \bar{1} = \bar{r} \neq \bar{0}$ für $r < q$ ist q dann die Charakteristik von K_q. Ist q keine Primzahl, so gilt $q = ab$ mit $0 < a < q$. Es folgt $\bar{a} \cdot \bar{b} = \bar{q} = \bar{0}$, weswegen $\bar{a}$ und $\bar{b}$ Nullteiler in K_q sind.

3B Die Gültigkeit der Gruppenaxiome in G und der Ringaxiome in A ergibt sich durch einfache Rechnung. Neutrales Element von G ist $\mathbf{0} = (0, 0)$. Nullelement von A ist die durch $0\mathbf{x} = \mathbf{0}$ definierte „Nullabbildung“, Einselement die Identität. Für die durch $\alpha\mathbf{x} = (0, x_1)$ und $\beta\mathbf{x} = (x_1, 0)$ $(\mathbf{x} = (x_1, x_2) \in G)$ definierten Abbildungen $\alpha, \beta \in A$ gilt $(\alpha \cdot \beta)\, \mathbf{x} = (0, x_1)$ und $(\beta \cdot \alpha)\, \mathbf{x} = (0, 0)$ für alle $\mathbf{x} \in G$. Die Multiplikation ist daher nicht kommutativ. Wegen $\beta \cdot \alpha = 0$ ist α ein rechter und β ein linker Nullteiler.

4A Im ersten Fall liegt wegen $(1 + 1) \odot 1 = 1 + 1 = 2$ und $(1 \odot 1) \oplus (1 \odot 1) = 1 \oplus 1 = \sqrt[3]{2}$ kein Vektorraum vor. Im zweiten Fall handelt es sich um einen reellen Vektorraum.

4B Aus $\mathfrak{x} = 1\mathfrak{y}$ folgt $1\mathfrak{x} = 1 \cdot 1\mathfrak{y} = 1\mathfrak{y} = \mathfrak{x}$ und umgekehrt aus $\mathfrak{x} = 1\mathfrak{x}$ mit $\mathfrak{y} = 1\mathfrak{x}$ auch $\mathfrak{x} = 1\mathfrak{x} = 1 \cdot 1\mathfrak{x} = 1\mathfrak{y}$. Weiter gilt $1(\mathfrak{y} - 1\mathfrak{y}) = 1\mathfrak{y} - (1 \cdot 1)\,\mathfrak{y} = \mathfrak{o}$. Mit $\mathfrak{u} = 1\mathfrak{x}$ und $\mathfrak{v} = \mathfrak{x} - 1\mathfrak{x}$ gilt $\mathfrak{x} = \mathfrak{u} + \mathfrak{v}$ und wegen 1), 2) auch $\mathfrak{u} \in U$, $\mathfrak{v} \in V$. Umgekehrt folgt aus $\mathfrak{x} = \mathfrak{u} + \mathfrak{v}$, $\mathfrak{u} \in U$, $\mathfrak{v} \in V$ erstens $1\mathfrak{x} = 1\mathfrak{u} + 1\mathfrak{v} = \mathfrak{u}$ und zweitens $\mathfrak{v} = \mathfrak{x} - \mathfrak{u} = \mathfrak{x} - 1\mathfrak{x}$ (Eindeutigkeit der Darstellung). Aus $\mathfrak{u}, \mathfrak{u}' \in U$ folgt $1(\mathfrak{u} + \mathfrak{u}') = 1\mathfrak{u} + 1\mathfrak{u}' = \mathfrak{u} + \mathfrak{u}'$ und $1(c\mathfrak{u}) = (1 \cdot c)\,\mathfrak{u} = c\mathfrak{u}$, also $\mathfrak{u} + \mathfrak{u}' \in U$ und $c\mathfrak{u} \in U$. Die Gültigkeit aller Axiome ergibt sich nun unmittelbar.

5A K^3 besteht aus 8 Vektoren. Außer $[\mathfrak{o}]$ und K^3 gibt es noch 7 eindimensionale und 7 zweidimensionale Unterräume.

5B Aus $\mathfrak{a}, \mathfrak{x} \in L$ folgt $\mathfrak{x} - \mathfrak{a} \in U_L$ und aus $\mathfrak{u} \in U_L$, daß $\mathfrak{x} = \mathfrak{a} + \mathfrak{u} \in L$ und $\mathfrak{u} = \mathfrak{x} - \mathfrak{a}$ gilt. Hieraus ergibt sich 1). Weiter sei M eine lineare Mannigfaltigkeit, es gelte $\mathfrak{a}_1, \ldots, \mathfrak{a}_n \in M$ und $c_1 + \cdots + c_n = 1$. Es folgt $\mathfrak{a}_\nu - \mathfrak{a}_1 \in U_M$, weiter $\mathfrak{u} = c_2(\mathfrak{a}_2 - \mathfrak{a}_1) + \cdots + c_n(\mathfrak{a}_n - \mathfrak{a}_1) \in U_M$ und $c_1\mathfrak{a}_1 + \cdots + c_n\mathfrak{a}_n = \mathfrak{a}_1 + \mathfrak{u} \in M$. Umgekehrt erfülle M die Bedingung aus 2), und U_M sei gemäß 1) definiert. Dann ist U_M ein Vektorraum: Aus $\mathfrak{x}, \mathfrak{y}, \mathfrak{a} \in M$ folgt $\mathfrak{x} + \mathfrak{y} - \mathfrak{a} \in M$. Mit $\mathfrak{x} - \mathfrak{a}$, $\mathfrak{y} - \mathfrak{a}$ ist daher auch $(\mathfrak{x} - \mathfrak{a}) + (\mathfrak{y} - \mathfrak{a}) = (\mathfrak{x} + \mathfrak{y} - \mathfrak{a}) - \mathfrak{a}$ ein Vektor aus U_M. Ferner gilt $c\mathfrak{x} + (1 - c)\,\mathfrak{a} \in M$. Mit $\mathfrak{x} - \mathfrak{a}$ ist also auch $c(\mathfrak{x} - \mathfrak{a}) = (c\mathfrak{x} + (1 - c)\,\mathfrak{a}) - \mathfrak{a}$ ein Vektor aus U_M. Ist L eine lineare Mannigfaltigkeit mit $\mathfrak{o} \in L$, so gilt $U_L = \{\mathfrak{x} - \mathfrak{o}\colon \mathfrak{x} \in L\} = L$; d. h. L ist Unterraum. Andererseits enthält jeder Unterraum den Nullvektor. Für den Durchschnitt D eines Systems $\mathfrak{S}$ linearer Mannigfaltigkeiten gilt im Fall $D \neq \emptyset$ mit $\mathfrak{a} \in D$ zunächst $U_D = \{\mathfrak{x} - \mathfrak{a}\colon \mathfrak{x} \in D\} = \bigcap \{U_L\colon L \in \mathfrak{S}\}$. Daher ist U_D ein Vektorraum (5. 2), D also eine lineare Mannigfaltigkeit. Schließlich ist N Durchschnitt aller L und M umfassenden linearen Mannigfaltigkeiten. Mit $\mathfrak{b} \in L$, $\mathfrak{c} \in M$ und $\mathfrak{a} = \mathfrak{b} - \mathfrak{c}$ gilt dann $V = U_L + U_M + [\mathfrak{a}] \leqq U_N$. Aus $\mathfrak{x} \in L$ folgt $\mathfrak{x} - \mathfrak{c} = \mathfrak{x} - \mathfrak{b} + \mathfrak{a} \in V$ und aus $\mathfrak{y} \in M$ ebenso $\mathfrak{y} - \mathfrak{c} \in V$. Daher ist $\{\mathfrak{c} + \mathfrak{v} : \mathfrak{v} \in V\}$ eine L und M, also auch N umfassende lineare Mannigfaltigkeit, woraus $U_N \leqq V$ und somit $U_N = V$ folgt. Im Fall $L \cap M \neq \emptyset$ kann $\mathfrak{b} = \mathfrak{c}$, also $\mathfrak{a} = \mathfrak{o}$ gesetzt werden; d. h. es gilt $U_N = U_L + U_M$. Im Fall $L \cap M = \emptyset$ ist der Summand $[\mathfrak{a}]$ nicht entbehrlich.

6C Wegen 6. 7 gilt $\operatorname{Dim} L + \operatorname{Dim} M = \operatorname{Dim}(U_L + U_M) + \operatorname{Dim}(U_L \cap U_M)$. Nach 5B ist $U_L + U_M = U_N$ und $U_L \cap U_M = U_{L \cap M}$, wenn $L \cap M \neq \emptyset$. Das ist die erste Behauptung. Im Fall $L \cap M = \emptyset$ gilt wegen $U_N = U_L + U_M + [\mathfrak{a}]$ (vgl. 5 B) zunächst $\operatorname{Dim}(U_L + U_M) = \operatorname{Dim} N - 1 = \operatorname{Dim} N + \operatorname{Dim}(L \cap M)$, woraus durch Einsetzen die zweite Behauptung folgt.

6D Aus den Körperaxiomen folgt 1). Es ist $\{1, i\}$ eine Basis von $\mathbf{C}$ über $\mathbf{R}$; d. h. es gilt $(\mathbf{C} : \mathbf{R}) = 2$. Würde $\mathbf{R}$ über den rationalen Zahlen endlichen Rang besitzen, so gäbe es Zahlen $a_1, \ldots, a_n \in \mathbf{R}$, so daß jedes $x \in \mathbf{R}$ als $x = x_1a_1 + \cdots + x_na_n$ mit rationalen Koeffizienten x_ν darstellbar wäre. Es müßte dann $\mathbf{R}$ abzählbar sein, was nicht der Fall ist. Sind $\{a_1, \ldots, a_n\}$ und $\{b_1, \ldots, b_r\}$ Basen von Λ über K bzw. Ω über Λ, so gilt für jedes $x \in \Omega$ eine Darstellung $x = \sum_\varrho x_\varrho b_\varrho$ $(x_\varrho \in \Lambda)$, mit $x_\varrho = \sum_\nu c_{\varrho,\nu} a_\nu$ $(c_{\varrho,\nu} \in K)$, also $x = \sum_{\varrho,\nu} c_{\varrho,\nu}(a_\nu b_\varrho)$. Aus $\sum_{\varrho,\nu} c_{\varrho,\nu}(a_\nu b_\varrho) = 0$ folgt wegen der linearen Unabhängigkeit der b_ϱ zunächst $\sum_\nu c_{\varrho,\nu} a_\nu = 0$ für alle ϱ, wegen der linearen Unabhängigkeit der a_ν aber $c_{\varrho,\nu} = 0$ für alle ϱ und ν. Daher bilden die $n \cdot r$ Produkte $a_\nu b_\varrho$ eine Basis von Ω über K. Es folgt die letzte Behauptung.

7 B Das Umformungsschema führt auf die Matrix

$$\begin{pmatrix} 2 & 3 & -1 & 0 \\ 0 & 11 & -2 & 1 \\ 0 & 0 & 3 & -1 \\ 0 & 0 & 0 & \frac{8}{3} \end{pmatrix}.$$

Hinsichtlich der alten Basis besitzt $\mathfrak{x}$ die Koordinaten (42, —25, 5, —14).

7 C Erster Fall: Dim $U = 4$; $\{\mathfrak{x}_1, \mathfrak{x}_2, \mathfrak{x}_3, \mathfrak{x}_5\}$ ist eine Basis von U. Zweiter Fall: Dim $U = 3$; $\{\mathfrak{x}_1, \mathfrak{x}_2, \mathfrak{x}_3\}$ ist eine Basis von U.

8 B Der Kern besteht aus allen konstanten Funktionen.

8 C Rg $\varphi = 2$, Def $\varphi = 1$. Kern φ wird von dem Tripel (—1, 1, 2) erzeugt.

9 B Es gelte $\varphi: X \to Y$, $\psi: X \to Y$. Man erhält $(\varphi + \psi)\, X \leqq \varphi X + \psi X$ und daher $\operatorname{Rg}(\varphi + \psi) = \operatorname{Dim}((\varphi + \psi)\, X) \leqq \operatorname{Dim}(\varphi X + \psi X) \leqq \operatorname{Dim}(\varphi X) + \operatorname{Dim}(\psi X) = m + n$. Weiter kann $m \geqq n$ angenommen werden. Nach dem bisher Bewiesenen ergibt sich $m = \operatorname{Rg} \varphi = \operatorname{Rg}((\varphi + \psi) - \psi) \leqq \operatorname{Rg}(\varphi + \psi) + \operatorname{Rg}(-\psi) = \operatorname{Rg}(\varphi + \psi) + n$, und hieraus folgt $|\, m - n \,| = m - n \leqq \operatorname{Rg}(\varphi + \psi)$.

9 C Rg $\varphi = 2$. Die Koordinaten von $\varphi\mathfrak{x}_1$, $\varphi\mathfrak{x}_2$, $\varphi\mathfrak{x}_3$ lauten (11, 22, — 20), (—16, —36, 36), (6, 52, —80). Es gilt Dim $U = 3$ und Dim $(\varphi U) = 2$.

10 A Durch Anwendung des Umformungsschemas auf die jeweiligen Koordinatenzeilen ergibt sich 1). Die in 2) gesuchte Matrix und die gesuchten Koordinaten sind

$$\begin{pmatrix} -\frac{1}{2} & -\frac{1}{2} \\ 5 & 4 \\ 1 & 6 \end{pmatrix} \quad \text{und} \quad \left(\frac{13}{2}, \frac{9}{2}\right).$$

10 B Wegen $\hat{\varphi}(\alpha + \alpha') = \varphi \circ (\alpha + \alpha') = \varphi \circ \alpha + \varphi \circ \alpha' = \hat{\varphi}(\alpha) + \hat{\varphi}(\alpha')$, $\hat{\varphi}(c\alpha) = \varphi \circ (c\alpha) = c(\varphi \circ \alpha) = c\hat{\varphi}(\alpha)$ gilt 1). Ist φ surjektiv und B eine Basis von X, so gibt es zu $\beta \in L_Z$ und jedem $\mathfrak{a} \in B$ ein $\mathfrak{a}' \in Y$ mit $\varphi\mathfrak{a}' = \beta\mathfrak{a}$. Wegen 8.2 existiert ein $\alpha \in L_Y$ mit $\alpha\mathfrak{a} = \mathfrak{a}'$ ($\mathfrak{a} \in B$). Es folgt $\hat{\varphi}(\alpha) = \beta$; d. h. auch $\hat{\varphi}$ ist surjektiv. Wegen $X \neq [\mathfrak{o}]$ gibt es ein $\mathfrak{a} \in X$ mit $\mathfrak{a} \neq \mathfrak{o}$ und zu jedem $\mathfrak{z} \in Z$ ein $\beta \in L_Z$ mit $\beta\mathfrak{a} = \mathfrak{z}$. Ist $\hat{\varphi}$ surjektiv, existiert weiter ein $\alpha \in L_Y$ mit $\varphi \circ \alpha = \beta$. Für $\mathfrak{y} = \alpha\mathfrak{a}$ folgt $\varphi\mathfrak{y} = \beta\mathfrak{a} = \mathfrak{z}$; d. h. auch φ ist surjektiv. Ist φ injektiv und gilt $\hat{\varphi}(\alpha) = \hat{\varphi}(\alpha')$, so folgt $\varphi(\alpha\mathfrak{x}) = \varphi(\alpha'\mathfrak{x})$, also $\alpha\mathfrak{x} = \alpha'\mathfrak{x}$ für alle $\mathfrak{x} \in X$ und somit $\alpha = \alpha'$; d. h. $\hat{\varphi}$ ist ebenfalls injektiv. Es sei $\hat{\varphi}$ injektiv und B eine Basis von X. Es gelte $\mathfrak{a} \in B$ und $\varphi\mathfrak{y}_1 = \varphi\mathfrak{y}_2$. Durch $\alpha_i\mathfrak{a} = \mathfrak{y}_i$, $\alpha_i\mathfrak{a}' = \mathfrak{o}$ ($\mathfrak{a}' \in B$, $\mathfrak{a}' \neq \mathfrak{a}$) wird ein $\alpha_i \in L_Z$ definiert ($i = 1, 2$). Es gilt $\varphi \circ \alpha_1 = \varphi \circ \alpha_2$, also $\hat{\varphi}(\alpha_1) = \hat{\varphi}(\alpha_2)$ und somit $\alpha_1 = \alpha_2$, also auch $\mathfrak{y}_1 = \mathfrak{y}_2$; d. h. φ ist ebenfalls injektiv. Die Zuordnung $\varphi \to \hat{\varphi}$ definiert eine lineare Abbildung $\vartheta: L(Y, Z) \to L(L_Y, L_Z)$. Für $\varphi, \psi \in L(Y, Z)$ gelte $\varphi \neq \psi$. Dann gibt es ein $\mathfrak{y} \in Y$ mit $\varphi\mathfrak{y} \neq \psi\mathfrak{y}$, ein $\mathfrak{a} \in X$ mit $\mathfrak{a} \neq \mathfrak{o}$ und ein $\alpha \in L_Y$ mit $\alpha\mathfrak{a} = \mathfrak{y}$. Es folgt $\hat{\varphi}(\alpha)\, \mathfrak{a} = \varphi\mathfrak{y} \neq \psi\mathfrak{y} = \hat{\psi}(\alpha)\, \mathfrak{a}$, also $\hat{\varphi} \neq \hat{\psi}$; d. h. ϑ ist injektiv.

10C Wenn φ injektiv ist, folgt aus $\varphi \circ \alpha = \varphi \circ \beta$ zunächst $\varphi(\alpha\mathfrak{z}) = \varphi(\beta\mathfrak{z})$ und dann $\alpha\mathfrak{z} = \beta\mathfrak{z}$ für alle $\mathfrak{z} \in Z$, also $\alpha = \beta$. Erfüllt φ umgekehrt die Bedingung aus 1) und gilt $\varphi\mathfrak{x} = \varphi\mathfrak{x}'$, so werden mit $Z = [\mathfrak{x}]$ durch $\alpha\mathfrak{x} = \mathfrak{x}$ und $\beta\mathfrak{x} = \mathfrak{x}'$ Abbildungen α, β mit $\varphi \circ \alpha = \varphi \circ \beta$ definiert. Es folgt $\alpha = \beta$ und weiter $\mathfrak{x} = \mathfrak{x}'$; d. h. φ ist injektiv. Ist φ surjektiv und gilt $\alpha \circ \varphi = \beta \circ \varphi$, so gibt es zu $\mathfrak{y} \in Y$ ein $\mathfrak{x} \in X$ mit $\varphi\mathfrak{x} = \mathfrak{y}$, woraus $\alpha\mathfrak{y} = \beta\mathfrak{y}$ für alle $\mathfrak{y} \in Y$, also $\alpha = \beta$ folgt. Umgekehrt erfülle φ die Bedingung aus 2); jedoch sei φ nicht surjektiv. Dann gibt es ein $\mathfrak{y} \in Y$ mit $\mathfrak{y} \notin \varphi X$ und lineare Abbildungen $\alpha, \beta: Y \to Y$ mit $\alpha\mathfrak{y} \neq \beta\mathfrak{y}$ und $\alpha\mathfrak{y}' = \beta\mathfrak{y}'$ für $\mathfrak{y}' \in \varphi X$. Es folgt $\alpha \circ \varphi = \beta \circ \varphi$, also $\alpha = \beta$ im Widerspruch zu $\alpha\mathfrak{y} \neq \beta\mathfrak{y}$.

11A Es seien $\mathfrak{a}_1, \mathfrak{a}_2$ zwei verschiedene Vektoren aus einer Basis B von X. Durch $\varphi\mathfrak{a}_1 = \mathfrak{a}_1 + \mathfrak{a}_2$, $\varphi\mathfrak{a}_2 = \mathfrak{a}_2$, $\psi\mathfrak{a}_1 = \mathfrak{a}_1$, $\psi\mathfrak{a}_2 = \mathfrak{a}_1 - \mathfrak{a}_2$ und $\varphi\mathfrak{a} = \psi\mathfrak{a} = \mathfrak{a}$ $(\mathfrak{a} \neq \mathfrak{a}_1, \mathfrak{a} \neq \mathfrak{a}_2, \mathfrak{a} \in B)$ werden dann Automorphismen φ, ψ von X mit $\varphi \circ \psi \neq \psi \circ \varphi$ definiert.

11B Wenn es zu $\varphi \in GL(X)$ ein $\mathfrak{x} \in X$ gibt, für das $\mathfrak{x}$ und $\mathfrak{y} = \varphi\mathfrak{x}$ linear unabhängig sind, existiert ein $\psi \in GL(X)$ mit $\psi\mathfrak{x} = \mathfrak{x}$ und $\psi\mathfrak{y} = \mathfrak{x} + \mathfrak{y}$. Es gilt dann $\psi \circ \varphi \neq \varphi \circ \psi$. Wenn also φ zum Zentrum gehört, muß $\varphi\mathfrak{x} = c_{\mathfrak{x}}\mathfrak{x}$ für alle $\mathfrak{x} \in X$ gelten. Für linear unabhängige Vektoren $\mathfrak{x}, \mathfrak{y}$ folgt $c_{\mathfrak{y}}\mathfrak{x} + c_{\mathfrak{y}}\mathfrak{y} = (\psi \circ \varphi)\,\mathfrak{y} = (\varphi \circ \psi)\,\mathfrak{y} = c_{\mathfrak{x}}\mathfrak{x} + c_{\mathfrak{y}}\mathfrak{y}$, also $c_{\mathfrak{y}} = c_{\mathfrak{x}}$. Hieraus ergibt sich $\varphi = c\varepsilon$. Umgekehrt gehören alle Automorphismen $c\varepsilon$ zum Zentrum.

12A (9, 2, 1, 0) und (5, 2, 0, 1) bilden eine Basis von Kern φ.

12B Die inverse Matrix lautet

$$\frac{1}{2}\begin{pmatrix} -5 & 44 & -58 & 27 \\ 2 & -22 & 30 & -14 \\ 3 & -30 & 40 & -19 \\ 1 & -2 & 2 & -1 \end{pmatrix}.$$

12C (—3, 3, —8, —13) und (—1, —1, 2, 3) bilden eine Basis von $U \cap V$.

13A Es seien $\mathfrak{a}_1, \ldots, \mathfrak{a}_n$ die Zeilenvektoren der Matrix A. Durch $\Delta(\mathfrak{a}_1, \ldots, \mathfrak{a}_n) = \delta(A)$ wird dann eine Determinantenform Δ definiert (Beweis von 13. 1 gilt wegen b); 13a(a) folgt aus 13. 1, 13a(b) aus c)). Da auch $\Delta'(\mathfrak{a}_1, \ldots, \mathfrak{a}_n) = \operatorname{Det} A$ eine Determinantenform ist, gilt wegen 13. 5 zunächst $\delta(A) = c(\operatorname{Det} A)$, wegen $\delta(E) = 1 = \operatorname{Det} E$ aber $c = 1$. Es folgt $\delta(A_0) = \operatorname{Det} A_0 \neq 0$. Linearkombinationen und Vertauschungen von Zeilen bleiben bei rechtsseitiger Multiplikation mit A_0 erhalten; außerdem gilt $\delta^*(E) = 1$. Wegen 1) folgt $\delta^* = \delta$ und daher $\delta(A)\,\delta(A_0) = \delta(AA_0)$. Hierbei kann A_0 beliebig gewählt werden; auch als singuläre Matrix, da dann beide Seiten verschwinden.

13B Multiplikation der ν-ten Zeile mit $-a$ und Addition zur μ-ten Zeile führt $E + aC_{\mu,\nu}(\mu \neq \nu)$ in die Einheitsmatrix über. Behauptung 1) folgt daher wegen 13. 9(3). Wegen $(E + aC_{\mu,\nu})^{-1} = E - aC_{\mu,\nu}$ enthält $\mathfrak{M}$ mit jeder Matrix auch deren Inverse. Links- bzw. rechtsseitige Multiplikation einer Matrix A mit Matrizen aus $\mathfrak{M}$ bewirkt elementare Zeilen- bzw. Spaltenumformungen. Man zeigt, daß man durch solche Umformungen in A rechts unten eine Eins, sonst aber in der letzten Zeile und Spalte lauter Nullen erzeugen kann. Durch Induktion folgt, daß A durch Multiplikation mit Matrizen aus $\mathfrak{M}$ in die Einheitsmatrix überführt werden kann.

14A Die Matrix besitzt die Determinante 2.

14 B Die Matrix A sei n-reihig, A_1 sei k-reihig. Im ersten Fall liefert Entwicklung nach den ersten k Spalten als erstes Glied $(\operatorname{Det} A_1) \cdot (\operatorname{Det} A_2)$, während alle weiteren Glieder verschwinden. Im zweiten Fall ergibt Entwicklung nach den ersten k Zeilen als Wert $(-1)^{k(n-k)}(\operatorname{Det} A_1) \cdot (\operatorname{Det} A_2)$.

14 C Entwicklung nach der letzten Zeile liefert ein Polynom $(n-1)$-ten Grades in x_n, das die Nullstellen $x_1, \ldots, x_{n-1}$ besitzt (zwei gleiche Zeilen in der Determinante!) und somit die Form $c(x_n - x_1) \cdots (x_n - x_{n-1})$ haben muß. Der Koeffizient c von x_n^{n-1} ist aber die mit $x_1, \ldots, x_{n-1}$ gebildete VANDERMONDEsche Determinante. Die Behauptung ergibt sich jetzt durch Induktion.

15 A Die Matrix besitzt den Rang 2.

15 B Ergebnis vgl. 12. II.

15 C Die Voraussetzung ist gleichwertig mit $A^{-1} = A^T$. Mit $D = \operatorname{Det} A$ folgt $D^{-1} = D$, also $D = \pm 1$. Für das Element $a'_{i,k}$ von A^{-1} gilt $a'_{i,k} = D(\operatorname{Adj} a_{k,i})$ wegen 15. 3 und wegen $D^{-1} = D$. Andererseits folgt aus $A^{-1} = A^T$ auch $a'_{i,k} = a_{k,i}$.

16 A

$$\begin{pmatrix} 5 & 2 & 6 & 0 \\ 0 & 1 & 2 & 0 \\ -2 & 0 & -1 & 0 \\ -1 & -1 & -1 & 1 \end{pmatrix} \begin{pmatrix} 1 & -2 & 2 & 0 \\ 4 & -7 & 10 & -1 \\ -2 & 4 & -5 & 2 \\ 3 & -5 & 7 & 1 \end{pmatrix} \begin{pmatrix} 1 & 0 & 0 & -10 \\ 0 & 1 & 0 & -3 \\ 0 & 0 & 1 & 2 \\ 0 & 0 & 0 & 1 \end{pmatrix} = \begin{pmatrix} 1 & 0 & 0 & 0 \\ 0 & 1 & 0 & 0 \\ 0 & 0 & 1 & 0 \\ 0 & 0 & 0 & 0 \end{pmatrix}.$$

16 B Setzt man $S' = US$ und $T' = TV$, so muß $UD_kV = D_k$ gelten. Setzt man weiter

$$U = \begin{pmatrix} U_{1,1} & U_{1,2} \\ U_{2,1} & U_{2,2} \end{pmatrix} \quad \text{und} \quad V = \begin{pmatrix} V_{1,1} & V_{1,2} \\ V_{2,1} & V_{2,2} \end{pmatrix}$$

mit k-reihigen quadratischen Untermatrizen $U_{1,1}$ und $V_{1,1}$, so ergibt sich: $V_{1,1} = U_{1,1}^{-1}$ und $U_{2,1} = V_{1,2} = 0$. Dabei können $U_{1,2}, U_{2,2}, V_{2,1}, V_{2,2}$ beliebig gewählt werden; jedoch müssen $U_{2,2}$ und $V_{2,2}$ regulär sein.

17 A $$\begin{pmatrix} -2 & 1 & 0 \\ 0 & 0 & 1 \\ 1 & 2 & -1 \end{pmatrix} \begin{pmatrix} 3 & 2 & -1 \\ 2 & 6 & -2 \\ 0 & 0 & 2 \end{pmatrix} \cdot \frac{1}{5} \begin{pmatrix} -2 & 1 & 1 \\ 1 & 2 & 2 \\ 0 & 5 & 0 \end{pmatrix} = \begin{pmatrix} 2 & 0 & 0 \\ 0 & 2 & 0 \\ 0 & 0 & 7 \end{pmatrix}.$$

17 B Es gelte $\operatorname{Rg}(A - cE) = n - r$. Zu dem Eigenwert c gibt es dann r linear unabhängige Eigenvektoren, die zu einer Basis des Raumes ergänzt werden können. Der dem Endomorphismus hinsichtlich dieser Basis entsprechenden, zu A ähnlichen Matrix entnimmt man, daß das charakteristische Polynom die Form $f(t) = (c - t)^r g(t)$ besitzen muß. Es folgt $r \leqq k$, also $\operatorname{Rg}(A - cE) = n - r \geqq n - k$.

17 C Es entspreche A der Endomorphismus φ. Genau dann ist A singulär, wenn es ein $\mathfrak{x} \neq \mathfrak{o}$ mit $\varphi\mathfrak{x} = \mathfrak{o} = 0\mathfrak{x}$ gibt, wenn also 0 Eigenwert ist. Wenn eine n-reihige quadratische Matrix n verschiedene Eigenwerte besitzt, sind die entsprechenden Eigenvektoren nach 17. 7 linear unabhängig und bilden somit eine Basis. Die Behauptung folgt jetzt aus 17. 2.

17 D Die Behauptung folgt aus der Zerlegung $\mathrm{Det}\,(\varphi^r - t^r\varepsilon) = \mathrm{Det}\,(\varphi - t\varepsilon) \cdot \mathrm{Det}\,(\varphi^{r-1} + \cdots + t^{r-1}\varepsilon)$. Die Matrix $A = \begin{pmatrix} 1 & 0 \\ 0 & -1 \end{pmatrix}$ hat 1 als einfachen, $A^2 = E$ hat 1 als zweifachen Eigenwert.

18 A Es sind genau alle Werte $\mathfrak{a}_1 \cdot \mathfrak{a}_2 = c$ mit $|c| < 2$ möglich: Man setze $\mathfrak{x} = -\bar{c}\,\mathfrak{a}_1 + 4\,\mathfrak{a}_2$; aus $\mathfrak{x} \cdot \mathfrak{x} > 0$ folgt dann $|c| < 2$. Gilt umgekehrt $|c| < 2$, so wird durch $\mathfrak{x} \cdot \mathfrak{y} = 4x_1\bar{y}_1 + cx_1\bar{y}_2 + \bar{c}x_2\bar{y}_1 + x_2\bar{y}_2$ $(\mathfrak{x} = x_1\mathfrak{a}_1 + x_2\mathfrak{a}_2,\ \mathfrak{y} = y_1\mathfrak{a}_1 + y_2\mathfrak{a}_2)$ ein skalares Produkt mit $\mathfrak{a}_1 \cdot \mathfrak{a}_2 = c$ definiert; es gilt dann nämlich $\mathfrak{x} \cdot \mathfrak{x} = (cx_1 + x_2)\,(\bar{c}\bar{x}_1 + \bar{x}_2) + (4 - c\bar{c})\,x_1\bar{x}_1 > 0$ für $\mathfrak{x} \neq \mathfrak{o}$.

18 B Es folgt zunächst $\beta_1(\mathfrak{x} + \mathfrak{y}, \mathfrak{x} + \mathfrak{y}) = \beta_2(\mathfrak{x} + \mathfrak{y}, \mathfrak{x} + \mathfrak{y})$ für beliebige Vektoren $\mathfrak{x}, \mathfrak{y}$. Nach Ausrechnung dieser Ausdrücke ergibt sich $\mathrm{Re}\,(\beta_1(\mathfrak{x}, \mathfrak{y})) = \mathrm{Re}(\beta_2(\mathfrak{x}, \mathfrak{y}))$ und ($\mathfrak{x}$ durch $i\mathfrak{x}$ ersetzt) $\mathrm{Im}\,(\beta_1(\mathfrak{x}, \mathfrak{y})) = \mathrm{Im}\,(\beta_2(\mathfrak{x}, \mathfrak{y}))$. Damit folgt $\beta_1 = \beta_2$. In 2) muß $\beta(\mathfrak{y}, \mathfrak{x}) = \overline{\beta(\mathfrak{x}, \mathfrak{y})}$ ausgenutzt werden. Gilt $\beta_1(\mathfrak{x}, \mathfrak{x}) = c\beta_2(\mathfrak{x}, \mathfrak{x})$ $(c > 0)$ für alle $\mathfrak{x}$, so erhält man mit Hilfe von 1) als notwendige und hinreichende Bedingung, daß $ac + b$ eine positive reelle Zahl sein muß. (a und b selbst können noch komplexe Zahlen sein.) Gilt $\beta_1(\mathfrak{x}, \mathfrak{x}) = c_{\mathfrak{x}}\beta_2(\mathfrak{x}, \mathfrak{x})$ und $c_{\mathfrak{x}} \neq c_{\mathfrak{y}}$ für mindestens zwei Vektoren $\mathfrak{x}, \mathfrak{y}$, so sei c das Infimum aller Zahlen $c_{\mathfrak{x}}$. Notwendig und hinreichend ist dann, daß a und b reelle Zahlen sind und daß $ac + b > 0$ gilt. (Wird das Infimum nicht angenommen, kann $ac + b \geqq 0$ zugelassen werden.)

19 A Die Behauptungen 1) und 2) ergeben sich durch einfache Rechnung. Bei der Dreiecksungleichung für w_2 ist $\max |x_\nu + y_\nu| \leqq \max |x_\nu| + \max |y_\nu|$ zu berücksichtigen. Setzt man $x_1 = x_2 = y_1 = 1$, $y_2 = -1$ und $x_\nu = y_\nu = 0$ für $\nu > 2$, so erfüllen w_1 und w_2 mit diesen Werten nicht die Parallelogrammgleichung.

19 B Mit $a_{\varkappa,\lambda} = \mathfrak{a}_\varkappa \cdot \mathfrak{e}_\lambda$ und $b_{\iota,\varkappa} = \mathfrak{a}_\iota \cdot \mathfrak{a}_\varkappa$ gilt $b_{\iota,\varkappa} = \sum_{\lambda=1}^{k} a_{\iota,\lambda}a_{\varkappa,\lambda}$. Für $A = (a_{\varkappa,\lambda})$, $B = (b_{\iota,\varkappa})$ folgt hieraus $B = AA^T$, also $\mathrm{Det}\,B = (\mathrm{Det}\,A)^2$. Da B nicht von der Wahl der Orthonormalbasis abhängt, ergeben sich 1) und 2). Das Volumen des Parallelotops aus 3) hat den Wert 6.

20 A Für die orthogonale Projektion g eines $f \in F$ in U gilt $f - g \in U^\perp$, also $f - g = 0$. Wegen $g \in U$ gilt somit auch $f \in U$.

20 B Anwendung des Orthonormalisierungsverfahrens auf die aus den Vektoren $\mathfrak{a}_1, \mathfrak{a}_2, \mathfrak{a}_3 = (0, 0, 1, 0)$ und $\mathfrak{a}_4 = (0, 0, 0, 1)$ bestehende Basis ergibt

$$\frac{1}{\sqrt{3}}(-1, i, 0, 1),\quad \frac{1}{\sqrt{42}}(2i, -1, 6, i),\quad \frac{1}{\sqrt{7}}(-2i, 1, 1, -i),\quad \frac{1}{\sqrt{2}}(0, i, 0, -1).$$

Die letzten beiden Vektoren bilden eine Orthonormalbasis des orthogonalen Komplements. Zum Ziel führt auch Auflösung des Gleichungssystems $\mathfrak{a}_\nu \cdot \mathfrak{x} = 0$ $(\nu = 1, 2)$.

21 A $\varphi^*(e^t)$ muß als Linearkombination endlich vieler Basis-Polynome $p_{i_1}, \ldots, p_{i_r}$ darstellbar sein. Man setze $n = 1 + \max\,(i_1, \ldots, i_r)$. Aus $(e^t, p_k(t)) = 0$ für alle $k \geqq n$ würde für $f(t) = e^t - \sum_{\nu=1}^{n-1} (e^t, p_\nu(t))\,p_\nu(t)$ der Widerspruch $f \in U^\perp = [\mathfrak{o}]$, also $f = 0$ dazu folgen, daß e^t kein Polynom ist. Für ein $k \geqq n$ gilt also $(e^t, p_k(t)) \neq 0$. Wegen $\varphi p_k = p_k$ ergibt sich jetzt der Widerspruch $0 = (\varphi^*(e^t), p_k(t)) \neq (e^t, p_k(t))$.

21 B Wegen $\operatorname{Det}(A^* - tE) = \operatorname{Det}(\bar{A} - tE)^T = \operatorname{Det}(\bar{A} - tE) = \overline{\operatorname{Det}(A - t'E)}$ $(t' = \bar{t})$ besitzen die charakteristischen Polynome zueinander konjugiert-komplexe Koeffizienten.

21 C Folgt aus $((\varphi^* \circ \psi^*)\,\mathfrak{x}, \mathfrak{y}) = (\psi^* \mathfrak{x}, \varphi \mathfrak{y}) = (\mathfrak{x}, (\psi \circ \varphi)\,\mathfrak{y})$.

21 D Es sei $\mathfrak{x}'$ die orthogonale Projektion von $\mathfrak{x}$ in φX. Für $\mathfrak{x}'' = \mathfrak{x} - \mathfrak{x}'$ gilt dann $\mathfrak{x}'' \in (\varphi X)^\perp$, also $\mathfrak{x}'' \perp \mathfrak{x}'$, wegen 21. 2, 21. 7 außerdem $(\varphi X)^\perp = \operatorname{Kern} \varphi^* = \operatorname{Kern} \varphi$, also $\mathfrak{x}'' \in \operatorname{Kern} \varphi$. Umgekehrt muß wegen $(\varphi X)^\perp = \operatorname{Kern} \varphi$ bei einer solchen Darstellung $\mathfrak{x}'$ die orthogonale Projektion von $\mathfrak{x}$ in φX sein (Eindeutigkeit der Darstellung). Aus $(\varphi \circ \varphi)\,\mathfrak{x} = \mathfrak{o}$ folgt $\varphi\mathfrak{x} \in \operatorname{Kern} \varphi \cap \varphi X = (\varphi X)^\perp \cap \varphi X = [\mathfrak{o}]$, also $\operatorname{Kern}(\varphi \circ \varphi) \leqq \operatorname{Kern} \varphi$. Es gilt aber auch $\operatorname{Kern} \varphi \leqq \operatorname{Kern}(\varphi \circ \varphi)$. Aus $\operatorname{Kern}(\varphi \circ \varphi) = \operatorname{Kern} \varphi$ folgt nun $\operatorname{Rg}(\varphi \circ \varphi) = \operatorname{Rg} \varphi$.

22 A Durch Einsetzen folgt 1). Als rationale Funktion der Koordinaten von $\mathfrak{x}$ mit nicht verschwindendem Nenner ist f auf der Einheitssphäre stetig und nimmt somit das Minimum in einem Einheitsvektor $\mathfrak{e}$ an. Wegen 1) folgt $f(\mathfrak{x}) = f(\mathfrak{e}_{\mathfrak{x}}) \geqq f(\mathfrak{e})$ und für $t \neq -1$ weiter $g(t) = f(\mathfrak{e} + t\mathfrak{x}) \geqq f(\mathfrak{e}) = g(0)$, also Behauptung 4). Berechnung von $\frac{1}{t}(g(t) - g(0))$ und Grenzübergang $t \to 0$ ergeben 5). Da g in 0 ein relatives Minimum besitzt, muß $g'(0) = 0$ gelten, woraus jetzt 6) folgt. Aus $\mathfrak{x} \cdot \mathfrak{e} = 0$ ergibt sich $\varphi\mathfrak{x} \cdot \mathfrak{e} = \mathfrak{x} \cdot \varphi\mathfrak{e} = (\mathfrak{e} \cdot \varphi\mathfrak{e})(\mathfrak{x} \cdot \mathfrak{e}) = 0$, also $\varphi U \leqq U$. Die letzte Behauptung ist für $\operatorname{Dim} X = 1$ trivial. Im Fall $\operatorname{Dim} X = n > 1$ existiert nach 6) ein normierter Eigenvektor $\mathfrak{e}$ mit einem reellen Eigenwert c. Für den von φ nach 7) in U induzierten Endomorphismus kann die Behauptung wegen $\operatorname{Dim} U = n - 1$ als richtig angenommen werden. Wegen $\mathfrak{e} \perp U$ gilt sie dann auch für φ.

22 B Folgt wegen

$$(\mathfrak{x} - \varphi\mathfrak{x}) \cdot \varphi\mathfrak{y} = \mathfrak{x} \cdot \varphi\mathfrak{y} - \varphi\mathfrak{x} \cdot \varphi\mathfrak{y} = \mathfrak{x} \cdot \varphi\mathfrak{y} - \mathfrak{x} \cdot (\varphi \circ \varphi)\,\mathfrak{y} = \mathfrak{x} \cdot \varphi\mathfrak{y} - \mathfrak{x} \cdot \varphi\mathfrak{y} = 0.$$

22 C Für eine n-reihige, schiefsymmetrische Matrix A gilt $f(t) = \operatorname{Det}(A - tE) = \operatorname{Det}(A - tE)^T = \operatorname{Det}(-A - tE) = (-1)^n \operatorname{Det}(A - (-t)E) = (-1)^n f(-t)$. Bei geradem n folgt $f(t) = f(-t)$ und hieraus die Behauptung.

22 D Aus $\varphi\mathfrak{a} = c\mathfrak{a}$ $(\mathfrak{a} \neq \mathfrak{o})$ folgt $(\varphi \circ \varphi)\,\mathfrak{a} = c(\varphi\mathfrak{a}) = c^2\mathfrak{a}$; d. h. $\mathfrak{a}$ ist auch Eigenvektor von $\varphi \circ \varphi$ zum Eigenwert c^2. Umgekehrt gelte $(\varphi \circ \varphi)\,\mathfrak{a} = c\mathfrak{a}$ $(\mathfrak{a} \neq \mathfrak{o})$, und $\mathfrak{e}_1, \ldots, \mathfrak{e}_n$ sei eine aus Eigenvektoren von φ bestehende Basis des Raumes mit den zugehörigen Eigenwerten $c_1, \ldots, c_n$. Es kann $\mathfrak{a} = a_1\mathfrak{e}_1 + \cdots + a_k\mathfrak{e}_k$ mit $k \leqq n$ und $a_1 \neq 0, \ldots, a_k \neq 0$ angenommen werden. Dann folgt $c(a_1\mathfrak{e}_1 + \cdots + a_k\mathfrak{e}_k) = (\varphi \circ \varphi)\,\mathfrak{a} = c_1^2 a_1\mathfrak{e}_1 + \cdots + c_k^2 a_k\mathfrak{e}_k$ und durch Koeffizientenvergleich $c = c_1^2 = \cdots = c_k^2$. Wegen der vorausgesetzten Positivität der Eigenwerte ergibt sich weiter $c_1 = \cdots = c_k = {}_+\sqrt{c}$ und schließlich $\varphi\mathfrak{a} = c_1 a_1\mathfrak{e}_1 + \cdots + c_k a_k\mathfrak{e}_k = {}_+\sqrt{c}\,\mathfrak{a}$; d. h. $\mathfrak{a}$ ist auch Eigenvektor von φ mit dem Eigenwert ${}_+\sqrt{c}$.

23 A Wegen $\varphi^* = \varphi^{-1}$ ist $\varphi = \varphi^*$ gleichwertig mit $\varphi = \varphi^{-1}$, also mit $\varphi \circ \varphi = \varepsilon$.

23 B

$$A = \frac{1}{5}\begin{pmatrix} 4\sqrt{6}+1 & 0 & 2\sqrt{6}-2 \\ 0 & 5\sqrt{6} & 0 \\ 2\sqrt{6}-2 & 0 & \sqrt{6}+4 \end{pmatrix} \cdot \frac{1}{30}\begin{pmatrix} 10\sqrt{6} & -4\sqrt{6}-6 & -2\sqrt{6}+12 \\ 5\sqrt{6} & 10\sqrt{6} & 5\sqrt{6} \\ 5\sqrt{6} & -2\sqrt{6}+12 & -\sqrt{6}-24 \end{pmatrix}.$$

23 C Es sei φ die orthogonale Matrix $(a_{\mu,\nu})$ zugeordnet. Wegen $\sum_\nu a_{\mu,\nu}^2 = 1$ gilt $|a_{\mu,\mu}| \leqq 1$ $(\mu = 1, \ldots, n)$ und damit $|\operatorname{Sp} \varphi| = |a_{1,1} + \cdots + a_{n,n}| \leqq n$. Gleichheit tritt genau dann ein, wenn $a_{\mu,\mu} = +1$ oder $a_{\mu,\mu} = -1$ für alle μ, wenn also $\varphi = \pm\,\varepsilon$ gilt.

24 A Hinsichtlich einer geeigneten Orthonormalbasis sind φ und ψ die Matrizen

$$\begin{pmatrix} \operatorname{coc} \alpha & \sin \alpha \\ -\sin \alpha & \cos \alpha \end{pmatrix} \quad \text{und} \quad \begin{pmatrix} 1 & 0 \\ 0 & -1 \end{pmatrix}$$

zugeordnet. Die Behauptung ergibt sich durch Ausrechnen.

24 B Aus einer geeigneten Drehung entsteht φ durch Vorschaltung der Spieglung an der Geraden $[\mathfrak{e}_1]$, woraus die behauptete Form der Matrix folgt. Die Spiegelgerade wird von dem normierten Eigenvektor $\mathfrak{e}$ zum Eigenwert $+1$ erzeugt. Es gilt

$$\mathfrak{e} = \frac{1}{\sqrt{2(1-\cos\alpha)}} (\sin\alpha,\ 1-\cos\alpha).$$

Für den Neigungswinkel β erhält man $\cos\beta = \mathfrak{e}\cdot\mathfrak{e}_1 = \cos\frac{\alpha}{2}$ und $\sin\beta = \mathfrak{e}\cdot\mathfrak{e}_2 = \sin\frac{\alpha}{2}$, also $\beta = \frac{\alpha}{2}$.

24 C Durch Rechnung zeigt man $AA^T = E$ und $\operatorname{Det} A = 1$. Die Drehachse wird von dem Vektor mit den Koordinaten $(1, -1, 0)$ erzeugt. Der Betrag des Drehwinkels ist $\frac{\pi}{6}$. Die EULERschen Winkel sind $\alpha_1 = -\frac{\pi}{4}$, $\alpha_2 = -\frac{\pi}{6}$, $\alpha_3 = \frac{\pi}{4}$.

24 D Die Drehachsen von φ und ψ seien durch die Einheitsvektoren $\mathfrak{e}_\varphi$, $\mathfrak{e}_\psi$ bestimmt, die durch $\varphi\mathfrak{e}_\varphi = \mathfrak{e}_\varphi$ bzw. $\psi\mathfrak{e}_\psi = \mathfrak{e}_\psi$ bis aufs Vorzeichen eindeutig charakterisiert sind. Aus $\psi\circ\varphi = \varphi\circ\psi$ folgt $\psi\mathfrak{e}_\varphi = (\psi\circ\varphi)\,\mathfrak{e}_\varphi = (\varphi\circ\psi)\,\mathfrak{e}_\varphi = \varphi(\psi\mathfrak{e}_\varphi)$, also $\psi\mathfrak{e}_\varphi = \pm\,\mathfrak{e}_\varphi$. Im Fall $\psi\mathfrak{e}_\varphi = +\mathfrak{e}_\varphi$ ergibt sich $\mathfrak{e}_\psi = \pm\mathfrak{e}_\varphi$, also die Gleichheit der Drehachsen. Im Fall $\psi\mathfrak{e}_\varphi = -\mathfrak{e}_\varphi$ erhält man $\mathfrak{e}_\varphi\cdot\mathfrak{e}_\psi = (\psi\mathfrak{e}_\varphi)\cdot(\psi\mathfrak{e}_\psi) = -\mathfrak{e}_\varphi\cdot\mathfrak{e}_\psi$, also $\mathfrak{e}_\varphi\cdot\mathfrak{e}_\psi = 0$ und damit die Orthogonalität der Drehachsen. Aus ihr folgt schließlich wegen $\psi\mathfrak{e}_\varphi = -\mathfrak{e}_\varphi$ (es gilt dann auch $\varphi\mathfrak{e}_\psi = -\mathfrak{e}_\psi$), daß ψ und φ den Drehwinkel π besitzen müssen.

25 A Es sei $r \geqq s$. Für die Dimension d des Durchschnitts gilt $d = s$ im Fall $r = n$ und $-1 \leqq d \leqq s$ im Fall $r < n$.

25 B A enthält 8 Punkte, 28 Geraden und 14 Ebenen. Jede Gerade enthält 2 Punkte, jede Ebene 4 Punkte und 6 Geraden. Zu jeder Geraden gibt es noch drei weitere parallele Geraden.

25 C $y \in x_0 \vee \cdots \vee x_r$ ist gleichwertig mit $\overrightarrow{p_0y} = \overrightarrow{p_0x_0} + c_1\overrightarrow{x_0x_1} + \cdots + c_r\overrightarrow{x_0x_r}$ $= (1 - c_1 - \cdots - c_r)\,\overrightarrow{p_0x_0} + c_1\overrightarrow{p_0x_1} + \cdots + c_r\overrightarrow{p_0x_r}$. In Koordinaten ausgeschrieben ist dies mit $c_0 = 1 - c_1 - \cdots - c_r$ die Behauptung.

25 D Die Vektoren $\overrightarrow{q_0q_1}$, $\overrightarrow{q_0q_2}$, $\overrightarrow{q_0q_3}$ besitzen die Koordinaten $(0, 2, -11, -6)$, $(-1, 4, -4, -4)$, $(-2, 6, 3, -2)$. Die Matrix dieser Koordinatenquadrupel hat den Rang 2. Daher gilt $\operatorname{Dim} U = 2$. Die Koordinaten eines beliebigen Punktes aus U besitzen die Form $(x_1, x_2, x_3, x_4) = (3, -4, 1, 6) + u(0, 2, -11, -6) + v(-1, 4, -4, -4)$. Einsetzen in die Hyperebenengleichung liefert $3 + 3u + 4v = 0$. Mit $v = 3t$ folgt $u = -1 - 4t$. Einsetzen dieser Werte ergibt als Durchschnitt von U mit der Hyperebene die durch $(x_1, x_2, x_3, x_4) = (3, -6, 12, 12) + t(-3, 4, 32, 12)$ bestimmte Gerade.

25 E Es gelte $A = (a_{\varrho,\nu})$, $A' = (a'_{\sigma,\nu})$, und B sei die aus den $a_{\varrho,\nu}$ und $a'_{\sigma,\nu}$ gebildete $(r + s, n)$-Matrix. Gleichwertig mit $U \parallel V$ ist, daß die Lösungsräume der zugehörigen homogenen Systeme ineinander enthalten sind. Dies ist wieder gleichwertig mit $\operatorname{Rg} B = \max(\operatorname{Rg} A, \operatorname{Rg} A')$.

25 F Es gelte $TV(x, y, z) = c$, $TV(x', y', z') = c'$. Besitzen $x \vee x'$ und $y \vee y'$ einen Schnittpunkt p, so sind die Vektoren $\overrightarrow{py}$ und $\overrightarrow{xy}$ linear unabhängig, da sonst $p \in G$ und somit $x = p = y$ gelten müßte. Mit geeigneten Konstanten gilt $\overrightarrow{px'} = d\overrightarrow{px}$ und $\overrightarrow{x'y'} = d^*\overrightarrow{xy}(G \parallel H!)$. Es folgt $\overrightarrow{py'} = \overrightarrow{px'} + \overrightarrow{x'y'} = d\overrightarrow{px} + d^*\overrightarrow{xy} = d\overrightarrow{py} + (d^* - d)\overrightarrow{xy}$. Wegen der Kollinearität von p, y, y' ergibt sich hieraus $d^* = d$. Man erhält $\overrightarrow{pz'} = \overrightarrow{px'} + c'\overrightarrow{x'y'}$ $= d(\overrightarrow{px} + c'\overrightarrow{xy}) = d(\overrightarrow{pz} + (c - c')\overrightarrow{xy})$. Die Kollinearität von p, z, z' ist also gleichwertig mit $c = c'$. Im Fall $x \vee x' \parallel y \vee y'$ folgt $\overrightarrow{xy} = \overrightarrow{x'y'}$. Wegen $\overrightarrow{zz'} = \overrightarrow{zx} + \overrightarrow{xx'} + \overrightarrow{x'z'}$ $= -c\overrightarrow{xy} + \overrightarrow{xx'} + c'\overrightarrow{x'y'} = \overrightarrow{xx'} + (c' - c)\overrightarrow{xy}$ ist jetzt $z \vee z' \parallel x \vee x'$, also $\overrightarrow{zz'} = \overrightarrow{xx'}$ $(G \parallel H!)$, wieder gleichwertig mit $c = c'$.

26 A Aus $x_\nu - z_\nu = c(x_\nu - y_\nu)$ folgt $\bar{x}_\nu - \bar{z}_\nu = \bar{c}(\bar{x}_\nu - \bar{y}_\nu)$. Mit x, z sind daher auch $\varphi x, \varphi y, \varphi z$ kollinear. Bei nicht-reellem c gilt jedoch $TV(x,y,z) = c \neq \bar{c} = TV(\varphi x, \varphi y, \varphi z)$, und φ ist wegen 26.3 keine Affinität. In 2) lasse φ das Teilverhältnis ungeändert. Für festes x, y mit $x \neq y$ gelte $\overrightarrow{\varphi x \varphi y} = a\overrightarrow{xy}$. Für ein beliebiges z gilt dann $\overline{xz} = c\overline{xy}$ und $\overrightarrow{\varphi x \varphi z} = c\,\overrightarrow{\varphi x \varphi y} = ac\overrightarrow{xy} = a\overrightarrow{xz}$. Es folgt $\overrightarrow{\varphi z \varphi z'} = a\overrightarrow{zz'}$ für alle z, z'; d. h. φ ist eine Affinität. Die Umkehrung ist in 26.3 enthalten.

26 B Bei einer perspektiven Affinität φ ohne Fixpunkt gilt $\overrightarrow{q\varphi q} = c\overrightarrow{p\varphi p}$ für beliebige Punkte p, q. Aus $c \neq 1$ würde die Existenz eines Schnittpunkts von $p \vee q$ mit $\varphi p \vee \varphi q$ folgen, der dann Fixpunkt sein müßte. Es folgt $c = 1$, und φ ist eine Translation. Die Umkehrung ist trivial. — Die perspektive Affinität $\varphi(\varphi \neq \varepsilon)$ besitze einen Fixpunkt. Dann gilt $H = \{p : \varphi p = p\} \neq \emptyset$. Auf dem von H erzeugten Unterraum H' ist φ die Identität. Es folgt $H = H'$; d. h. H ist Unterraum. Aus $H = A$ folgt $\varphi = \varepsilon$. Es gibt also ein $x \in A$ mit $x \notin H$. Sind die Geraden $x \vee y$ und $\varphi x \vee \varphi y$ nicht parallel, so besitzen sie einen Schnittpunkt p. Es folgt $p \in H$ und somit $y \in x \vee H$. Gilt $x \vee y \parallel \varphi x \vee \varphi y$, so auch $x \vee y \parallel H$ und wieder $y \in x \vee H$. Man erhält $A = x \vee H$, und H ist Hyperebene. — In 3) sei $(p_1, \ldots, p_n)$ ein Koordinatensystem von H, also $(p, p_1, \ldots, p_n)$ ein Koordinatensystem von A. Nach 26.4 existiert genau eine Affinität φ mit $\varphi p = p^*$ und $\varphi p_\nu = p_\nu$ für $\nu = 1, \ldots, n$, also auch mit $\varphi x = x$ für alle $x \in H$. Im Fall $\varphi \neq \varepsilon$ gilt $p \neq p^*$ und $y \neq \varphi y$ für $y \notin H$. Weiter gelte nun $y \notin H$. Dann wird die Gerade $y \vee \varphi y$ durch φ auf sich abgebildet: Entweder schneiden sich nämlich $y \vee \varphi y$ und H in einem Punkt s. Aus $z \in y \vee \varphi y = y \vee s$ folgt dann $\varphi z \in \varphi y \vee s = y \vee \varphi y$. Oder aber es gilt $y \vee \varphi y \parallel H$. Dann sei $G \subseteq H$ eine Gerade mit $y \vee \varphi y \parallel G$. Aus $z \in y \vee \varphi y$ folgt wegen $z \vee y \parallel G$ auch $\varphi z \vee \varphi y \parallel G$, also $\varphi z \in y \vee \varphi y$. Zusätzlich gelte jetzt noch $y \notin p \vee \varphi p$. Dann liegen $p, \varphi p, y, \varphi y$ in einer Ebene E: Schneiden sich nämlich $p \vee y$ und H in einem Punkt s', so folgt $s' = \varphi s' \in \varphi p \vee \varphi y$ und damit die Behauptung. Gilt jedoch $p \vee y \parallel H$, so auch $p \vee y \parallel G$ mit einer Geraden $G \subseteq H$, also ebenfalls $\varphi p \vee \varphi y \parallel G$, woraus sich wieder die Behauptung ergibt. Wären nun $p \vee \varphi p$ und $y \vee \varphi y$ nicht parallel, so würden sie in E einen Schnittpunkt q besitzen. Da $p \vee \varphi p$ und $y \vee \varphi y$ durch φ auf sich abgebildet werden, folgt $\varphi q = q$, also $q \in H$ und somit $H \cap E \neq \emptyset$. Daher ist $G = H \cap E$ eine Gerade, die von der Parallelen zu $p \vee \varphi p$ durch y in einem Punkt $q' \neq q$ geschnitten wird. Es folgt $q' = \varphi q' \in y \vee \varphi y$, also $y \vee \varphi y \parallel p \vee \varphi p$ im Widerspruch zur Annahme. — In 4) sei (p_0, p_1, p_2) ein Koordinatensystem und φ eine Affinität von A. Wenn φ nicht schon selbst perspektiv ist, kann $p_0 \neq \varphi p_0$, $p_1 \neq \varphi p_1$ vorausgesetzt und außerdem angenommen werden, daß $p_0 \vee \varphi p_0$ und $p_1 \vee \varphi p_1$ nicht parallel sind. Dann existiert ein q mit $q \vee p_2 \parallel p_0 \vee \varphi p_0$ und $q \vee \varphi p_2 \parallel p_1 \vee \varphi p_1$.

Im Fall $p_0 \vee p_2 \parallel \varphi p_0 \vee q$ sei H' die Parallele zu $p_0 \vee p_2$ durch p_1. Andernfalls gelte $H' = p_1 \vee s'$ mit $s' = (p_0 \vee p_2) \frown (\varphi p_0 \vee q)$. Wegen (3) bestimmen H' und die Punkte $p = p_0$, $p^* = \varphi p_0$ eine perspektive Affinität φ' mit $\varphi' p_0 = \varphi p_0$, $\varphi' p_1 = p_1$, $\varphi' p_2 = q$. Gilt $p_1 \vee q \parallel \varphi p_1 \vee \varphi p_2$, so sei H'' die Parallele zu $p_1 \vee q$ durch φp_0. Andernfalls gelte $H'' = \varphi p_0 \vee s''$ mit $s'' = (p_1 \vee q) \frown (\varphi p_1 \vee \varphi p_2)$. Durch H'' und $p = p_1$, $p^* = \varphi p_1$ wird eine perspektive Affinität φ'' mit $\varphi''(\varphi p_0) = \varphi p_0$, $\varphi'' p_1 = \varphi p_1$, $\varphi'' q = \varphi p_2$ bestimmt. Es folgt $\varphi = \varphi'' \circ \varphi'$.

26 C Aus den Gruppeneigenschaften von $\mathfrak{U}$ folgt 1). In 2) seien p_0, p_1, p_2 bzw. p_0^*, p_1^*, p_2^* die Eckpunkte der Dreiecke. Dann existiert eine Affinität φ mit $\varphi p_\nu = p_\nu^*$ ($\nu = 0, 1, 2$), die unter den speziellen Voraussetzungen als Kongruenz ausgewiesen werden muß. Es gelte $\mathfrak{x} = \overrightarrow{p_0 p_1}$, $\mathfrak{y} = \overrightarrow{p_1 p_2}$, $\mathfrak{z} = \overrightarrow{p_0 p_2} = \mathfrak{x} + \mathfrak{y}$; entsprechend seien $\mathfrak{x}^*, \mathfrak{y}^*, \mathfrak{z}^*$ bestimmt. Es ist φ genau dann eine Kongruenz, wenn $|\mathfrak{x}| = |\mathfrak{x}^*|$, $|\mathfrak{y}| = |\mathfrak{y}^*|$ und $\mathfrak{x} \cdot \mathfrak{y} = \mathfrak{x}^* \cdot \mathfrak{y}^*$. Die dritte Bedingung kann gleichwertig durch $\cos(\mathfrak{x}, \mathfrak{y}) = \cos(\mathfrak{x}^*, \mathfrak{y}^*)$ ersetzt werden (Fall (β)). Wegen $|\mathfrak{z}|^2 = |\mathfrak{x}|^2 + |\mathfrak{y}|^2 + 2\mathfrak{x} \cdot \mathfrak{y}$ kann im Fall $|\mathfrak{x}| = |\mathfrak{x}^*|$, $|\mathfrak{y}| = |\mathfrak{y}^*|$ die Bedingung $\mathfrak{x} \cdot \mathfrak{y} = \mathfrak{x}^* \cdot \mathfrak{y}^*$ auch durch $|\mathfrak{z}| = |\mathfrak{z}^*|$ ersetzt werden (Fall (α)). Die Gleichung $|\mathfrak{z}|^2 = |\mathfrak{x}|^2 + |\mathfrak{y}|^2 + 2|\mathfrak{x}|\,|\mathfrak{y}|\cos(\mathfrak{x}, \mathfrak{y})$ kann im Fall $|\mathfrak{z}| \geqq |\mathfrak{x}|$ wegen $|\mathfrak{y}| > 0$ eindeutig nach $|\mathfrak{y}|$ aufgelöst werden. Hierdurch wird (δ) auf (α) zurückgeführt. Um (γ) auf (β) zurückzuführen, beweist man zunächst durch Rechnung den „Sinussatz" in der Form $|\mathfrak{x}|^2(1 - \cos^2(\mathfrak{x}, \mathfrak{z})) = |\mathfrak{y}|^2(1 - \cos^2(\mathfrak{y}, \mathfrak{z}))$.

27 A Die aus den jeweils i-ten und k-ten Koordinaten der Punkte $p_i, p_k, e_{i,k}, x_{i,k}$ gebildeten Paare sind $(1, 0)$, $(0, 1)$, $(1, 1)$, (x_i^*, x_k^*). Die Behauptung folgt jetzt aus der Berechnungsvorschrift für das Doppelverhältnis.

27 B

c	$\frac{1}{c}$	$1-c$	$\frac{1}{1-c}$	$\frac{c}{c-1}$	$\frac{c-1}{c}$
⟨1, 2, 3, 4⟩	⟨1, 2, 4, 3⟩	⟨1, 4, 3, 2⟩	⟨1, 4, 2, 3⟩	⟨1, 3, 2, 4⟩	⟨1, 3, 4, 2⟩
⟨2, 1, 4, 3⟩	⟨2, 1, 3, 4⟩	⟨4, 1, 2, 3⟩	⟨4, 1, 3, 2⟩	⟨3, 1, 4, 2⟩	⟨3, 1, 2, 4⟩
⟨3, 4, 1, 2⟩	⟨4, 3, 1, 2⟩	⟨3, 2, 1, 4⟩	⟨2, 3, 1, 4⟩	⟨2, 4, 1, 3⟩	⟨4, 2, 1, 3⟩
⟨4, 3, 2, 1⟩	⟨3, 4, 2, 1⟩	⟨2, 3, 4, 1⟩	⟨3, 2, 4, 1⟩	⟨4, 2, 3, 1⟩	⟨2, 4, 3, 1⟩.

27 C Mit (p_1, p_2, p_3) als Koordinatensystem entsprechen diesen Punkten die Winkel $0, \pi, \frac{\pi}{2}$. Genau dann trennen sich (p_1, p_2) und (p_3, p_4), wenn der p_4 zugeordnete Winkel α die Bedingung $-\pi < \alpha < 0$ erfüllt, wenn also p_4 Koordinaten $(1, c)$ mit $c < 0$ besitzt. Hieraus folgt 1). In 2) gilt $\overrightarrow{zy} = c\overrightarrow{zx}$ mit $c = DV(x, y, z, u) = TV(z, x, y)$, woraus sich die Behauptung ergibt.

28 A Es sei (p_0, p_1, p_2) ein Koordinatensystem, und φ lasse das Doppelverhältnis ungeändert. Wegen 28. 4 gibt es genau eine Projektivität ψ mit $\psi p_\nu = \varphi p_\nu$ ($\nu = 0, 1, 2$). Für jeden Punkt x gilt $DV(\varphi p_0, \varphi p_1, \varphi p_2, \varphi x) = DV(\varphi p_0, \varphi p_1, \varphi p_2, \psi x)$, also $\varphi x = \psi x$ und somit $\varphi = \psi$. Umkehrung vgl. 28. 3.

28 B φ erfülle die Bedingung. Die Geraden $p \vee \varphi p$, $q \vee \varphi q$ ($p, q \in A$) werden auf sich abgebildet, weil ihre uneigentlichen Punkte fest bleiben. Weiter schneiden sich $p \vee q$ und $\varphi p \vee \varphi q$ in ihrem uneigentlichen Punkt, liegen also in einer Ebene. Daher sind $p \vee \varphi p$ und $q \vee \varphi q$ entweder identisch, oder sie besitzen einen uneigentlichen Schnittpunkt

(Fixpunkt!) und sind somit parallel; d. h. φ induziert in A eine perspektive Affinität, die wegen 26B eine Translation ist.

28C Für $x \neq z$ sind $z, x, \varphi x, (\varphi \circ \varphi) x$ kollinear. Es folgt $\varphi z \in z \vee x$ für alle $x \neq z$, wegen $\dim P \geqq 2$ daher $\varphi z = z$. Es sei U der von $U_0 = \{x\colon \varphi x = x,\ x \neq z\}$ aufgespannte Unterraum. Es gelte $p, q \in U_0$, $p \neq q$ und $x \in p \vee q$. Im Fall $z \notin p \vee q$ gilt $(z \vee x) \frown (p \vee q) = \{x\}$, also $\varphi x = x$ und daher $x \in U_0$ und $U = U_0$. Im Fall $z \in p \vee q$ besteht $p \vee q$ nur aus Fixpunkten (z, p, q sind drei verschiedene Fixpunkte!), und es gilt $U = U_0 \smile \{z\}$. Gilt $U = P$, so ist φ die Identität. Sonst gelte $x \notin U$ und $(x \vee z) \frown U \neq \emptyset$. Aus $y \notin x \vee z$ folgt wegen $z \in x \vee \varphi x$, $z \in y \vee \varphi y$, daß $x \vee y$ und $\varphi x \vee \varphi y$ in einer Ebene liegen und somit einen Schnittpunkt s besitzen. Da dieser ein Fixpunkt sein muß, gilt $s \in U$. Man erhält $P = U \vee x$; d. h. U ist eine Hyperebene. — In 2) gelte $z \notin U$. Dann existiert genau eine Projektivität φ mit $\varphi z = z$, $\varphi x = x$ für alle $x \in U$ und mit $\varphi p = p^*$. Aus $y \neq z$ folgt, daß $y \vee z$ und U genau einen Schnittpunkt x besitzen, und weiter $\varphi y \in \varphi z \vee \varphi x = z \vee x = z \vee y$; d. h. φ ist eine Perspektivität. Im Fall $z \in U$ gelte $y \notin z \vee p$ und $y \notin U$. Dann besitzen $p \vee y$ und U genau einen Schnittpunkt s, und $z \vee y$ schneidet $s \vee p^*$ in einem Punkt y^*. Es existiert genau eine Projektivität φ mit $\varphi x = x$ für alle $x \in U$, mit $\varphi p = p^*$ und $\varphi y = y^*$. Sind z, p, y, q unabhängig, so ist $z \vee q$ Schnittgerade der Ebenen $z \vee p \vee q$ und $z \vee y \vee q$, die durch φ auf sich abgebildet werden. Es folgt $\varphi q \in z \vee q$. Liegen z, p, y, q in einer Ebene, so folgt die Kollinearität von $z, q, \varphi q$ aus dem Satz von DESARGUES. — Wenn φ in 3) eine perspektive Affinität induziert, sind alle Geraden $p \vee \varphi p$ $(p \in A)$ parallel. Ihr gemeinsamer Schnittpunkt z ist daher ein uneigentlicher Punkt. Umgekehrt gelte $z \in H$. Wegen $\varphi x \in z \vee x$ $(x \in H)$ folgt $\varphi H = H$, und φ induziert überhaupt in A eine Affinität φ_0. Diese ist sogar perspektiv, weil sich $p \vee \varphi p$ und $q \vee \varphi q$ in dem uneigentlichen Punkt z schneiden, als affine Geraden also parallel sind. Wegen 28B ist φ_0 genau dann eine Translation, wenn die Hyperebene U aus 1) mit H zusammenfällt.

29B

$$\begin{bmatrix} 0 & \frac{1}{2\sqrt{3}} & 0 & \frac{1}{2\sqrt{3}} \\ 0 & \frac{1}{2\sqrt{2}} & 0 & \frac{-1}{2\sqrt{2}} \\ -\frac{1}{2} & 0 & \frac{1}{2} & 0 \\ \frac{1}{2} & 0 & \frac{1}{2} & 0 \end{bmatrix} \begin{bmatrix} 0 & 0 & -2 & 0 \\ 0 & 5 & 0 & 1 \\ -2 & 0 & 0 & 0 \\ 0 & 1 & 0 & 5 \end{bmatrix} \begin{bmatrix} 0 & 0 & -\frac{1}{2} & \frac{1}{2} \\ \frac{1}{2\sqrt{3}} & \frac{1}{2\sqrt{2}} & 0 & 0 \\ 0 & 0 & \frac{1}{2} & \frac{1}{2} \\ \frac{1}{2\sqrt{3}} & \frac{-1}{2\sqrt{2}} & 0 & 0 \end{bmatrix}$$

$$= \begin{bmatrix} 1 & 0 & 0 & 0 \\ 0 & 1 & 0 & 0 \\ 0 & 0 & 1 & 0 \\ 0 & 0 & 0 & -1 \end{bmatrix}$$

Es handelt sich um eine Ovalfläche.

29 C $c < 1$, $c \neq 0$: Ringfläche; $c = 0$: Ebenenpaar; $c = 1$: Kegel; $c > 1$: Ovalfläche.

30 A Die 3-reihige Determinante ist genau dann von Null verschieden, wenn es keine Doppelpunkte gibt (das homogene Gleichungssystem für die Doppelpunkte besitzt nur die triviale Lösung). Die 2-reihige Determinante ist genau dann positiv, negativ oder gleich Null, wenn beide Eigenwerte dasselbe bzw. entgegengesetztes Vorzeichen besitzen bzw. wenn ein Eigenwert gleich Null ist. Die Behauptung folgt nun aus der Tabelle.

30 B Die Normalgleichungen lauten im Fall der Kongruenz

$$b_1 x_1^2 + \cdots + b_t x_t^2 - b_{t+1} x_{t+1}^2 - \cdots - b_r x_r^2 = \begin{cases} 0 \\ 1 \\ x_{r+1} \end{cases}$$

mit positiven Koeffizienten $b_1, \ldots, b_r$ und im ersten Fall mit $b_1 = 1$. Fordert man, daß $b_1, \ldots, b_t$ und $b_{t+1}, \ldots, b_r$ der Größe nach geordnet sind, so ist eine affine Hyperfläche nur zu genau einem dieser Normaltypen kongruent.

30 C (1. Fall) $c < 1$, $c \neq 0$: hyperbolisches Paraboloid; $c = 0$ eigentliche Ebene (und die uneigentliche Ebene); $c = 1$: parabolischer Zylinder; $c > 1$: elliptisches Paraboloid. (2. Fall) $c < 1$, $c \neq 0$: einschaliges Hyperboloid; $c = 0$: Ebenenpaar mit eigentlicher Schnittgeraden; $c = 1$: Kegel; $c > 1$: zweischaliges Hyperboloid.

30 D Nach Übergang zu homogenen Koordinaten wird durch die Matrix

$$\begin{pmatrix} 1 & -3 & 2 \\ 1 & 1 & -2 \\ 1 & 1 & 2 \end{pmatrix}$$

eine Projektivität vermittelt, die p_1, p_2, p_3 auf $(1, 0, 1)$, $(1, 0, -1)$, $(0, 1, 0)$ abbildet. Durch $x_0 - x_1 = 0$ wird das Bild der uneigentlichen Geraden gegeben. Rücktransformation der Bildschar $x_0^2 - cx_1^2 - x_2^2 = 0$ liefert die gesuchte Gleichung

$$-(3 + c)(x_1^2 + x_2^2) + 2(5 + 3c)\,x_0 x_1 - 6(1 - c)\,x_0 x_2 + 2(5 - c)\,x_1 x_2 = 3(1 + 3c)\,x_0^2.$$

Die Bildkurve schneidet das Bild der uneigentlichen Geraden für $c < 1$ in zwei, für $c = 1$ in einem und für $c > 1$ in keinem Punkt. Die Originalschar besteht daher für $c > 1$ aus Ellipsen und für $c < 1$ aus Hyperbeln. Für $c = 1$ erhält man eine Parabel, für $c = 0$ das Geradenpaar $p_1 \vee p_3$, $p_2 \vee p_3$. Eine besondere Lösung wird schließlich durch die Gerade $p_1 \vee p_2$ geliefert, die sich aus der allgemeinen Lösung durch den Grenzübergang $c \to \infty$ ergibt.

31 A Die Gleichung ergibt sich durch koordinatenweise Berechnung. $(\mathfrak{x} \times \mathfrak{y}) \times \mathfrak{z}$ ist danach eine Linearkombination von $\mathfrak{x}$ und $\mathfrak{y}$, $\mathfrak{x} \times (\mathfrak{y} \times \mathfrak{z}) = -(\mathfrak{y} \times \mathfrak{z}) \times \mathfrak{x}$ hingegen eine Linearkombination von $\mathfrak{y}$ und $\mathfrak{z}$. Im Fall linear unabhängiger Vektoren ergeben sich also verschiedene Resultate.

31 B $F = \frac{1}{2}\,|(\mathfrak{a}_2 - \mathfrak{a}_1) \times (\mathfrak{a}_3 - \mathfrak{a}_1)| = \frac{1}{2}\,|(2, 1, -2)| = \frac{3}{2}$.

31 C $d = 6$. Koordinaten der Fußpunkte: $(7, 7, 9)$, $(3, 11, 7)$.

Namen- und Sachverzeichnis

Abbildung 13
—, adjungierte 136
—, affine 171
—, anti-selbstadjungierte 145
—, eineindeutige 14
—, identische 14
—, injektive 50
—, inverse 14
—, lineare 49
—, orthogonale 149
—, selbstadjungierte 143
—, surjektive 50
—, unitäre 149
Abbildungsraum 56
abelsche Gruppe 16
abhängig 33, 181
Abstand 166
—, zweier Geraden 214
additive Gruppe 16
adjungierte Abbildung 136
Adjunkte 94
affin-äquivalent 177, 201, 202
affine Abbildung 171
— Geometrie 177
— Gruppe 174
— Hyperfläche 2. Ordn. 200
— Projektivität 202
affiner Raum 165
Affinität 174
—, perspektive 176
ähnlich 177
ähnliche Matrizen 105
Ähnlichkeit 176
Ähnlichkeitsfaktor 176
Ähnlichkeitsgeometrie 177
Ähnlichkeitsklasse 105
algebraisches Komplement 94
allgemeine Lösung 75
alternierende Gruppe 19
Anfangspunkt 168
Antinomie, RUSSELsche 14
anti-selbstadjungierte Abb. 145
Approximationssatz von WEIERSTRASS 135
äquivalent 70, 177, 193, 201, 202
äquivalente Matrizen 100
Äquivalenzklasse 70
Äquivalenzrelation 67, 70
arithmetischer Vektorraum 26
aufgespannter Unterraum 31, 166
ausgeartete Hyperfläche 194
Austauschsatz von STEINITZ 37
Automorphismus 68

Basis 34
—, kanonische 34, 57
Basistransformation 42
Betrag einer kompl. Zahl 118
— eines Vektors 123
Bild, Bildbereich 13
Bilinearform 115
BOURBAKI, N. 9

Charakteristik 22
charakteristisches Polynom 108, 110
CRAMERsche Regel 96

Darstellung, triviale 33
Defekt 52
definit 116, 120
Definitionsbereich 13
Determinante 85, 87
Determinantenform 81
Diagonalmatrix 106
Differenz 20
Differenzvektor 25
Dimension 38, 165, 178

Dimensionssatz 39
Doppelebene, Doppelgerade, Doppelpunkt 194
Doppelverhältnis 183
Drehachse, Drehebene 160
Drehung 157
Drehwinkel 159
Dreiecksungleichung 123
Durchschnitt 12

Ebene 166, 178
echte Teilmenge 12
eigentlich orthogonal 157
eigentlicher Punkt 179
Eigenvektor 106
Eigenwert 106
Einbettung 120
eineindeutige Abbildung 14
Einheitsmatrix 69
Einheitspunkt 168, 182
Einheitssphäre 148
Einheitsvektor 124
einschaliges Hyperboloid 208
Einselement 20
Element 11
elementare Umformungen 44
Ellipse 207
Ellipsoid 208
elliptischer Zylinder 208
elliptisches Paraboloid 208
Endomorphismenring 66
Endomorphismus 66
—, normaler 138
entgegengesetzt orientiert 158
Entwicklungssatz von LAPLACE 92
Erlanger Programm 177
erweiterte Koeffizientenmatrix 74
Erweiterung, komplexe 121
erzeugter Unterraum 31, 166
euklidisch-affiner Raum 166
euklidische Geometrie 177
— Vektorraum 117
EULERsche Winkel 161

Faktor 16
Fixpunkt 174
Form, HERMITEsche 119
—, quadratische 191
fremde Mengen 12

ganze Zahlen 11
Geometrie 177
Gerade 166, 178
gerade Permutation 19
gleich orientiert 158
Gleichung, quadratische 193
Gleichungssystem, lineares 71
GRAEUB, W. 9
Grundpunkte 182
Gruppe 15
—, abelsche 16
—, additive 16
—, affine 174
—, kommutative 16
—, lineare 68
—, multiplikative 16
—, orthogonale 152
—, symmetrische 17
—, unitäre 152
Gruppenmultiplikation 16
Gruppenverknüpfung 16

harmonisch 186
Hauptdiagonale 68
HERMITEsche Form 119
— Matrix 145
homogene Koordinaten 182
homogene quadratische Gleichung 193
homogenes lin. Gleichungssystem 74
Hyperbel 207
hyperbolischer Zylinder 208
hyperbolisches Paraboloid 208
Hyperboloid 208
Hyperebene 157, 166, 178
—, uneigentliche 179
Hyperebenenpaar 193
Hyperfläche 2. Ordn. 191
—, affine 200

identische Abb., Identität 14
Imaginärteil 117
inhomogenes lin. Gleichungssystem 75
Injektion 50
injektiv 50

invariant 177
invariante Aussage 177
inverse Abbildung 14
— Matrix 69
inverses Element 18
isomorph 54
Isomorphismus 50

Kanonische Basis 34, 57
kartesisches Koordinatensystem 169
kartesische Zeichenregel 199
Kategorie 66
Kegel 198, 208
Kern 52
Kette 13
KLEIN, F. 177
Koeffizientenmatrix 73
—, erweiterte 74
kollinear 170
Kollineation 176
Kombination 63
kommutative Gruppe 16
kommutativer Körper 20
— Ring 20
Komplement, algebraisches 94
—, orthogonales 133, 254
komplexe Erweiterung 121
komplexer Vektorraum 25
komplexe Zahlen 11, 117
kongruent 177
Kongruenz 175
Kongruenzgeometrie 177
konjugiert-komplex 118
Koordinaten 41
—, affine 168
—, homogene 182
Koordinatensystem, affines 168
—, kartesisches 169
—, projektives 181
Koordinatentransformation 43
Koordinatenvektor 41
Körper 19
—, kommutativer 20
Kosinus 124, 166
Kosinussatz 125
KRONECKER-Symbol 125

Länge (eines Vektors) 123
LAPLACE 92
leere Menge 11
leerer affiner Raum 165
linear abhängig 33
— unabhängig 33
lineare Abbildung 49
— Gruppe 68
— Mannigfaltigkeit 32
— Operationen 25
— Selbstabbildung 66
linearer Raum 24
lineares Gleichungssystem 71
Linearform 81
Linearitätseigenschaften 50
Linearkombination 31
Lösung, allgemeine 75
—, triviale 74
Lösungsraum 75

Mannigfaltigkeit, lineare 32
Matrix 42, 44, 58
—, HERMITEsche 145
—, inverse 69
—, orthogonale 151
—, quadratische 42, 68
—, rechteckige 44
—, reguläre 68
—, schief-HERMITEsche 146
—, schiefsymmetrische 146
—, singuläre 68
—, symmetrische 145
—, transponierte 72
—, unitäre 151
Matrizengruppe 69
Matrizenraum 60
maximales Element 13
Menge 11
Mengensystem 12
Minor 95
Multiplikation 16
multiplikative Gruppe 16

negatives Element 20
neutrales Element 18
nicht-ausgeartete Hyperfläche 196
nicht-triviale Lösung 74

normaler Endomorphismus 138
normiert 124
Nullabbildung 50
Nullelement 20
Nullmatrix 60
Nullraum 30
Nullstelle, k-fache 111
– einer quadr. Form 191
Nullteiler 21
Nullvektor 25

Oberkörper 40
orientiert 158
orientierter Drehwinkel 159
orthogonal 125, 132, 157
orthogonale Abbildung 149
– Gruppe 152
– Matrix 151
– Projektion 133
orthogonales Komplement 133
Orthogonalisierung 128
Orthogonalsystem 125
Orthonormalbasis 125
Orthonormalisierungsverfahren 130
Orthonormalsystem 125
Ortsvektor 23
Ovalfläche 198

Parabel 207
parabolischer Zylinder 208
Paraboloid 208
parallel 167
Parallelogrammgleichung 128
Parallelotop 128
Permutation 17, 19
perspektiv 176
perspektive Affinität 176
Perspektivität 191
Polynom, charakteristisches 108, 110
positiv definit 116, 120
positiv orientiert 158
Produkt 16
–, skalares 116, 120
Produktabbildung 14
Produktmatrix 63
Projektion, orthogonale 133
projektiv äquivalent 193
projektive Hyperfläche 191
projektiver Raum 177
Projektivität 186
–, affine 202
Punkt 165, 178
–, (un-) eigentlicher 179
Punkte, unabhängige 181
Pythagoräischer Lehrsatz 125

quadratische Form 191
quadratische Gleichung, homogene 193

Rang 40, 52, 60
Realteil 117
reelle Zahlen 11
reeller Vektorraum 25
reguläre Matrix 68
Relation 70
Repräsentant 70
Restklasse 22
Restriktion 62
Ring 20
Ringfläche 198
RUSSELL, B. 14

SARRUS 90
schief-HERMITEsche Matrix 146
Schiefkörper 20
schief-symmetrische Matrix 146
SCHMIDT, E. 130
SCHWARZsche Ungleichung 122
Selbstabbildung, lineare 66
selbstadjungiert 143
Signum 19
singuläre Matrix 68
Skalar 24
Skalarenkörper 24
skalares Produkt 116, 120
Spalte (einer Matrix) 42
Spaltenrang 58
Spatprodukt 214
Spieglung 157
Spur 110
STEINITZ 37
Summe von Unterräumen 32
Summenraum 32
Surjektion, surjektiv 50

symmetrische Bilinearform 116
— Gruppe 17
— Matrix 145

Teilmenge 12
Teilverhältnis 170
Trägheitsindex 199
Transformation 42, 43
Transformationsmatrix 42
Translation 174
Translationsvektor 174
transponierte Matrix 72
Transposition 19, 72
trennen 186
triviale Darstellung 33
— Lösung 74
Tupel 26

Umformungen, elementare 44
Umkehrabbildung 14
unabhängig 33
unabhängige Punkte 181
uneigentliche Hyperebene 179
uneigentlich orthogonal 157
uneigentlicher Punkt 179
— Teil 200
unendlich-dimensional 38
ungerade Permutation 19
unitär-affiner Raum 166
unitäre Abbildung 149
— Gruppe 152
unitäre Matrix 151
unitärer Raum 120
Unterdeterminante 95
Unterraum 29
Unterraum, affiner 165
—, projektiver 177
Urbild 13

VANDERMONDEsche Determinante 95
Vektor 24
Vektorprodukt 212
Vektorraum 24
Verbindungsraum, affiner 166
—, projektiver 178
Vereinigung 12
Vielfachheit (einer Nullstelle) 111
Volumen 128
Vorzeichen (einer Permutation) 19

WEIERSTRASS 135

Zeichenregel 199
Zeile (einer Matrix) 42
Zeilenrang 58
Zeilenvektor 44
Zentrum (einer Gruppe) 70
— (einer Perspektivität) 191
ZORNsches Lemma 13
zugehöriges homogenes System 75
zweischaliges Hyperboloid 208
Zylinder 208

Mathematik in der Sammlung Göschen

Geschichte der Mathematik von *J.E. Hofmann.* 4 Bde.
I: Von den Anfängen bis zum Auftreten von Fermat und Descartes. 2., verb. u. verm. Aufl. 251 S. 1963. (226/226a)

Mathematische Formelsammlung von *F.O. Ringleb.* 8., verb. Aufl. 322 S., 40 Fig. 1968. (51/51a)

Vierstellige Tafeln und Gegentafeln für logarithmisches und trigonometrisches Rechnen in zwei Farben zusammengestellt von *H. Schubert* und *R. Haussner.* 3., neubearb. Aufl. von *J. Erlebach.* 158 S. 1960. (81)

Fünfstellige Logarithmen mit mehreren graphischen Rechentafeln und häufig vorkommenden Zahlenwerten von *A. Adler.* 4. Aufl., überarb. von *J. Erlebach.* 127 S., 1 Taf. 1962. (423)

Arithmetik von *P.B. Fischer*†. 3. Aufl. von *H. Rohrbach.* 152 S., 19 Abb. 1958. (47)

Höhere Algebra von *H. Hasse.* 2 Bde.
I: Lineare Gleichungen. 6., neubearb. Aufl. 150 S. 1969. (931)
II: Gleichungen höheren Grades. 5., neubearb. Aufl. 158 S., 5 Fig. 1967 (932)

Aufgabensammlung zur höheren Algebra von *H. Hasse* u. *W. Klobe.* 3. verb. Aufl. 183 S. 1961. (1082)

Elementare und klassische Algebra vom modernen Standpunkt von *W. Krull.* 2 Bde.
I: 3., erw. Aufl. 148 S. 1963. (930)
II: 132 S. 1959. (933)

Algebraische Kurven und Flächen von *W. Burau.* 2 Bde.
I: Algebraische Kurven der Ebene. 153 S., 28 Abb. 1962. (435)
II: Algebraische Flächen 3. Grades und Raumkurven 3. und 4. Grades. 162 S., 17 Abb. 1962. (436/436a)

Einführung in die Zahlentheorie von *A. Scholz*†. Überarb. u. hrsg. von *B. Schoeneberg.* 4. Aufl. 128 S. 1966. (1131)

Formale Logik von *P. Lorenzen.* 4. Aufl. 184 S. 1970. (1176/1176a)

Topologie von *W. Franz.* 2 Bde.
I: Allgemeine Topologie. 3. Aufl. 144 S., 9 Fig. 1968. (1181)
II: Algebraische Topologie. 153 S. 1965. (1182/1182a)

Elemente der Funktionentheorie von *K. Knopp*†. 8. Aufl. 144 S., 23 Fig. 1971. (1109)

Funktionentheorie von *K. Knopp*†. 2 Bde.
I: Grundlagen der allgemeinen Theorie der analytischen Funktionen. 12. Aufl. 144 S., 8 Fig. 1970. (668)
II: Anwendungen und Weiterführung der allgemeinen Theorie. 12. Aufl. 130 S. 7 Fig. 1971. (703)

Aufgabensammlung zur Funktionentheorie von *K. Knopp*†. 2 Bde.
I: Aufgaben zur elementaren Funktionentheorie. 7. Aufl. 135 S. 1965 (877)
II: Aufgaben zur höheren Funktionentheorie. 7. Aufl. 151 S. 1971. (878)

FSC
www.fsc.org
MIX
Papier | Fördert gute Waldnutzung
FSC® C083411

Kolibri 360 GmbH
Ferdinand-Jühlke-Straße 7
99095 Erfurt, Deutschland
produktsicherheit@kolibri360.de